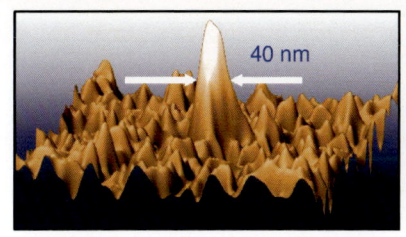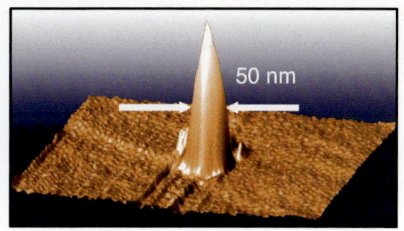

口絵1　ドレスト光子により堆積されたZnの微粒子の原子間力顕微鏡像（図4.2, p.53）

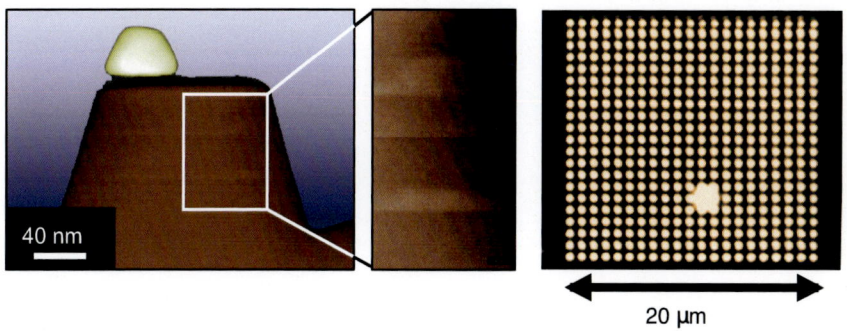

口絵2　InAsの量子ドットを用いた室温動作のNOT論理ゲート（図5.7, p.88）
（左図）断面の走査型透過電子顕微鏡像．（右図）複数のデバイスの二次元配列の光学顕微鏡像．

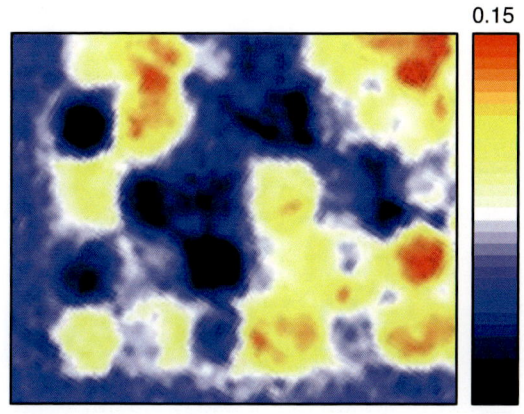

口絵3　InAsの量子ドットを用いた二次元配列のドレスト光子デバイスの出力信号光強度の空間分布（図5.8, p.89）

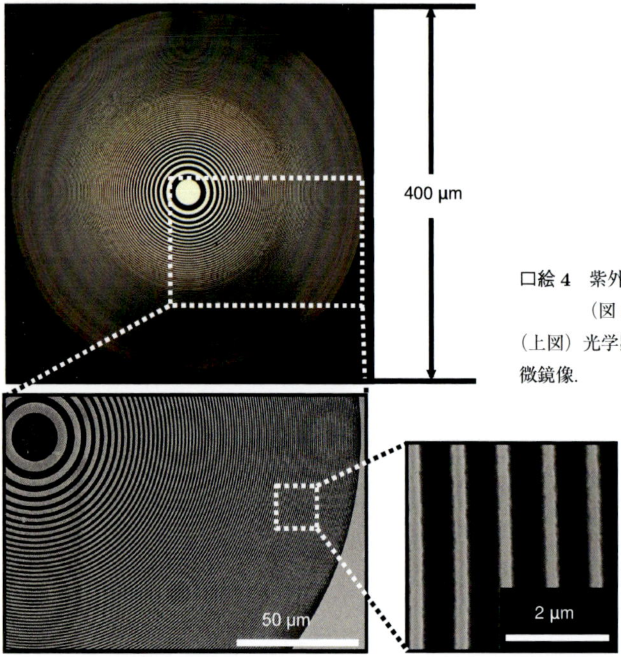

口絵 4 紫外線用のフレネルゾーンプレート（図 6.14, p.143）
（上図）光学顕微鏡像．（下図）走査型電子顕微鏡像．

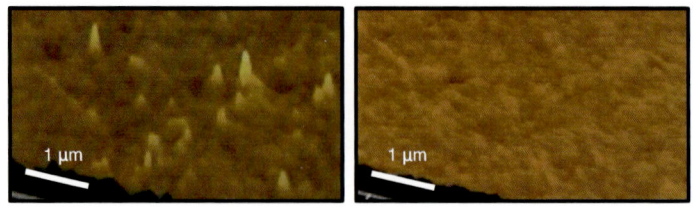

口絵 5 石英ガラス基板の平坦化の実験結果（図 6.23, p.150）
（左図）平坦化前の基板表面の原子間力顕微鏡像．（右図）平坦化後の基板表面の原子間力顕微鏡像．

口絵 6 色素微粒子からの発光スポット写真（株式会社浜松ホトニクス，藤原弘康氏のご厚意による．図 7.3, p.159）
（左図）DCM からの赤色発光．（中図）クマリン 540A からの緑色発光．
（右図）スチルベン 420 からの青色発光．

  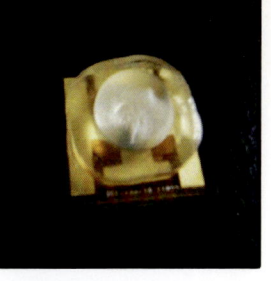

口絵 7 赤外光を発生する Si 発光ダイオードの外観 (図 7.25, p.189)
(左図) 電極をつけた Si 結晶の外観. (中図) 電流注入時の赤外発光スポット.
(右図) パッケージ化されたデバイスの外観.

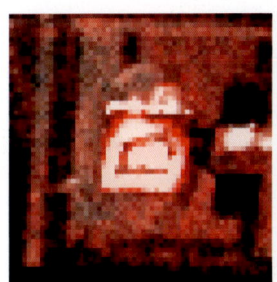 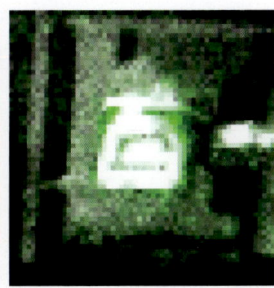 

口絵 8 Si 発光ダイオードからの発光スポット (図 7.29, p.194)
(左図) 赤色発光. (中図) 緑色発光. (右図) 青色発光.

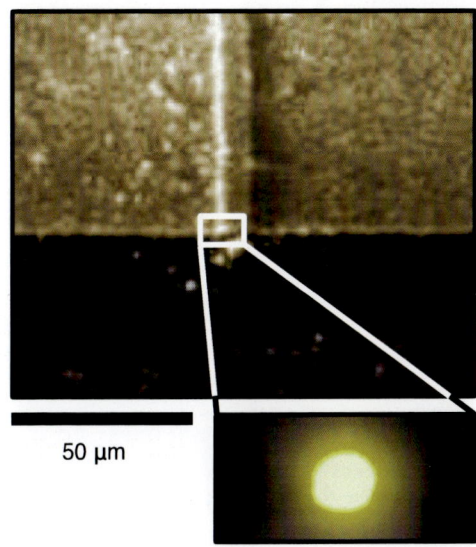

口絵 9 Si レーザーのリッジ型導波路の走査型電子顕微鏡像と出力光ビームのスポット像
(図 7.31, p.195)

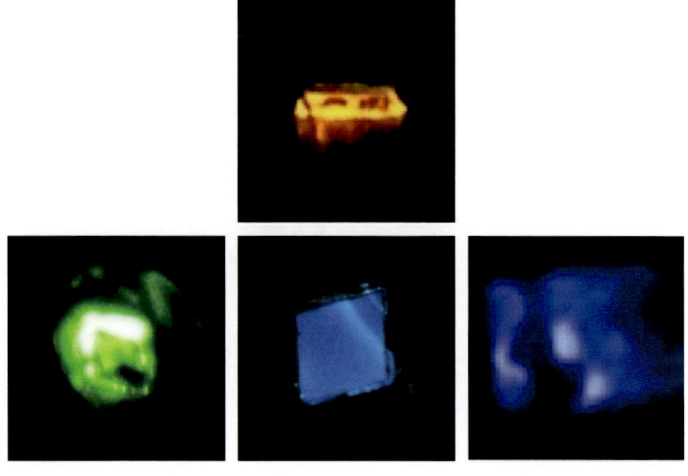

口絵 10　GaP および SiC 発光ダイオードからの発光スポット（図 7.33, p.197）
（上図）GaP 発光ダイオードからの黄色発光．
（下左図，中図，右図）各々 SiC 発光ダイオードからの緑色，青色，紫色発光．

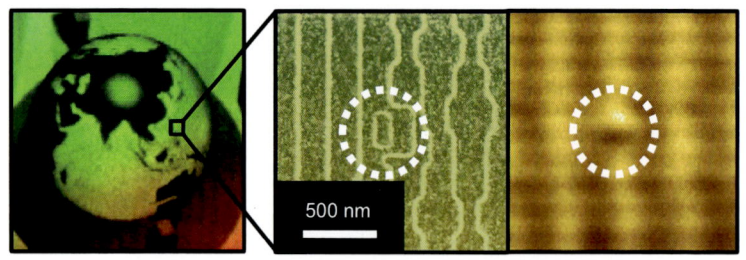

口絵 11　ナノ構造を作り付けたホログラム（図 8.9, p.209）
（左図）表面形状．（中図）走査型電子顕微鏡像．（右図）近接場光学顕微鏡像．

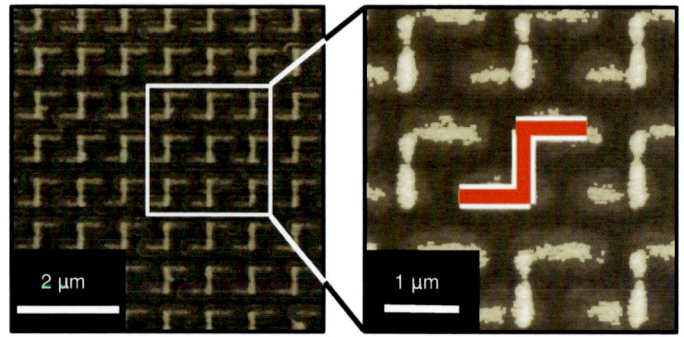

口絵 12　二次元的に配列された I 形金属による「錠と鍵」システム（図 8.11, p.213）
（左図）錠，鍵として使われる二枚の偏光制御板を重ねた場合の走査型電子顕微鏡像．
（右図）拡大像．

Dressed Photon

ドレスト光子

光・物質融合工学の原理

大津 元一

［著］

朝倉書店

まえがき

　ドレスト光子とはナノ寸法領域において光子と電子（または電子・正孔対）とが結合した状態を表す準粒子である．筆者がこれに関係する基礎研究を始めてすでに四半世紀経ち，また関連する技術であるナノフォトニクスを提案して20年経った．この学術・技術分野は古典光学ではなく，また材料工学でもない．いわば「光・物質融合工学」である．このように従来とは異質の分野であるため，当初はこの分野に携わる研究者・技術者は皆無といってよい状態であったが，最近はその数が激増しており，関連する産業も生まれた．このような状況のもと，この時点でドレスト光子の原理を多くの方々に理解していただくため，本書の上梓の運びとなった．第1章では本書での議論の概要を紹介し，その後第2章〜第4章と付録には原理的な内容を記す．次に第5章〜第8章では応用例を紹介するが，応用技術の進展はきわめて急であるため，それらを網羅することは本書紙数の制限のため困難である．詳細は別の機会にゆずりここでは最低限の記述に留める．最後に第9章ではまとめと今後の展望について記す．

　本書で扱うドレスト光子の概念は従来の光学，材料工学の枠組みには収まらず，光科学，場の量子論，凝縮系物理学の概念を組み合わせる必要がある．その基礎と応用を開拓するために，他分野の多くの先達にご指導いただき，若手・中堅の研究者・技術者とも多く意見交換させていただいた．このように分野を越えた長年の交流を通じて筆者は多くの知的刺激を得ることができ，有意義であった．

　本書の原稿は筆者が担当する大学院講義に教材としても使用し，才気溢れる学生諸君としばしば議論したが，これを通じて彼らが驚くべき成長を遂げるのを目にすることができ自身も大いに啓発された．

　ドレスト光子の概念，原理と応用技術は我が国で生まれ，今後の社会を支える包括的技術（generic technology）になりつつある若々しい科学と技術である．多くの方々がこの分野に参入するためのきっかけとして本書が少しでも役立てば幸いである．

　本書執筆にあたり多くの資料をご提供いただいた川添　忠，八井　崇，竪　直也，野村　航，北村　心（東京大学），成瀬　誠（独立行政法人情報通信研究機構），小林　潔（山梨大学），三宮　俊（株式会社リコー），田中裕二（株式会社JFE）の各氏，さらに，日頃ご指導ご協力いただいている塚田　捷（東北大学），堀　裕和，坂野　斎（山梨大学）の各

氏に感謝致します．なお，第 5 章〜第 8 章に記した応用例の多くは特定非営利活動法人ナノフォトニクス工学推進機構の調整のもとに産学連携の開発事業として実施したものである．最後に，本書執筆の企画立案後，出版に至るまでご協力とご援助を賜った朝倉書店編集部の皆様に感謝致します．

なお，本書中，誤記などがあるかもしれない．出版後にそれらを見つけた場合には正誤表を朝倉書店 Web サイト http://www.asakura.co.jp に掲載するので，それもご参照いただきたい．

Abeunt studia in mores.
(勉学が習性に変わる，熱心に学んだことが性質となる)[*1)]
Publius Ovidius Naso, *Heroides*, VI, 83

2013 年 2 月

大 津 元 一

[*1)] このラテン語および本文の各章冒頭のラテン語の和訳は
　(1) 田中秀央，落合太郎編，ギリシャラテン引用語辞典，岩波書店，東京，1938
　(2) 柳沼重剛編，ギリシア・ローマ名言集，岩波書店，東京，2003
　(3) 山下太郎，ローマ人の名言 88，牧野出版，東京，2012
　(4) 小林　標，ローマが残した永遠の言葉，日本放送出版協会，東京，2005
　(5) 野津　寛編，ラテン語名句小辞典，研究社，東京，2010
によった．

目　　次

1. ドレスト光子とは何か ………………………………………… 1
   1.1 従来の光との比較 ………………………………………… 1
   1.2 ドレスト光子の関与する相互作用 ……………………… 4
   1.3 ナノ物質の間のエネルギー移動 ………………………… 6
   1.4 さらなる結合がもたらす新しい現象 …………………… 7

2. ドレスト光子の描像 …………………………………………… 10
   2.1 物質エネルギーの衣をまとった仮想光子 ……………… 10
   2.2 ドレスト光子の空間的広がり …………………………… 16
       2.2.1 ナノ寸法の副系に働く有効相互作用 ……………… 17
       2.2.2 寸法依存共鳴と階層性 ……………………………… 30

3. ドレスト光子によるエネルギー移動と緩和 ………………… 33
   3.1 二つのエネルギー準位に起因する結合状態 …………… 33
   3.2 ドレスト光子デバイスの概念 …………………………… 37
       3.2.1 二つの量子ドットを用いたドレスト光子デバイス … 38
       3.2.2 三つの量子ドットを用いたドレスト光子デバイス … 42

4. ドレスト光子とフォノンとの結合 …………………………… 51
   4.1 分子の解離現象と新しい理論モデルの必要性 ………… 51
       4.1.1 ドレスト光子による分子の特異な解離現象 ……… 51
       4.1.2 プローブの中の格子振動 …………………………… 54
   4.2 ハミルトニアンの変換 …………………………………… 58
       4.2.1 ユニタリ変換による対角化 ………………………… 58
       4.2.2 準粒子の意味 ………………………………………… 62
       4.2.3 振動の平衡位置の変位 ……………………………… 65
   4.3 ドレスト光子の停留の機構 ……………………………… 66

4.3.1　停留の起こる条件······································· 66
　　4.3.2　停留する位置··· 70
　4.4　ドレスト光子フォノンが関与する光の吸収と放出·················· 73

5. ドレスト光子によるデバイス·· 80
　5.1　ドレスト光子デバイスの構成と機能······························· 80
　　5.1.1　エネルギー散逸を利用するデバイス······················· 81
　　5.1.2　伝搬光との結合制御を利用するデバイス·················· 106
　5.2　ドレスト光子デバイスの性質···································· 109
　　5.2.1　消費エネルギー·· 109
　　5.2.2　耐タンパー性·· 116
　　5.2.3　スキュー耐性·· 117
　　5.2.4　エネルギー移動の自律性································ 120

6. ドレスト光子による加工·· 126
　6.1　ドレスト光子フォノンによる分子解離···························· 126
　　6.1.1　実験と理論との比較···································· 126
　　6.1.2　分子解離を用いた堆積·································· 132
　6.2　ドレスト光子フォノンによるリソグラフィ························ 135
　6.3　ドレスト光子フォノンの自律的な消滅過程を用いた微細加工········ 147
　　6.3.1　エッチングによる基板表面の平坦化······················ 148
　　6.3.2　堆積による基板表面の傷修復···························· 153
　　6.3.3　その他の関連する方法·································· 156

7. ドレスト光子によるエネルギー変換···································· 157
　7.1　光エネルギーから光エネルギーへの変換·························· 157
　　7.1.1　多段階励起·· 161
　　7.1.2　非縮退励起とパルス形状計測への応用···················· 169
　7.2　光エネルギーから電気エネルギーへの変換························ 174
　　7.2.1　多段階励起とそのための自律的な加工···················· 175
　　7.2.2　波長選択性および関連する特性·························· 180
　7.3　電気エネルギーから光エネルギーへの変換························ 185
　　7.3.1　デバイスの自律的な加工································ 186
　　7.3.2　デバイスの特性·· 188
　　7.3.3　各種デバイスへの適用·································· 193

8. ドレスト光子の空間的広がりと数理科学的取り扱い 199
- 8.1 階層性 199
  - 8.1.1 階層メモリ 201
  - 8.1.2 材料依存の階層性 203
  - 8.1.3 階層性と局所的なエネルギー散逸 204
  - 8.1.4 伝搬光とドレスト光子の区別の応用 207
- 8.2 電気四重極子から電気双極子への変換 210
- 8.3 プローブなどの不要な技術 213
  - 8.3.1 ドレスト光子による相互作用の空間分布の拡大転写 213
  - 8.3.2 量子ドット間のエネルギー移動の空間的変調 215
- 8.4 数理科学モデル 216
  - 8.4.1 ナノ物質の形成 218
  - 8.4.2 表面形状の統計的特性 223

9. まとめと展望 228
- 9.1 まとめ 228
- 9.2 今後の展望 231

A. 多重極ハミルトニアン 233

B. 素励起モードと励起子ポラリトン 238

C. 射影演算子と有効相互作用演算子 242
- C.1 射影演算子 242
- C.2 有効相互作用演算子 243
- C.3 近似的な表式 247
- C.4 第2章の (2.30) の導出 248

D. 光子の基底からポラリトンの基底への変換 250

E. 寸法依存共鳴の式の導出 253

F. 半導体量子ドットのエネルギー状態 257
- F.1 一粒子状態 257
- F.2 量子ドット中の電子・正孔対の状態 261

F.3 電気双極子禁制遷移 ································· 263
　F.3.1 ドレスト光子により励起する場合 ··············· 264
　F.3.2 伝搬光により励起する場合 ···················· 265

G. 密度行列演算子の量子マスター方程式の解 ············ 267
　G.1 二つの量子ドットの場合 ························ 267
　G.2 三つの量子ドットからなる XOR 論理ゲートの場合 ········ 268
　G.3 三つの量子ドットからなる AND 論理ゲートの場合 ········ 270

H. 第4章中の式の導出 ··························· 273
　H.1 ユニタリ変換 ······························· 273
　H.2 コヒーレント状態 ···························· 276
　H.3 コヒーレント状態の時間発展 ···················· 278
　　H.3.1 フォノンの場の励起確率 ··················· 278
　　H.3.2 フォノンの数の揺らぎ ···················· 281
　　H.3.3 不純物を含まない一次元格子の場合の固有値 ······· 282
　H.4 DP とフォノンが相互作用していない場合のハミルトニアンの対角化 ·· 284
　H.5 原子の変位の期待値 ·························· 285

参 考 文 献 ···································· 287

索　　引 ····································· 299

1

ドレスト光子とは何か

> Incipe quidquid agas, pro toto est prima operis pars.
> （どんなことであれ，なすべきことに着手せよ）
> Decimus Magnus Ausonius, *Idyllia*, XII

　本書ではドレスト光子（dressed photon，以下ではDPと略記する）とその応用について解説する．本章でまず，全体を通じて共通の考え方について要約する．詳細は第2章以降に記す．1.2節，1.3節中の()内の章，節の番号はその記述個所を表す．

1.1　従来の光との比較

　本章の冒頭にあたり次の簡単な質問を提示しよう．

[質問1]
　ガラスファイバの先端をナノ寸法まで尖らせ，側面に不透明膜を塗布する．その結果，先端部のみに透明なガラスが露出し，ナノ寸法の開口が形成される．このような開口付きの先鋭化ガラスファイバはファイバプローブ（以下ではプローブと略記する）と呼ばれており，本書で扱う技術分野で時折使われる．さて，このプローブを真空容器内に設置し，さらに分子の気体もこの容器に封入する．なお，この分子は紫外線を吸収して解離する性質をもつ．そしてプローブの後端部に可視光を入射する．
　ここで質問であるが，上記の分子が真空中を浮遊しつつ，図1.1に示すようにプローブ先端の開口近くに飛来したとき，分子は解離するであろうか？

[質問2]
　光リソグラフィとして知られている加工方法について考える．すなわち図1.2に示すように，結晶基板の上にフォトレジスト薄膜を塗布する．なお，このフォトレジストは紫外線を吸収して化学反応を起こし，構造が変化する性質をもつ．その上にナノ寸法の開口をもったフォトマスクを設置する．そしてその上面から可視光を照射する．
　ここで質問であるが，このフォトレジストにはフォトマスクの開口の形が転写されるであろうか？

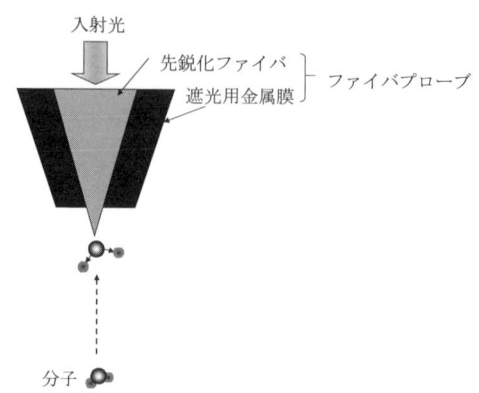

図 1.1 可視光とファイバプローブを使った分子の解離の実験

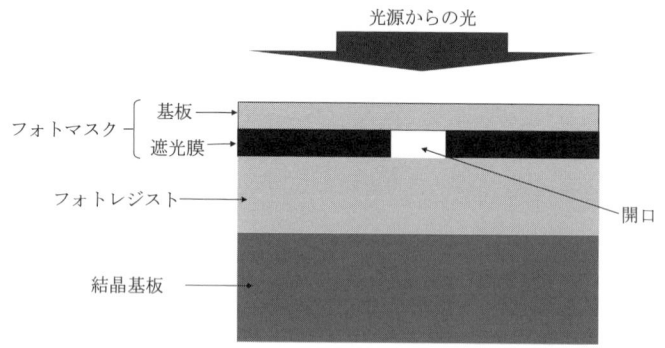

図 1.2 可視光とナノ寸法の開口をもつフォトマスクを使った光リソグラフィの実験

[質問 3]

巨視的な寸法をもつシリコン結晶を用いて発光ダイオードを作ることができるであろうか？

上記の三つの質問に対する解答がすべて「否」であることは従来の光技術の常識である．その理由は次のとおりである．

[質問 1]

開口の寸法は可視光の波長よりずっと小さいので，このプローブは可視光に対して遮断導波路になっている．従って光がプローブ中を進み，その先端に達しても開口を透過しないため，分子には光が照射されない．万が一透過しても可視光の光子エネルギーは紫外線のそれより小さいので分子に吸収されず，可視光はこの分子を解離することができない．

[質問 2]

上記の質問1と同様，開口の寸法は可視光の波長よりずっと小さいので光はフォトマスクを透過しない．従ってフォトレジストには光が照射されない．万が一透過しても可視光の光子エネルギーは紫外線のそれより小さいのでフォトレジストに吸収されず，このフォトレジストは化学反応を起こさない．

[質問 3]

シリコンは間接遷移型半導体だからである．自然放出により半導体から光を発生させるには電子を伝導帯から価電子帯へと帯間遷移させる必要がある．しかし間接遷移型半導体の場合，波数ベクトル（運動量）の関数として価電子帯，伝導帯中の電子のエネルギーを表したとき，両者の曲線の頂点，底における波数ベクトルの値は互いに異なる．従って帯間遷移のためには運動量の異なる電子と正孔とが再結合しなければならない．その際，運動量の保存則を満たすためには光子の他に運動量をもつフォノンをも同時に放出する必要がある．すなわち間接遷移型半導体では光・電子相互作用および電子・フォノン相互作用を通じて帯間遷移するので，その遷移確率は低い．従って間接遷移型半導体では自然放出の確率が小さく，発光効率が低い．

しかし最近の光科学技術の進歩により，これらの質問に対する解答はすべて「可」になっており，長年信じられてきた光技術の常識が覆されている．本書の目的の一つはこれらの解答が「可」となる理由を説明することである．

質問1，2の解答を「可」とするにはプローブおよびフォトマスクの開口近傍，すなわちナノ寸法の小さな物質（以下ではナノ物質と記す）の表面に小さな光が発生し，かつそのエネルギーが紫外線の光子エネルギーと同等の大きな値をもつと考える必要がある．さらに質問3の解答を「可」とするにはシリコン結晶中にもこの小さな光が発生し，運動量保存則を満たす助けをすると考える必要がある．なお，質問1，2，3の解答が「可」となる理由の詳細は各々6.1節，6.2節，7.3節に記述されている．このような小さな光が本書で扱うDPであり，DPとナノ物質との組合せにより実現した革新的な光技術はドレスト光子工学と呼ばれている．

表1.1にはドレスト光子工学の他に，使用する光と物質の組合せによって区別されるいくつかの光技術を示す．DPではなく伝搬光を使う技術は，これまでに発展してきた光技術に他ならない．伝搬光をナノ物質と組み合わせた光技術も最近になって開発されているが，これらはドレスト光子工学とは異なるので，上記の三つの質問に対

表 1.1 各種の光と物質との相互作用を利用した光技術の分類

	ナノ寸法の光（DP）	巨視的寸法の光（伝搬光）
ナノ寸法の物質	ドレスト光子工学（ナノフォトニクス）	プラズモニクス，メタマテリアル，フォトニック結晶
巨視的寸法の物質	——	既存のフォトニクス

し，依然として「否」という解答しか与えない．これらも含め，この表の右列にある既存の光技術では光の波動性が利用されている．

　DP の関わる現象・技術と伝搬光の関わる現象・技術との違いを見分ける一つの方法は光，電子，フォノンなどの運動量が保存されているか否かを調べることである．たとえば光の波数 k（光子の運動量に比例）の不確定性 Δk と位置 x の不確定性 Δx との間には不確定性関係 $\Delta k \cdot \Delta x \geq 1$ が存在するが，DP の場合，その寸法は光の波長 λ より小さく $\Delta x \ll \lambda$ である．従って $\Delta k \gg k$ となり，波数，すなわち運動量は不確定であり保存されない．つまり波数（運動量）を独立変数とし，それに対するエネルギーの値の依存性（これは分散関係と呼ばれている）を議論することができない．それに伴い，光に対する物質の応答の位相遅れを表す屈折率 n も基本的な物理量にはなりえない．他方，伝搬光の場合，$\Delta x \gg \lambda$ なので $\Delta k \ll k$ となり波数（運動量）は精度よく決まり保存される．従って伝搬光が関わる現象・技術では波数，運動量，分散関係，屈折率を使うことができる．光の波長以下の小さな寸法の物質を使った最近の技術としてプラズモニクス，メタマテリアル，フォトニック結晶などがある．これらは分散関係を用いて議論されており，伝搬光が関わった技術であることから，DP とは無縁である．

1.2　ドレスト光子の関与する相互作用

　自然界の基本構成要素は物質と電磁場（光）であるが，従来の光技術では材料工学の方法に頼って新物質を探索・開発してそれを加工し，伝搬光を効率よく発生，吸収する光デバイスを実現してきた．言い換えると新しい光を探索・開発するのではなく，伝搬光をそのまま使ってきた．いわば「光有りき」であり，従ってそのような光技術は「光を道具として使う技術」である．これに対し，ドレスト光子工学では新しい光である DP を探索・開発する．すなわち「光を探索・開発する技術」であり，革新技術と呼ばれている理由はここにある．本書ではそのような革新技術について紹介するが，その基礎を記述するには従来の光の古典論および量子論では不十分で，場の量子論などの概念が必要となる．

　従来の光の量子論では，波長に比べずっと十分大きい寸法をもつ空間を伝搬する電磁場を量子化することにより光子の描像を導出してきた．すなわち光子は量子化のために自由空間中に仮想的に設定された共振器の中の電磁モードに対応する．一方，光は質量をもたないのでその波動関数（状態関数）を座標表示することが難しく，従って電子のように局在した質点としての描像を得ることができない．DP の性質を理解するには以上のような光の性質に注意した上でナノ寸法領域における光と物質との間の相互作用について調べる必要がある．従って本書では従来の光の理論が取り扱って

いる伝搬光を対象とはしない．かつそれを古典論で扱うか，量子論で扱うかという区別もしない．ここではその代わりに光はナノ寸法か，巨視的寸法か，という切り口で議論を展開する．これにより 1.1 節に記したナノ寸法領域における波数，運動量，さらには位相の非保存の性質とともにエネルギーの性質についても詳しく調べる．

その議論のためにまず二つのナノ物質を考え，これらに光が照射されたときに両者の間でエネルギーが移動し，それが検出される様子を定式化する（2.1 節）．このとき二つのナノ物質の距離は光の波長よりずっと小さいが，電子のトンネル効果が起こらない程度に離れているとする．従って電子がナノ物質間を移動するのではなく，光子の媒介によりエネルギーが移動すると考えるべきである．すなわち，二つのナノ物質の間には何らかの電磁相互作用が生じている．ところで上記のようにナノ寸法領域では仮想的な共振器を設定することができないので，ここでは無数の電磁モードを考える必要がある．すなわち無数の周波数，偏光状態，エネルギーをもつ光が電子，正孔と相互作用する様子を取り扱わなくてはならない．これに伴い，電子，正孔についても無数のエネルギー状態を考える必要がある．

その考察の結果，ナノ物質表面には物質と独立な光子ではなく，電子・正孔のエネルギーの衣をまとった仮想光子が発生することが導出される．これが DP である．DP の場はナノ寸法領域において時間的にも空間的にも変調されており，特に時間的な変調特性は側波帯としての無数の固有エネルギーにより表される．なお，この反作用として電子・正孔対も光子のエネルギーの衣をまとうようになり，その固有エネルギーも同様の変調特性を示す．このようにして光子，電子・正孔対ともにそのエネルギーが変調されるという双対な関係が生ずる．二つのナノ物質の間でのエネルギーの移動は，第一のナノ物質に発生したこのような DP が消滅し，第二のナノ物質に発生するという描像により，すなわち DP の放出，吸収により記述することが可能となる．

筆者のこれまでの基礎研究では DP を近接場光と呼んでいた時期もあった [1-3]．この名称は DP の空間的な性質をよく表しているものの，物質との相互作用，特に電子・正孔対のエネルギーの衣をまとった仮想光子としての性質を表すには不十分である．そこで，より適切に表すために DP の名称が使われるようになった．さらにまた，筆者は近接場光あるいは DP を用いた光技術をナノフォトニクスと命名し，その技術開発にも取り組んできた [4-7]．しかし最近では表 1.1 の右列のプラズモニクス，メタマテリアル，フォトニック結晶などもナノフォトニクスの範疇に含める傾向が見られるようになった．これらは光と物質との相互作用の観点から DP とは異質の技術であることから，混乱を避けるために本来のナノフォトニクスはドレスト光子工学と呼ばれるようになった．

ところで実際のナノ物質は結晶基板に埋め込まれていたり，それに伝搬光が照射されたりしている．すなわちナノ物質は巨視的な物質・電磁場に囲まれているので，巨

視系に囲まれたナノ物質の間での電磁相互作用について考える必要がある (2.2 節).しかしナノ物質が周囲の巨視的な物質・電磁場と相互作用していることから,ここでも量子化のための仮想的な共振器を設定することができない.そこで入射光と巨視的な物質と電磁場とに囲まれたナノ物質の間の「有効相互作用」の大きさを記述する理論が構築された.この有効相互作用は「近接場光相互作用」とも呼ばれており,二つのナノ物質間の近接場光相互作用のポテンシャルエネルギーは湯川関数で与えられる.その値はナノ物質表面から遠ざかるにつれ急激に減少し,ナノ物質の寸法程度以上の距離では非常に小さい.すなわち上記の DP の場の空間的広がりの範囲は物質の寸法程度である. DP の場の空間的な変調特性はこの湯川関数により表される.そしてこの物質寸法依存性により相互作用において独特の空間的性質が現れ,それは「階層性」と呼ばれている.この性質は情報保護システムに応用されている (8.1〜8.3 節).

1.3 ナノ物質の間のエネルギー移動

ドレスト光子工学ではナノ物質として半導体の量子ドット (quantum dot, 以下では QD と略記する) と呼ばれる微粒子がしばしば使われている.互いに近距離に置かれた複数の QD の間での DP によるエネルギー移動と緩和の現象を記述するために,複数の QD の中の電子,正孔,励起子などの粒子のエネルギー準位が関与する相互作用について考察すると, QD 間で新しい結合状態を生じることがわかる.その際上記のように DP の場の空間的広がりはナノ物質寸法と同程度であることから,従来の光技術の常識であった「長波長近似」(光の波長が物質中の電子の平衡状態からの変位に比べ十分長いという近似) はもはや成り立たない.これに伴い伝搬光による励起の場合の電気双極子禁制も成り立たなくなるが,その結果, QD 間で新しい結合状態が生ずる.この結合状態はナノ寸法の光デバイス (以下では DP デバイスと略記する) に応用されている (第 5 章).すなわちこの DP デバイスを設計する場合,使用するエネルギー準位は電気双極子禁制でもよい.さらにこのような禁制のエネルギー準位を使うと,デバイス動作の際の伝搬光の影響を排除することができ,実用上有利である.

DP デバイスではナノ物質中の離散的なエネルギー準位に励起された電子,正孔,励起子などの粒子のもつエネルギーを近隣のナノ物質に移動させる.さらに熱浴中のフォノンを介したエネルギー散逸およびナノ物質間の量子コヒーレンスの破壊による緩和を利用し,一方向性のエネルギー移動を実現する (3.2 節).これにより一方のナノ物質から他方のナノ物質への信号伝送が完了し, DP デバイス動作が実現する.

1.4 さらなる結合がもたらす新しい現象

半導体などの実際の物質では電子だけではなく，結晶格子の存在を考える必要がある．結晶格子の振動運動の量子状態はフォノンと呼ばれているが，DP はフォノンとも相互作用することが知られている．その結果，ナノ物質の表面には DP とフォノンとが一体となった準粒子が発生し（第 4 章），このエネルギーは近隣のナノ物質に移動する．これにより特異な化学反応が実現する（第 6 章）．ただしナノ物質は寸法が有限であるため，並進対称性をもたず，従って波数が定義できないのでこの準粒子の運動量もまた DP と同様に非保存となる．この事情は巨視寸法をもつ物質の場合と大きく異なる．さらにナノ物質は有限系であることから，DP とフォノンとの相互作用の結果，フォノンはコヒーレント状態となる可能性がある．これも巨視的寸法をもつ物質との本質的な差異である．

DP とフォノンとの相互作用によって生成された準粒子はドレスト光子フォノン（以下では DPP と略記する）と呼ばれている．DP と同様，DPP の場もナノ寸法領域において時間的にも空間的にも変調されている．すなわち時間的な変調の結果，DPP は側波帯としての無数の固有エネルギーを有する．この反作用として電子・正孔対も光子とフォノンのエネルギーの衣をまとうようになり，その固有エネルギーも同様の変調特性を示す．これは DPP により励起されるナノ物質中の電子・正孔対の固有エネルギーも変調され側波帯を有することに他ならない．この側波帯は無数のフォノンの状態によって表される．一方，空間的な変調の結果，DPP の場は DP と同様ナノ物質表面にしみ出し，その空間的広がりの範囲はナノ物質寸法程度である．従ってこの範囲に第二のナノ物質があると，DPP のエネルギーはこれに移動する．その際，上記のように電子・正孔対のエネルギーが変調され，側波帯としての無数のフォノン状態が付随することから，電子状態とフォノン状態の直積で表される状態がエネルギー移動に関与するようになる．このエネルギー移動を利用して光エネルギーや電気エネルギーを上方変換する新しい技術が実現している（第 7 章）．

従来の伝搬光と物質との相互作用では電気双極子許容遷移のみが関与していた．従って物質中では電子状態のみを考慮すれば十分であった．その結果，この相互作用に起因する現象には材料中の電子のバンドギャップエネルギー E_g よりも大きい光子エネルギーの伝搬光のみが関与していた．言い換えるとこれより小さい光子エネルギーをもつ光（遮断波長 $\lambda_c = E_g/hc$ 以上の波長をもつ光）は吸収されなかった．他方，DPP が関与する現象ではそれが可能になり，その結果が上記のエネルギー上方変換技術である．

エレクトロニクスでは自然界の基本構成要素としての物質と電磁場（光）のうち物質を使い，それを加工してデバイスを作っている．同様にフォトニクスでも物質を加工し，それに伝搬光を吸収させ，あるいはそれから伝搬光を発生させて光デバイスを作って使う．これが表 1.1 の右列にある技術である．最近ではナノテクノロジーと呼ばれている技術が進展し，カーボンナノチューブや QD などのナノ物質が作られるようになった．これらの物質を光デバイスに使うとき，たとえばレーザー共振器の中にこれらを多数集めて設置し，レーザー媒質として使う．こうすると巨視的寸法の物質を使う場合に比べ，レーザーの性能がいくつか向上するといった利点を有する．しかしこれも所詮レーザーに他ならない．すなわち既存の機能を扱い，その性能を向上させる変革なので，これは量的変革と呼ばれている．

フォトニクス技術は西暦 1960 年のレーザーの発明以来急速に進歩し，1990 年代には成熟期を迎えた．しかし最近では光情報通信の高速化，大容量化，デバイスの小型化と小消費エネルギー化，光情報記録の高密度化，光加工の高分解能化などの社会の要請に応えることが難しくなっている．また，半導体を用いた光デバイスには希少物質，さらには有毒物質も用いられており，地球環境保護の問題に対処するのも難しくなっている．

これらの問題の一因は物質（その巨視的寸法，ナノ寸法にかかわらず）に伝搬光を組み合わせて使っていることである．すなわち光と物質の相互作用において光の波長程度の寸法にわたる空間的平均化がなされている．これは光の回折の現象をもたらし，上記の小型化，高密度化，高分解能化などの限界を与えることから，回折限界と呼ばれている．さらに上記の長波長近似が成り立つことから，電気双極子相互作用のみが関与している．従ってこの相互作用を許容する電子遷移が起こる物質を探索・開発し，それを加工して光デバイスを作る．このことは光デバイスの機能・性能は物質の種類，構造により一意に決まることを意味する．すなわち従来の光技術は波動光学の原理に基づき，材料工学の方法に頼って光デバイスを作っている．言い換えると，光と物質とを別々に扱ってきた．一方，ドレスト光子工学では物質エネルギーの衣をまとった光子としての DP，すなわち光と物質とが融合した準粒子を用いることから，これを「光・物質融合工学」と称することができる．すなわち新しい光としての DP の原理に基づき，光・物質融合工学の手法によって新しい機能が生まれ，技術の限界の打破が可能となった．これにより従来の光技術にはない機能が実現したので，この変革は質的変革と呼ばれている．

本書では DP とは何か，それが光科学技術へ及ぼす効果は何か，などについて述べる．そのためにまず理論的基礎を説明する．これは光科学，場の量子論，凝縮系物理の概念を組み合わせて構築されている．この基礎に立つと，1.1 節冒頭の三つの質問に対する解答を「可」とする記述が可能となり，それらが実験により証明され，光デ

バイス，光加工，光情報システムなどの広範な技術分野に応用された結果，今では光技術の限界が打破され質的変革が実現している．その副産物としての量的変革も実現している．今やドレスト光子工学は光技術の基盤を形成する革新技術としての役割を担い，大きく発展している．

なお，次章以下では光子，電子，正孔，電子・正孔対，フォノンなどの消滅，生成を表す演算子が多数使われるので，これらを表 1.2 にまとめて掲載しておく．

表 1.2　本書で使われている消滅演算子の記号

演算子の記号 （それが最初に現れる式の番号）	量子，準粒子
$\hat{a}$, (2.1)	光子
$\hat{\tilde{a}}$, (2.20)	ドレスト光子
$\hat{b}$, (2.1)	電子・正孔対（励起子）
$\hat{c}$, (4.16)	フォノン
$\hat{e}$, (2.3)	電子
$\hat{h}$, (2.3)	正孔
$\hat{\alpha}$, (4.30a)	ドレスト光子フォノン
$\hat{\xi}$, (2.27)	励起子ポラリトン

生成演算子はこれらのエルミート共役なので † を付記すればよい

2

ドレスト光子の描像

Veritatis simplex oratio est.
(真実を語る言葉は単純である)
Lucius Annaeus Seneca, *Epistulae*, XLIX,12

　本章ではまずナノ寸法領域において複数のモードの光と無数のエネルギー準位の電子・正孔対との相互作用を考え，ドレスト光子 (DP) の描像を導出する．これは光子と電子・正孔対とが結合した状態を表す準粒子である．この描像に基づき，二つのナノ物質に光が照射されたときに両者の間でエネルギーが移動し，それが検出される様子を把握する．次にドレスト光子の発生する系（ナノ系）は巨視的寸法の光と物質（巨視系）に囲まれていることに注意し，射影演算子法を用いてドレスト光子を介したナノ物質間の有効相互作用エネルギーの大きさを記述する．

2.1　物質エネルギーの衣をまとった仮想光子

　従来の光の量子論では波長に比べずっと十分大きい寸法をもつ空間を伝搬する電磁場を量子化することにより光子の描像を導出してきた [1]．光子は量子化のために自由空間中に仮想的に設定された共振器の中の電磁モードに対応する．光子は質量をもたないのでその波動関数（状態関数）を座標表示することが難しく，従って電子のように局在した質点としての描像を得ることができない [2]．しかし光波長より小さな寸法の検出器（たとえば原子のように光を吸収するもの）があれば，検出器寸法と同等の空間分解能で光子のエネルギーを検出することができる [3,4]．
　ドレスト光子 (DP) の性質を理解するには以上のような光子の性質に留意した上でナノ寸法領域における光子と電子との間の相互作用について調べる必要がある．そのためにまず複数のナノ物質がその寸法程度の距離を保って互いに近接し，それらが外界から孤立しており，伝搬光が照射されている場合を考える．簡単のために二つのナノ物質を考え，両者の間でエネルギーが移動し検出される様子を定式化する．ここでは二つのナノ物質の距離は光の波長よりずっと小さいが，電子のトンネル効果が起こらない程度に離れている場合を扱う．従ってナノ物質間での電子の移動ではなく，ナ

ノ物質間の電磁相互作用によりエネルギーが移動する.本節ではこの相互作用とエネルギーの移動を担う光子の描像を導出する.

このとき二つのナノ物質と光を互いに独立に扱うことはできない.なぜならそこには電磁場の揺らぎ（零点振動）に起因する仮想光子 (virtual photon) が物質から放出され,または物質に吸収されるからである.これは仮想過程（すなわちハイゼンベルクの不確定性原理の許容する範囲内でエネルギー保存則からずれた過程）と呼ばれるが,この仮想過程に起因し,ナノ物質は仮想光子の「雲」に取り囲まれ,仮想光子のエネルギーの衣をまとう.この反作用として,ナノ物質周囲の光の場のエネルギー自身にも影響を受ける.さらに二つのナノ物質の周囲の仮想光子の雲が互いに重なり合う.

以上は基底状態にあるナノ物質およびその周囲の仮想光子についての議論である.しかしナノ物質が励起状態にある場合には仮想光子に加えて実光子（伝搬光）の放出が可能なので,その解析には摂動理論が適用できない.この問題を解決するためにこれまで様々な試みがなされてきたが,緩和過程の記述も含む十分に精度の高い理論は確立していなかった.これを確立するために本節では励起状態も含め,ナノ物質の周囲の仮想光子について記述できる理論を提示する.この理論の利点はナノ物質間でのエネルギー移動を後掲のように DP の放出,吸収として記述できることである.以下ではナノ物質に閉じ込められた電子,正孔と相互作用する光子について考え,物質の周囲でどのような光子が生ずるのかを検討する.ただし光の波長よりずっと小さなナノ寸法領域では従来の光の量子論に用いられてきた仮想的な共振器を設定することができない.従ってここでは無数のモードの電磁場を考える必要があり,無数の周波数,偏光状態,エネルギーをもつ光を扱わなくてはならない.これに伴い電子,正孔についても無数のエネルギー状態を考える必要がある.

ナノ寸法領域に光子エネルギー $\hbar\omega_o$ をもった伝搬光が入射した場合,光と電子・正孔対との間の相互作用を記述するために多重極ハミルトニアン（付録 A 参照）

$$\hat{H} = \sum_{\boldsymbol{k}\lambda} \hbar\omega_{\boldsymbol{k}} \hat{a}_{\boldsymbol{k}\lambda}^{\dagger} \hat{a}_{\boldsymbol{k}\lambda} + \sum_{\alpha>F, \beta<F} (E_\alpha - E_\beta) \hat{b}_{\alpha\beta}^{\dagger} \hat{b}_{\alpha\beta} + \hat{H}_{\mathrm{int}} \qquad (2.1)$$

を用いる.右辺第一項はナノ寸法領域に発生する光子のエネルギーを表すが,ここでは上記のように仮想的な共振器を設定できないので,無数の角周波数 $\omega_{\boldsymbol{k}}$,偏光状態 λ,エネルギー $\hbar\omega_{\boldsymbol{k}}$ をもった光子の和になっている[*1].添字 $\boldsymbol{k}$ は波数ベクトルである.$\hat{a}_{\boldsymbol{k}\lambda}$, $\hat{a}_{\boldsymbol{k}\lambda}^{\dagger}$ は各々の光子の消滅,生成演算子を表す.これらの演算子の間の交換関係は

[*1] これは巨視的寸法をもつ物質中の励起子ポラリトン（付録 B）の場合とは異なる.すなわち付録 B の場合には仮想的な共振器が設定できるので,付録 B の (B.1) 右辺第一項には共振器の一つのモード,すなわち入射光と同じ角周波数 ω_o をもつ光子のエネルギーを記載すればよい.それに対し (2.1) 右辺第一項では無数の光子を記載せざるをえない.

$$\left[\hat{a}_{\boldsymbol{k}\lambda},\hat{a}_{\boldsymbol{k}'\lambda'}^{\dagger}\right]=\delta_{\boldsymbol{k}\boldsymbol{k}'}\delta_{\lambda\lambda'} \tag{2.2}$$

である.

　第二項は電子・正孔対のエネルギーであるが，第一項が $\boldsymbol{k}$, λ に関する和の形で表されていることに対応し，この項でも無数のエネルギーをもつ電子・正孔対の和として表されている．$E_\alpha - E_\beta$ は半導体の場合のバンドギャップエネルギーに相当し，F はフェルミ準位を表す.

$$\hat{b}_{\alpha\beta}=S\hat{e}_{\alpha}\hat{h}_{\beta} \tag{2.3a}$$

$$\hat{b}_{\alpha\beta}^{\dagger}=S^{*}\hat{e}_{\alpha}^{\dagger}\hat{h}_{\beta}^{\dagger} \tag{2.3b}$$

は各々電子と正孔とが同時に消滅，生成する演算子（すなわち電子・正孔対の消滅，生成演算子）である．ここで S は時間反転対称性を保つための複素数（S^* はその複素共役）であり，その絶対値は 1 である．$\hat{e}_\alpha$, $\hat{e}_\alpha^\dagger$ はエネルギー準位 α にある電子の消滅，生成演算子である．一方 $\hat{h}_\beta$, $\hat{h}_\beta^\dagger$ は正孔の消滅，生成演算子であり，β はそのエネルギー準位である．電子・正孔対はボーズ粒子であり，従って $\hat{b}_{\alpha\beta}$, $\hat{b}_{\alpha\beta}^\dagger$ は (2.2) と同様の交換関係

$$\left[\hat{b}_{\alpha\beta},\hat{b}_{\alpha'\beta'}^{\dagger}\right]=\delta_{\alpha\alpha'}\delta_{\beta\beta'} \tag{2.3c}$$

に従う.

　(2.1) の第三項は光子と電子・正孔対の相互作用を表し，

$$\hat{H}_{\text{int}}=-\int\hat{\psi}^{\dagger}(\boldsymbol{r})\boldsymbol{p}(\boldsymbol{r})\hat{\psi}(\boldsymbol{r})\cdot\hat{\boldsymbol{D}}^{\perp}(\boldsymbol{r})dv \tag{2.4}$$

である．ここで $\boldsymbol{p}(\boldsymbol{r})$ は電気双極子モーメントである．$\hat{\psi}(\boldsymbol{r})$ は電子・正孔対の場の消滅演算子である．これは電子，正孔の状態関数 $\varphi_{e\alpha}(\boldsymbol{r})$, $\varphi_{h\beta}(\boldsymbol{r})$ により

$$\hat{\psi}(\boldsymbol{r})=\sum_{\alpha>F}\varphi_{e\alpha}(\boldsymbol{r})\hat{e}_{\alpha}+\sum_{\beta<F}\varphi_{h\beta}(\boldsymbol{r})\hat{h}_{\beta} \tag{2.5}$$

と表される．生成演算子 $\hat{\psi}^\dagger(\boldsymbol{r})$ は (2.5) のエルミート共役演算子である．これらを (2.4) に代入し $\hat{e}_\alpha$, $\hat{e}_\alpha^\dagger$, $\hat{h}_\beta$, $\hat{h}_\beta^\dagger$ のうちの二つの積の中から，電子と正孔が同時に消滅，生成することを表す $\hat{e}_\alpha\hat{h}_\beta$, $\hat{e}_\alpha^\dagger\hat{h}_\beta^\dagger$ の項のみを残し，それを (2.3) を用いて表す．$\hat{\boldsymbol{D}}^\perp(\boldsymbol{r})$ は入射光子の電気変位ベクトルの演算子の横方向成分，すなわち波数ベクトル $\boldsymbol{k}$ に垂直な偏光成分であり，

$$\hat{\boldsymbol{D}}^{\perp}(\boldsymbol{r})=i\sum_{\boldsymbol{k}}\sum_{\lambda=1}^{2}N_{k}\boldsymbol{e}_{\boldsymbol{k}\lambda}(\boldsymbol{k})\left\{\hat{a}_{\boldsymbol{k}\lambda}(\boldsymbol{k})e^{i\boldsymbol{k}\cdot\boldsymbol{r}}-\hat{a}_{\boldsymbol{k}\lambda}^{\dagger}(\boldsymbol{k})e^{-i\boldsymbol{k}\cdot\boldsymbol{r}}\right\} \tag{2.6}$$

と表される[*2)]．ここでは平面波をモード関数として用いた．N_k は比例係数，$\boldsymbol{e}_{\boldsymbol{k}\lambda}(\boldsymbol{k})$

[*2)]　一般にベクトル場 $\boldsymbol{F}(\boldsymbol{r})$ の横方向成分は $\nabla\cdot\boldsymbol{F}^\perp=0$ により定義される．一方，縦方向成分は $\nabla\times\boldsymbol{F}^\parallel=0$ により定義される.

は偏光方向に沿った単位ベクトルである．以上の式には光子の波数，偏光，電子・正孔対のエネルギー準位に対応する和の記号が複数含まれているため複雑であるが，これらに注意した上で (2.5)，(2.6) を (2.4) に代入して相互作用ハミルトニアンを書き下すと

$$\hat{H}_{\rm int} = -i\sum_{\bm{k}\lambda} N_{\bm{k}} \sum_{\alpha>F,\beta<F} \int \Big(\varphi_{h\beta}^* \varphi_{e\alpha} \left(\bm{p}\cdot\bm{e}_{\bm{k}\lambda}(\bm{k}) \right) \hat{b}_{\alpha\beta}$$
$$+ \varphi_{e\alpha}^* \varphi_{h\beta} \left(\bm{p}\cdot\bm{e}_{\bm{k}\lambda}(\bm{k}) \right) \hat{b}_{\alpha\beta}^\dagger \Big) \left[\hat{a}_{\bm{k}\lambda} e^{i\bm{k}\cdot\bm{r}} - \hat{a}_{\bm{k}\lambda}^\dagger e^{-i\bm{k}\cdot\bm{r}} \right] dv$$
$$= -i\sum_{\bm{k}\lambda} N_{\bm{k}} \sum_{\alpha>F,\beta<F} \Big\{ \int \varphi_{h\beta}^* \varphi_{e\alpha} e^{i\bm{k}\cdot\bm{r}} \left(\bm{p}\cdot\bm{e}_{\bm{k}\lambda}(\bm{k}) \right) \hat{b}_{\alpha\beta} \hat{a}_{\bm{k}\lambda}$$
$$+ \int \varphi_{e\alpha}^* \varphi_{h\beta} e^{i\bm{k}\cdot\bm{r}} \left(\bm{p}\cdot\bm{e}_{\bm{k}\lambda}(\bm{k}) \right) \hat{b}_{\alpha\beta}^\dagger \hat{a}_{\bm{k}\lambda}$$
$$- \int \varphi_{h\beta}^* \varphi_{e\alpha} e^{-i\bm{k}\cdot\bm{r}} \left(\bm{p}\cdot\bm{e}_{\bm{k}\lambda}(\bm{k}) \right) \hat{b}_{\alpha\beta} \hat{a}_{\bm{k}\lambda}^\dagger$$
$$- \int \varphi_{e\alpha}^* \varphi_{h\beta} e^{-i\bm{k}\cdot\bm{r}} \left(\bm{p}\cdot\bm{e}_{\bm{k}\lambda}(\bm{k}) \right) \hat{b}_{\alpha\beta}^\dagger \hat{a}_{\bm{k}\lambda}^\dagger \Big\} dv \tag{2.7}$$

となる．

ここで電気双極子モーメントの空間分布のフーリエ変換を

$$\rho_{\beta\alpha\lambda}(\bm{k}) = \int \varphi_{h\beta}^*(\bm{r}) \varphi_{e\alpha}(\bm{r}) \left(\bm{p}(\bm{r}) \cdot \bm{e}_{\bm{k}\lambda}(\bm{k}) \right) e^{i\bm{k}\cdot\bm{r}} dv \tag{2.8a}$$

$$\rho_{\beta\alpha\lambda}^*(\bm{k}) = \int \varphi_{e\alpha}^*(\bm{r}) \varphi_{h\beta}(\bm{r}) \left(\bm{p}(\bm{r}) \cdot \bm{e}_{\bm{k}\lambda}(\bm{k}) \right) e^{-i\bm{k}\cdot\bm{r}} dv \tag{2.8b}$$

$$\rho_{\alpha\beta\lambda}(\bm{k}) = \int \varphi_{e\alpha}^*(\bm{r}) \varphi_{h\beta}(\bm{r}) \left(\bm{p}(\bm{r}) \cdot \bm{e}_{\bm{k}\lambda}(\bm{k}) \right) e^{i\bm{k}\cdot\bm{r}} dv \tag{2.9a}$$

$$\rho_{\alpha\beta\lambda}^*(\bm{k}) = \int \varphi_{h\beta}^*(\bm{r}) \varphi_{e\alpha}(\bm{r}) \left(\bm{p}(r) \cdot \bm{e}_{\bm{k}\lambda}(\bm{k}) \right) e^{-i\bm{k}\cdot\bm{r}} dv \tag{2.9b}$$

と書くと (2.7) は

$$\hat{H}_{\rm int} = -i\sum_{\bm{k}\lambda} N_{\bm{k}} \sum_{\alpha>F,\beta<F} \{ \rho_{\beta\alpha\gamma}(\bm{k}) \hat{b}_{\alpha\beta} \hat{a}_{\bm{k}\lambda} + \rho_{\alpha\beta\lambda}(\bm{k}) \hat{b}_{\alpha\beta}^\dagger \hat{a}_{\bm{k}\lambda}$$
$$- \rho_{\alpha\beta\lambda}^*(\bm{k}) \hat{b}_{\alpha\beta} \hat{a}_{\bm{k}\lambda}^\dagger - \rho_{\beta\alpha\lambda}^*(\bm{k}) \hat{b}_{\alpha\beta}^\dagger \hat{a}_{\bm{k}\lambda}^\dagger \}$$
$$= -i\sum_{\bm{k}\lambda} N_{\bm{k}} \sum_{\alpha>F,\beta<F} \Big\{ \left[\rho_{\beta\alpha\gamma}(\bm{k}) \hat{b}_{\alpha\beta} + \rho_{\alpha\beta\lambda}(\bm{k}) \hat{b}^\dagger{}_{\alpha\beta} \right] \hat{a}_{\bm{k}\lambda}$$
$$- \left[\rho_{\alpha\beta\lambda}^*(\bm{k}) \hat{b}_{\alpha\beta} + \rho_{\beta\alpha\lambda}^*(\bm{k}) \hat{b}^\dagger{}_{\alpha\beta} \right] \hat{a}_{\bm{k}\lambda}^\dagger \Big\} \tag{2.10}$$

となる．さらに

$$\hat{\gamma}_{\alpha\beta\lambda}(\bm{k}) = \rho_{\alpha\beta\lambda}^*(\bm{k}) \hat{b}_{\alpha\beta} + \rho_{\beta\alpha\lambda}^*(\bm{k}) \hat{b}_{\alpha\beta}^\dagger \tag{2.11}$$

$$\hat{\gamma}_{\alpha\beta\lambda}^\dagger(\bm{k}) = \rho_{\alpha\beta\lambda}(\bm{k}) \hat{b}_{\alpha\beta}^\dagger + \rho_{\beta\alpha\lambda}(\bm{k}) \hat{b}_{\alpha\beta} \tag{2.12}$$

とおくと (2.10) は

$$\hat{H}_{\text{int}} = -i \sum_{\boldsymbol{k}\lambda} N_{\boldsymbol{k}} \sum_{\alpha > F, \beta < F} \left(\hat{\gamma}^{\dagger}_{\alpha\beta\lambda}(\boldsymbol{k}) \hat{a}_{\boldsymbol{k}\lambda} - \hat{\gamma}_{\alpha\beta\lambda}(\boldsymbol{k}) \hat{a}^{\dagger}_{\boldsymbol{k}\lambda} \right) \tag{2.13}$$

となる.

(2.13) を (2.1) に代入し，全ハミルトニアンを対角化するためにユニタリ変換の演算子

$$\hat{U} = e^{\hat{S}} \tag{2.14a}$$

を用いる．ただし

$$\hat{U}^{\dagger} = \hat{U}^{-1} \tag{2.14b}$$

であり，$\hat{S}$ は $\hat{S} = -\hat{S}^{\dagger}$ なる性質をもつ反エルミート演算子

$$\hat{S} = -i \sum_{\boldsymbol{k}\lambda} N_{\boldsymbol{k}} \sum_{\alpha > F, \beta < F} \left(\hat{\gamma}^{\dagger}_{\alpha\beta\lambda}(\boldsymbol{k}) \hat{a}_{\boldsymbol{k}\lambda} + \hat{\gamma}_{\alpha\beta\lambda}(\boldsymbol{k}) \hat{a}^{\dagger}_{\boldsymbol{k}\lambda} \right) \tag{2.15}$$

である．(2.14) を (2.1) の $\hat{H}$ に作用させた結果を $\tilde{H}$ と書くとそれは

$$\tilde{H} = \hat{U}^{-1} \hat{H} \hat{U} = \sum_{\boldsymbol{k}\lambda} \sum_{\alpha > F, \beta < F} \left[\hbar \omega'_{\boldsymbol{k}} \tilde{a}^{\dagger}_{\boldsymbol{k}\lambda} \tilde{a}_{\boldsymbol{k}\lambda} + \left(E'_{\alpha} - E'_{\beta} \right) \tilde{b}^{\dagger}_{\alpha\beta} \tilde{b}_{\alpha\beta} \right] \tag{2.16}$$

と対角化される．この状態は (2.1) 中の角周波数 $\omega_{\boldsymbol{k}}$, $(E_{\alpha} - E_{\beta})/\hbar$ をもつ二つの振動子が結合することにより角周波数 $\omega'_{\boldsymbol{k}}$, $(E'_{\alpha} - E'_{\beta})/\hbar$ の新しい基準振動を生じることに相当する．ここで右辺第一項の $\hbar \omega'_{\boldsymbol{k}}$, $\tilde{a}_{\boldsymbol{k}\lambda}$, $\tilde{a}^{\dagger}_{\boldsymbol{k}\lambda}$ は各々新たな量子の固有エネルギー，その量子の消滅，生成演算子である．同様に第二項の $E'_{\alpha} - E'_{\beta}$, $\tilde{b}_{\alpha\beta}$, $\tilde{b}^{\dagger}_{\alpha\beta}$ はもう一つの新たな量子の固有エネルギー，消滅，生成演算子である．この中で消滅演算子 $\tilde{a}_{\boldsymbol{k}\lambda}$ は公式

$$\tilde{a}_{\boldsymbol{k}\lambda} = \hat{U}^{-1} \hat{a}_{\boldsymbol{k}\lambda} \hat{U} = \hat{a}_{\boldsymbol{k}\lambda} + \left[\hat{a}_{\boldsymbol{k}\lambda}, \hat{S} \right] + \frac{1}{2!} \left[\left[\hat{a}_{\boldsymbol{k}\lambda}, \hat{S} \right], \hat{S} \right] + \cdots \tag{2.17}$$

により求められる．すなわち (2.2) の交換関係を使うと

$$\begin{aligned}
\left[\hat{a}_{\boldsymbol{k}\lambda}, \hat{S} \right] &= \left[\hat{a}_{\boldsymbol{k}\lambda}, -i \sum_{\boldsymbol{k}\lambda} N_{\boldsymbol{k}} \sum_{\alpha > F, \beta < F} \hat{\gamma}_{\alpha\beta\lambda}(\boldsymbol{k}) \hat{a}^{\dagger}_{\boldsymbol{k}\lambda} \right] = -i N_{\boldsymbol{k}} \sum_{\alpha > F, \beta < F} \hat{\gamma}_{\alpha\beta\gamma}(\boldsymbol{k}) \\
&= -i N_{\boldsymbol{k}} \sum_{\alpha > F, \beta < F} \left(\rho^{*}_{\alpha\beta\lambda}(\boldsymbol{k}) \hat{b}_{\alpha\beta} + \rho^{*}_{\beta\alpha\lambda}(\boldsymbol{k}) \hat{b}^{\dagger}_{\alpha\beta} \right)
\end{aligned} \tag{2.18}$$

となるので，これを (2.17) に代入し $\hat{S}$ の最低次の項のみ残すと

$$\tilde{a}_{\boldsymbol{k}\lambda} = \hat{a}_{\boldsymbol{k}\lambda} - i N_{\boldsymbol{k}} \sum_{\alpha > F, \beta < F} \left(\rho^{*}{}_{\alpha\beta\lambda}(\boldsymbol{k}) \hat{b}_{\alpha\beta} + \rho^{*}{}_{\beta\alpha\lambda}(\boldsymbol{k}) \hat{b}^{\dagger}_{\alpha\beta} \right) \tag{2.19}$$

となる．同様に

2.1 物質エネルギーの衣をまとった仮想光子

$$\tilde{a}_{\boldsymbol{k}\lambda}^{\dagger} = \hat{U}^{-1}\hat{a}_{\boldsymbol{k}\lambda}^{\dagger}\hat{U} = \hat{a}_{\boldsymbol{k}\lambda}^{\dagger} + \left[\hat{a}_{\boldsymbol{k}\lambda}^{\dagger},\hat{S}\right] + \frac{1}{2!}\left[\left[\hat{a}_{\boldsymbol{k}\lambda}^{\dagger},\hat{S}\right],\hat{S}\right] + \cdots \tag{2.20}$$

$$\left[\hat{a}_{\boldsymbol{k}\lambda}^{\dagger},\hat{S}\right] = \left[\hat{a}_{\boldsymbol{k}\lambda}^{\dagger}, -i\sum_{\boldsymbol{k}\lambda}N_{\boldsymbol{k}}\sum_{\alpha>F,\beta<F}\hat{\gamma}_{\alpha\beta\lambda}^{\dagger}(\boldsymbol{k})\,\hat{a}_{\boldsymbol{k}\lambda}\right] = iN_{\boldsymbol{k}}\sum_{\alpha>F,\beta<F}\hat{\gamma}_{\alpha\beta\lambda}^{\dagger}(\boldsymbol{k})$$

$$= iN_{\boldsymbol{k}}\sum_{\alpha>F,\beta<F}\left(\rho_{\alpha\beta\lambda}(\boldsymbol{k})\,\hat{b}_{\alpha\beta}^{\dagger} + \rho_{\beta\alpha\lambda}(\boldsymbol{k})\,\hat{b}_{\alpha\beta}\right) \tag{2.21}$$

従って

$$\tilde{a}_{\boldsymbol{k}\lambda}^{\dagger} = \hat{a}_{\boldsymbol{k}\lambda}^{\dagger} + iN_{\boldsymbol{k}}\sum_{\alpha>F,\beta<F}\left(\rho_{\alpha\beta\lambda}(\boldsymbol{k})\,\hat{b}_{\alpha\beta}^{\dagger} + \rho_{\beta\alpha\lambda}(\boldsymbol{k})\,\hat{b}_{\alpha\beta}\right) \tag{2.22}$$

となる.

(2.19) は光子の演算子 $\hat{a}_{\boldsymbol{k}\lambda}$ に電子・正孔対の演算子 $\hat{b}_{\alpha\beta}$ に比例する項が付加された演算子である. すなわちこの演算子で表される場は物質とは独立の光子ではなく，電子・正孔対のエネルギー（物質エネルギー）の衣をまとった光子と考えられる. ここで $\boldsymbol{k}$, λ について和をとった $\sum_{\boldsymbol{k}\lambda}\tilde{a}_{\boldsymbol{k}\lambda}$, $\sum_{\boldsymbol{k}\lambda}\tilde{a}_{\boldsymbol{k}\lambda}^{\dagger}$ によって表される光子が DP である. (2.19), (2.22) の右辺第二項, 第三項にある $\rho_{\alpha\beta\lambda}(\boldsymbol{k})$, $\rho_{\beta\alpha\lambda}(\boldsymbol{k})$ およびそれらの複素共役は DP が光子と電子・正孔対の相互作用に起因して発生していることを表している. また, その相互作用の空間的広がりの寸法の目安は (2.8), (2.9) の $\rho_{\alpha\beta\lambda}(\boldsymbol{k})$, $\rho_{\beta\alpha\lambda}(\boldsymbol{k})$ に含まれる $\varphi_{e\alpha}^{*}(\boldsymbol{r})\,\varphi_{h\beta}(\boldsymbol{r})$, $\varphi_{h\beta}^{*}(\boldsymbol{r})\,\varphi_{e\alpha}(\boldsymbol{r})$ により与えられるが, これらの式のみでは空間的広がりの議論は不十分である. なぜならば $\varphi_{e\alpha}(\boldsymbol{r})$, $\varphi_{h\beta}(\boldsymbol{r})$ は各々電子, 正孔の状態関数に他ならず, そのナノ物質の外側へのしみ出し長さは非常に短い. 空間的広がりについての詳細な議論は次の 2.2 節で与えられるが, その結果, 上記の相互作用の空間的広がりはナノ物質の寸法程度であることが導出される. つまり DP の特徴はナノ物質の寸法表面からその寸法程度離れたところまでの空間で顕著に現れる. なお, その導出の際, エネルギー保存則との関係から本章冒頭に記した仮想光子としての描像が明らかになる.

(2.19), (2.22) で記した DP の消滅, 生成演算子を用いることにより, 二つのナノ物質間の相互作用は第一のナノ物質に発生した DP が消滅し, 第二のナノ物質に発生するというエネルギー移動として, すなわち DP の放出, 吸収として記述することができる. ここで上記のように DP の空間的広がりの寸法はナノ物質の寸法程度であることから, 二つのナノ物質をそれらの寸法程度まで近づけることにより, 両者間での DP の放出, 吸収が実現する. この現象は DP のトンネル効果と考えることができる. なお, 両者を近づけすぎると電子のトンネル効果が起こり, 第 5 章の DP デバイスは光デバイスではなくなるので, 不都合である.

(2.16) 中の第二の量子の消滅, 生成演算子 $\tilde{b}_{\alpha\beta}$, $\tilde{b}_{\alpha\beta}^{\dagger}$ も上記と同様の方法により変形される. すなわち

$$\tilde{b}_{\alpha\beta} = \hat{U}^{-1}\hat{b}_{\alpha\beta}\hat{U} = \hat{b}_{\alpha\beta} - i\sum_{\boldsymbol{k}\lambda}\left(\rho_{\alpha\beta\lambda}(\boldsymbol{k})\,\hat{a}_{\boldsymbol{k}\lambda} + \rho^{*}_{\beta\alpha\lambda}(\boldsymbol{k})\,\hat{a}^{\dagger}_{\boldsymbol{k}\lambda}\right) \quad (2.23\mathrm{a})$$

$$\tilde{b}^{\dagger}_{\alpha\beta} = \hat{U}^{-1}\hat{b}^{\dagger}_{\alpha\beta}\hat{U} = \hat{b}^{\dagger}_{\alpha\beta} - i\sum_{\boldsymbol{k}\lambda}\left(\rho_{\beta\alpha\lambda}(\boldsymbol{k})\,\hat{a}_{\boldsymbol{k}\lambda} + \rho^{*}_{\alpha\beta\lambda}(\boldsymbol{k})\,\hat{a}^{\dagger}_{\boldsymbol{k}\lambda}\right) \quad (2.23\mathrm{b})$$

である．ここで α, β について和をとった $\sum_{\alpha>F,\beta<F}\tilde{b}_{\alpha\beta}$, $\sum_{\alpha>F,\beta<F}\tilde{b}^{\dagger}_{\alpha\beta}$ は光子のエネルギーの衣をまとった電子・正孔対の消滅，生成演算子を表す．しかし上記のように二つのナノ物質は電子のトンネル効果が起こるほど近づいていないので，両者間の相互作用は DP の消滅，生成を表す演算子 $\sum_{\boldsymbol{k}\lambda}\tilde{a}_{\boldsymbol{k}\lambda}$, $\sum_{\boldsymbol{k}\lambda}\tilde{a}^{\dagger}_{\boldsymbol{k}\lambda}$ を用いて議論する．

巨視的寸法をもつ物質中の励起子ポラリトン（付録 B）とは異なり，ナノ寸法領域中では波数，運動量，従って位相が保存されないので，各々 $\sum_{\boldsymbol{k}\lambda}\tilde{a}_{\boldsymbol{k}\lambda}$, $\sum_{\boldsymbol{k}\lambda}\tilde{a}^{\dagger}_{\boldsymbol{k}\lambda}$ で表される DP の消滅，生成，および各々 $\sum_{\alpha>F,\beta<F}\tilde{b}_{\alpha\beta}$, $\sum_{\alpha>F,\beta<F}\tilde{b}^{\dagger}_{\alpha\beta}$ で表される電子・正孔対の消滅，生成は互いに時間的および空間的に逆位相で生ずるわけではない．つまりそれらの古典的な描像としての波の振幅は付録 B の末尾に記すような単純な三角関数では表されず，時間的および空間的に脈動し変調されている．その変調の各々の側波帯の角周波数が (2.16) 右辺第一項中の $\omega'_{\boldsymbol{k}}$ である．その双対な関係として，光子のエネルギーの衣をまとった電子・正孔対の固有エネルギー（(2.16) 右辺第二項中の $E'_{\alpha} - E'_{\beta}$）も同様の変調特性を有する．

2.2　ドレスト光子の空間的広がり

前節末尾では DP の時間的な変調の特性を表す固有エネルギーの側波帯について記した．次に本節では DP の空間的な変調の特性について調べる．なお，前節では外界から孤立したナノ物質に光が照射された場合を考えた．しかし実際にはナノ物質の周囲には巨視的寸法の物質がある．たとえばナノ物質を搭載する基板や，ナノ物質を埋め込んだ母体結晶などである．また入射光もナノ物質周囲にある巨視的寸法の電磁場といえる．このように実際のナノ物質（ナノ系）は巨視的な物質・電磁場に囲まれているので，前節のようなナノ物質間の相互作用とエネルギー移動を考えるとき，その周囲の巨視系の効果を考慮する必要がある．そこで本節では巨視系に囲まれた複数のナノ物質の間での電磁相互作用について考える．この場合にも量子化のための仮想的な共振器を設定することが難しい．なぜならナノ物質は依然としてナノ寸法領域にあり，さらにこれらは周囲の巨視的物質と結びついているからである．本章ではこれらの問題を解決し，DP の空間的な変調の特性の詳細を記述する [5]．

巨視的物質と入射光とに囲まれた二つのナノ物質（図 2.1）の間の有効相互作用の大きさを求めるため，射影演算子を用いてその他の相互作用を繰り込む（付録 C 参照）．この有効相互作用は近接場光相互作用と呼ばれている [6,7]．その結果，後掲の (2.76)

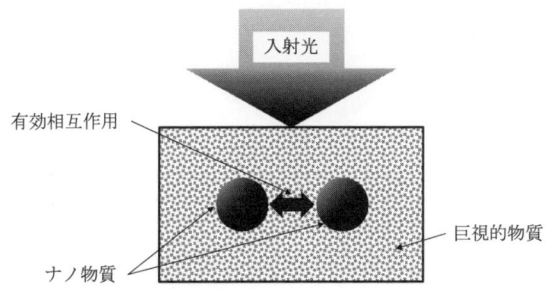

図 2.1 巨視的物質と電磁場とに囲まれた二つのナノ物質の間の有効相互作用

で示されるように，互いの距離が r である二つのナノ物質間の近接場光相互作用ポテンシャルエネルギーは

$$V_{\text{eff}} = \frac{e^{-r/a}}{r} \tag{2.24}$$

なる湯川関数にて与えられる．ここで a は相互作用長を表しナノ物質の寸法に相当するが，光波長にはよらない．これは DP がナノ物質表面に局在することを表す．すなわちナノ物質間での電磁相互作用は DP のエネルギーがナノ物質間を移動することにより生ずると考えてよい [8-10]．本節では射影演算子を用い，有効相互作用を表す演算子 $\hat{V}_{\text{eff}}$ （付録 C の (C.25)）により近接場光相互作用を記述する式を導出する [6,11]．

2.2.1 ナノ寸法の副系に働く有効相互作用

図 2.1 に示すように，ここで考える物質と光からなる系は二つの副系からなっている．一つはナノ寸法の副系であり，二つのナノ物質からなる．もう一つは入射光を含んだ巨視的寸法の副系であり，その寸法は入射光の波長より十分大きい．全系をこれら二つの副系に分けると図 2.2 のようになるが，これら二つの副系は互いに相互作用している．

ナノ寸法の副系を「副系 n」，巨視的寸法の副系を「副系 M」と呼ぶことにする．我々は副系 n に誘起される相互作用に興味があるので，以下では副系 M に起因する効果をその相互作用に繰り込む．

a. 元来の相互作用と有効相互作用

副系 M に囲まれた二つのナノ物質 s と p との間の元来の相互作用を表す演算子を電気双極子近似

$$\hat{V} = -\frac{1}{\varepsilon_0} \left\{ \hat{\boldsymbol{p}}_{\text{s}} \cdot \hat{\boldsymbol{D}}^{\perp}(\boldsymbol{r}_{\text{s}}) + \hat{\boldsymbol{p}}_{\text{p}} \cdot \hat{\boldsymbol{D}}^{\perp}(\boldsymbol{r}_{\text{p}}) \right\} \tag{2.25}$$

により表す（付録 A の (A.23)）．$\hat{\boldsymbol{p}}_{\alpha}$ は電気双極子演算子である ($\alpha = \text{s,p}$)．$\boldsymbol{r}_{\text{s}}$, $\boldsymbol{r}_{\text{p}}$ はナノ物質 s, p の位置を表す．$\hat{\boldsymbol{D}}^{\perp}(\hat{\boldsymbol{r}})$ は入射光の電気変位ベクトルの演算子の横方向成分であり，それは (2.6) で与えられている．

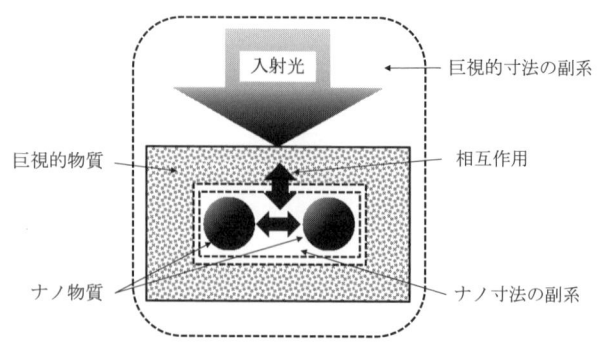

図 2.2 ナノ寸法の副系と巨視的寸法の副系

入射光は巨視的物質中を伝搬した後，ナノ物質 s，p に達しこれらを励起するので，副系 M を記述する為に励起子ポラリトン状態（付録 D）を基底として使う．そのために (2.6) の中にある光子の消滅，生成演算子を励起子ポラリトンに関する消滅，生成演算子 $\hat{\xi}(\boldsymbol{k})$, $\hat{\xi}^\dagger(\boldsymbol{k})$ により書き直した後，(2.25) に代入する．また電気双極子演算子を

$$\hat{\boldsymbol{p}}_\alpha = \left\{\hat{b}(\boldsymbol{r}_\alpha) + \hat{b}^\dagger(\boldsymbol{r}_\alpha)\right\}\boldsymbol{p}_\alpha \tag{2.26}$$

と表す．ここで $\hat{b}(\boldsymbol{r}_\alpha)$, $\hat{b}^\dagger(\boldsymbol{r}_\alpha)$ は電子・正孔対（励起子）の消滅，生成演算子，$\boldsymbol{p}_\alpha$ は電気双極子モーメントである．その結果，励起子ポラリトンの描像による元来の相互作用の演算子は

$$\hat{V} = -i\sum_{\alpha=\mathrm{s}}^{\mathrm{p}}\sum_{\boldsymbol{k}}\sqrt{\frac{\hbar}{2\varepsilon_0 V}}\left(\hat{b}(\boldsymbol{r}_\alpha) + \hat{b}^\dagger(\boldsymbol{r}_\alpha)\right)\left(K_\alpha(\boldsymbol{k})\hat{\xi}(\boldsymbol{k}) - K_\alpha^*(\boldsymbol{k})\hat{\xi}^\dagger(\boldsymbol{k})\right) \tag{2.27}$$

と表される．ここで ε_0 は真空誘電率，V は副系 M の中の励起子ポラリトンを書下す為に巨視的物質中に設定した仮想的な共振器の体積である．$K_\alpha(\boldsymbol{k})$, $K_\alpha^*(\boldsymbol{k})$ は各々副系 M 中の励起子ポラリトンと副系 n との間の結合係数，およびその複素共役であり，付録 D の (D.18) によれば

$$K_\alpha(\boldsymbol{k}) = \sum_{\lambda=1}^{2}(\boldsymbol{p}_\alpha\cdot\boldsymbol{e}_\lambda(\boldsymbol{k}))f(k)e^{i\boldsymbol{k}\cdot\boldsymbol{r}_\alpha} \tag{2.28}$$

である．ここで $\boldsymbol{e}_\lambda(\boldsymbol{k})$ は光子の偏光方向を表す単位ベクトルであり，$f(k)$ は付録 D の (D.19) により与えられているが，これは改めて (2.70) に示す．

以上の準備のもとに副系 n 中で働く有効相互作用エネルギーの大きさを求める．そのために副系 n と副系 M からなる全系の状態 $|\psi\rangle$ を，基底となる二つの関数空間に分ける．そのうちの一つを P 空間と呼ぶ．もう一つはその補空間であり Q 空間と呼ぶ．この区別のもとに P 空間でのナノ物質 s，p の間の有効相互作用を求める．相互

作用前の P 空間の状態を $|\phi_{\text{Pi}}\rangle$（始状態），相互作用後の状態を $|\phi_{\text{Pf}}\rangle$（終状態）と表すと有効相互作用エネルギーの大きさは

$$V_{\text{eff}} = \langle \phi_{\text{Pf}} | \hat{V}_{\text{eff}} | \phi_{\text{Pi}} \rangle \tag{2.29}$$

であるが，この式右辺中の有効相互作用の演算子 $\hat{V}_{\text{eff}}$ は元来の相互作用演算子 $\hat{V}$ ((2.27)) を用いて

$$\hat{V}_{\text{eff}} = \sum_j \hat{P}\hat{V}\hat{Q} |\phi_{\text{Q}j}\rangle \langle \phi_{\text{Q}j}| \hat{Q}\hat{V}\hat{P} \left(\frac{1}{E_{\text{Pi}}^0 - E_{\text{Q}j}^0} + \frac{1}{E_{\text{Pf}}^0 - E_{\text{Q}j}^0} \right) \tag{2.30}$$

で与えられる（付録 C の (C.44) 参照）．従って (2.29) は

$$V_{\text{eff}} = \sum_j \langle \phi_{\text{Pf}} | \hat{P}\hat{V}\hat{Q} |\phi_{\text{Q}j}\rangle \langle \phi_{\text{Q}j}| \hat{Q}\hat{V}\hat{P} |\phi_{\text{Pi}}\rangle \left(\frac{1}{E_{\text{Pi}}^0 - E_{\text{Q}j}^0} + \frac{1}{E_{\text{Pf}}^0 - E_{\text{Q}j}^0} \right) \tag{2.31}$$

となる．ここで $\hat{P}$ は P 空間の射影演算子であり任意の状態関数 $|\psi\rangle$ を P 空間に射影する働きをもつ（付録 C の (C.3) 参照）．すなわちこの演算子は P 空間の基底 $\{|\phi_{\text{P}j}\rangle\}$ により

$$\hat{P} = \sum_j |\phi_{\text{P}j}\rangle \langle \phi_{\text{P}j}| \tag{2.32}$$

と表される．$\hat{Q}$ は Q 空間の射影演算子であり，Q 空間の基底 $\{|\phi_{\text{Q}j}\rangle\}$ により

$$\hat{Q} = \sum_j |\phi_{\text{Q}j}\rangle \langle \phi_{\text{Q}j}| \tag{2.33}$$

と表される．また E_{Pi}^0, E_{Pf}^0 は各々 P 空間の始状態，終状態の固有エネルギー，$E_{\text{Q}j}^0$ は Q 空間の中間状態 $|\phi_{\text{Q}j}\rangle$ の固有エネルギーである．有効相互作用演算子 $\hat{V}_{\text{eff}}$ が (2.30) のように演算子 $\hat{P}$, $\hat{Q}$ によって表されることは元来の相互作用が各々 P 空間，Q 空間の影響を受けて遮蔽されていることを意味している．また，(2.31) の右辺は P 空間の始状態 $|\phi_{\text{Pi}}\rangle$ から Q 空間の中間状態 $|\phi_{\text{Q}j}\rangle$ への仮想遷移，そして引き続き中間状態 $|\phi_{\text{Q}j}\rangle$ から P 空間の終状態 $|\phi_{\text{Pf}}\rangle$ への仮想遷移に相当している．

b. 有効相互作用の大きさ

P 空間の始状態 $|\phi_{\text{Pi}}\rangle$ として副系 n 中のナノ物質 s, p の電子・正孔対（励起子）が各々励起状態 $|s_{\text{ex}}\rangle$，基底状態 $|p_{\text{g}}\rangle$ にあり，また副系 M 中には励起子ポラリトンが真空状態 $|0_{(\text{M})}\rangle$ にある場合を考える．すなわち

$$|\phi_{\text{Pi}}\rangle = |s_{\text{ex}}\rangle |p_{\text{g}}\rangle \otimes |0_{(\text{M})}\rangle \tag{2.34}$$

である．$\otimes$ は直積を表す[*3]．相互作用の結果，エネルギーがナノ物質 s から p へ移

[*3] 量子力学において演算子を行列で，状態をベクトルで表すことが多いので，ここでは直積の

動する場合を考えると，相互作用後の終状態 $|\phi_{\mathrm{Pf}}\rangle$ ではナノ物質 s，p の電子・正孔対（励起子）が各々基底状態 $|s_{\mathrm{g}}\rangle$，励起状態 $|p_{\mathrm{ex}}\rangle$ にある．この場合にも副系 M 中には励起子ポラリトンの真空状態 $|0_{(\mathrm{M})}\rangle$ を考える．すなわち

$$|\phi_{\mathrm{Pf}}\rangle = |s_{\mathrm{g}}\rangle |p_{\mathrm{ex}}\rangle \otimes |0_{(\mathrm{M})}\rangle \tag{2.35}$$

である．これら以外の状態 $|s\rangle$，$|p\rangle$ の組合せは副系 n のエネルギー保存則を満たさないことから，上記 (2.34)，(2.35) のみを用いて P 空間の基底 $\{|\phi_{\mathrm{P}j}\rangle\}$ を構成する．

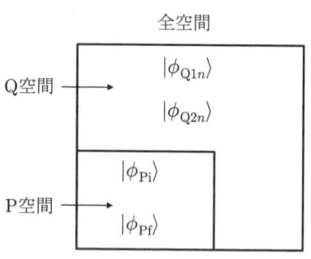

図 2.3　P 空間と Q 空間

一方，図 2.3 に示すように，補空間である Q 空間は P 空間に含まれない多数の状態からなるので，その基底 $\{|\phi_{\mathrm{Q}j}\rangle\}$ としては副系 n においてエネルギー保存則を満たさない状態も含め，

$$|\phi_{\mathrm{Q}1n}\rangle = |s_{\mathrm{g}}\rangle |p_{\mathrm{g}}\rangle \otimes |n_{(\mathrm{M})}\rangle \tag{2.36a}$$

$$|\phi_{\mathrm{Q}2n}\rangle = |s_{\mathrm{ex}}\rangle |p_{\mathrm{ex}}\rangle \otimes |n_{(\mathrm{M})}\rangle \tag{2.36b}$$

を考える．ここで $|n_{(\mathrm{M})}\rangle$ は副系 M に励起子ポラリトンが n 個ある状態を表す．ただし後掲の (2.43) の直後に示すように有効相互作用エネルギーの値が 0 とならないのは励起子ポラリトンが 1 個ある状態 $|1_{(\mathrm{M})}\rangle$ のみであるので，(2.36a)，(2.36b) の中から抜き出してその状態を $|\phi_{\mathrm{Q}11}\rangle$，$|\phi_{\mathrm{Q}21}\rangle$ と表し，さらに (2.30) の中間状態の表記とそろえる為に

$$|\phi_{\mathrm{Q}1}\rangle = |s_{\mathrm{g}}\rangle |p_{\mathrm{g}}\rangle \otimes |1_{(\mathrm{M})}\rangle \tag{2.37a}$$

定義を行列を使って説明しよう．たとえば 2 行 2 列の行列 $\boldsymbol{A} = \begin{pmatrix} a_{11} & a_{12} \\ a_{21} & a_{22} \end{pmatrix}$，$\boldsymbol{B} = \begin{pmatrix} b_{11} & b_{12} \\ b_{21} & b_{22} \end{pmatrix}$ の直積 $\boldsymbol{C} = \boldsymbol{A} \otimes \boldsymbol{B}$ は $\boldsymbol{C} = \begin{pmatrix} a_{11}\boldsymbol{B} & a_{12}\boldsymbol{B} \\ a_{21}\boldsymbol{B} & a_{22}\boldsymbol{B} \end{pmatrix}$ により与えられる．ここで $a_{ij}\boldsymbol{B} = \begin{pmatrix} a_{ij}b_{11} & a_{ij}b_{12} \\ a_{ij}b_{21} & a_{ij}b_{22} \end{pmatrix}$．$i, j = 1, 2$ である．

$$|\phi_{Q2}\rangle = |s_{\mathrm{ex}}\rangle|p_{\mathrm{ex}}\rangle \otimes |1_{(\mathrm{M})}\rangle \tag{2.37b}$$

と書く．

ここで (2.32), (2.33) より

$$\hat{P}|\phi_{\mathrm{P}j}\rangle = |\phi_{\mathrm{P}j}\rangle \tag{2.38}$$

$$\hat{Q}|\phi_{\mathrm{Q}jn}\rangle = |\phi_{\mathrm{Q}jn}\rangle \quad (j=1,2) \tag{2.39}$$

であることに注意すると

$$\langle\phi_{\mathrm{Q}jn}|\hat{Q}\hat{V}\hat{P}|\phi_{\mathrm{Pi}}\rangle = \langle\phi_{\mathrm{Q}jn}|\hat{V}|\phi_{\mathrm{Pi}}\rangle \tag{2.40}$$

$$\langle\phi_{\mathrm{Pf}}|\hat{P}\hat{V}\hat{Q}|\phi_{\mathrm{Q}jn}\rangle = \langle\phi_{\mathrm{Pf}}|\hat{V}|\phi_{\mathrm{Q}jn}\rangle \tag{2.41}$$

となる．これらに (2.27) で与えられる元来の相互作用演算子 $\hat{V}$ を代入する際，電子・正孔対（励起子）の消滅，生成演算子 $\hat{b}(\boldsymbol{r}_\alpha)$, $\hat{b}^\dagger(\boldsymbol{r}_\alpha)$ は (2.34)〜(2.37) 中の $|n_{(\mathrm{M})}\rangle$ に作用する事 ($n_{(\mathrm{M})} = 0, 1, 2, \cdots$)，また励起子ポラリトンに関する消滅，生成演算子 $\hat{\xi}(\boldsymbol{k})$, $\hat{\xi}^\dagger(\boldsymbol{k})$ は $|s_{\mathrm{g}}\rangle$, $|s_{\mathrm{ex}}\rangle$, $|p_{\mathrm{g}}\rangle$, $|p_{\mathrm{ex}}\rangle$ に作用する事に注意すると (2.34)〜(2.37) より

$$\begin{aligned}
\langle\phi_{\mathrm{Q}1n}|\hat{V}|\phi_{\mathrm{Pi}}\rangle &= -i\sum_{\alpha=\mathrm{s}}^{\mathrm{p}}\sum_{\boldsymbol{k}}\sqrt{\frac{\hbar}{2\varepsilon_0 V}}\langle s_{\mathrm{g}}|\langle p_{\mathrm{g}}| \otimes \langle n_{(\mathrm{M})}|\left(\hat{b}(\boldsymbol{r}_\alpha) + \hat{b}^\dagger(\boldsymbol{r}_\alpha)\right) \\
&\quad \times \left(K_\alpha(\boldsymbol{k})\hat{\xi}(\boldsymbol{k}) - K_\alpha^*(\boldsymbol{k})\hat{\xi}^\dagger(\boldsymbol{k})\right)|s_{\mathrm{ex}}\rangle|p_{\mathrm{g}}\rangle \otimes |0_{(\mathrm{M})}\rangle \\
&= -i\sum_{\boldsymbol{k}}\sqrt{\frac{\hbar}{2\varepsilon_0 V}}K_{\mathrm{s}}(\boldsymbol{k}) \tag{2.42}
\end{aligned}$$

$$\begin{aligned}
\langle\phi_{\mathrm{Pf}}|\hat{V}|\phi_{\mathrm{Q}1n}\rangle &= -i\sum_{\alpha=\mathrm{s}}^{\mathrm{p}}\sum_{\boldsymbol{k}}\sqrt{\frac{\hbar}{2\varepsilon_0 V}}\langle s_{\mathrm{g}}|\langle p_{\mathrm{ex}}| \otimes \langle 0_{(\mathrm{M})}|\left(\hat{b}(\boldsymbol{r}_\alpha) + \hat{b}^\dagger(\boldsymbol{r}_\alpha)\right) \\
&\quad \times \left(K_\alpha(\boldsymbol{k})\hat{\xi}(\boldsymbol{k}) - K_\alpha^*(\boldsymbol{k})\hat{\xi}^\dagger(\boldsymbol{k})\right)|s_{\mathrm{g}}\rangle|p_{\mathrm{g}}\rangle \otimes |n_{(\mathrm{M})}\rangle \\
&= i\sum_{\boldsymbol{k}}\sqrt{\frac{\hbar}{2\varepsilon_0 V}}K_{\mathrm{p}}^*(\boldsymbol{k}) \tag{2.43}
\end{aligned}$$

を得る．なお (2.42), (2.43) 中，$|1_{(\mathrm{M})}\rangle$ 以外の $|n_{(\mathrm{M})}\rangle$ を含む項では $\langle 0_{(\mathrm{M})}|(\hat{b}(\boldsymbol{r}_\alpha) + \hat{b}^\dagger(\boldsymbol{r}_\alpha))|n_{(\mathrm{M})}\rangle = 0$ であるので第二行目では $n_{(\mathrm{M})} = 1$ の項のみが寄与し，その結果第三行が得られた．従って (2.31) 右辺において $j=1$ の場合，

$$\begin{aligned}
&\langle\phi_{\mathrm{Pf}}|\hat{P}\hat{V}\hat{Q}|\phi_{\mathrm{Q}1}\rangle\langle\phi_{\mathrm{Q}1}|\hat{Q}\hat{V}\hat{P}|\phi_{\mathrm{Pi}}\rangle\left(\frac{1}{E_{\mathrm{Pi}}^0 - E_{\mathrm{Q}1}^0} + \frac{1}{E_{\mathrm{Pf}}^0 - E_{\mathrm{Q}1}^0}\right) \\
&= \sum_{\boldsymbol{k}}\frac{\hbar}{2\varepsilon_0 V}K_{\mathrm{s}}(\boldsymbol{k})K_{\mathrm{p}}^*(\boldsymbol{k})\left(\frac{1}{E_{\mathrm{Pi}}^0 - E_{\mathrm{Q}1}^0} + \frac{1}{E_{\mathrm{Pf}}^0 - E_{\mathrm{Q}1}^0}\right) \tag{2.44}
\end{aligned}$$

となる.

次に (2.31) 式右辺において $j=2$ の場合について求めるため，同様に

$$
\begin{aligned}
\langle \phi_{\mathrm{Q}2n}| \hat{V} |\phi_{\mathrm{Pi}}\rangle &= -i\sum_{\alpha=\mathrm{s}}^{\mathrm{p}}\sum_{\bm{k}}\sqrt{\frac{\hbar}{2\varepsilon_0 V}} \langle s_{\mathrm{ex}}| \langle p_{\mathrm{ex}}| \otimes \langle n_{(\mathrm{M})}| \left(\hat{b}(\bm{r}_\alpha) + \hat{b}^\dagger(\bm{r}_\alpha)\right) \\
&\quad \times \left(K_\alpha(\bm{k})\hat{\xi}(\bm{k}) - K_\alpha^*(\bm{k})\hat{\xi}^\dagger(\bm{k})\right)|s_{\mathrm{ex}}\rangle|p_{\mathrm{g}}\rangle \otimes |0_{(\mathrm{M})}\rangle \\
&= i\sum_{\bm{k}}\sqrt{\frac{\hbar}{2\varepsilon_0 V}} K_{\mathrm{p}}^*(\bm{k}) \quad (2.45)
\end{aligned}
$$

$$
\begin{aligned}
\langle \phi_{\mathrm{Pf}}| \hat{V} |\phi_{\mathrm{Q}2n}\rangle &= -i\sum_{\alpha=\mathrm{s}}^{\mathrm{p}}\sum_{\bm{k}}\sqrt{\frac{\hbar}{2\varepsilon_0 V}} \langle s_{\mathrm{g}}| \langle p_{\mathrm{ex}}| \otimes \langle 0_{(\mathrm{M})}| \left(\hat{b}(\bm{r}_\alpha) + \hat{b}^\dagger(\bm{r}_\alpha)\right) \\
&\quad \times \left(K_\alpha(\bm{k})\hat{\xi}(\bm{k}) - K_\alpha^*(\bm{k})\hat{\xi}^\dagger(\bm{k})\right)|s_{\mathrm{ex}}\rangle|p_{\mathrm{ex}}\rangle \otimes |n_{(\mathrm{M})}\rangle \\
&= -i\sum_{\bm{k}}\sqrt{\frac{\hbar}{2\varepsilon_0 V}} K_{\mathrm{s}}(\bm{k}) \quad (2.46)
\end{aligned}
$$

と表されることに注意すると，$j=2$ の場合は

$$
\begin{aligned}
&\langle \phi_{\mathrm{Pf}}| \hat{P}\hat{V}\hat{Q} |\phi_{\mathrm{Q}2}\rangle \langle \phi_{\mathrm{Q}2}| \hat{Q}\hat{V}\hat{P} |\phi_{\mathrm{Pi}}\rangle \left(\frac{1}{E_{\mathrm{Pi}}^0 - E_{\mathrm{Q}2}^0} + \frac{1}{E_{\mathrm{Pf}}^0 - E_{\mathrm{Q}2}^0}\right) \\
&= \sum_{\bm{k}} \frac{\hbar}{2\varepsilon_0 V} K_{\mathrm{s}}(\bm{k}) K_{\mathrm{p}}^*(\bm{k}) \left(\frac{1}{E_{\mathrm{Pi}}^0 - E_{\mathrm{Q}2}^0} + \frac{1}{E_{\mathrm{Pf}}^0 - E_{\mathrm{Q}2}^0}\right) \quad (2.47)
\end{aligned}
$$

となる．(2.44), (2.47) を足し合わせると (2.31) は

$$
\begin{aligned}
V_{\mathrm{eff}}(\mathrm{s}\to\mathrm{p}) = \sum_{\bm{k}} \frac{\hbar}{2\varepsilon_0 V} K_{\mathrm{s}}(\bm{k}) K_{\mathrm{p}}^*(\bm{k}) &\left(\frac{1}{E_{\mathrm{Pi}}^0 - E_{\mathrm{Q}1}^0} + \frac{1}{E_{\mathrm{Pf}}^0 - E_{\mathrm{Q}1}^0}\right. \\
&\left. + \frac{1}{E_{\mathrm{Pi}}^0 - E_{\mathrm{Q}2}^0} + \frac{1}{E_{\mathrm{Pf}}^0 - E_{\mathrm{Q}2}^0}\right) \quad (2.48)
\end{aligned}
$$

となる．ここではエネルギーがナノ物質 s から p に移動することを表すため，(2.31) 左辺の V_{eff} を $V_{\mathrm{eff}}(\mathrm{s}\to\mathrm{p})$ と表した．さらに波数ベクトル $\bm{k}$ に関する和を積分 $\frac{V}{(2\pi)^3}\int_0^\infty d\bm{k}$ に置き換えると巨視的物質中に設定した仮想的な共振器の体積 V は消去され

$$
\begin{aligned}
V_{\mathrm{eff}}(\mathrm{s}\to\mathrm{p}) = \frac{\hbar^2}{(2\pi)^3\varepsilon_0} \int_0^\infty d\bm{k}\, K_{\mathrm{s}}(\bm{k}) K_{\mathrm{p}}^*(\bm{k}) &\left(\frac{1}{E_{\mathrm{Pi}}^0 - E_{\mathrm{Q}1}^0} + \frac{1}{E_{\mathrm{Pf}}^0 - E_{\mathrm{Q}1}^0}\right. \\
&\left. + \frac{1}{E_{\mathrm{Pi}}^0 - E_{\mathrm{Q}2}^0} + \frac{1}{E_{\mathrm{Pf}}^0 - E_{\mathrm{Q}2}^0}\right)
\end{aligned}
$$
(2.49)

となる．ここでナノ物質 s, p 中の状態 $|s_{\mathrm{g}}\rangle$, $|s_{\mathrm{ex}}\rangle$, $|p_{\mathrm{g}}\rangle$, $|p_{\mathrm{ex}}\rangle$ のエネルギーを各々

$E_{\mathrm{s,g}}$, $E_{\mathrm{s,ex}}$, $E_{\mathrm{p,g}}$, $E_{\mathrm{p,ex}}$ と表し,さらに励起子ポラリトンの状態 $|1_{(\mathrm{M})}\rangle$ のエネルギーを $E(k)$ と表すと

$$E_{\mathrm{Pi}}^0 - E_{\mathrm{Q1}}^0 = (E_{\mathrm{s,ex}} + E_{\mathrm{p,g}}) - (E_{\mathrm{s,g}} + E_{\mathrm{p,g}} + E(k))$$
$$= (E_{\mathrm{s,ex}} - E_{\mathrm{s,g}}) - E(k) = -(E(k) - E_{\mathrm{s}}) \quad (2.50\mathrm{a})$$

$$E_{\mathrm{Pi}}^0 - E_{\mathrm{Q2}}^0 = (E_{\mathrm{s,ex}} + E_{\mathrm{p,g}}) - (E_{\mathrm{s,ex}} + E_{\mathrm{p,ex}} + E(k))$$
$$= -(E_{\mathrm{p.ex}} - E_{\mathrm{p,g}}) - E(k) = -(E(k) + E_{\mathrm{p}}) \quad (2.50\mathrm{b})$$

$$E_{\mathrm{Pf}}^0 - E_{\mathrm{Q1}}^0 = (E_{\mathrm{s,g}} + E_{\mathrm{p,ex}}) - (E_{\mathrm{s,g}} + E_{\mathrm{p,g}} + E(k))$$
$$= (E_{\mathrm{p,ex}} - E_{\mathrm{p,g}}) - E(k) = -(E(k) - E_{\mathrm{p}}) \quad (2.50\mathrm{c})$$

$$E_{\mathrm{Pf}}^0 - E_{\mathrm{Q2}}^0 = (E_{\mathrm{s,g}} + E_{\mathrm{p,ex}}) - (E_{\mathrm{s,ex}} + E_{\mathrm{p,ex}} + E(k))$$
$$= -(E_{\mathrm{s,ex}} - E_{\mathrm{s,g}}) - E(k) = -(E(k) + E_{\mathrm{s}}) \quad (2.50\mathrm{d})$$

となる.これらの式中,最右辺への変形はナノ物質の励起状態と基底状態のエネルギー $E_{\alpha,\mathrm{ex}}$, $E_{\alpha,\mathrm{g}}$ の差 $E_{\alpha,\mathrm{ex}} - E_{\alpha,\mathrm{g}}$,すなわち遷移エネルギーを E_α と表した ($\alpha = \mathrm{s, p}$). これらを (2.49) に代入すると

$$V_{\mathrm{eff}}(\mathrm{s} \to \mathrm{p}) = -\frac{\hbar^2}{(2\pi)^3 \varepsilon_0} \int_0^\infty d\boldsymbol{k} K_{\mathrm{s}}(\boldsymbol{k}) K_{\mathrm{p}}^*(\boldsymbol{k}) \left(\frac{1}{E(k) - E_{\mathrm{s}}} + \frac{1}{E(k) - E_{\mathrm{p}}} \right.$$
$$\left. + \frac{1}{E(k) + E_{\mathrm{p}}} + \frac{1}{E(k) + E_{\mathrm{s}}} \right) \quad (2.51)$$

を得る.

次にナノ物質 s と p の役割を入れ替え,始状態,終状態を各々

$$|\phi_{\mathrm{Pi}}\rangle = |s_{\mathrm{g}}\rangle |p_{\mathrm{ex}}\rangle \otimes |0_{(\mathrm{M})}\rangle \quad (2.52)$$

$$|\phi_{\mathrm{Pf}}\rangle = |s_{\mathrm{ex}}\rangle |p_{\mathrm{g}}\rangle \otimes |0_{(\mathrm{M})}\rangle \quad (2.53)$$

とするとナノ物質 p から s へのエネルギー移動の大きさ $V_{\mathrm{eff}}(\mathrm{p} \to \mathrm{s})$ を上記と同様に計算する事ができ

$$V_{\mathrm{eff}}(\mathrm{p} \to \mathrm{s}) = -\frac{\hbar^2}{(2\pi)^3 \varepsilon_0} \int_0^\infty d\boldsymbol{k} K_{\mathrm{p}}(\boldsymbol{k}) K_{\mathrm{s}}^*(\boldsymbol{k}) \left(\frac{1}{E(k) - E_{\mathrm{p}}} + \frac{1}{E(k) - E_{\mathrm{s}}} \right.$$
$$\left. + \frac{1}{E(k) + E_{\mathrm{s}}} + \frac{1}{E(k) + E_{\mathrm{p}}} \right) \quad (2.54)$$

となる.

さらに (2.28) を (2.51), (2.54) に代入した後,これらを足し合わせると有効相互作用エネルギーは

$$V_{\text{eff}}(\boldsymbol{r}) = -\frac{\hbar^2}{(2\pi)^3 \varepsilon_0} \sum_{\lambda=1}^{2} \int_0^\infty f^2(k) d\boldsymbol{k} \left(\boldsymbol{p}_{\text{s}} \cdot \boldsymbol{e}_\lambda(\boldsymbol{k})\right) e^{i\boldsymbol{k}\cdot(\boldsymbol{r}_{\text{s}}-\boldsymbol{r}_{\text{p}})} \left(\boldsymbol{p}_{\text{p}} \cdot \boldsymbol{e}_\lambda(\boldsymbol{k})\right)$$

$$\times \left(\frac{1}{E(k)-E_{\text{s}}} + \frac{1}{E(k)-E_{\text{p}}} + \frac{1}{E(k)+E_{\text{p}}} + \frac{1}{E(k)+E_{\text{s}}}\right)$$

$$= -\frac{\hbar^2}{(2\pi)^3 \varepsilon_0} \sum_{\lambda=1}^{2} \sum_{\alpha=s}^{p} \int_0^\infty \left(\boldsymbol{p}_{\text{s}} \cdot \boldsymbol{e}_\lambda(\boldsymbol{k})\right) \left(\boldsymbol{p}_{\text{p}} \cdot \boldsymbol{e}_\lambda(\boldsymbol{k})\right) f^2(k)$$

$$\times \left(\frac{1}{E(k)+E_\alpha} + \frac{1}{E(k)-E_\alpha}\right) e^{i\boldsymbol{k}\cdot\boldsymbol{r}} d\boldsymbol{k} \tag{2.55}$$

となる．ただし $\boldsymbol{r} = \boldsymbol{r}_{\text{s}} - \boldsymbol{r}_{\text{p}}$ である．

c. 和，積分の実行と湯川関数の導出

(i) 偏光方向に関する和と積分

(2.55) において偏光方向 λ に関する和をとると

$$\sum_{\lambda=1}^{2} \left(\boldsymbol{p}_{\text{p}} \cdot \boldsymbol{e}_\lambda(\boldsymbol{k})\right)\left(\boldsymbol{p}_{\text{s}} \cdot \boldsymbol{e}_\lambda(\boldsymbol{k})\right) = \sum_{\lambda=1}^{2} \sum_{i,j=1}^{3} \left(p_{\text{p}i} e_{\lambda i}(\boldsymbol{k})\right)\left(p_{\text{s}j} e_{\lambda j}(\boldsymbol{k})\right) \tag{2.56}$$

となる．ここで単位ベクトル $\boldsymbol{u}_k = \boldsymbol{k}/k$ の j 番目の成分（空間座標の x, y, z 軸方向成分）を u_{kj} と書くと，(2.56) 右辺中で

$$\sum_{\lambda=1}^{3} e_{\lambda i}(\boldsymbol{k}) e_{\lambda j}(\boldsymbol{k}) = \sum_{\lambda=1}^{2} e_{\lambda i}(\boldsymbol{k}) e_{\lambda j}(\boldsymbol{k}) + e_{3i}(\boldsymbol{k}) e_{3j}(\boldsymbol{k})$$

$$= \sum_{\lambda=1}^{2} e_{\lambda i}(\boldsymbol{k}) e_{\lambda j}(\boldsymbol{k}) + u_{ki} u_{kj} = \delta_{ij} \tag{2.57}$$

であるので，$u_{ki} u_{kj}$ を最右辺に移動することにより

$$\sum_{\lambda=1}^{2} e_{\lambda i}(\boldsymbol{k}) e_{\lambda j}(\boldsymbol{k}) = \delta_{ij} - u_{ki} u_{kj} \tag{2.58}$$

が得られる．従って (2.56) は

$$\sum_{\lambda=1}^{2} \left(\boldsymbol{p}_{\text{p}} \cdot \boldsymbol{e}_\lambda(\boldsymbol{k})\right)\left(\boldsymbol{p}_{\text{s}} \cdot \boldsymbol{e}_\lambda(\boldsymbol{k})\right) = \sum_{i,j=1}^{3} p_{\text{p}i} p_{\text{s}j} \left(\delta_{ij} - u_{ki} u_{kj}\right) \tag{2.59}$$

となる．

(2.59) を (2.55) に代入し，$\boldsymbol{k}$ についての積分のうち，まずその方位角 ϑ, ϕ について実施する．ここで

$$d\boldsymbol{k} = k^2 dk d\Omega = k^2 dk \sin\vartheta d\vartheta d\phi \tag{2.60}$$

である．まず (2.59) 右辺の第二項に関する $\int u_{ki} u_{kj} e^{i\boldsymbol{k}\cdot\boldsymbol{r}} d\Omega$ の積分を少し変形しよう．ベクトル $\boldsymbol{k}$ の j 番目の成分を k_j と表すと $\nabla_j e^{i\boldsymbol{k}\cdot\boldsymbol{r}} = ik_j e^{i\boldsymbol{k}\cdot\boldsymbol{r}}$ であるこ

とから $\nabla_i \nabla_j e^{i\boldsymbol{k}\cdot\boldsymbol{r}} = -k_i k_j e^{i\boldsymbol{k}\cdot\boldsymbol{r}}$ となるが，ここで $k_j = k u_{kj}$ であることから $\nabla_i \nabla_j e^{i\boldsymbol{k}\cdot\boldsymbol{r}} = -k^2 u_{ki} u_{kj} e^{i\boldsymbol{k}\cdot\boldsymbol{r}}$ を得る．従って

$$\int u_{ki} u_{kj} e^{i\boldsymbol{k}\cdot\boldsymbol{r}} d\Omega = -\frac{1}{k^2}\nabla_i \nabla_j \int e^{i\boldsymbol{k}\cdot\boldsymbol{r}} d\Omega \tag{2.61a}$$

であることがわかるが，

$$\int e^{i\boldsymbol{k}\cdot\boldsymbol{r}} d\Omega = \int_0^{2\pi}\int_{-1}^{1} e^{ikr\cos\vartheta} d(\cos\vartheta)\, d\phi = \frac{2\pi}{ikr}\left(e^{ikr} - e^{-ikr}\right) \tag{2.61b}$$

であることに注意すると (2.61a) の右辺は

$$-\frac{1}{k^2}\nabla_i \nabla_j \int e^{i\boldsymbol{k}\cdot\boldsymbol{r}} d\Omega = -\frac{2\pi}{ik^3}\nabla_i \nabla_j \left(\frac{e^{ikr} - e^{-ikr}}{r}\right) \tag{2.62}$$

となる．これを使い，またさらに (2.61b) に注意すると (2.55) のうちの方位角についての積分は

$$\int (\delta_{ij} - u_{ki}u_{kj}) e^{i\boldsymbol{k}\cdot\boldsymbol{r}} d\Omega = \delta_{ij}\frac{2\pi}{ik}\left(\frac{e^{ikr} - e^{-ikr}}{r}\right) + \frac{2\pi}{ik^3}\nabla_i \nabla_j \left(\frac{e^{ikr} - e^{-ikr}}{r}\right)$$
$$= 2\pi \left[\delta_{ij}\frac{\left(e^{ikr} - e^{-ikr}\right)}{ikr} + (\delta_{ij} - 3u_{ri}u_{rj})\left\{\frac{\left(e^{ikr} + e^{-ikr}\right)}{k^2 r^2} - \frac{\left(e^{ikr} - e^{-ikr}\right)}{ik^3 r^3}\right\}\right.$$
$$\left. - \frac{\left(e^{ikr} - e^{-ikr}\right)}{ikr}u_{ri}u_{rj}\right] \tag{2.63}$$

となる．ここで u_{ri} は単位ベクトル $\boldsymbol{u}_r = \boldsymbol{r}/r$ の i 番目の成分である．従って有効相互作用エネルギーは

$$V_{\text{eff}}(\boldsymbol{r}) = -\frac{\hbar^2}{(2\pi)^2 \varepsilon_0}\int_{-\infty}^{\infty} k^2 dk f^2(k) \sum_{\alpha=s}^{p}\left(\frac{1}{E(k)+E_\alpha} + \frac{1}{E(k)-E_\alpha}\right)$$
$$\times \left\{(\boldsymbol{p}_s \cdot \boldsymbol{p}_p) e^{i\boldsymbol{k}\cdot\boldsymbol{r}} \left(\frac{1}{ikr} + \frac{1}{k^2 r^2} - \frac{1}{ik^3 r^3}\right)\right.$$
$$\left. - (\boldsymbol{p}_s \cdot \boldsymbol{u}_r)(\boldsymbol{p}_p \cdot \boldsymbol{u}_r) e^{i\boldsymbol{k}\cdot\boldsymbol{r}}\left(\frac{1}{ikr} + \frac{3}{k^2 r^2} - \frac{3}{ik^3 r^3}\right)\right\} \tag{2.64}$$

と書き換えることができる[*4)]．

(ii) 電気双極子モーメントの方位角平均

(2.64) 右辺にある $(\boldsymbol{p}_s \cdot \boldsymbol{u}_r)(\boldsymbol{p}_p \cdot \boldsymbol{u}_r)$ を $\boldsymbol{r}$ の方位角 θ, φ に関して平均する．簡単のために $\boldsymbol{p}_s$ と $\boldsymbol{p}_p$ とは互いに平行と仮定するが，これにより一般性が失われることは

[*4)] ここでベクトル $\boldsymbol{k}$ の絶対値 k に関する積分範囲を $(-\infty, \infty)$ とした．なぜならば (2.63) 右辺を $k = 0 \sim \infty$ で積分するとき，$k \to -k$ と書き換えることにより，$-e^{-i\boldsymbol{k}\cdot\boldsymbol{r}}/r$ の積分は $k = -\infty \sim 0$ での積分となるからである．これに伴い，(2.64) では $e^{-i\boldsymbol{k}\cdot\boldsymbol{r}}/r$ は消滅し $e^{i\boldsymbol{k}\cdot\boldsymbol{r}}/r$ のみが残っている．

ない．このとき
$$\langle(\boldsymbol{p}_\mathrm{s}\cdot\boldsymbol{u}_r)(\boldsymbol{p}_\mathrm{p}\cdot\boldsymbol{u}_r)\rangle_{\theta,\varphi} = \frac{p_\mathrm{s}p_\mathrm{p}}{4\pi}\int_0^{2\pi}d\varphi\int_0^\pi \cos^2\theta\sin\theta d\theta = \frac{p_\mathrm{s}p_\mathrm{p}}{3} \quad (2.65)$$

と表され，$(\boldsymbol{p}_\mathrm{s}\cdot\boldsymbol{p}_\mathrm{p})$ の平均値 $p_\mathrm{s}\cdot p_\mathrm{p}$ の $1/3$ になる．これを (2.64) に代入すると右辺第1項，第2項中の $1/r^2$，および $1/r^3$ の項は互いに打ち消し合って，

$$V_\mathrm{eff}(\boldsymbol{r}) = -\frac{2\hbar^2 p_\mathrm{s}p_\mathrm{p}}{3(2\pi)^2\varepsilon_0}\int_{-\infty}^\infty k^2 dk f^2(k)\sum_{\alpha=s}^p\left(\frac{1}{E(k)+E_\alpha}+\frac{1}{E(k)-E_\alpha}\right)\frac{e^{i\boldsymbol{k}\cdot\boldsymbol{r}}}{ikr} \quad (2.66)$$

となり $1/r$ の項のみが残る．

(iii) 波数についての積分

(2.66) の中の $E(k)$，E_α について考えよう．まず E_α はナノ物質 α 中の励起子の運動量 p_α と有効質量 m_α により $E_\alpha = p_\alpha^2/2m_\alpha$ と表される．さらにナノ物質の寸法を a_α とすると $p_\alpha = h/a_\alpha$ なので

$$E_\alpha = \frac{1}{2m_\alpha}\left(\frac{h}{a_\alpha}\right)^2 \quad (2.67)$$

となる．次に $E(k)$ は分散関係

$$E(k) = E_m + \frac{(\hbar k)^2}{2m_\mathrm{pol}} \quad (2.68)$$

を持つと近似する (付録 B の図 B.1 参照)．ここで m_pol は副系 M の励起子ポラリトンの有効質量，E_m は励起子の固有エネルギーである（副系 M を構成する物質が半導体の場合，これは伝導帯と価電子帯との間のエネルギー差，すなわちバンドギャップエネルギー E_g に相当）．ところで，副系 n 中のナノ物質を励起する為には副系 M に吸収されないような伝搬光，すなわち E_m より小さな光子エネルギーをもつ光を使う．そうすればこの光は副系 M を伝搬後，そのパワーが減衰すること無く副系 n に到達することができる．このとき (2.68) 中の E_m は除外することができ，有効相互作用に関与する副系 M の励起子ポラリトンのエネルギーは k に依存する部分

$$E(k) = \frac{(\hbar k)^2}{2m_\mathrm{pol}} \quad (2.69)$$

のみとなる．

これらを使うと (2.28) 中の $f(k)$ は

$$f(k) = \frac{ck\sqrt{\hbar/(2m_\mathrm{pol})}}{\sqrt{(\hbar^2/2m_\mathrm{pol}^2)k^2-c^2}} \quad (2.70)$$

(c は入射光の速度) と表される．そこで (2.69) を使うと (2.66) は

2.2 ドレスト光子の空間的広がり

$$V_{\text{eff}}(\boldsymbol{r}) = -\frac{2\hbar^2 p_{\text{s}} p_{\text{p}}}{3(2\pi)^2 \varepsilon_0} \int_{-\infty}^{\infty} k^2 dk f^2(k) \sum_{\alpha=\text{s}}^{\text{p}} \frac{2m_{\text{pol}}}{\hbar^2} \left\{ \frac{1}{(k+i\Delta_{\alpha+})(k-i\Delta_{\alpha+})} \right.$$
$$\left. + \frac{1}{(k+i\Delta_{\alpha-})(k-i\Delta_{\alpha-})} \right\} \frac{e^{i\boldsymbol{k}\cdot\boldsymbol{r}}}{ikr}$$
$$\equiv \sum_{\alpha=\text{s}}^{\text{p}} [V_{\text{eff},\alpha+}(\boldsymbol{r}) + V_{\text{eff},\alpha-}(\boldsymbol{r})] \tag{2.71}$$

となる.ただし

$$\Delta_{\alpha\pm} \equiv \frac{1}{\hbar}\sqrt{2m_{\text{pol}}(\pm E_\alpha)} \tag{2.72}$$

である.

k についての複素積分を 1 位の極 $k = i\Delta_{\alpha\pm}$ に注意して実行し,(2.71) 中の $f(k)$ は $f(i\Delta_{\alpha\pm})$ と置くと,(2.71) 第三行中の $V_{\text{eff},\alpha+}(\boldsymbol{r})$ および $V_{\text{eff},\alpha-}(\boldsymbol{r})$ は

$$V_{\text{eff},\alpha\pm}(\boldsymbol{r}) = \mp \frac{p_{\text{s}} p_{\text{p}}}{3(2\pi)\varepsilon_0} W_{\alpha\pm} (\Delta_{\alpha\pm})^2 \frac{e^{-\Delta_{\alpha\pm} r}}{r} \tag{2.73}$$

となる.ただし

$$W_{\alpha\pm} \equiv \frac{m_{\text{pol}} c^2}{(m_{\text{pol}} c^2 \pm E_\alpha)} \tag{2.74}$$

である.これを (2.71) に代入すると

$$V_{\text{eff}}(\boldsymbol{r}) = -\frac{p_{\text{s}} p_{\text{p}}}{3(2\pi)\varepsilon_0} \sum_{\alpha=\text{s}}^{\text{p}} \left[W_{\alpha+}(\Delta_{\alpha+})^2 \frac{e^{-\Delta_{\alpha+} r}}{r} - W_{\alpha-}(\Delta_{\alpha-})^2 \frac{e^{-\Delta_{\alpha-} r}}{r} \right] \tag{2.75}$$

を得る.これが求める有効相互作用エネルギー $V_{\text{eff}}(\boldsymbol{r})$ であり,DP の空間的な変調の特性を表している.この式で表される相互作用の結果,ナノ物質 α 中に発生した励起子が放射緩和時間(第 3 章 3.2.1 項に示す放射緩和定数 γ_{rad} の逆数:物質の構造に依存する)の後に伝搬光を発生するので,それが散乱光として遠方で観測される.

(2.75) は二つの項からなっている.(2.72) に注意するとまず右辺第一項中の

$$Y(\Delta_{\alpha+}) = \frac{\exp\left\{-2\pi\sqrt{m_{\text{pol}}/m_\alpha}(r/a_\alpha)\right\}}{r} \tag{2.76}$$

は (2.24) に相当する湯川関数であることがわかる.この関数が導出されたのは $\Delta_{\alpha+}$ が実数であることに起因する.この関数の値は r の増加とともに急激に減少する.分子の指数関数の値が $r=0$ の値の $1/e$ まで減少する r の値を有効相互作用エネルギーの広がりの目安(すなわち (2.24) における相互作用長)とすると,それは $(a_\alpha/2\pi)\sqrt{m_\alpha/m_{\text{pol}}}$ であり,ナノ物質 α の寸法 a_α に比例する.従って (2.76) はナノ物質 α の大きさに応じた空間分布をもつ電磁場がその物質表面近傍に存在することを意味する.これはあたかもナノ物質 α を核とした「雲」のように局在した電磁場が存在すると考える

ことができる．ナノ物質 α の表面にある DP に起因する相互作用エネルギーはこの $Y(\Delta\alpha_+)$ により表される．

次に，第二項中の

$$Y(\Delta_{\alpha-}) = \frac{\exp\left\{-i2\pi\sqrt{m_{\text{pol}}/m_\alpha}(r/a_\alpha)\right\}}{r} \tag{2.77}$$

は虚数である $\Delta_{\alpha-}$ に起因している．この式の分子は r の増加とともに周期 $\lambda_\alpha = a_\alpha\sqrt{m_\alpha/m_{\text{pol}}}$ で正弦的に振動することを表す．従って (2.77) は波長 λ_α の球面波を表すが，これは遠方で観測できる伝搬光ではなく，この波長 λ_α はナノ物質 α に入射する光の波長とは無縁である．(2.77) が現れるのはナノ物質の境界条件を設定していないことに起因している．すなわち，一般に振動する電磁場の空間分布は波長が短くなれば（波数が大きくなれば）境界条件に従って決まるが，ここでは境界条件を無視しているため，この振動する電磁場がナノ物質の外部に染み出しているのである．さらに詳細な理論モデルにより境界条件も含めて考察すればナノ物質の外部には (2.77) で表される電磁場は発生しないはずである．

ここで (2.76) と (2.77) とを，副系 n と副系 M との間のエネルギーの授受の観点から比較しよう．(2.51) によれば (2.76) は (2.34) の始状態 $|\phi_{\text{Pi}}\rangle$ から (2.37b) の中間状態 $|\phi_{\text{Q2}}\rangle$ を経て (2.35) の終状態 $|\phi_{\text{Pf}}\rangle$ に至る遷移に起因することがわかる．それを図 2.4(a) に表すが，ここで始状態 $|\phi_{\text{Pi}}\rangle$ ではナノ物質 p は基底状態 $|p_{\text{g}}\rangle$ にあり，かつ副系 M の励起子ポラリトンは真空状態 $|0_{(\text{M})}\rangle$ である．それが中間状態 $|\phi_{\text{Q2}}\rangle$ ではナノ物質 p は励起状態 $|p_{\text{ex}}\rangle$ に遷移し，かつ副系 M 中には励起子ポラリトンを 1 個発生させる．これは両副系のエネルギーがともに増加することを表しているのでエネルギー保存則を満たさない．次に中間状態 $|\phi_{\text{Q2}}\rangle$ から終状態 $|\phi_{\text{Pf}}\rangle$ に至るとき，ナノ物質 s は励起状態 $|s_{\text{ex}}\rangle$ から基底状態 $|s_{\text{g}}\rangle$ に遷移し，かつ副系 M 中の励起子ポラリトンは真空状態 $|0_{(\text{M})}\rangle$ に戻る．従って両副系のエネルギーがともに減少するので，これもエネルギー保存則を満たさない．

一方 (2.77) は (2.34) の始状態 $|\phi_{\text{Pi}}\rangle$ から (2.37a) の中間状態 $|\phi_{\text{Q1}}\rangle$ を経て (2.35) の終状態 $|\phi_{\text{Pf}}\rangle$ に至る遷移に起因する．それを図 2.4(b) に表すが，ここで始状態 $|\phi_{\text{Pi}}\rangle$ ではナノ物質 s は励起状態 $|s_{\text{ex}}\rangle$ にあり，かつ副系 M の励起子ポラリトンは真空状態 $|0_{(\text{M})}\rangle$ である．それが中間状態 $|\phi_{\text{Q1}}\rangle$ ではナノ物質 s は基底状態 $|s_{\text{g}}\rangle$ に遷移してエネルギーを減少し，一方副系 M 中には励起子ポラリトンが 1 個発生してエネルギーを増加するので，これはエネルギー保存則を満たす．次に中間状態 $|\phi_{\text{Q1}}\rangle$ から終状態 $|\phi_{\text{Pf}}\rangle$ に至るとき，ナノ物質 p は基底状態 $|p_{\text{g}}\rangle$ から励起状態 $|p_{\text{ex}}\rangle$ に遷移してエネルギーを増加し，一方，副系 M 中の励起子ポラリトンは真空状態 $|0_{(\text{M})}\rangle$ に戻ってエネルギーを減少するのでこれもエネルギー保存則を満たす．

特に図 2.4(a) のようにエネルギー保存則を満たさない過程は古典論にはない量子力

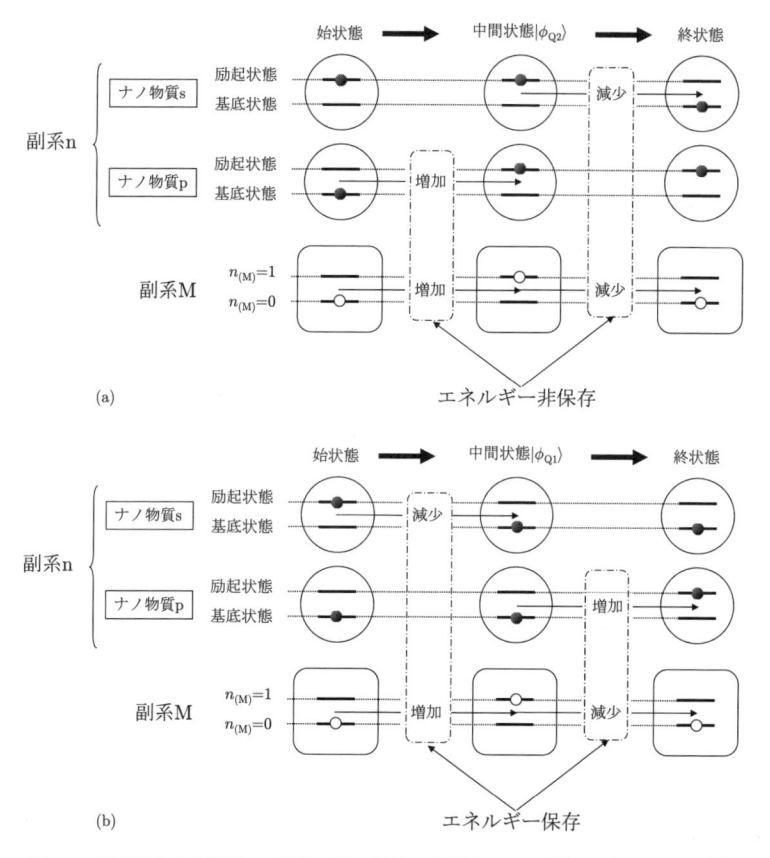

2.2 ドレスト光子の空間的広がり   29

図 2.4 始状態から終状態への遷移の際の副系 n と副系 M との間のエネルギーの授受の様子
(a) (2.76) の場合. (b) (2.77) の場合. 図中の「増加」「減少」は各副系でのエネルギーの増加, 減少を表す.

学固有の現象であり, 短い時間 Δt においてのみ可能となる. すなわち不確定性原理 $\Delta E \Delta t \geq \hbar/2$ によると時間 Δt が短ければエネルギーの不確定性 ΔE は大きくなる. 言い換えると, 真空場の揺らぎにより, 不確定性原理の許す範囲内において, 始状態から中間状態, または中間状態から終状態への遷移には図 2.4(a) のようにエネルギー保存則を満たさない遷移が現れる. この遷移を媒介するのが DP であるが, この遷移はエネルギー保存則を満たさないことが前節冒頭に記した仮想光子という語句の起源である. ただし, 始状態と終状態とを比較すると, それらの間ではエネルギー保存則が満たされている.

なお, (2.55) 第三行の二つの項のうち, 第二項は (2.77) および図 2.4(b) に対応す

るが,その分母は $E(k) - E_\alpha$ であるから,$E(k) = E_\alpha$ のとき,すなわち副系 M のエネルギーと副系 n のエネルギーが等しいとき,第二項は大きくなる(∞ となる).従ってこれは共鳴過程と呼ばれている.一方,第一項は (2.76) および図 2.4(a) に対応し,その分母は $E(k) + E_\alpha$ であるから,非共鳴過程と呼ばれている.

2.2.2 寸法依存共鳴と階層性

DP の空間的性質を調べるため,(2.75) のうち $Y(\Delta_{s+})$,$Y(\Delta_{p+})$ のみを考える.上記のようにより詳細な理論モデルを用いればナノ物質の外部には (2.77) で表される電磁場は発生しないはずなので,以下では $Y(\Delta_{s-})$,$Y(\Delta_{p-})$ は考えなくてよい.このとき $V_{\text{eff}}(\bm{r})$ は

$$V_{\text{eff}}(\bm{r}) = -\frac{p_s p_p}{3(2\pi)\varepsilon_0} W_+ \left\{ \frac{\exp(-r/a'_s)}{a'^2_s r} + \frac{\exp(-r/a'_p)}{a'^2_p r} \right\} \quad (2.78a)$$

$$a'_\alpha = \frac{a_\alpha}{2\pi\sqrt{m_{\text{pol}}/m_\alpha}} \quad (\alpha = s, p) \quad (2.78b)$$

となる.ただしナノ物質の寸法 a_α に強く依存しない定数 $W_{+\alpha}$ は W_+ と置いた.また (2.67),(2.72) より $\Delta_{\alpha+} = 1/a'_\alpha$ であることを使っている.ここで図 2.5 のように s,p の中心間距離が r_{sp} の場合,ナノ物質間の相互作用の結果生ずる伝搬光の強度は (2.78a) の空間微分 $\nabla_r V_{\text{eff}}(\bm{r}_p - \bm{r}_s)$ を s,p の体積全体にわたり積分した値の二乗に相当し,

$$\begin{aligned}
I(r_{sp}) &= \left| \iint \nabla_{r_p} V_{\text{eff}}(\bm{r}_p - \bm{r}_s) d^3 r_s d^3 r_p \right|^2 \\
&= \left(\frac{p_s p_p}{3(2\pi)\varepsilon_0} W_+ \right)^2 \Bigg[8\pi \sum_{\alpha=s}^{p} a'^2_\alpha \left\{ \frac{a_s}{a'_\alpha} \cosh\left(\frac{a_s}{a'_\alpha}\right) - \sinh\left(\frac{a_s}{a'_\alpha}\right) \right\} \\
&\quad \times \left\{ \frac{a_p}{a'_\alpha} \cosh\left(\frac{a_p}{a'_\alpha}\right) - \sinh\left(\frac{a_p}{a'_\alpha}\right) \right\} \left(\frac{a'_\alpha}{r_{sp}} + \frac{a'^2_\alpha}{r^2_{sp}} \right) \exp\left(-\frac{r_{sp}}{a'_\alpha}\right) \Bigg]^2
\end{aligned} \quad (2.79)$$

となる(導出の詳細は付録 E 参照).この式右辺の [ ]^2 の項は a'^4_α に比例するので,これを $(a^3_s + a^3_p)^2$ で割り,長さの二乗に反比例する量にすると,それは伝搬光の単位面

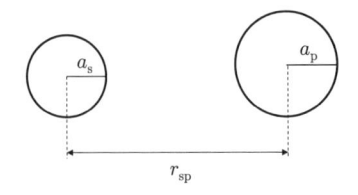

図 2.5 二つの球形のナノ物質の半径と中心間距離

積あたりの光パワー，すなわち光強度になり，

$$I_d\left(r_{\rm sp}\right) = \frac{1}{\left(a_{\rm s}^3+a_{\rm p}^3\right)^2}\left[\sum_{\alpha={\rm s}}^{\rm p} a_\alpha^{\prime 2}\left\{\frac{a_{\rm s}}{a_\alpha'}\cosh\left(\frac{a_{\rm s}}{a_\alpha'}\right)-\sinh\left(\frac{a_{\rm s}}{a_\alpha'}\right)\right\}\left\{\frac{a_{\rm p}}{a_\alpha'}\cosh\left(\frac{a_{\rm p}}{a_\alpha'}\right)\right.\right.$$
$$\left.\left.-\sinh\left(\frac{a_{\rm p}}{a_\alpha'}\right)\right\}\left(\frac{a_\alpha'}{r_{\rm sp}}+\frac{a_\alpha^{\prime 2}}{r_{\rm sp}^2}\right)\exp\left(-\frac{r_{\rm sp}}{a_\alpha'}\right)\right]^2 \qquad (2.80)$$

と表される．ここでは (2.79) 右辺の $\sum$ 記号より左側にある定数はすべて略した．

この式についてさらに考えるために，(2.78b) 右辺分母の $2\pi\sqrt{m_{\rm pol}/m_\alpha}$ の値について検討しよう．ナノ物質 α 中の励起子の有効質量 m_α は材料により異なる値をとるが，一般の半導体の場合，$0.5m_0$ 程度と考えてよい [12]．ここで m_0 は真空中の電子の質量である．一方，$m_{\rm pol}$ は副系 M の励起子ポラリトンの有効質量である．これも材料，および入射光の光子エネルギーにより異なる値をとるが，ポラリトン・ポラリトン散乱を考慮した実験・理論的考察によると $(0.004 \sim 0.03)\,m_0$ 程度と考えてよい [13,14]．従って $2\pi\sqrt{m_{\rm pol}/m_\alpha}$ の値は $0.56 \sim 1.54$，すなわちほぼ 1 となる．そこで (2.78b) を $a_\alpha' = a_\alpha$ と見なして (2.80) を計算した結果が図 2.6 である [7]．ここでは s と p の表面間距離を 1 nm とした．また，$a_{\rm s}$ の値が 10 nm，20 nm の場合の計算結果を各々，実線，破線で記した．

この図より $a_{\rm p}$ が $a_{\rm s}$ にほぼ等しいとき光強度は最大値をとることがわかる．この現象は寸法依存共鳴と呼ばれており，ナノ物質 s，p の寸法が等しいときに両者間での相互作用の強さが最大になることを意味している．なお，下記のように s，p が真空中に置かれ，光照射により電気双極子が発生し，これらの間での電気双極子相互作用が生ずるといった古典的なモデルを考えた場合にも，上記と同様の寸法共鳴を近似的に記述することができる [15]．この場合，最大の相互作用を生ずる $a_{\rm p}$ の値は上記のモデルの場合とはわずかに異なるが，その差は周囲の巨視系の寄与による．

寸法依存共鳴の現象はナノ物質 s とナノ物質 p とが同じ寸法をもつとき DP による

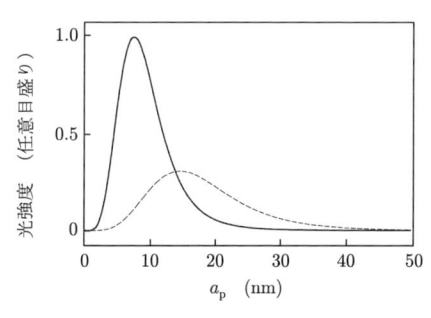

図 2.6 ナノ物質 p の半径 $a_{\rm p}$ と伝搬光の光強度との関係
実線，破線はナノ物質 s の半径 $a_{\rm s}$ が各々 10 nm，20 nm の場合．両物質の表面間距離は 1 nm．

エネルギー移動量が最大となることを意味している．さらに DP の空間的広がり，すなわち相互作用長はナノ物質寸法程度であることから，このエネルギー移動が起こるためにはナノ物質 s, p とが両物質の寸法程度まで近づく必要がある．これらの特徴から DP によるエネルギー移動の現象は階層性と呼ばれる性質をもつことがわかる．

すなわち，寸法 a_p のナノ物質 p の付近に複雑な形をした物質 s（それはナノ寸法とは限らない）があるとき，p が s に距離 a_p まで近づくと，s のうちの p と同じ寸法・形状をもつ部分に選択的にエネルギーが移動する．一方，別の寸法 a'_p のナノ物質 p′ が s に距離 a'_p まで近づくと s のうち p′ と同じ寸法・形状をもつ部分にエネルギー移動が起こる．また両エネルギー移動の量，方向は互いに干渉し合わない．このことから互いに近距離にある小寸法の物質の間でのエネルギー移動は，それより大きな寸法の物質の間（それらの距離は上記よりも大きい）でのエネルギー移動とは独立であることがわかる．階層性はこのように異なる物質寸法，距離で，異なるエネルギー移動が起こる性質である．

代表的な例として近接場光学顕微鏡（near field optical microscope, 以下では NOM と略記する）により測定される物質表面像の階層性がある．すなわち，先端曲率半径の小さなプローブを試料表面に近づけて走査すると，試料表面の凹凸のうち，プローブの曲率半径と同じ寸法の部分の像が得られる．曲率半径が大きいプローブの場合には，より大きな寸法の部分の像が得られる．このように NOM のプローブは空間的なバンドパスフィルタとして働く．階層性を利用すれば複数の空間的分布をもつ DP に各々異なる信号を担わせ，物質寸法と距離に依存した複数の信号の授受ができ，信号の多重化が可能となる．その例については第 8 章の 8.1 節で紹介する．

3

ドレスト光子によるエネルギー移動と緩和

> **Veritas nunquam perit.**
> （真実は決して滅びない）
> **Lucius Annaeus Seneca, *Troades*, 614**

　本章では具体的なエネルギー構造をもつナノ物質として量子ドット (quantum dot, 以下では QD と略記する) を取り上げ，互いに近距離に置かれた複数の QD の間でのドレスト光子 (DP) を介したエネルギー移動と緩和の現象を記述する．これらの現象は第 5 章で説明するナノ寸法の光デバイス (DP デバイスと記す) に応用されている．

3.1 二つのエネルギー準位に起因する結合状態

　まず複数の QD の中の電子，正孔，励起子などの粒子の相互作用により生ずる結合状態について検討しよう [1]．簡単のために二つの QD (QD1, QD2) のみを考え，図 3.1 に示すように QD1, QD2 中に粒子が一つ存在する状態 $|1\rangle$, $|2\rangle$ は互いに等しいエネルギー固有値 $\hbar\Omega$ をもつとする．また，両者間の相互作用エネルギーを $\hbar U$ と表す．これは (2.76) の有効相互作用エネルギーに相当する．ここで QDi に粒子を消滅，生成する演算子を各々 $\hat{b}_i$, $\hat{b}_i^\dagger$ と表すと

$$\hat{b}_i |0\rangle = 0 \quad \hat{b}_i^\dagger |0\rangle = |i\rangle \quad (i=1,2) \tag{3.1}$$

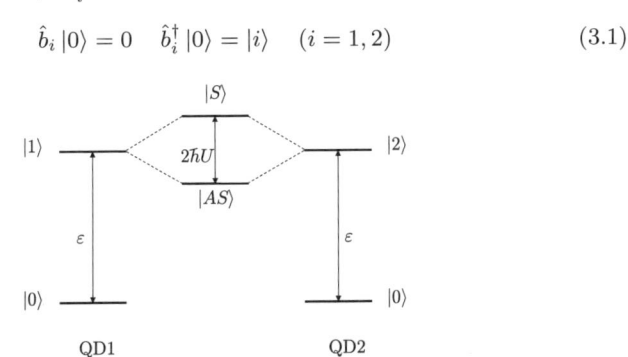

図 3.1　二つの量子ドット間の相互作用により生ずる結合状態

となる[*1]. ここで $|0\rangle$ は真空状態である. また, この系のハミルトニアンは

$$\hat{H} = \hbar\Omega \left(\hat{b}_1^\dagger \hat{b}_1 + \hat{b}_2^\dagger \hat{b}_2 \right) + \hbar U \left(\hat{b}_1^\dagger \hat{b}_2 + \hat{b}_2^\dagger \hat{b}_1 \right) \tag{3.2}$$

となる.

相互作用の結果生じる状態のうち対称状態 $|S\rangle$, 反対称状態 $|AS\rangle$ を

$$|S\rangle = \frac{1}{\sqrt{2}} \left(|1\rangle + |2\rangle \right) \tag{3.3a}$$

$$|AS\rangle = \frac{1}{\sqrt{2}} \left(|1\rangle - |2\rangle \right) \tag{3.3b}$$

により定義すると

$$\hat{H} |S\rangle = \hbar \left(\Omega + U \right) |S\rangle \tag{3.4a}$$

$$\hat{H} |AS\rangle = \hbar \left(\Omega - U \right) |AS\rangle \tag{3.4b}$$

となる. これにより対称状態, 反対称状態の状態 $|S\rangle$, $|AS\rangle$ はハミルトニアン $\hat{H}$ の固有状態であること, すなわち元来互いに独立であった二つの QD 中の状態 $|1\rangle$, $|2\rangle$ が, 相互作用の結果対称状態 $|S\rangle$ と反対称状態 $|AS\rangle$ になったことがわかる. また, それらの状態のエネルギー固有値は各々 $\hbar\left(\Omega+U\right)$, $\hbar\left(\Omega-U\right)$ である.

ここで QDi 中に誘起される電気双極子モーメント[*2]の演算子

$$\hat{\bm{p}}_i = \bm{p}_i \left(\hat{b}_i + \hat{b}_i^\dagger \right) \tag{3.5}$$

を用い, 状態が $|S\rangle$ の場合の電気双極子モーメントの内積の期待値 $\langle \bm{p}_1 \cdot \bm{p}_2 \rangle$ を求めると,

$$\begin{aligned}
\langle S| \hat{\bm{p}}_1 \cdot \hat{\bm{p}}_2 |S\rangle &= \frac{\bm{p}_1 \cdot \bm{p}_2}{2} \left(\langle 1| + \langle 2| \right) \left(\hat{b}_1 + \hat{b}_1^\dagger \right) \left(\hat{b}_2 + \hat{b}_2^\dagger \right) \left(|1\rangle + |2\rangle \right) \\
&= \frac{\bm{p}_1 \cdot \bm{p}_2}{2} \left(\langle 1| + \langle 2| \right) \left(\hat{b}_1 \hat{b}_2^\dagger + \hat{b}_1^\dagger \hat{b}_2 \right) \left(|1\rangle + |2\rangle \right) \\
&= \frac{\bm{p}_1 \cdot \bm{p}_2}{2} \left[\langle 2| \hat{b}_1 \hat{b}_2^\dagger |1\rangle + \langle 1| \hat{b}_1^\dagger \hat{b}_2 |2\rangle \right] \\
&= \bm{p}_1 \cdot \bm{p}_2
\end{aligned} \tag{3.6}$$

を得る[*3]. これは対称状態 $|S\rangle$ では二つの遷移電気双極子モーメントが互いに平行であることを意味している. 一方,

---

[*1] 本節では状態 $|0\rangle$, $|1\rangle$, $|2\rangle$ のみを考えるので $\hat{b}_i^\dagger |i\rangle = 0$ (i=1,2) である.

[*2] 右辺に消滅, 生成演算子があることからわかるように, この電気双極子モーメントは状態間の遷移によって誘起されるので遷移電気双極子モーメントとも呼ばれている.

[*3] 上式 2 行目から 3 行目に移るとき, $|1\rangle$, $|2\rangle$, $|0\rangle$ の直交性により, またここではこれらの三つの状態しか考えていないことにより $\langle 1| \hat{b}_1 \hat{b}_2^\dagger |1\rangle$, $\langle 1| \hat{b}_1 \hat{b}_2^\dagger |2\rangle$, $\langle 2| \hat{b}_1 \hat{b}_2^\dagger |2\rangle$, $\langle 1| \hat{b}_1^\dagger \hat{b}_2 |1\rangle$, $\langle 2| \hat{b}_1^\dagger \hat{b}_2 |1\rangle$, $\langle 2| \hat{b}_1^\dagger \hat{b}_2 |2\rangle$ の値は 0 であることを使った.

3.1 二つのエネルギー準位に起因する結合状態

$$\langle AS| \hat{\boldsymbol{p}}_1 \cdot \hat{\boldsymbol{p}}_2 |AS\rangle = -\boldsymbol{p}_1 \cdot \boldsymbol{p}_2 \tag{3.7}$$

を得るが，これは反対称状態 $|AS\rangle$ では両者が互いに反平行であることを意味していることがわかる．

二つの QD を伝搬光によって励起する場合，互いに近距離に置かれた各 QD の位置は回折限界のために識別できないので，二つの電気双極子モーメントが互いに平行な対称状態 $|S\rangle$ のみが生ずる．言い換えると $|1\rangle$ と $|2\rangle$ を均等に励起するので (3.3a) により与えられる対称状態 $|S\rangle$ しか生じない．さらに言い換えると，遠方では二つの電気双極子モーメントが互いに平行で，全モーメントの大きさが両者の和で与えられる大きな値をもつ状態しか観測できない．このことから対称状態 $|S\rangle$ は明状態と呼ばれている．一方，反対称状態 $|AS\rangle$ では遠方から見ると，全モーメントは両者の差で与えられるので小さく，従って観測できない．これは暗状態と呼ばれている．

一方，DP の空間的広がりは第 2 章の (2.24) に示すようにナノ物質の寸法と同程度であるので，DP を用いるとナノ寸法領域において各 QD を区別して励起することができる．すなわち DP では $|1\rangle$ と $|2\rangle$ を不均等に励起できるので，(3.3b) により与えられる反対称状態 $|AS\rangle$ も生じる．言い換えるとナノ寸法領域では二つの電気双極子モーメントが互いに反平行である暗状態でも，これを観測することができる．たとえば QD1 の状態 $|1\rangle$ のみを励起することが可能であるので，その結果として (3.3) からわかるように

$$|1\rangle = \frac{1}{\sqrt{2}} \left(|S\rangle + |AS\rangle \right) \tag{3.8}$$

と表されるごとく，$|S\rangle$ と $|AS\rangle$ の重ね合わせ状態が生ずる．

状態 $|1\rangle$ と $|2\rangle$ との間での DP によるエネルギー移動の時間的振る舞いを調べるため，時刻 $t=0$ では電子，正孔，励起子などの粒子は QD1 中の状態 $|1\rangle$ にあるとし，二つの QD の状態ベクトル $|\psi(t)\rangle$ の初期状態を $|\psi(0)\rangle = |1\rangle$ と仮定する．(3.8) に注意し (3.4a), (3.4b) 右辺のエネルギー固有値を使うと，任意の時刻 t における系の状態ベクトル $|\psi(t)\rangle$ は

$$|\psi(t)\rangle = \frac{1}{\sqrt{2}} \left[\exp\left\{-i\left(\Omega+U\right)t\right\} |S\rangle + \exp\left\{-i\left(\Omega-U\right)t\right\} |AS\rangle \right] \tag{3.9}$$

となる．この式を書き直すと

$$\begin{aligned}
|\psi(t)\rangle &= \frac{1}{\sqrt{2}} \left\{ \left[\cos(Ut) - i\sin(Ut)\right] \exp(-i\Omega t) |S\rangle \right. \\
&\quad \left. + \left[\cos(Ut) + i\sin(Ut)\right] \exp(-i\Omega t) |AS\rangle \right\} \\
&= \frac{1}{\sqrt{2}} \exp(-i\Omega t) \left\{ \cos(Ut)(|S\rangle + |AS\rangle) - i\sin(Ut)(|S\rangle - |AS\rangle) \right\} \\
&= \exp(-i\Omega t) \left\{ \cos(Ut)|1\rangle - i\sin(Ut)|2\rangle \right\} \tag{3.10}
\end{aligned}$$

となるので,時刻 t において粒子が QD1 の状態 $|1\rangle$ を占有する確率 $\rho_{11}(t)$ は

$$\rho_{11}(t) = |\langle 1|\psi(t)\rangle|^2 = \cos^2(Ut) \tag{3.11a}$$

であることがわかる.一方,時刻 t において粒子が QD2 の状態 $|2\rangle$ を占有する確率 $\rho_{22}(t)$ は

$$\rho_{22}(t) = |\langle 2|\psi(t)\rangle|^2 = \sin^2(Ut) \tag{3.11b}$$

となる.これらの確率は図 3.2 に示すように周期 π/U をもって逆位相で振動する.このことは QD1,QD2 のエネルギー準位の間でエネルギーが周期的に移動することを意味する.この現象は章動 (nutation) と呼ばれている.

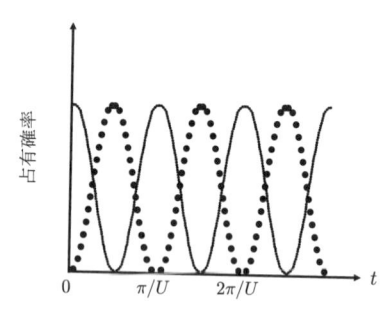

図 3.2 占有確率の時間変化
実線,点線は各々 $\rho_{11}(t)$, $\rho_{22}(t)$ を表す.

ただしこの章動の現象は永久に続くものではない.通常これは二つの QD の周囲の系との間の相互作用に起因するエネルギー散逸などの緩和過程により止まる[*4).たとえば $\rho_{11}(t) = 0$, $\rho_{22}(t) = 1$ となった後にエネルギー散逸により章動が止まると,この時点で QD1 から QD2 へのエネルギー移動が確定する.

最後に上記の QD 中の基底状態 $|0\rangle$ から状態 $|1\rangle$,$|2\rangle$ への遷移の特徴について考えよう.伝搬光により励起する場合,伝搬光の電気変位ベクトルの値は QD の内部では空間的に均一なので長波長近似が成り立つ.従って $|0\rangle$ と $|1\rangle$ または $|2\rangle$ との間の遷移行列要素は付録 F の (F.49), (F.50) に示すように励起子の重心運動を表す包絡関数の空間積分に比例する.すなわちこの積分の値が 0 の場合には電気双極子遷移は禁制となり,0 でない場合は許容される.一例として球形の QD の場合,量子数 l, m がともに 0 の状態への遷移のみが許容される.立方体 QD の場合には,量子数 n_x, n_y, n_z のすべてが奇数の場合のみ許容となるが,どれか一つでも偶数であれば禁制となる.

[*4) 着目している系と外部の系との往復を繰り返しながらエネルギーが移動する過程は緩和と呼ばれているが,特にそのエネルギー移動が一方向のみである場合は散逸と呼ばれている.

一方 DP による励起の場合，DP の空間的広がりはナノ物質寸法と同程度であるので，長波長近似は成り立たない．従って，伝搬光による励起の場合の禁制が破られるようになる．つまり次節以下に示すように DP デバイスを考案する場合，使用するエネルギー準位は電気双極子禁制であってもよい．むしろこの禁制エネルギー準位を積極的に使い，DP デバイス動作の際の伝搬光の影響を排除する方が有利である．

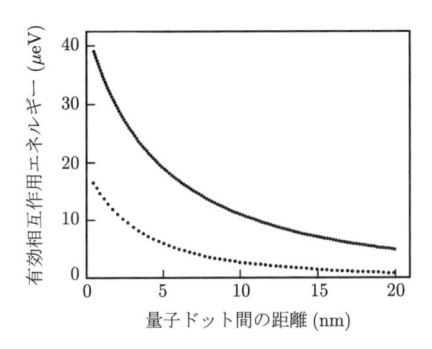

図 3.3　NaCl 中の二つの CuCl の立方体の量子ドットの間の有効相互作用の値 実線は一辺 5 nm の二つの量子ドット中の電気双極子許容準位 $(1,1,1)$ を用いた場合．点線は一辺 5 nm の QD 内の準位 $(1,1,1)$ と一辺 7 nm の QD 内の準位 $(2,1,1)$ を用いた場合．

DP の場合に禁制が破られることを示すため，図 3.3 は NaCl 結晶中に埋め込まれた二つの CuCl 立方体形の QD を例にとり，付録 F の (F.47) を用いて DP による両者間の有効相互作用エネルギー V_{eff} の値を計算した結果を示す．図では V_{eff} の値を QD 間の距離の関数として表している．実線は一辺 5 nm の二つの QD 中の電気双極子許容準位 $(1,1,1)$ を用いた場合，一方，点線は一辺 5 nm の QD 内の準位 $(1,1,1)$ と一辺 7 nm の QD 内の準位 $(2,1,1)$ を用いた場合の結果を表す．従来の伝搬光に対しては $(2,1,1)$ は電気双極子禁制の準位であるが，点線は 0 ではない値をとっている．たとえば QD 間の距離が 6.1 nm の場合，点線の値は $5.05\,\mu\text{eV}$ であり，これは実線の値の 1/4 に達するほど大きい．このことから DP を使えばこの準位は許容準位となることがわかる．

3.2　ドレスト光子デバイスの概念

DP の特性を利用することにより，伝搬光を用いた既存の光デバイスにはない新しい機能をもつデバイス，すなわち DP デバイスを実現することができる．DP デバイスではナノ物質中の離散的なエネルギー準位に励起された電子，正孔，励起子などの

粒子のもつエネルギーを隣接するナノ物質に移動し，さらに熱浴中のフォノンとの相互作用を介したエネルギー散逸および量子コヒーレンス（coherence）の破壊により一方向性のエネルギー移動を実現する [2-8]．その結果，一方から他方のナノ物質への信号伝送が可能となる．これらの現象を用いることにより第 5 章に示すように多様な機能（信号発生，信号制御，信号伝送，入出力インターフェースなど）が実現する．

DP デバイスの動的特性を記述するため，密度行列演算子の量子マスター方程式 [9-13] の解を求めてナノ物質間でのエネルギー移動のようすを調べる [2-6,8]．なお密度行列，密度行列演算子，および開放系の量子マスター方程式などの詳細については文献 [1] を参照されたい．以下の各小節では多数のフォノンからなる熱浴と結合した二つの QD，三つの QD の中の電子・正孔対（以下ではこれを励起子と記す）の分布数の時間的変化のようすを調べる [14]．

3.2.1 二つの量子ドットを用いたドレスト光子デバイス

二つの QD を用いた DP デバイスについて考える．これは一入力，一出力の二端子デバイスであり，電子デバイスのうちのダイオードに相当する．図 3.4 には熱浴中のフォノンと相互作用する二つの QD（QD-A,QD-B）の各エネルギー準位を記す．なお QD-A 中には励起子の一つのエネルギー準位を考え，そのエネルギー固有値を $\hbar\Omega_A$ とする．一方，QD-B 中には励起子の二つのエネルギー準位を考える．そのうち上エネルギー準位のエネルギー固有値を $\hbar\Omega_2$ と表し，これは QD-A 中のエネルギー準位のエネルギー固有値 $\hbar\Omega_A$ と等しいとする．一方，下エネルギー準位のエネルギー固有値を $\hbar\Omega_1$ とする．以下では QD-A から QD-B へのエネルギー移動の後，QD-B の下エネルギー準位への緩和による信号の伝送について考える．なお，ここでは，伝搬光によるエネルギー移動は無視する．なぜなら QD-B 中の上エネルギー準位は電気双極子禁制準位であり，従って各状態での占有確率の時間変化の時定数の値は DP による場合の値より約百倍大きいからである．

図 3.4 に示す系のハミルトニアンは

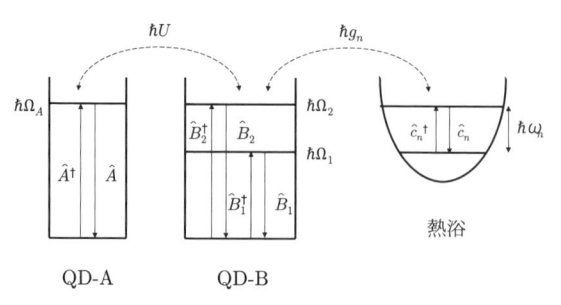

図 3.4 熱浴と相互作用する二つの量子ドットのエネルギー準位

3.2 ドレスト光子デバイスの概念

$$\hat{H} = \hat{H}_0 + \hat{H}_{\text{int}} + \hat{H}_{SR} \tag{3.12}$$

である．ここで非摂動ハミルトニアンは

$$\hat{H}_0 = \hbar\Omega_A \hat{A}^\dagger \hat{A} + \hbar\Omega_1 \hat{B}_1^\dagger \hat{B}_1 + \hbar\Omega_2 \hat{B}_2^\dagger \hat{B}_2 + \hbar \sum_n \omega_n \hat{c}_n^\dagger \hat{c}_n \tag{3.13a}$$

QD-A と QD-B との相互作用ハミルトニアンは

$$\hat{H}_{\text{int}} = \hbar U \left(\hat{A}^\dagger \hat{B}_2 + \hat{B}_2^\dagger \hat{A} \right) \tag{3.13b}$$

である．ここで $\hbar U$ は DP による相互作用エネルギーを表す．また，QD-B と熱浴との相互作用ハミルトニアンは

$$\hat{H}_{SR} = \hbar \sum_n \left(g_n \hat{c}_n^\dagger \hat{B}_1^\dagger \hat{B}_2 + g_n^* \hat{c}_n \hat{B}_2^\dagger \hat{B}_1 \right) \tag{3.13c}$$

である．これは QD-A との相互作用の後のエネルギー散逸の効果を表す．$\hbar g_n$ は励起子とフォノンの相互作用エネルギーを表す．$\hat{A}$, $\hat{A}^\dagger$ は QD-A 中のエネルギー $\hbar\Omega_A (= \hbar\Omega_2)$ をもつ励起子の消滅，生成演算子である．$\hat{B}_1$, $\hat{B}_1^\dagger$ は QD-B 中のエネルギー $\hbar\Omega_1$ をもつ励起子の消滅，生成演算子，さらに $\hat{B}_2$, $\hat{B}_2^\dagger$ は QD-B 中のエネルギー $\hbar\Omega_2$ をもつ励起子の消滅，生成演算子である．同様に $\hat{c}_n$, $\hat{c}_n^\dagger$ はエネルギー $\hbar\omega_n$ をもつフォノンの消滅，演生成算子である．

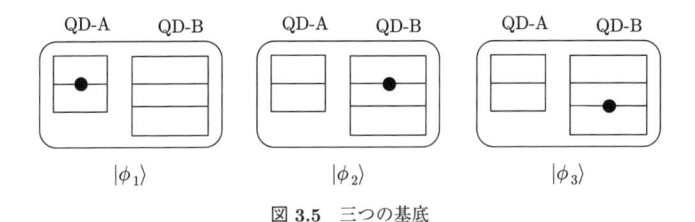

図 3.5 三つの基底

励起子の動的特性を考えるために図 3.5 に示すように三つの基底 $|\phi_i\rangle$ ($i = 1 \sim 3$) を用いる．これらは

$$|\phi_1\rangle = |A^*, B_1, B_2\rangle,$$
$$|\phi_2\rangle = |A, B_1, B_2^*\rangle,$$
$$|\phi_3\rangle = |A, B_1^*, B_2\rangle \tag{3.14}$$

である．この式中の＊印は対応する各エネルギー準位に励起子が一つ存在する状態を表す．ボルン・マルコフ（Born-Markov）近似のもとで，密度行列演算子 $\hat{\rho}$ の量子マスター方程式は

$$\frac{\partial \hat{\rho}}{\partial t} = -\frac{i}{\hbar}\left[\hat{H}_0 + \hat{H}_{\text{int}}, \hat{\rho}\right] + \frac{\gamma}{2}\left(\left[\hat{B}_1^\dagger \hat{B}_2, \hat{\rho}\hat{B}_2^\dagger \hat{B}_1\right] + \left[\hat{B}_1^\dagger \hat{B}_2 \hat{\rho}, \hat{B}_2^\dagger \hat{B}_1\right]\right)$$
$$+ \gamma n \left(\left[\hat{B}_1^\dagger \hat{B}_2 \hat{\rho}, \hat{B}_2^\dagger \hat{B}_1\right] - \left[\hat{B}_2^\dagger \hat{B}_1, \hat{\rho}\hat{B}_1^\dagger \hat{B}_2\right]\right) \qquad (3.15)$$

で与えられる[*5)。（文献 [1] の (2.162) に相当）. n は熱浴中のフォノンの数である. γ は QD-A と QD-B からなる系と熱浴中のフォノンとの相互作用（フォノン散乱と呼ばれている）の結果，励起子が QD-B 中の上エネルギー準位から下エネルギー準位へと緩和する非放射緩和定数であり (3.13c) 中の g_n の二乗に比例する. これはまた

$$\gamma = 2\pi \left|\frac{E_{\text{ex-ph}}}{\hbar}\right|^2 D(\omega) \qquad (3.16)$$

で与えられる [12]．ここで $E_{\text{ex-ph}}$ は励起子とフォノンとの間の相互作用エネルギー，$D(\omega)$ はフォノンの状態密度，ω は $\Omega_2 - \Omega_1$ の値をとる．なお，電子と正孔との再結合による下エネルギー準位からの放射緩和定数を γ_{rad} とすると，$\gamma \gg \gamma_{\text{rad}}$ であるので，過渡的な現象には γ の寄与のみを考えればよい.

(3.15) を $\hat{\rho}$ の行列要素

$$\rho_{mn}(t) \equiv \langle\phi_m|\hat{\rho}(t)|\phi_n\rangle \qquad (3.17)$$

について書き下し，(3.13b) 中の U を使うと

$$\frac{d\rho_{11}(t)}{dt} = iU(r)\left[\rho_{12}(t) - \rho_{21}(t)\right] \qquad (3.18a)$$

$$\frac{d\rho_{12}(t)}{dt} - \frac{d\rho_{21}(t)}{dt} = 2iU(r)\left[\rho_{11}(t) - \rho_{22}(t)\right] - (n+1)\gamma\left[\rho_{12}(t) - \rho_{21}(t)\right] \qquad (3.18b)$$

$$\frac{d\rho_{22}(t)}{dt} = -iU(r)\left[\rho_{12}(t) - \rho_{21}(t)\right] - 2(n+1)\gamma\rho_{22}(t) + 2n\gamma\rho_{33}(t) \qquad (3.18c)$$

$$\frac{d\rho_{33}(t)}{dt} = 2(n+1)\gamma\rho_{22}(t) - 2n\gamma\rho_{33}(t) \qquad (3.18d)$$

となる [1]．これらの式中，対角要素 $\rho_{mm}(t)$ は QD-A,QD-B の各エネルギー準位の占有確率を表し，非対角要素 $\rho_{mn}(t)$ は量子コヒーレンスを表す[*6)．

温度 T が 0 K, すなわち $n = 0$ でありフォノンの場が真空状態で 0 点エネルギーのみを有する場合，これらの連立方程式は解析的に解くことができる．そのための初期条件として $\rho_{11}(0) = 1$ とし，他の行列要素は $\rho_{mn}(0) = 0$ とする．これは二つの

[*5) この式は文献 [1] の (2.162) 中の演算子 $\hat{a}$, $\hat{a}^\dagger$ を各々 $\hat{B}_1^\dagger \hat{B}_2$, $\hat{B}_2^\dagger \hat{B}_1$ に置き換えることにより導出される.

[*6) 量子コヒーレンスとは (3.17) において互いに相互作用する二つの状態 $|\phi_m\rangle$, $|\phi_n\rangle$ を記述する波動関数の間の相関の度合いを表す性質である．その性質の有無はこれらの状態を記述する波動関数が互いに干渉する度合い，すなわち可干渉性によって判断される．可干渉性は二つの波動関数の間の相互相関係数によって定量的に評価される.

3.2 ドレスト光子デバイスの概念

QDに入力信号としての光が入射し，QD-A中に励起子が一つ発生したことを表す．すなわち入力信号が印加されたことをQD-A中の励起子発生により表している．この初期条件のもとで解は

$$\rho_{11}(t) = \frac{1}{Z^2} e^{-\gamma t} \left[\frac{\gamma}{2} \sinh(Zt) + Z \cosh(Zt) \right]^2 \tag{3.19a}$$

$$\rho_{22}(t) = \frac{U^2}{Z^2} e^{-\gamma t} \sinh^2(Zt) \tag{3.19b}$$

$$\rho_{12}(t) - \rho_{21}(t) = 2i \frac{U}{Z^2} e^{-\gamma t} \sinh(Zt) \left[\frac{\gamma}{2} \sinh(Zt) + Z \cosh(Zt) \right] \tag{3.19c}$$

となる（付録GのG.1節）．ここで

$$Z \equiv \sqrt{(\gamma/2)^2 - U^2} \tag{3.19d}$$

である．なお，行列要素の対角和の値が1であることから

$$\rho_{33}(t) = 1 - [\rho_{11}(t) + \rho_{22}(t)] \tag{3.19e}$$

である．(3.19e) はQD-B中の下エネルギー準位に励起子が発生する確率を表すが，これが出力信号の発生確率に相当する．すなわちこの励起子が消滅し光を発生するが，この光が出力信号である．なお，発生した光の強度の減衰の時定数は放射緩和定数の逆数 $\gamma_{\rm rad}^{-1}$ である．

(3.19a)～(3.19d) によると分布数の時間的変化は $\gamma < 2U$（Z は虚数）と $\gamma > 2U$（Z は実数）とでは大きく異なることがわかる．また，これらの式は $\gamma = 2U$（$Z = 0$）では定義されないように見えるが，$Z \to +0$ または -0 の極限をとることにより解が存在する．ここで入力信号印加後，QD-Bの下エネルギー準位に励起子が発生するまでに要する時間（これは充填時間と呼ばれている）τ_S を $\rho_{33}(\tau_S) = 1 - e^{-1}$ により定義し，これを $\gamma/2U$ の関数として図3.6に示す．この図によると γ の値が小さいうちはその増加とともに τ_S が減少しているが，これはエネルギー移動に必要な時間が減少することから容易に理解できる．しかし γ が $2U$ 以上になると τ_S は増加している．

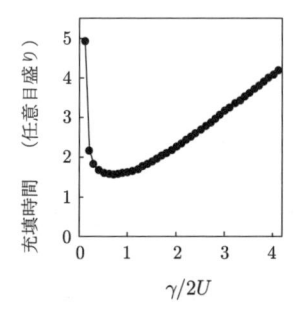

図 3.6 $\gamma/2U$ と充填時間 τ_S との関係

これは γ の増加とともに QD-B の上エネルギー準位のエネルギー幅が広がり QD 間のエネルギー移動が起こりにくくなるからである．この図によれば $\gamma = 2U$ のときにエネルギー移動時間が最短になる．

(3.18c) 右辺最終項の $2n\gamma\rho_{33}(t)$ の項は，温度 T が $0\,\mathrm{K}$ でない場合（すなわちフォノンの数が 0 でない場合）に熱浴から二つの QD にエネルギーが逆移動すること，すなわち有限温度効果が起こることを示している．これにより QD-B の上エネルギー準位の分布数 $\rho_{22}(t)$ が増加する．また，この項は $\rho_{33}(t)$ にも比例していることから，$\rho_{33}(t)$ の値の増加とともに逆移動が顕著となり，$\rho_{11}(t)$，$\rho_{22}(t)$ の値も増加する．このことは QD-A のエネルギー準位および QD-B の上エネルギー準位に励起子が残留することを意味する．

ここまでは QD-A のエネルギー準位と QD-B の上エネルギー準位とが共鳴している場合（$\hbar\Omega_A = \hbar\Omega_2$）について考えたが，次にこの共鳴状態からどのくらいずれていてもエネルギー移動が可能であるかを調べる．すなわち QD-B 中のエネルギー $\hbar\Omega_2$ が $\hbar\Omega_A$ から $\hbar\Delta\Omega$ だけずれていると仮定すると (3.19a) 右辺の係数が修正され，共鳴からずれた場合と共鳴の場合とのエネルギー移動の効率の比はほぼ $\gamma^2/(\gamma^2 + \Delta\Omega^2)$ となる．従って共鳴状態からずれていても $\Delta\Omega$ の値が γ 以下であれば 50% 以上の効率でエネルギーが移動しうることがわかる．たとえば QD 寸法と γ を各々 $7.1\,\mathrm{nm}$，$4.1 \times 10^{12}\,\mathrm{s}^{-1}$ とすると，QD 寸法が 10% ずれていてもよい．最近の加工技術ではこの程度の誤差で QD を作ることが可能になっている．実際，参考文献 [4,5] では分布数の動的特性に関する上記の議論と整合する実験結果が示されている．

3.2.2 三つの量子ドットを用いたドレスト光子デバイス

三つの QD を用いた DP デバイスについて考える．これは二入力，一出力の三端子デバイスであり，電子デバイスのうちのトランジスタに相当する．

図 3.7 に示す三つの QD（QD-A, QD-B, QD-C）が二等辺三角形の頂点に位置するように基板上に対称的に置かれ，これらが DP により励起される場合のエネルギー移動の動的特性を考える．ここでは同等の二つの QD(QD-A, QD-B) が DP により相互作用しており，二つの入力部を形成している．三番目の QD-C の寸法は前二者より大きく，出力部として機能する．これらは下記のように論理ゲートを構成することがわかる．

入力部から出力部へエネルギーが移動した結果，QD-C 中の上エネルギー準位に励起子が生成されるが，それは熱浴中のフォノンとの相互作用により (3.16) の非放射緩和定数 γ をもって下エネルギー準位へと緩和する．一方，前の小節の場合と同様，電子と正孔との再結合による下準位からの放射緩和定数 γ_rad の値は γ の値に比べ十分小さいので，過渡的な現象には γ の寄与のみを考えればよい．また，QD-A と QD-B と

3.2 ドレスト光子デバイスの概念

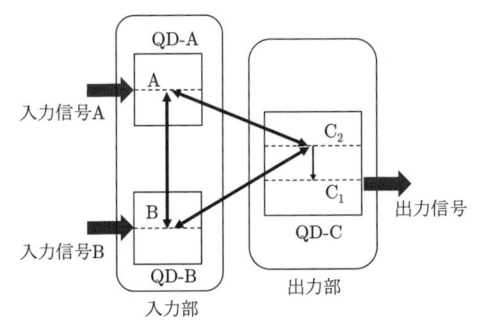

図 3.7 対称的に配置された三つの量子ドットの間の
エネルギー移動を利用した論理ゲート
両矢印はエネルギー移動を，下向き矢印は非放射緩和を表す．

の間の相互作用エネルギー $\hbar U$ が，QD-A と QD-C および QD-B と QD-C との間の相互作用エネルギー $\hbar U'$ より大きくなるように各 QD が配置されているものとする．

ここで DP により相互作用する QD 中の励起子を記述するハミルトニアン $\hat{H}_S$ として

$$\hat{H}_S = \hat{H}_0 + \hat{H}_{\text{int}},$$

$$\hat{H}_0 = \hbar\Omega\left(\hat{A}^\dagger\hat{A} + \hat{B}^\dagger\hat{B}\right) + \hbar\sum_{i=1}^{2}\Omega_{C_i}\hat{C}_i^\dagger\hat{C}_i,$$

$$\hat{H}_{\text{int}} = \hbar U\left(\hat{A}^\dagger\hat{B} + \hat{B}^\dagger\hat{A}\right) + \hbar U'\left(\hat{B}^\dagger\hat{C}_2 + \hat{C}_2^\dagger\hat{B} + \hat{C}_2^\dagger\hat{A} + \hat{A}^\dagger\hat{C}_2\right) \quad (3.20)$$

を考える．ここで $\hat{A}$，$\hat{A}^\dagger$ は各々 QD-A 中の励起子の消滅，生成演算子であり，$\hbar\Omega$ はそのエネルギー固有値である．QD-B についても同様に $\hat{B}$，$\hat{B}^\dagger$，$\hbar\Omega$ と表す．$\hat{C}_i$，$\hat{C}_i^\dagger$，$\hbar\Omega_{C_i}$ は同様に QD-C 中のエネルギー準位 i を占有する励起子の消滅，生成演算子，エネルギー固有値である．図 3.8 に示すように QD-A と QD-B の間，QD-B と QD-C の間，QD-C と QD-A の間の相互作用エネルギーを各々 $\hbar U_{AB} = \hbar U$，$\hbar U_{BC} = \hbar U_{CA} = \hbar U'$ と表す．

前の小節と同様，密度行列演算子を用いて，DP により生成される一つの励起子または二つの励起子が発生した後の時間変化を調べる．これらは DP デバイスに各々一入力信号，二入力信号としての光が入射した場合に相当する．密度行列演算子 $\hat{\rho}$ の量子マスター方程式は

$$\frac{\partial}{\partial t}\hat{\rho}(t) = -\frac{i}{\hbar}\left[\hat{H}_0 + \hat{H}_{\text{int}}, \hat{\rho}(t)\right]$$
$$+ \frac{\gamma}{2}\left\{2\hat{C}_1^\dagger\hat{C}_2\hat{\rho}(t)\hat{C}_2^\dagger\hat{C}_1 - \hat{C}_2^\dagger\hat{C}_1\hat{C}_1^\dagger\hat{C}_2\hat{\rho}(t) - \hat{\rho}(t)\hat{C}_2^\dagger\hat{C}_1\hat{C}_1^\dagger\hat{C}_2\right\} \quad (3.21)$$

である [2]．なお，(3.21) は前の小節で (3.19a)～(3.19d) を導出した場合と同様，温

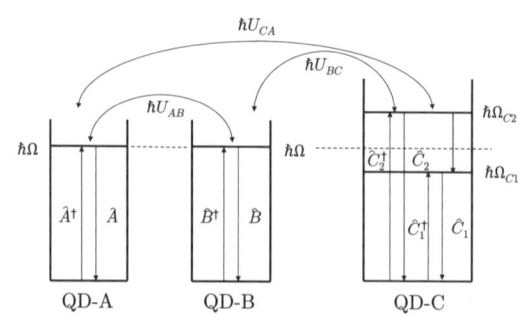

44   3. ドレスト光子によるエネルギー移動と緩和

図 3.8 三つの量子ドット中の励起子のエネルギー準位,相互作用,非放射緩和

度 T が $0\,\mathrm{K}$,すなわちフォノン数が 0 の場合に相当し,熱浴の効果は緩和定数 γ のみで表されている.

a. XOR 論理ゲート

図 3.7 の三つの QD を XOR 論理ゲートとして機能させることが可能である.その条件を見出すため,一入力信号を印加した場合,図 3.9 に示すように三つの QD のいずれかに一つの励起子が存在する状態(すなわち一励起子状態)を考える.この状態をもとに密度行列演算子の行列要素を作る際,行列要素の数が最小になるように適切な基底を選ぶのが以下の計算をする際に有利である [12].そのような基底として次の四つの状態を採択するのがよい.

$$|S_1\rangle = \frac{1}{\sqrt{2}} \left(|A^*, B, C_1, C_2\rangle + |A, B^*, C_1, C_2\rangle \right),$$

$$|AS_1\rangle = \frac{1}{\sqrt{2}} \left(|A^*, B, C_1, C_2\rangle - |A, B^*, C_1, C_2\rangle \right),$$

$$|P_1\rangle = |A, B, C_1^*, C_2\rangle,$$

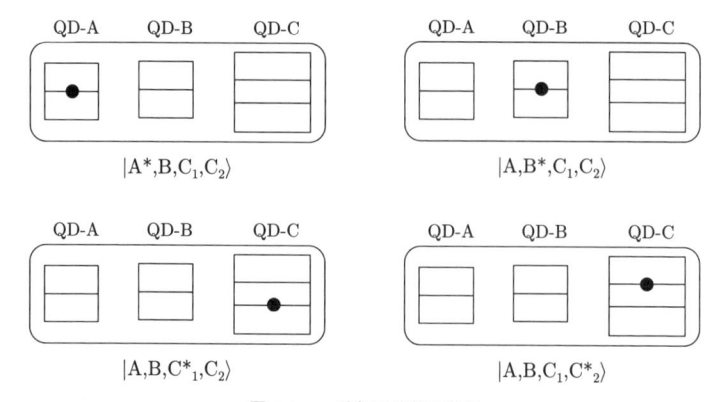

図 3.9 一励起子状態の基底

$$|P_1'\rangle = |A, B, C_1, C_2^*\rangle \tag{3.22}$$

これらの式中の $*$ 印は対応する各エネルギー準位に励起子が一つある状態を表す．第一行，第二行は各々 (3.3a), (3.3b) と同様の対称状態，反対称状態であり，一励起子状態であることを表すためにここでは各々 S, AS に添字 1 をつけて表している．

(3.21) および (3.22) をもとに一励起子状態の密度行列要素の式を書き下すと，

$$\frac{\partial}{\partial t}\rho_{S_1,S_1}(t) = i\sqrt{2}U'\left\{\rho_{S_1,P_1'}(t) - \rho_{P_1',S_1}(t)\right\} \tag{3.23a}$$

$$\frac{\partial}{\partial t}\rho_{S_1,P_1'}(t) = \left\{i(\Delta\Omega - U) - \frac{\gamma}{2}\right\}\rho_{S_1,P_1'}(t) + i\sqrt{2}U'\left\{\rho_{S_1,S_1}(t) - \rho_{P_1',P_1'}(t)\right\} \tag{3.23b}$$

$$\frac{\partial}{\partial t}\rho_{P_1',S_1}(t) = -\left\{i(\Delta\Omega - U) + \frac{\gamma}{2}\right\}\rho_{P_1',S_1}(t) - i\sqrt{2}U'\left\{\rho_{S_1,S_1}(t) - \rho_{P_1',P_1'}(t)\right\} \tag{3.23c}$$

$$\frac{\partial}{\partial t}\rho_{P_1',P_1'}(t) = -\gamma\rho_{P_1',P_1'}(t) - i\sqrt{2}U'\left\{\rho_{S_1,P_1'}(t) - \rho_{P_1',S_1}(t)\right\} \tag{3.23d}$$

$$\frac{\partial}{\partial t}\rho_{P_1,P_1}(t) = \gamma\rho_{P_1',P_1'}(t) \tag{3.23e}$$

となる．ここで

$$\Delta\Omega \equiv \Omega_{C_2} - \Omega \tag{3.24}$$

である．図 3.7 のように QD が空間的に対称配置されている場合，QD-A と QD-C の相互作用エネルギー，および QD-B と QD-C の相互作用エネルギーはともに $\hbar U'$ であることから，反対称状態 $|AS_1\rangle$ に関連する行列要素はこれらの式中には現れないことに注意されたい．その結果，これらの式の数および式中の項の数が最小となり計算をする際に有利である．

ラプラス変換を用いるとこの微分方程式の解を解析的に求めることができる（付録 G の G.2 節）．すなわち一つの励起子が最初に QD-A のみに生成された場合，つまり初期条件 $\rho_{S_1,S_1}(0) = \rho_{AS_1,AS_1}(0) = \rho_{S_1,AS_1}(0) = \rho_{AS_1,S_1}(0) = 1/2$ の場合，励起子が QD-C 中のエネルギー準位 C_1 に移動する確率 $\rho_{P_1,P_1}(t)$ は

$$\begin{aligned}\rho_{P_1,P_1}(t) &= \gamma\int_0^t \rho_{P_1',P_1'}\left(t'\right)dt' \\ &= \frac{1}{2} + \frac{4U'^2}{\omega_+^2 - \omega_-^2}\{\cos\phi_+\cos(\omega_+ t + \phi_+) - \cos\phi_-\cos(\omega_- t + \phi_-)\}e^{-\left(\frac{\gamma}{2}\right)t}\end{aligned} \tag{3.25}$$

によって与えられる．これは出力信号の発生確率に相当する．ここで

$$\omega_\pm = \frac{1}{\sqrt{2}}\left[(\Delta\Omega - U)^2 + W_+W_- \pm\sqrt{\left\{(\Delta\Omega - U)^2 + W_+^2\right\}\left\{(\Delta\Omega - U)^2 + W_-^2\right\}}\right]^{\frac{1}{2}}$$

$$\phi_\pm = \tan^{-1}\left(\frac{2\omega_\pm}{\gamma}\right)$$

$$W_\pm = 2\sqrt{2}U' \pm \frac{\gamma}{2} \tag{3.26}$$

である．

(3.25) の第二項は正弦的に振動する章動を表すが，その分母

$$\omega_+^2 - \omega_-^2 = \sqrt{\left\{(\Delta\Omega - U)^2 + W_+^2\right\}\left\{(\Delta\Omega - U)^2 + W_-^2\right\}} \tag{3.27}$$

は

$$\Delta\Omega = U \tag{3.28}$$

の場合に最小となる．すなわちこの場合に入力部から出力部へのエネルギー移動効率が最大となる．(3.24) と (3.28) より

$$\Omega + U = \Omega_{C_2} \tag{3.29}$$

となるが，(3.4a) によるとこの式左辺は QD-A と QD-B との間の相互作用（$\hbar U$）により生ずる対称状態，すなわち

$$|S\rangle = \frac{1}{\sqrt{2}}\left(|1\rangle_A |0\rangle_B + |0\rangle_A |1\rangle_B\right) \tag{3.30}$$

のエネルギーの値に相当する．従って (3.29) はこの対称状態が QD-C の上エネルギー準位 C_2 と共鳴するように QD-C の寸法が調整されていることを表す．すなわちこの条件下で入力端子の対称状態 $|S\rangle$ から出力端子の QD-C の上エネルギー準位 C_2 へエネルギーを効率よく移動することが可能となる．

(3.29) が成り立つ場合，QD-A または QD-B のどちらか一方に入力信号が入ったときのみ QD-C から出力信号が得られる．両方に入力信号が入ったとしても (3.29) は成り立たないので QD-C から出力信号は得られない．以上の入出力の関係は XOR 論理ゲートの動作を表している．

b. AND 論理ゲート

図 3.7 の三つの QD を AND 論理ゲートとして機能させることが可能である．その条件を見出すため，二入力信号を印加した場合，図 3.10 に示すように三つの QD のいずれかに二つの励起子が存在する状態（すなわち二励起子状態）を考える．この状態をもとに，密度行列演算子の行列要素を作る際，行列要素の数が最小になるように適切な基底を選ぶため，次の六つの状態を採択する．その際，QD-C の下エネルギー

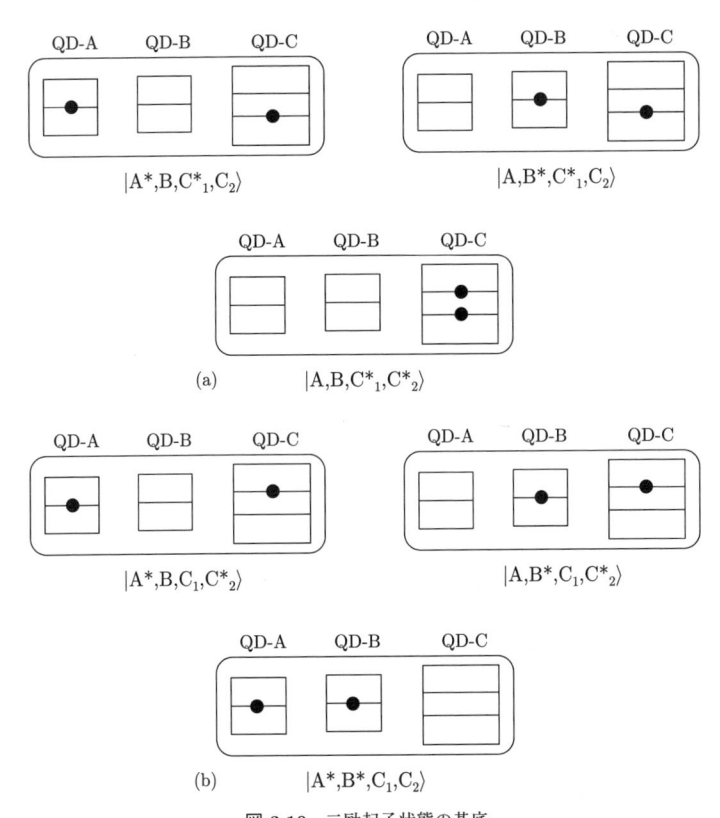

3.2 ドレスト光子デバイスの概念

図 3.10 二励起子状態の基底
(a) C_1 が占有されている場合. (b) C_1 が占有されていない場合.

準位 C_1 が占有されているか否かに分けて選ぶ. まず C_1 が占有されている場合に対して, 図 3.10(a) に示すように

$$|S_2\rangle = \frac{1}{\sqrt{2}} \left(|A^*, B, C_1^*, C_2\rangle + |A, B^*, C_1^*, C_2\rangle \right),$$

$$|AS_2\rangle = \frac{1}{\sqrt{2}} \left(|A^*, B, C_1^*, C_2\rangle - |A, B^*, C_1^*, C_2\rangle \right),$$

$$|P_2\rangle = |A, B, C_1^*, C_2^*\rangle \tag{3.31}$$

を採択する. C_1 が占有されていない場合に対しては図 3.10(b) に示すように

$$|S_2'\rangle = \frac{1}{\sqrt{2}} \left(|A^*, B, C_1, C_2^*\rangle + |A, B^*, C_1, C_2^*\rangle \right),$$

$$|AS_2'\rangle = \frac{1}{\sqrt{2}} \left(|A^*, B, C_1, C_2^*\rangle - |A, B^*, C_1, C_2^*\rangle \right),$$

$$|P_2'\rangle = |A^*, B^*, C_1, C_2\rangle \tag{3.32}$$

を採択する．(3.21)，および (3.31)，(3.32) より二励起子状態の密度行列要素の式を書き下すと，

$$\frac{\partial}{\partial t}\rho_{S_2',S_2'}(t) = i\sqrt{2}U'\left\{\rho_{S_2',P_2'}(t) - \rho_{P_2',S_2'}(t)\right\} - \gamma\rho_{S_2',S_2'}(t) \tag{3.33a}$$

$$\frac{\partial}{\partial t}\rho_{S_2',P_2'}(t) = -\left\{i(\Delta\Omega+U) + \frac{\gamma}{2}\right\}\rho_{S_2',P_2'}(t) + i\sqrt{2}U'\left\{\rho_{S_2',S_2'}(t) - \rho_{P_2',P_2'}(t)\right\} \tag{3.33b}$$

$$\frac{\partial}{\partial t}\rho_{P_2',S_2'}(t) = \left\{i(\Delta\Omega+U) - \frac{\gamma}{2}\right\}\rho_{P_2',S_2'}(t) - i\sqrt{2}U'\left\{\rho_{S_2',S_2'}(t) - \rho_{P_2',P_2'}(t)\right\} \tag{3.33c}$$

$$\frac{\partial}{\partial t}\rho_{P_2',P_2'}(t) = -i\sqrt{2}U'\left\{\rho_{S_2',P_2'}(t) - \rho_{P_2',S_2'}(t)\right\} \tag{3.33d}$$

となる．図 3.7 のように QD が空間的に対称配置されている場合には (3.23a)〜(3.23e) と同様，反対称状態 $|AS_2\rangle$，$|AS_2'\rangle$ に関連する行列要素はこれらの式中には現れない．

最初に二つの励起子が各々 QD-A, QD-B に生成された場合，すなわち $\rho_{P_2',P_2'}(0) = 1$ の場合，励起子が QD-C 中の下エネルギー準位 C_1 に移動する確率（これは出力信号の発生確率に相当する）はラプラス変換により

$$\begin{aligned}
\rho_{S_2,S_2}(t) + \rho_{P_2,P_2}(t) &= \gamma\int_0^t \rho_{S_2',S_2'}(t')dt' \\
&= 1 + \frac{8U'^2}{\omega_+'^2 - \omega_-'^2}\left\{\cos\phi_+'\cos\left(\omega_+'t + \phi_+'\right) - \cos\phi_-'\cos\left(\omega_-'t + \phi_-'\right)\right\}e^{-\left(\frac{\gamma}{2}\right)t}
\end{aligned} \tag{3.34}$$

となる（付録 G の G.3 節）．ここで

$$\omega_\pm' = \frac{1}{\sqrt{2}}\left[(\Delta\Omega+U)^2 + W_+W_- \pm \sqrt{\left\{(\Delta\Omega+U)^2 + W_+^2\right\}\left\{(\Delta\Omega+U)^2 + W_-^2\right\}}\right]^{\frac{1}{2}},$$

$$\phi_\pm' = \tan^{-1}\left(\frac{2\omega_\pm'}{\gamma}\right) \tag{3.35}$$

である．

(3.34) 第二項の分母

$$\omega_+'^2 - \omega_-'^2 = \sqrt{\left\{(\Delta\Omega+U)^2 + W_+^2\right\}\left\{(\Delta\Omega+U)^2 + W_-^2\right\}} \tag{3.36}$$

は

$$\Delta\Omega = -U \tag{3.37}$$

の場合に最小となる．すなわちこの場合に入力部から出力部へのエネルギー移動効率

が最大となる．(3.26) と (3.37) より

$$\Omega - U = \Omega_{C_2} \tag{3.38}$$

となるが，(3.4b) によるとこれは QD-A と QD-B との間の相互作用（$\hbar U$）により生ずる反対称状態，すなわち

$$|AS\rangle = \frac{1}{\sqrt{2}} \left(|1\rangle_A |0\rangle_B - |0\rangle_A |1\rangle_B \right) \tag{3.39}$$

が QD-C の上エネルギー準位 C_2 と共鳴するように QD-C の寸法が調整されていることを表す．すなわちこの条件化で入力端子の対称状態 $|AS\rangle$ から出力端子の QD-C の上エネルギー準位 C_2 へエネルギーを効率よく移動することが可能となる．

(3.38) が成り立つ場合，QD-A，QD-B の両方に入力信号が入ったとき QD-C から出力信号が得られる．一方に入力信号が入ったとしても (3.38) は成り立たないので QD-C から出力信号は得られない．以上の入出力の関係は AND 論理ゲートの動作を表している．

c. 数値計算例

NaCl 結晶中の CuCl の立方体形の QD を例にとり，上記 (a)，(b) の定式化に基づく数値計算の結果を示そう．QD-A，QD-B の一辺の寸法を 10 nm，QD-C の一辺の寸法をその $\sqrt{2}$ 倍の 14.1 nm とする．これらの QD の距離を調節し，QD-A と QD-B との間の相互作用エネルギーが $\hbar U = 89\,\mu\mathrm{eV}$，QD-A と QD-C および QD-B と QD-C との相互作用エネルギーがともに $\hbar U' = 14\,\mu\mathrm{eV}$ となる場合を考える．図 3.11，図 3.12 には各々 $\Delta\Omega = U$，$\Delta\Omega = -U$ となるように QD-C の寸法（エネルギー準位）を調節した場合の結果を示す．両図の場合とも，実線は一入力信号の場合（すなわち一励起子状態が初期条件），破線は二入力信号の場合（すなわち二励起子状

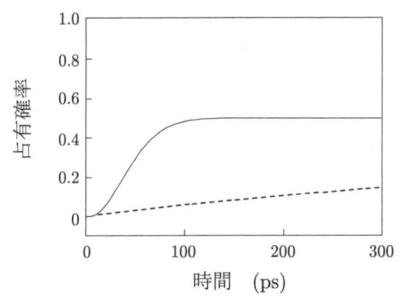

図 3.11 $\Delta\Omega = U$ の場合の出力端子 QD-C の励起子の占有確率の時間変化
XOR 論理ゲート動作に相当．実線は一入力の場合．破線は二入力の場合．$\hbar U = 89\,\mu\mathrm{eV}$，$\hbar U' = 14\,\mu\mathrm{eV}$．

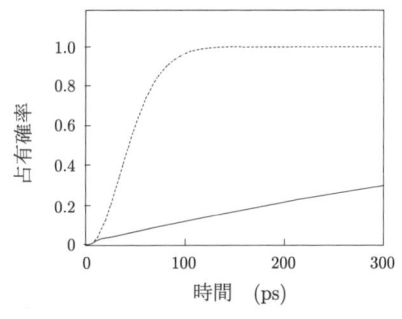

図 3.12 $\Delta\Omega = -U$ の場合の出力端子 QD-C の励起子の占有確率の時間変化
AND 論理ゲート動作に相当．実線は一入力の場合．破線は二入力の場合．$\hbar U = 89\,\mu\mathrm{eV}$，$\hbar U' = 14\,\mu\mathrm{eV}$．

表 3.1 エネルギー差に依存した入出力関係と，相当する論理ゲート動作

入力		出力： C	
A	B	XOR 論理ゲート ($\Delta\Omega = U$)	AND 論理ゲート ($\Delta\Omega = -U$)
0	0	0	0
1	0	0.5	0
0	1	0.5	0
1	1	0	1

態が初期条件) の，QD-C 中の下エネルギー準位 C_1 を励起子が占有する確率の時間変化のようすを表している．図 3.11 によると実線の値が大きいので XOR 論理ゲート動作に相当している[*7)]．一方，図 3.12 では破線の値が大きいので AND 論理ゲート動作に相当している．以上のように三つの QD により論理ゲートが実現するが，これらの動作を表 3.1 にまとめる．

[*7)] 図 3.11 の実線の値は時間とともに 0.5 に漸近しているが，これは出力信号が得られる確率が 0.5 であることを意味している．これは初期状態が $(|S\rangle + |A\rangle)/\sqrt{2}$ であること，すなわち対称および反対称状態が半々に励起されていることに起因する．従って XOR 論理ゲートを確実に動作するためには，繰り返し検出を行い，終状態の平均をとる必要がある．

4

ドレスト光子とフォノンとの結合

> **Mihi contuenti semper suasit rerum natura nihil incredibile existimare de ea.**
> （いつも自然を観察しているうちに私は，自然には，信じられないことなど何一つないと信じるように導かれた）
> **Caius Plinius Secundus Major,** *Naturalis Historya*, **XI, 2**

第2章では光子と電子・正孔対との相互作用を考え，ドレスト光子 (DP) の描像を導出したが，本章ではさらに DP とフォノンとの相互作用を考える．この考え方が必要であることを示すため，まず光により分子が解離する現象を例にとって説明する．その後，DP とフォノンとの相互作用を定式化する．

4.1 分子の解離現象と新しい理論モデルの必要性

4.1.1 ドレスト光子による分子の特異な解離現象

まず伝搬光による分子の解離について考える．ここでは簡単のために二原子分子を取り上げる．原子は原子核と電子から構成されているが，原子核は電子に比べて非常に重いので，電子に比べゆっくり運動する．言い換えると，電子は原子核の運動に応じて素早くその位置を変化させるのに対し，原子核は電子の運動の影響をほとんど受けない．従って二つの原子の原子核間距離 R を固定し電子だけが運動すると近似してよく，これはボルン・オッペンハイマー（Born-Oppenheimer）近似と呼ばれている [1]．この場合，原子核の状態は変化しないと考えるので，これは断熱近似とも呼ばれている．このとき二つの原子核間に働く力が斥力となるか，または引力となるかは原子核間距離 R によって決まる．図 4.1 に示すように原子間の相互作用ポテンシャルエネルギーが最小となる原子核間距離 R_0 が二原子の結合長である．また原子核間距離 R が無限大の場合は二原子が互いに相互作用せず解離している状態に相当する．$R = \infty$, R_0 の場合の相互作用ポテンシャルエネルギーの差がこの分子の結合エネルギーである．これは解離エネルギー E_{dis} とも呼ばれている．

光を用いて分子を解離する場合でも断熱近似は成立する．すなわち原子核は光に反応しない．従って解離エネルギーに相当するエネルギーをもつ光を入射しても分子は

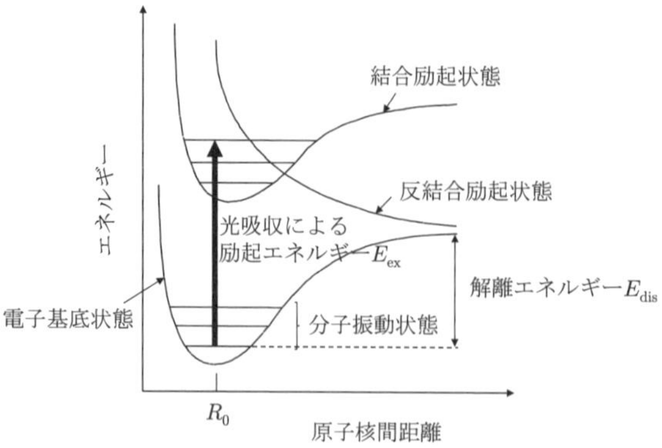

図 **4.1** 分子中の原子核間距離と電子状態，分子振動状態のエネルギーとの関係

解離しない．解離させるにはより大きな光エネルギーを分子に与える必要がある．分子がこの光エネルギーを吸収すると，原子核間距離 R は変化しないまま電子のみが励起される．電子の励起状態では分子中の原子核間の束縛が弱まるため，R は電子の基底状態での値 R_0 に比べ一般に大きくなるはずである．しかし断熱近似では電子が励起された後でも R は R_0 のままなので，R は結合長からずれ，その結果分子は内部振動を始める．その振動運動を量子化すると，電子励起準位の中の振動準位と呼ばれているエネルギー準位として表すことができる．これは図 4.1 中の水平な数本の実線により表されている．この内部振動は光を放射せずエネルギーを失って緩和し，R は電子の励起状態での結合長に漸近していく．このように分子の内部振動が緩和する過程で，電子状態はポテンシャルが極小値をもつ励起状態（図 4.1 中の「結合励起状態」）から，極小値をもたない励起状態（(図 4.1 中の「反結合励起状態」）へと遷移する．反結合状態では R が無限大の場合が最も安定なので，分子はさらにエネルギーを失い R が増大する．そして遂には R は無限大となり，分子は解離する．

このように光による解離では電子を基底状態から励起状態へ遷移させる必要がある．そのために必要なエネルギーが励起エネルギー E_{ex} であり，これは解離エネルギー E_{dis} よりも大きい．この遷移は図 4.1 では電子の基底状態から直上の電子の励起状態への励起に相当する．光を用いた分子の解離において，この図の横軸に垂直な矢印で表される方向に遷移することはフランク・コンドン（Frank-Condon）の原理と呼ばれている [2]．この場合，光の吸収により電子のみが励起されるが，分子振動は励起されない．

次に DP を使うと分子の特異な解離現象が起こることを説明しよう．分子の解離の一例として，気相のジエチル亜鉛（$Zn(C_2H_5)_2$，以下では DEZn と略記する）の分子を構成する亜鉛（Zn）原子とエチル基との間の結合を切り，DEZn 分子を解離させ

る実験を取り上げる．DEZn の励起エネルギー E_{ex} は 4.59 eV，解離エネルギー E_{dis} は 2.26 eV なので，これよりも光子エネルギーの低い光では解離しない（これらに相当するエネルギーをもつ光の波長は各々 270 nm, 549 nm）．しかし，第 1 章の 1.1 節に記したプローブの後端から光子エネルギー 1.81 eV の光（波長 684 nm の赤色光）を入射させ，先端の先鋭化された部分に DP を発生させると，この光子エネルギーは解離エネルギー E_{dis}，励起エネルギー E_{ex} のいずれよりも低いにもかかわらず，DP の発生個所に飛来した DEZn は解離し，発生した Zn 原子が図 4.2(a) に示すようにサファイア基板の上に堆積する [3]．図 4.2(b) は光子エネルギー 2.54 eV の光（波長 488 nm の青色光）を用いた結果である．この光子エネルギーは解離エネルギー E_{dis} よりも大きいものの，励起エネルギー E_{ex} より低い．それにもかかわらず分子は解離し，Zn の微粒子が形成されている．

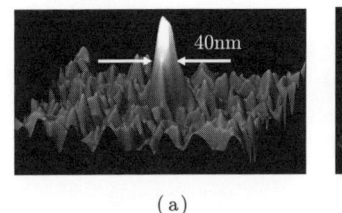

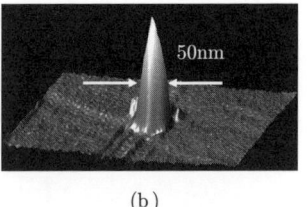

図 4.2 ドレスト光子により堆積された Zn の微粒子の原子間力顕微鏡像（口絵 1）
(a), (b) の場合，光源の光子エネルギーは各々 1.81 eV（波長 684 nm の赤色光），2.54 eV（波長 488 nm の青色光）．

図 4.2(a)，(b) いずれの場合においても分子は解離のためのポテンシャル障壁を越えるような状態変化を起こしたことがわかる．ここではプローブへの入射光強度は十分低く，多光子吸収などの非線形励起過程は無視できる．これらの現象は伝搬光を用いる場合には起こりえず，一見エネルギー保存則に反しているように思われる．しかし従来の分子解離の理論は断熱近似を適用したものであることに注意すると，これらの現象はエネルギー保存則に反しているわけではなく，むしろ断熱近似が破綻していることを示唆している．このため図 4.2 が示す解離現象を非断熱過程と呼ぶこともある．本章ではこの過程を説明するための理論モデルを提示する．

解離エネルギー E_{dis} よりも低い光子エネルギーの伝搬光では分子を解離することはできないが，後掲の理論モデルによればプローブ後端から光を入射させた場合，プローブ先端に発生する DP のエネルギーとともにフォノンのエネルギーも分子に吸収されることがわかる [4,5]．すなわち分子はフォノンから振動エネルギーを受け取り，電子は基底状態に留まったまま分子振動が励起される．このため分子には吸収したフォノンのエネルギー分だけのエネルギーが付加されるので，小さな光子エネルギーをもつ

光をプローブ後端に入射させても上記のポテンシャル障壁を越えることが可能となる．

さらに図 4.3 に示すように電子は基底状態のまま複数のフォノンを吸収し（図中の上向きの破線の矢印），フォノンのエネルギーだけを使って解離する過程も可能である．この過程では電子状態は不変のまま原子核の状態が変化しており，これが非断熱過程と呼ばれる理由である．なお，フォノンのエネルギーは数 $10\,\mathrm{meV}$ であり，これは分子の解離エネルギー E_{dis} にくらべ百分の一程度と非常に小さい．従ってこの過程では多数のフォノンが分子に吸収される必要がある．しかし分子とプローブの間の一回の相互作用によりフォノンが一つだけ交換されると考えると，複数フォノンの吸収は高次の過程であり，その確率は非常に小さい．図 4.2 に示す実験において，この過程が実際に起きていたとすると，プローブ中の多数のフォノンが凝集（cohere）した状態にあり，分子とプローブの間の一回の相互作用で多数のフォノンが授受されていると考える必要がある．

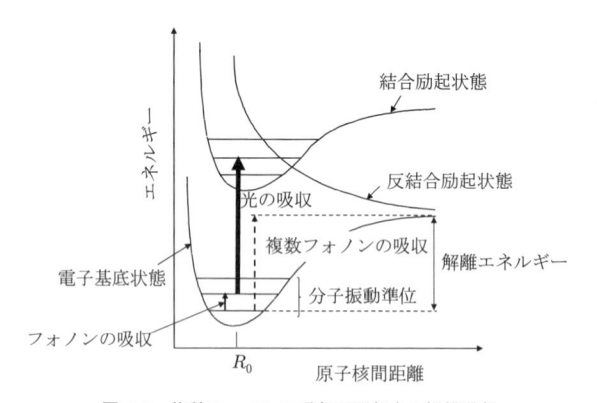

図 4.3 複数フォノンの吸収が関与する解離過程

このように分子は DP の他にフォノンとも相互作用していると考えられる．すなわちプローブ先端には DP とフォノンとが一体となった準粒子が発生しており，分子はプローブとの間でこの準粒子のエネルギーをやり取りしている．以下ではこのような準粒子を表す為に定式化する．

4.1.2　プローブの中の格子振動

分子と相互作用するのはプローブの先端部であるので，これを一次元物質と見なし，一次元の格子振動について調べる．ただし一次元とみなせるのはプローブの先端部に限られているため，物質寸法は有限となる．プローブの代表的寸法は先端部の曲率半径なので（第 2 章 (2.24) の湯川関数に含まれる寸法 a に相当），ここではこの寸法で

プローブを粗視化し分割する．

なお，巨視的結晶のようにその形状が並進対称性をもっていれば内部の準粒子の運動量は保存量となるが，プローブでは寸法が有限であるため並進対称性はなく，従って波数が定義できず運動量が不確定である [6]．このように波数を定義できないので，プローブ中の格子振動の解析には一般の場合のように材料の結晶構造の対称性を考慮した運動の連立微分方程式 [7] を用いるのではなく，その代わりにハミルトニアンを用いる方が有利である．

粗視化されたプローブの構成要素を便宜上「原子」と呼ぶこととし，図 4.4 に示すようにこれらの原子が N 個バネでつながれているモデルを考える．この場合の原子の振動が上記の格子振動に相当し，その運動のハミルトニアンは

$$H = \sum_{i=1}^{N} \frac{\bm{p}_i^2}{2m_i} + \sum_{i=1}^{N-1} \frac{k}{2}(\bm{x}_{i+1} - \bm{x}_i)^2 + \sum_{i=1,N} \frac{k}{2}\bm{x}_i^2 \tag{4.1}$$

と表される．ここで $\bm{x}_i$, $\bm{p}_i$, m_i は各々 i 番目の原子の平衡位置からの変位，運動量，質量であり，k はバネ定数である．両端は固定されているとし，運動を一次元方向に限定しているので，縦波のみを考える[*1]．

(4.1) をもとにハミルトン (Hamilton) 方程式

$$\frac{d}{dt}\bm{x}_i = \frac{\partial H}{\partial \bm{p}_i},$$
$$\frac{d}{dt}\bm{p}_i = -\frac{\partial H}{\partial \bm{x}_i} \tag{4.2}$$

により運動方程式を行列表示すると

$$M\frac{d^2}{dt^2}\bm{x} = -k\Gamma\bm{x} \tag{4.3}$$

となる．ただし

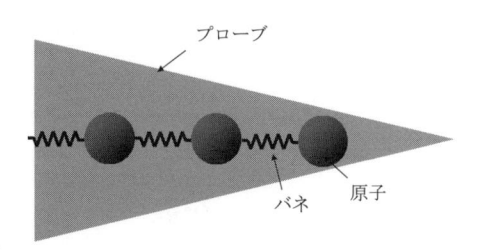

図 4.4 プローブの構成要素を表すバネモデル

[*1] 従ってこれは縦波音響フォノンと縦波光学フォノンとに相当する．プローブのような一次元形状の物質ではなく，三次元形状をもつナノ寸法の場合にはさらに二つの横波音響フォノン，二つの横波光学フォノンがこれらに加わる．

$$M = \begin{pmatrix} m_1 & 0 & \cdot & 0 \\ 0 & m_2 & \cdot & \cdot \\ \cdot & \cdot & \cdot & \cdot \\ 0 & \cdot & \cdot & m_N \end{pmatrix}, \ \varGamma = \begin{pmatrix} 2 & -1 & & \\ -1 & 2 & \cdot & \\ & \cdot & \cdot & -1 \\ & & -1 & 2 \end{pmatrix}, \ \boldsymbol{x} = \begin{pmatrix} \boldsymbol{x}_1 \\ \boldsymbol{x}_2 \\ \cdot \\ \boldsymbol{x}_N \end{pmatrix} \quad (4.4)$$

である. (4.3) を解くため, 両辺に左から行列 $\sqrt{M}^{-1}$ ($\sqrt{M}$ の行列要素は $(\sqrt{M})_{ij} = \delta_{ij}\sqrt{m_i}$) を掛けると左辺は

$$\sqrt{M}\frac{d^2}{dt^2}\boldsymbol{x} \tag{4.5a}$$

右辺は

$$-k\sqrt{M}^{-1}\varGamma\sqrt{M}^{-1}\sqrt{M}\boldsymbol{x} \tag{4.5b}$$

となる. ここで

$$\boldsymbol{x}' = \sqrt{M}\boldsymbol{x}, \quad A = \sqrt{M}^{-1}\varGamma\sqrt{M}^{-1} \tag{4.6}$$

と置くと, 行例 A は対称行列なので正規直交行列 P (その行列要素は後掲の (4.20)) を使って対角化できる. こうして対角化された行列を $\varLambda$ と書くと

$$\varLambda = P^{-1}AP \tag{4.7}$$

これを成分表示すると

$$(\varLambda)_{pq} = \delta_{pq}\frac{\Omega_p^2}{k} \quad (\Omega_p \text{は振動の角周波数}) \tag{4.8}$$

となり,

$$\frac{d^2}{dt^2}\boldsymbol{x}' = -kA\boldsymbol{x}' = -kP\varLambda P^{-1}\boldsymbol{x}' \tag{4.9}$$

を得る.

(4.9) の両辺に左から行列 P^{-1} を掛け,

$$\boldsymbol{y} = P^{-1}\boldsymbol{x}' \tag{4.10}$$

と置くと

$$\frac{d^2}{dt^2}\boldsymbol{y} = -k\varLambda\boldsymbol{y} \tag{4.11a}$$

これを成分表示すると

$$\frac{d^2}{dt^2}\boldsymbol{y}_p = -\Omega_p^2\boldsymbol{y}_p \tag{4.11b}$$

となり, 独立な調和振動子の集合として記述される. $\boldsymbol{y}$ は基準座標と呼ばれている. これらの調和振動子を記述する基準座標の変数の数は原子の数 N と同等であり, 各変数はモード番号 p で指定される. $\boldsymbol{x}$ と $\boldsymbol{y}$ との間の関係は正規直交行列 P によって

$$\boldsymbol{x} = \sqrt{M}^{-1}P\boldsymbol{y} \tag{4.12}$$

と表される．これを成分表示すると

$$\boldsymbol{x}_i = \frac{1}{\sqrt{m_i}} \sum_{p=1}^{N} P_{ip} \boldsymbol{y}_p \tag{4.13}$$

となる．

変位 $\boldsymbol{y}_p$ およびそれに共役な運動量 $\boldsymbol{\pi}_p = (d/dt)\,\boldsymbol{y}_p$ を使ってハミルトニアンを書き換え，さらに量子化のために演算子の記号 $\hat{\boldsymbol{y}}_p$, $\hat{\boldsymbol{\pi}}_p$ を使うと

$$\hat{H}(\hat{\boldsymbol{y}}, \hat{\boldsymbol{\pi}}) = \sum_{p=1}^{N} \frac{\hat{\boldsymbol{\pi}}_p^2}{2} + \sum_{p=1}^{N} \Omega_p^2 \frac{\hat{\boldsymbol{y}}_p^2}{2} \tag{4.14}$$

を得る．量子化するための交換関係は

$$[\hat{\boldsymbol{y}}_p, \hat{\boldsymbol{\pi}}_q] = \hat{\boldsymbol{y}}_p \hat{\boldsymbol{\pi}}_q - \hat{\boldsymbol{\pi}}_q \hat{\boldsymbol{y}}_p = i\hbar \delta_{pq} \tag{4.15}$$

である．あるいは演算子 $\hat{c}_p$, $\hat{c}_p^\dagger$ を

$$\hat{c}_p = \frac{1}{\sqrt{2\hbar \Omega_p}} \left(\Omega_p \hat{\boldsymbol{y}}_p + i \hat{\boldsymbol{\pi}}_p \right) \tag{4.16}$$

$$\hat{c}_p^\dagger = \frac{1}{\sqrt{2\hbar \Omega_p}} \left(\Omega_p \hat{\boldsymbol{y}}_p - i \hat{\boldsymbol{\pi}}_p \right) \tag{4.17}$$

と定義すると，ボーズ粒子の交換関係

$$[\hat{c}_p, \hat{c}_q^\dagger] \equiv \hat{c}_p \hat{c}_q^\dagger - \hat{c}_q^\dagger \hat{c}_p = \delta_{pq} \tag{4.18}$$

が得られる．演算子 $\hat{c}_p$, $\hat{c}_p^\dagger$ はエネルギー $\hbar \Omega_p$ をもったモード p のフォノンの消滅，生成演算子であり，これらを用いると (4.14) は

$$\hat{H}_{\text{phonon}} = \sum_{p=1}^{N} \hbar \Omega_p \left(\hat{c}_p^\dagger \hat{c}_p + \frac{1}{2} \right) \tag{4.19}$$

となる．上記のように添字 p はフォノンのモードを表しており，これは波数や運動量とは直接には関係しない．

プローブを構成する各原子の質量がすべて等しい場合 $(m_i = m)$，(4.7) 中の行列 A は，

$$P_{ip} = \sqrt{\frac{2}{N+1}} \sin\left(\frac{ip}{N+1} \pi \right) \quad (1 \le i, p \le N) \tag{4.20}$$

で与えられる行列要素をもつ正規直交行列 P により対角化され，固有角周波数は

$$\Omega_p = 2\sqrt{\frac{k}{m}} \sin\left[\frac{p}{2(N+1)} \pi \right] \tag{4.21}$$

となる（各々付録 H の (H.62), (H.63)）．この場合の格子振動の波はプローブ全体に広がった形をしている．しかし，プローブ中に不純物や格子欠陥が含まれているとこ

の波を (4.20), (4.21) のように三角関数を用いて書くことはできない. ここで扱う不純物は質量のみが他とは異なり, バネ定数は同一の原子であるとする. このときの格子振動の特性は不純物原子の位置や周囲の原子の質量との大小関係に大きく依存する.

特に不純物の質量が周囲の原子よりも小さい場合, 局在モードと呼ばれる特別なモードが存在する [8-11]. すなわち図 4.5(a) からわかるように, 通常の振動モード (これは非局在モードと呼ばれている) は系全体に振動が広がるのに対し, 局在モードでは振動が不純物原子の位置に局在する. さらに, 図 4.5(b) に示すように局在モードは非局在モードよりも高い振動数, すなわち大きな振動エネルギーをもつ. これは慣性の法則から理解できる. なぜなら軽い原子と重い原子とを比較すると, 軽い原子の方が動きやすく, 大きく振動するからである.

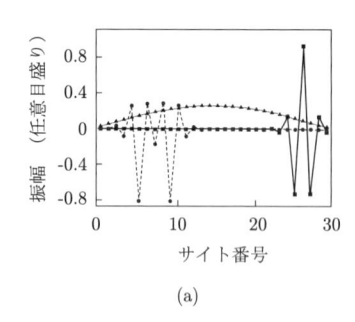

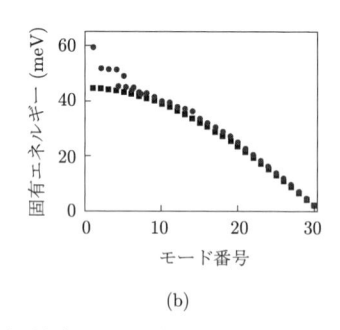

図 4.5 各振動モードの固有エネルギー, 振動振幅. モード数 N が 30 の場合
不純物原子は 5, 9, 18, 25, 26, 27 番目のサイトに存在. その質量は周囲の原子の 0.5 倍. $\hbar\sqrt{k/m} = 22.4$ meV.
(a) 振動振幅. ■, ●印は各々第一, 第二の局在モード. ▲印は非局在モード.
(b) 固有エネルギー. ●, ■印は各々不純物原子がある場合, ない場合.

実際のプローブの材料はガラスであり, これは完全結晶ではないので, 必ず格子欠陥を含む. さらには不純物が添加されている場合もある. また, プローブの形状は先端に向かって徐々に細くなるので, 粗視化したときにプローブの先端部と根元部で質量は異なる. そこでプローブに相当する一次元格子には質量の小さい不純物が端部を含め不規則に分布すると考えることができる. この場合プローブには大きなエネルギーをもった局在フォノンが存在し, その振動の特性は不均一となる.

4.2 ハミルトニアンの変換

4.2.1 ユニタリ変換による対角化

ここではフォノンが DP と相互作用するようすについて考える. この相互作用は

4.1.1項に記した分子解離の実験結果より示唆されたものである.すなわちDPとの相互作用の結果,多数のフォノンが凝集した状態となる可能性があり,巨視的物質中のフォノンと光子との相互作用とは異質の相互作用が生ずる.これはプローブの先端がナノ寸法であり,またプローブが有限系であることによる.巨視的物質中のフォノンと光子,電子などとの相互作用では,相互作用前後で系の運動量が保存される.これは系が並進対称性をもっているためであるが,プローブは有限系であるため運動量は保存されない.

一方DPの場は物質の寸法程度の精度で原子の存在するサイトに局在している(第2章 (2.24) の湯川関数が物質の寸法 a を含むことに相当する.このように物質の寸法を単位として粗視化した一次元空間上での位置をサイトと呼ぶ).すなわち各原子のサイトにはDPが停留し,また隣り合う原子どうしはバネでつながっている.この場合のハミルトニアンは

$$\hat{H} = \sum_{i=1}^{N} \hbar\omega \tilde{a}_i^\dagger \tilde{a}_i + \left\{ \sum_{i=1}^{N} \frac{\hat{\boldsymbol{p}}_i^2}{2m_i} + \sum_{i=1}^{N-1} \frac{k}{2}(\hat{\boldsymbol{x}}_{i+1} - \hat{\boldsymbol{x}}_i)^2 + \sum_{i=1,N} \frac{k}{2}\hat{\boldsymbol{x}}_i^2 \right\} \\ + \sum_{i=1}^{N} \hbar\chi \tilde{a}_i^\dagger \tilde{a}_i \hat{\boldsymbol{x}}_i + \sum_{i=1}^{N-1} \hbar J \left(\tilde{a}_i^\dagger \tilde{a}_{i+1} + \tilde{a}_{i+1}^\dagger \tilde{a}_i \right) \quad (4.22)$$

である.$\tilde{a}_i$,$\tilde{a}_i^\dagger$ は i 番目のサイトに停留するDPの消滅,生成演算子である[*2)].$\hbar\omega$はDPのエネルギー,$\hat{\boldsymbol{x}}_i$,$\hat{\boldsymbol{p}}_i$ は各々原子の変位の演算子,それと共役な運動量演算子である.m_i はサイト i の原子の質量であり,k は各原子を結ぶバネのバネ定数である.第三項の $\hbar\chi$,第四項の $\hbar J$ は図4.6に示すように各々DPとフォノンの相互作用エネルギー,DPが隣のサイトへ跳躍する跳躍エネルギーである.χ,J は各々結合定数,跳躍定数と呼ばれている.

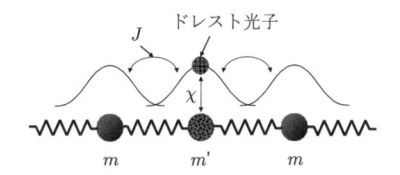

図4.6 ドレスト光子とフォノンとの相互作用,およびドレスト光子の跳躍の様子

[*2)] 第2章2.1節によるとDPの消滅,生成演算子は波数ベクトル $\boldsymbol{k}$,偏光状態 λ について和をとった $\sum_{\boldsymbol{k}\lambda} \tilde{a}_{\boldsymbol{k}\lambda}$,$\sum_{\boldsymbol{k}\lambda} \tilde{a}_{\boldsymbol{k}\lambda}^\dagger$ によって表され,また変調に起因する無数の側波帯の固有エネルギー $\hbar\omega'_{\boldsymbol{k}}$ を有する.しかし本章では簡単のためにこれらの側波帯のうちフォノンと共鳴し,相互作用しうるもののみを選びだし,右辺第一項ではその固有エネルギーを $\hbar\omega$,消滅,生成演算子を $\tilde{a}_i$,$\tilde{a}_i^\dagger$ と表している.

モード番号 p，固有角周波数 Ω_p のフォノンの演算子 $\hat{c}_p^\dagger$，$\hat{c}_p$ により振動場を量子化すると，(4.22) のハミルトニアンは

$$\hat{H} = \sum_{i=1}^N \hbar\omega \tilde{a}_i^\dagger \tilde{a}_i + \sum_{p=1}^N \hbar\Omega_p \hat{c}_p^\dagger \hat{c}_p + \sum_{i=1}^N \sum_{p=1}^N \hbar\chi_{ip} \tilde{a}_i^\dagger \tilde{a}_i \left(\hat{c}_p^\dagger + \hat{c}_p\right)$$
$$+ \sum_{i=1}^{N-1} \hbar J \left(\tilde{a}_i^\dagger \tilde{a}_{i+1} + \tilde{a}_{i+1}^\dagger \tilde{a}_i\right) \tag{4.23}$$

と変形される．ここで χ_{ip} はサイト i の DP とモード番号 p のフォノンとの結合定数である．(4.22) 右辺第三項の中の $\hat{x}_i$ のところに (4.13) を演算子と見なして代入し，その後 (4.16)，(4.17) を使って変形して (4.23) 右辺第三項と比較すれば，サイト依存の結合定数 χ_{ip} は (4.22) 中の結合定数 χ により

$$\chi_{ip} = \chi P_{ip} \sqrt{\frac{\hbar}{2m_i \Omega_p}} \tag{4.24}$$

と表されることがわかる．DP，フォノンの消滅，生成演算子は (4.18) に加えボーズ粒子の交換関係

$$\begin{aligned}
\left[\tilde{a}_i, \tilde{a}_j^\dagger\right] &= \delta_{ij}, \\
[\tilde{a}_i, \hat{c}_p] &= [\tilde{a}_i, \hat{c}_p^\dagger] = \left[\tilde{a}_i^\dagger, \hat{c}_p\right] = \left[\tilde{a}_i^\dagger, \hat{c}_q^\dagger\right] = 0, \\
[\tilde{a}_i, \tilde{a}_j] &= \left[\tilde{a}_i^\dagger, \tilde{a}_j^\dagger\right] = [\hat{c}_p, \hat{c}_q] = [\hat{c}_p^\dagger, \hat{c}_q^\dagger] = 0
\end{aligned} \tag{4.25}$$

を満たす．

4.1.2 項の議論によればプローブには局在フォノンが存在するが，この局在フォノンが DP の空間分布に影響を及ぼす．しかしハミルトニアン (4.23) の中で相互作用を表す第三項は演算子の三次の項を含むので，このままでは解析的に扱うことが容易ではない．そこで 2.1 節と同様にユニタリ変換を施し（付録 H の H.1 節参照）[6,12,13]，ハミルトニアンを部分的に対角化してこの三次の項を消去する．

対角化のためには次式で定義される反エルミート演算子 $\hat{S}$ を用いる（付録 H の (H.14)）．

$$\hat{S} = \sum_{i=1}^N \sum_{p=1}^N \frac{\chi_{ip}}{\Omega_p} \tilde{a}_i^\dagger \tilde{a}_i \left(\hat{c}_p^\dagger - \hat{c}_p\right) \tag{4.26}$$

この式より

$$\hat{S}^\dagger = \sum_{i=1}^N \sum_{p=1}^N \frac{\chi_{ip}}{\Omega_p} \tilde{a}_i^\dagger \tilde{a}_i \left(\hat{c}_p - \hat{c}_p^\dagger\right) = -\hat{S} \tag{4.27}$$

となるから，$\hat{S}$ が反エルミート演算子であることがわかる．またユニタリ変換のためのユニタリ演算子 $\hat{U}$ は

4.2 ハミルトニアンの変換

$$\hat{U} = e^{\hat{S}} \tag{4.28}$$

$$\hat{U}^\dagger = e^{-\hat{S}} = \hat{U}^{-1} \tag{4.29}$$

により与えられる．この演算子 $\hat{U}$ を用いて DP とフォノンの消滅，生成演算子を変換すると

$$\hat{\alpha}_i^\dagger \equiv \hat{U}^\dagger \tilde{a}_i^\dagger \hat{U} = \tilde{a}_i^\dagger \exp\left\{-\sum_{p=1}^{N} \frac{\chi_{ip}}{\Omega_p}\left(\hat{c}_p^\dagger - \hat{c}_p\right)\right\} \tag{4.30a}$$

$$\hat{\alpha}_i \equiv \hat{U}^\dagger \tilde{a}_i \hat{U} = \tilde{a}_i \exp\left\{\sum_{p=1}^{N} \frac{\chi_{ip}}{\Omega_p}\left(\hat{c}_p^\dagger - \hat{c}_p\right)\right\} \tag{4.30b}$$

$$\hat{\beta}_p^\dagger \equiv \hat{U}^\dagger \hat{c}_p^\dagger \hat{U} = \hat{c}_p^\dagger + \sum_{p=1}^{N} \frac{\chi_{ip}}{\Omega_p} \tilde{a}_i^\dagger \tilde{a}_i \tag{4.31a}$$

$$\hat{\beta}_p \equiv \hat{U}^\dagger \hat{c}_p \hat{U} = \hat{c}_p + \sum_{p=1}^{N} \frac{\chi_{ip}}{\Omega_p} \tilde{a}_i^\dagger \tilde{a}_i \tag{4.31b}$$

を得る．

これらの変換された演算子は DP とフォノンが一体となった準粒子の消滅，生成演算子と考えることができる[*3)]．また，ユニタリ変換であるので，これらの準粒子はもとの演算子と同じくボゾンの交換関係を満たす．すなわち

$$\left[\hat{\alpha}_i, \hat{\alpha}_j^\dagger\right] = \hat{U}^\dagger \tilde{a}_i \hat{U} \hat{U}^\dagger \tilde{a}_j^\dagger \hat{U} - \hat{U}^\dagger \tilde{a}_j^\dagger \hat{U} \hat{U}^\dagger \tilde{a}_i \hat{U} = \hat{U}^\dagger \left[\tilde{a}_i, \tilde{a}_j^\dagger\right] \hat{U} = \delta_{ij} \tag{4.32}$$

同様に

$$\left[\hat{\beta}_p, \hat{\beta}_q^\dagger\right] = \delta_{pq} \tag{4.33}$$

$$\left[\tilde{\alpha}_i, \tilde{\beta}_p\right] = \left[\tilde{\alpha}_i, \tilde{\beta}_p^\dagger\right] = \left[\tilde{\alpha}_i^\dagger, \tilde{\beta}_p\right] = \left[\tilde{\alpha}_i^\dagger, \tilde{\beta}_p^\dagger\right] = 0 \tag{4.34a}$$

$$[\tilde{\alpha}_i, \tilde{\alpha}_j] = \left[\tilde{\alpha}_i^\dagger, \tilde{\alpha}_j^\dagger\right] = \left[\tilde{\beta}_p, \tilde{\beta}_q\right] = \left[\tilde{\beta}_p^\dagger, \tilde{\beta}_q^\dagger\right] = 0 \tag{4.34b}$$

が成り立つ．

これらの消滅，生成演算子を用いてハミルトニアン (4.23) を書き直すと

$$\hat{H} = \sum_{i=1}^{N} \hbar\omega \hat{\alpha}_i^\dagger \hat{\alpha}_i + \sum_{p=1}^{N} \hbar\Omega_p \hat{\beta}_p^\dagger \hat{\beta}_p - \sum_{i=1}^{N}\sum_{j=1}^{N}\sum_{p=1}^{N} \frac{\hbar\chi_{ip}\chi_{jp}}{\Omega_p} \hat{\alpha}_i^\dagger \hat{\alpha}_i \hat{\alpha}_j^\dagger \hat{\alpha}_j$$
$$+ \sum_{i=1}^{N-1} \hbar\left(\hat{J}_i \hat{\alpha}_i^\dagger \hat{\alpha}_{i+1} + \hat{J}_i^\dagger \hat{\alpha}_{i+1}^\dagger \hat{\alpha}_i\right) \tag{4.35}$$

[*3)] (4.30a), (4.30b) で表される準粒子はフォノンのエネルギーの衣をまとった DP である．従って第 2 章 2.1 節末尾と同様，その固有エネルギーは変調され，無数の側波帯を有する．

となる. ただし

$$\hat{J}_i = J \exp\left\{\sum_{p=1}^{N} \frac{(\chi_{ip} - \chi_{i+1\,p})}{\Omega_p} \left(\hat{\beta}_p^\dagger - \hat{\beta}_p\right)\right\} \quad (4.36)$$

である.

このハミルトニアンの第三項は演算子の三乗ではなく四乗 $\hat{\alpha}_i^\dagger \hat{\alpha}_i \hat{\alpha}_j^\dagger \hat{\alpha}_j$ に比例している. しかしこれは準粒子の個数状態を固有状態とする演算子 $\hat{N}_i = \hat{\alpha}_i^\dagger \hat{\alpha}_i$ を用いて $\hat{N}_i \hat{N}_j$ と書けるので, 準粒子を消滅, 生成するような相互作用は表していないことがわかる. また第一~第三項の和で表されるハミルトニアンの固有状態は各準粒子の個数状態であるので, (4.35) は DP の跳躍項 (第四項) を除き対角化されている. さらに第四項では DP の跳躍定数 J がサイトに依存する演算子 $\hat{J}_i$ で書き直されている. すなわちこの跳躍項は変換前より高次の相互作用を含むが, フォノンは DP と直接に相互作用するのではなく, 跳躍の演算子 $\hat{J}_i$ を通じて間接的に相互作用している. 後掲の 4.3 節のようにフォノンに対して平均場近似すると, この相互作用はサイト依存性をもった DP の跳躍として表すことができる. すなわち変換されたハミルトニアン (4.35) の跳躍項 (第四項) では DP とフォノンの相互作用は間接的であり, この項を除けばハミルトニアンは対角化され相互作用のない形になっている. そのため, DP について議論するときは, 演算子 $\hat{\alpha}_i$, $\hat{\alpha}_i^\dagger$ にだけ注目すればよい. 以上の理由により, 変換されたハミルトニアン (4.35) はもとのハミルトニアン (4.23) に比べフォノンが DP に及ぼす影響をより取り扱いやすい形になっている.

4.2.2 準粒子の意味

(4.30a), (4.31a) の生成演算子の意味はこれらを真空状態 $|0\rangle$ に作用させることにより明らかになる. たとえば (4.30a) の演算子の場合,

$$\begin{aligned}
\hat{\alpha}_i^\dagger |0\rangle &= \tilde{a}_i^\dagger \exp\left\{-\sum_{p=1}^{N} \frac{\chi_{ip}}{\Omega_p} \left(\hat{c}_p^\dagger - \hat{c}_p\right)\right\} |0\rangle \\
&= \tilde{a}_i^\dagger \prod_{p=1}^{N} \exp\left\{-\frac{\chi_{ip}}{\Omega_p} \left(\hat{c}_p^\dagger - \hat{c}_p\right)\right\} |0\rangle \\
&= \tilde{a}_i^\dagger \prod_{p=1}^{N} \exp\left\{-\frac{1}{2}\left(\frac{\chi_{ip}}{\Omega_p}\right)^2\right\} \exp\left(-\frac{\chi_{ip}}{\Omega_p} \hat{c}_p^\dagger\right) |0\rangle \quad (4.37)
\end{aligned}$$

となることから (第二行から第三行へは $\hat{c}_p |0\rangle = 0$ であることを使用), $\hat{\alpha}_i^\dagger |0\rangle$ という状態はそのサイト i に滞在する DP に多モード (モード数 N) のコヒーレント状態のフォノンが付随した状態であることがわかる[*4]. すなわちこれは DP が無限個のフォ

[*4] サイト数 N が有限の一次元格子振動を量子化した多モードのフォノンは, プローブ先端のナノ

ノンのエネルギーの衣をまとった状態である.

一方, (4.31a) の演算子の場合には

$$\hat{\beta}_p^\dagger |0\rangle = \hat{c}_p^\dagger |0\rangle \tag{4.38}$$

となり, DP の演算子が消えフォノンの演算子だけで表される. すなわちフォノンは変換後もフォノンのままであり, DP の影響は受けない. ただし (4.31a) の第二項に示されるように, $\hat{\beta}_p^\dagger$ には DP の数を数える項 $\hat{a}_i^\dagger \hat{a}_i$ があるため, DP の数が多くなると上記の議論は成り立たない. すなわち (4.35) のハミルトニアンは量子性が明確に現れるような, DP の数が少ない場合のプローブの状態を記述する場合に有効である.

コヒーレント状態は準粒子が無限個凝集した状態であるが (付録 H の H.2 節参照), ハミルトニアンの固有状態ではないので, 準粒子の数やエネルギーは常に揺らいでいる. プローブに光が入射するとこの揺らぎに起因してフォノンが励起される. フォノンの場が真空状態にある場合, 時刻 $t=0$ において光が入射しサイト i に DP が発生した状態 $|\psi\rangle = \hat{a}_i^\dagger |0\rangle \equiv \hat{a}_i^\dagger |\gamma\rangle$ を初期状態とすると, 時刻 t においてフォノンの場が依然として真空状態にある確率は

$$P'(t) = \left| \langle \psi | \exp\left(-\frac{iH't}{\hbar} \right) |\psi\rangle \right|^2 \tag{4.39a}$$

である. 従ってモード p のフォノンが励起される確率は $P(t) = 1 - P'(t)$ となり, それは

寸法領域に閉じ込められていることから, 多モードのフォノンの場の状態関数は凝集しやすく, 多モードのフォノンはコヒーレント状態になりうる. 言い換えると各モードの格子振動の位相が互いにそろった状態にある. 一方, 巨視的物質中の格子振動の位相は不規則であり物質の発熱の原因となる. 従ってナノ寸法領域においてコヒーレント状態にあるフォノンは発熱とは無縁である.

なお, レーザーでは発振しきい値以上 (すなわち共振器の損失以上のエネルギーが外部から供給される場合) において, 光子の放出と吸収を繰り返しながら光強度が増加し, コヒーレント状態に近い光を発生させる. (4.30a) 右辺の指数関数は変位演算子関数と呼ばれているが, この中のフォノンの消滅, 生成演算子を光子のそれらに置き換えると, この関数は光子の放出と吸収の無限回の繰り返しを表していることがわかる. 光のコヒーレント状態とは, 光電場の振幅がある値であることを見出す確率密度関数が時間によらず常に最小の幅となるように一定に保たれた状態を意味する. すなわち最小不確定性を保ち, 確率密度は凝集している. コヒーレント状態にある光の波は完全な可干渉性を有する.

上記のフォノンに関して, 後掲の図 4.7(a) のようにプローブに光が入射してフォノンが励起された直後の初期の時間領域ではコヒーレント状態になるが, その後フォノン–フォノン散乱により緩和し, コヒーレント状態は消滅する. このフォノン–フォノン散乱がレーザーにおけるしきい値を与える共振器の損失に相当する. そこでフォノン–フォノン散乱による損失以上のエネルギーをもつ光を外部から供給すればコヒーレント状態が維持される. この維持に必要な光エネルギーの最小値が上記のしきい値に相当する.

【参考文献】大津元一, 量子エレクトロニクスの基礎 (裳華房, 東京, 1999 年), pp.218-224.

$$P(t) = 1 - \exp\left\{2\left(\frac{\chi_{ip}}{\Omega_p}\right)^2 [\cos(\Omega_p t) - 1]\right\} \tag{4.39b}$$

により与えられる(付録 H の (H.45)).なお,この計算ではサイト間の DP の跳躍の効果は無視しているので (4.39a) 中の $\hat{H}'$ は (4.35) のハミルトニアンのうち,DP の跳躍項(第四項)を除いたものである.

(4.39b) で与えられる確率 P は周期 $2\pi/\Omega_p$ で振動し,時刻 $t = \pi/\Omega_p$ において最大値をとる.局在フォノンの振動数は非局在モードのフォノンの振動数に比べて大きいので,局在フォノンの励起確率 P が最大値をとった後の時刻で非局在モードのフォノンが励起される.ここでモード p_0 のフォノンのみが励起され,他のモードは真空状態にある確率が

$$\begin{aligned}P_{p_0}(t) &= P(t : p = p_0) P'(t : p \neq p_0) \\ &= \left[1 - \exp\left\{2\left(\frac{\chi_{ip_0}}{\Omega_{p_0}}\right)^2 [\cos(\Omega_{p_0} t) - 1]\right\}\right] \\ &\quad \times \exp\left\{\sum_{p \neq p_0} 2\left(\frac{\chi_{ip}}{\Omega_p}\right)^2 [\cos(\Omega_p t) - 1]\right\}\end{aligned} \tag{4.40}$$

で与えられることに注意し(付録 H の (H.46)),これをもとに局在モードのフォノンと非局在モードのフォノンの励起確率の時間変化 $P_{p_0}(t)$ を計算した結果を各々図 4.7(a), (b) に示す.両図の実線を比較すると光が入射した直後はまず局在モードのフォノンが励起され,それに遅れて非局在モードのフォノンの励起確率が次第に増加する.また,図 4.7(a) の破線によると局在フォノンはその局在サイト(不純物のある

(a)

(b)

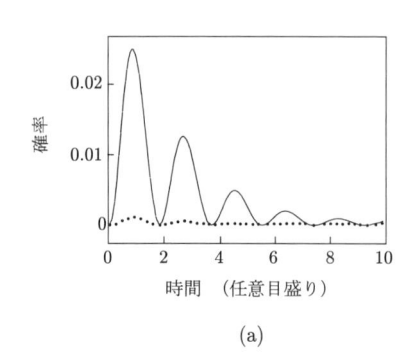

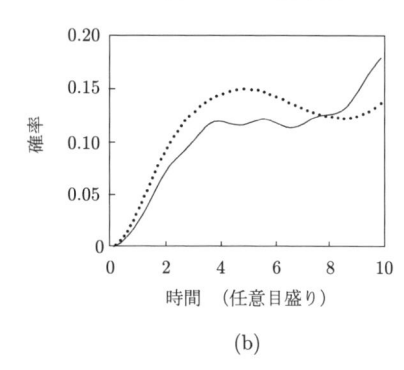

図 **4.7** フォノンの励起確率の時間変化.モード数 N が 20 の場合
不純物原子は 4, 6, 13, 19 番目のサイトに存在.その質量は周囲の原子の質量の 0.2 倍.$\chi = 10.0\,\mathrm{fs}^{-1}\mathrm{nm}^{-1}$. (a) 局在モード. (b) 非局在モード.
実線は不純物原子のあるサイト 4 にドレスト光子が発生した場合.点線はサイト 5 にドレスト光子が発生した場合.

サイト）に DP がなければ励起されないこともわかる．図 4.7(a) の実線によると局在モードのフォノンの励起確率が時間とともに振動しつつ減衰しているように見えるのは，時間とともに他のモードのフォノンも揺らぎにより励起されるからであり，励起が起こらなくなるわけではない．以上のようにフォノンがコヒーレント状態にあれば，その数やエネルギーの揺らぎのために局在モードのフォノンも励起される．

ところでこの理論モデルでは温度依存性については考慮していない．フォノンのエネルギーがボルツマン（Boltzmann）分布に従う場合，局在モードのフォノンはエネルギーが大きいためほとんど励起されない．また，コヒーレント状態のフォノンは温度依存性が小さいが，インコヒーレントなフォノンにとっては温度は重要なパラメータである [14]．しかし分子の解離過程におけるプローブの温度は必ずしも明確にはなっておらず，系が熱平衡状態にあるかどうかについてはさらなる議論が必要である．

4.2.3　振動の平衡位置の変位

DP との相互作用の結果，バネで結ばれた原子の平衡位置は変位する．次の 4.3 節で使うため，この変位量を求めよう．すなわち一個の DP がサイト i に停留する状態 $\hat{\alpha}_i^\dagger |0\rangle$ にあるとき，サイト j の変位 $\hat{x}_j$ の期待値 $\langle \hat{x}_j \rangle_i$ を求める．(4.37) より状態 $\hat{\alpha}_i^\dagger |0\rangle$ は

$$\hat{\alpha}_i^\dagger |0\rangle = \tilde{a}_i^\dagger A \exp\left(\sum_{p=1}^{N} \gamma_{ip} \hat{c}_p^\dagger\right) |0\rangle \tag{4.41}$$

と書ける．ただし

$$\gamma_{ip} = -\frac{\chi_{ip}}{\Omega_p} \tag{4.42a}$$

$$A = \exp\left\{-\frac{1}{2} \sum_{p=1}^{N} \gamma_{ip}^2\right\} \tag{4.42b}$$

である．コヒーレント状態は消滅演算子の固有状態であり，さらに規格化されていることに注意すると（付録 H の (H.31), (H.32)），期待値 $\langle \hat{x}_j \rangle_i$ は

$$\begin{aligned}
\langle \hat{\boldsymbol{x}}_j \rangle_i &= \langle 0 | \hat{\alpha}_i \hat{\boldsymbol{x}}_j \hat{\alpha}_i^\dagger | 0 \rangle \\
&= \langle 0 | \tilde{a}_i A \exp\left(\sum_{p'=1}^{N} \gamma_{ip'} \hat{c}_{p'}\right) \sum_{p=1}^{N} P_{jp} \frac{\hbar}{2m_j \Omega_p} \left(\hat{c}_p^\dagger + \hat{c}_p\right) \\
&\quad \times A \exp\left(\sum_{p''=1}^{N} \gamma_{ip''} \hat{c}_{p''}^\dagger\right) \tilde{a}_i^\dagger | 0 \rangle \\
&= \sum_{p=1}^{N} 2\gamma_{ip} P_{ip} \frac{\hbar}{2m_j \Omega_p} = -\sum_{p=1}^{N} \frac{\hbar \chi P_{ip} P_{jp}}{\sqrt{m_i m_j} \Omega_p^2} = -\frac{2}{\chi} \sum_{p=1}^{N} \frac{\chi_{ip} \chi_{jp}}{\Omega_p}
\end{aligned} \tag{4.43}$$

となる．ここで最後の辺への変形には (4.24) を用いた．

これを (4.35) の第三項に代入するとハミルトニアンは

$$\hat{H} = \sum_{i=1}^{N} \hbar\omega \hat{\alpha}_i^\dagger \hat{\alpha}_i + \sum_{p=1}^{N} \hbar\Omega_p \hat{\beta}_p^\dagger \hat{\beta}_p + \sum_{i=1}^{N}\sum_{j=1}^{N} \frac{\hbar\chi}{2}\langle \bm{x}_j \rangle_i \hat{\alpha}_i^\dagger \hat{\alpha}_i \hat{\alpha}_j^\dagger \hat{\alpha}_j$$
$$+ \sum_{i=1}^{N-1} \hbar \left(\hat{J}_i \hat{\alpha}_i^\dagger \hat{\alpha}_{i+1} + \hat{J}_i^\dagger \hat{\alpha}_{i+1}^\dagger \hat{\alpha}_i \right) \tag{4.44}$$

と書ける．(4.44) の第三項にはフォノンの演算子が直接現れてはいないものの，DPとフォノンとの相互作用を表す項である．

4.3 ドレスト光子の停留の機構

4.3.1 停留の起こる条件

DP がフォノンと相互作用しない場合は，DP に関連する物理量（エネルギー $\hbar\omega$，跳躍定数 J）はすべてのサイトで等しい値をとるため，DP が特定のサイトへ停留することはない．しかし相互作用する場合には局在フォノンにより DP の空間的振る舞いも影響を受ける．そこでハミルトニアン (4.44) のうちで DP が含まれる第一，三，四項を対角化し，DP の空間的振る舞いを調べよう．その際，第三項に対し平均場近似を適用する．すなわちこの項には DP の数の演算子 $\hat{N}_i(=\hat{\alpha}_i^\dagger \hat{\alpha}_i)$ の積 $\hat{N}_i \hat{N}_j$ が含まれているが，このうちの $\hat{N}_i$ または $\hat{N}_j$ を DP の数の平均値で置き換える．簡単のために DP の数は一個とし，これが系全体に均等に分布していると考えると，一つのサイトあたりの DP の数の平均値は $1/N$ となる．そこで第三項を

$$\sum_{i=1}^{N}\sum_{j=1}^{N} \frac{\hbar\chi}{2}\langle \bm{x}_j \rangle_i \hat{\alpha}_i^\dagger \hat{\alpha}_i \hat{\alpha}_j^\dagger \hat{\alpha}_j \simeq \sum_{i=1}^{N}\sum_{j=1}^{N} \frac{\hbar\chi}{2}\langle \bm{x}_j \rangle_i \frac{1}{N} \hat{\alpha}_i^\dagger \hat{\alpha}_i \equiv -\sum_{i=1}^{N} \hbar\omega_i \hat{\alpha}_i^\dagger \hat{\alpha}_i \tag{4.45}$$

と近似する．ただし

$$\omega_i = -\sum_{j=1}^{N} \frac{\chi \langle \bm{x}_j \rangle_i}{2N} \equiv \sum_{j=1}^{N}\sum_{p=1}^{N} \frac{\hbar\chi^2 P_{ip} P_{jp}}{2N\sqrt{m_i m_j}\Omega_p^2} \tag{4.46}$$

であり，この式の中辺から右辺への変形には (4.43) を用いた．

さらに簡単のために跳躍のサイト依存性は無視（依存する場合の議論は次の 4.3.2 項），(4.36) の $\hat{J}_i$ をユニタリ変換する前の跳躍定数 J で置き換え，

$$\hat{J}_i = J \tag{4.47}$$

とする．

以上の近似により，DP に関するハミルトニアン（(4.44) のうちの第一，三，四項

は次の二次形式で表される．

$$\hat{H}_{\rm DP} = \sum_{i=1}^{N}\hbar(\omega-\omega_i)\hat{\alpha}_i^\dagger\hat{\alpha}_i + \sum_{i=1}^{N-1}\hbar J\left(\hat{\alpha}_i^\dagger\hat{\alpha}_{i+1}+\hat{\alpha}_{i+1}^\dagger\hat{\alpha}_i\right) \tag{4.48}$$

または行列表示により

$$\hat{H}_{\rm DP} = \hbar\hat{\boldsymbol{\alpha}}^\dagger\begin{pmatrix} \omega-\omega_1 & J & \cdot & 0 \\ J & \omega-\omega_2 & \cdot & \cdot \\ \cdot & \cdot & \cdot & J \\ 0 & \cdot & J & \omega-\omega_N \end{pmatrix}\hat{\boldsymbol{\alpha}}, \ \hat{\boldsymbol{\alpha}} = \begin{pmatrix}\hat{\alpha}_1\\\hat{\alpha}_2\\\cdot\\\hat{\alpha}_N\end{pmatrix} \tag{4.49}$$

と表すことができる．フォノンの効果は行列の対角成分中の $\omega_i(i=1\sim N)$ で表されている．

この行列の対角化のための正規直交行列を Q と表すと，対角化されたハミルトニアンは次の形に書ける．

$$\hat{H}_{\rm DP} = \sum_{r=1}^{N}\hbar\Omega_r\hat{A}_r^\dagger\hat{A}_r \tag{4.50}$$

ただし $\hbar\Omega_r$ は第 r 番目の固有値であり，

$$\hat{A}_r = \sum_{i=1}^{N}\left(Q^{-1}\right)_{ri}\hat{\alpha}_i = \sum_{i=1}^{N}Q_{ir}\hat{\alpha}_i \tag{4.51}$$

$$\left[\hat{A}_r,\hat{A}_s^\dagger\right] \equiv \hat{A}_r\hat{A}_s^\dagger - \hat{A}_s^\dagger\hat{A}_r = \delta_{rs} \tag{4.52}$$

である．これをもとにサイト i の DP の数の演算子の時間発展をハイゼンベルク表示により計算すると

$$\hat{N}_i = \hat{\alpha}_i^\dagger\hat{\alpha}_i = \left(\sum_{r=1}^{N}Q_{ir}\hat{A}_r^\dagger\right)\left(\sum_{s=1}^{N}Q_{is}\hat{A}_s\right) \tag{4.53}$$

および (4.52) より

$$\begin{aligned}\hat{N}_i(t) &= \exp\left(i\frac{\hat{H}_{\rm DP}}{\hbar}t\right)\hat{N}_i\exp\left(-i\frac{\hat{H}_{\rm DP}}{\hbar}t\right)\\ &= \sum_{r=1}^{N}\sum_{s=1}^{N}Q_{ir}Q_{is}\hat{A}_r^\dagger\hat{A}_s\exp\{i(\Omega_r-\Omega_s)t\}\\ &= \sum_{r=1}^{N}\sum_{s=1}^{N}Q_{ir}Q_{is}\hat{A}_r^\dagger\hat{A}_s\cos\{(\Omega_r-\Omega_s)t\}\end{aligned} \tag{4.54}$$

となる．なお，ここでは $\hat{N}_i(t)$ がエルミート演算子であることから，この式の第二行の指数関数は第三行のように cos 関数で表される．時刻 $t=0$ にサイト j に DP が一個存在する状態を $|\psi_j\rangle$ とすると，

$$|\psi_j\rangle = \hat{\alpha}_j^\dagger |0\rangle = \sum_{r=1}^{N} Q_{jr} \hat{A}_r^\dagger |0\rangle \tag{4.55}$$

なので，これを初期状態とすると時刻 t におけるサイト i の DP の数の期待値は

$$\langle N_i(t)\rangle_j = \langle \psi_j | \hat{N}_i(t) | \psi_j \rangle = \sum_{r=1}^{N}\sum_{s=1}^{N} Q_{ir}Q_{jr}Q_{is}Q_{js} \cos\{(\Omega_r - \Omega_s)t\} \tag{4.56}$$

となる．(4.56) は時刻 t におけるサイト i での DP の観測確率に相当する．なお，DP がフォノンと相互作用せず ($\omega_i = 0$)，かつ全サイト数 N が ∞ の場合には DP の数の期待値は第一種ベッセル (Bessel) 関数 $J_n(x)$ を用いて

$$\langle N_i(t)\rangle_j = \left\{ J_{j-i}(2Jt) - (-1)^i J_{j+i}(2Jt) \right\}^2 \tag{4.57}$$

と表すことができる（付録 H の (H.70)）．ここでベッセル関数の () の中の J は DP の跳躍定数である．$t=0$ において DP が発生したサイトから遠くにあるサイトでは (4.57) の値は小さく，さらに時間の経過とともに小さくなるが，これは DP が初期のサイトから拡散していく様子を表している．

ところで，行列表示のハミルトニアン (4.49) の対角要素中に含まれる ω_i はフォノンの場の非一様性を反映している．しかし (4.46) においてフォノンのすべてのモードに関して和をとるとその非一様性が打ち消され，次のような対称性のよい形で書けてしまう（付録 H の (H.75b)）．

$$\omega_i = \frac{\hbar \chi^2}{2Nk} \sum_{j=1}^{N} \frac{1}{N+1} \sum_{n=1}^{N} \frac{\sin\left(\frac{in}{N+1}\pi\right)\sin\left(\frac{jn}{N+1}\pi\right)}{1-\cos\left(\frac{n}{N+1}\pi\right)} \tag{4.58}$$

そこで，フォノンのすべてのモードの和をとるのではなく，局在モードのみの和をとることにする．これは局在モードのフォノンのみが DP と相互作用していると考えることに相当する．なぜなら非局在モードは格子全体に広がっているため，空間的に局在した DP とは相互作用できないからである．また 4.2.2 項で示したように，光が入射したときフォノン場の揺らぎにより先ず局在フォノンが励起されるので，局在モードのフォノンのみの和をとることは DP によるフォノンが励起された直後の初期の時間領域における振る舞いを考えることに相当する．

以上の考えに基づき，局在モードのみに限って和をとった場合の各サイトにおける DP の観測確率 $\langle N_i(t)\rangle_j$ の時間変化の様子を図 4.8(a), (b) に示す．DP とフォノンとの結合定数 χ は各々 0, $1.4\times 10^3\,\mathrm{fs^{-1}nm^{-1}}$ である．フォノンと結合しない場合 ($\chi=0$)，DP は跳躍のために系全体に広がっていることがわかるが，この場合の DP の跳躍の様子は (4.57) で近似できる．すなわちこの場合，系の寸法が有限であるため系の端部で反射が起こり，DP は時間とともに常に移動するので，停留することは

4.3 ドレスト光子の停留の機構

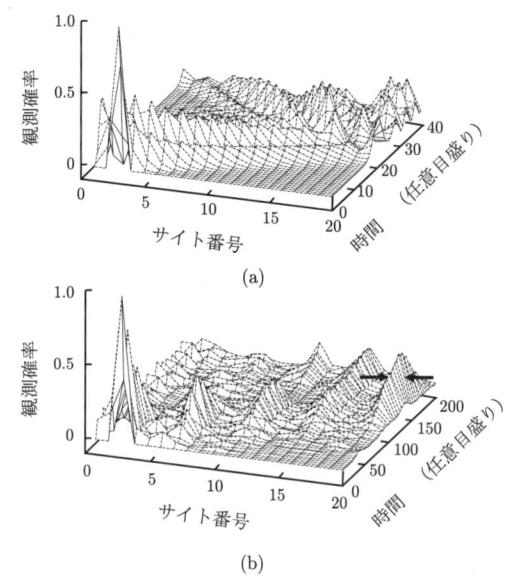

図 4.8 各サイトにおけるドレスト光子の観測確率の時間変化

モード数 N が 20 の場合．不純物原子は 3, 7, 11, 15, 19 番目のサイトに存在．その質量は周囲の原子の質量の 0.2 倍．初期状態として，不純物原子のあるサイト 3 にドレスト光子が発生と仮定．$\hbar\omega = 1.81\,\text{eV}$, $\hbar J = 0.5\,\text{eV}$, $\chi/\sqrt{kJ/\hbar} = 15.3$．(a) フォノンと結合しない場合 ($\chi = 0$)．(b) フォノンと結合する場合 ($\chi = 1.4 \times 10^3\,\text{fs}^{-1}\text{nm}^{-1}$)．

ない．

一方，フォノンと結合する場合 ($\chi = 1.4 \times 10^3\,\text{fs}^{-1}\text{nm}^{-1}$) には，DP は任意のサイトに跳躍できず，局在モードのフォノンのサイト（不純物のサイト）の間を跳躍する．また，相互作用のない場合に比べ，一つのサイトに滞在する時間が長くなる（図 4.8(a) に比べ (b) の時間軸の値は 5 倍になっている）．このことから，結合定数 χ は DP が時刻 $t=0$ において発生したサイトにそのまま停留する性質を表し，一方，跳躍定数 J は DP が跳躍する性質を表すことが確認される．

χ によって表される停留の効果はハミルトニアンの対角要素に含まれ，跳躍定数は非対角要素に含まれるので，DP が停留するか跳躍するかは対角要素と非対角要素との大小関係によって決まる．すなわち (4.48) において $\omega_i > J$ の場合に停留するが，(4.46) によると $\omega_i \sim \hbar\chi^2 P_{ip}^2/Nm_i\Omega_p^2$ であり，さらに (4.20), (4.21) によると $P_{ip}/\Omega_p \sim \sqrt{m_i/Nk}$ であるので，これらを $\omega_i > J$ に代入すると

$$\chi > N\sqrt{\frac{kJ}{\hbar}} \tag{4.59}$$

となる．これが停留の条件である．

また，図 4.8(b) の上向きに凸の曲線の幅（図中の対向する二つの矢印で挟まれた部分の長さ）は狭く，この曲線は一つの不純物サイトにおいて大きな値をとっていることがわかる．すなわち DP の停留の空間的な範囲は狭く，不純物サイトのみに停留することを示している．

4.3.2 停留する位置

4.3.1 項ではハミルトニアンの対角要素から停留のための DP とフォノンとの相互作用の大きさのめやす（(4.59)）を知ることができた．本小節ではハミルトニアンの非対角要素に注目する．それは (4.35) 右辺の第四項で表され，この中の DP の跳躍定数はユニタリ変換の結果，サイトに依存している．その依存性は (4.36) により表されるが，これはフォノンの演算子を含み直接には取り扱えないので，4.3.1 項と同様に平均場近似を使う．すなわちプローブ中ではフォノンはコヒーレント状態（この状態は (4.37) の第三行で表されるが，以下ではそれを $|\gamma\rangle$ と表す）になっているので，この状態での (4.36) の跳躍演算子 $\hat{J}_i$ の期待値 $J_i(=\langle\gamma|\hat{J}_i|\gamma\rangle)$ を求め，これを (4.35) 右辺の第四項に代入する．

フォノンのコヒーレント状態 $|\gamma\rangle$ は消滅演算子 $\hat{c}_p$ の固有状態であるが（付録 H の (H.31)），その固有値を γ_p と表すと

$$\hat{c}_p |\gamma\rangle = \gamma_p |\gamma\rangle \tag{4.60}$$

であり，一般に

$$\exp\left(-\sum_p \kappa_p \hat{c}_p\right)|\gamma\rangle = \exp\left(-\sum_p \kappa_p \gamma_p\right)|\gamma\rangle \tag{4.61}$$

の関係が成り立つ（κ_p は実数の定数）．また，(4.31a)，(4.31b) によるとフォノンの消滅，生成演算子の差はユニタリ変換後も不変であり，

$$\hat{\beta}_p^\dagger - \hat{\beta}_p = \hat{c}_p^\dagger - \hat{c}_p \tag{4.62}$$

となるので，これらを用いると求める期待値 J_i は

4.3 ドレスト光子の停留の機構

$$\begin{aligned}
J_i &= \langle\gamma|\hat{J}_i|\gamma\rangle \\
&= J\langle\gamma|\exp\left(\sum_{p=1}^{N}C_{ip}\left(\hat{c}_p^\dagger - \hat{c}_p\right)\right)|\gamma\rangle \\
&= J\exp\left(-\frac{1}{2}\sum_{p=1}^{N}C_{ip}^2\right)\langle\gamma|\exp\left(\sum_{p'=1}^{N}C_{ip'}\hat{c}_{p'}^\dagger\right)\exp\left(-\sum_{p''=1}^{N}C_{ip''}\hat{c}_{p''}\right)|\gamma\rangle \\
&= J\exp\left(-\frac{1}{2}\sum_{p=1}^{N}C_{ip}^2\right)\exp\left(\sum_{p'=1}^{N}C_{ip'}\gamma_{p'}\right)\exp\left(-\sum_{p''=1}^{N}C_{ip''}\gamma_{p''}\right)\langle\gamma|\gamma\rangle \\
&= J\exp\left(-\frac{1}{2}\sum_{p=1}^{N}C_{ip}^2\right) \quad\quad\quad\quad\quad\quad\quad\quad\quad\quad\quad (4.63\mathrm{a})
\end{aligned}$$

となる. この式中, 第二行目から第三行目の変形には付録 H の式 (H.28) を用いた.
ただし C_{ip} は

$$C_{ip} \equiv \frac{\chi_{ip} - \chi_{i+1p}}{\Omega_p} \quad (4.63\mathrm{b})$$

である.

(4.63a) にはフォノンのコヒーレント状態の固有値 γ_p は現れていないことから, コヒーレント状態であれば γ_p の値にかかわらず平均場近似の結果は同じであることがわかる. また, 指数関数の引数はすべてのモードのフォノン $(p=1\sim N)$ に対する C_{ip}^2 の和となっているので, この中には局在フォノンも含まれる. そこで図 4.8 を求めた場合と異なり, 今後の計算ではすべてのフォノンモードにわたり和をとる. この場合, (4.63a) の J_i はハミルトニアン (4.49) の非対角要素に相当し, 局在フォノンの効果, すなわちフォノンの場の非一様性を表す. 一方, 対角要素中の ω_i には (4.58) を代入するので局在フォノンの効果は現れない. 図 4.9 は DP とフォノンとの結合定数 $\chi = 14.0\,\mathrm{fs}^{-1}\mathrm{nm}^{-1}$ の場合の跳躍定数のサイト依存性の計算結果を表す. この図において不純物サイトの番号は 4, 6, 13, 19 であり, 跳躍定数の値は不純物サイトおよびその周辺で大きく変化していることがわかる.

図 4.8 に示す DP の空間的分布の時間依存性からでは各サイトへの停留性が把握しにくいので, それを把握するために DP のエネルギー固有関数を調べよう. 固有値 $\hbar\Omega_r$ をもつハミルトニアンの固有状態 $|r\rangle$ は, 各サイトに DP が停留する状態 $\hat{\alpha}_i^\dagger|0\rangle$ の重ね合わせにより

$$|r\rangle = \sum_{i=1}^{N}Q_{ir}\hat{\alpha}_i^\dagger|0\rangle \quad (4.64)$$

と書ける. ここで係数 Q_{ir} はハミルトニアン (4.49) を対角化するための正規直交行列 Q の第 i 行, 第 r 列要素である. すなわちこの係数は DP のエネルギー固有関数

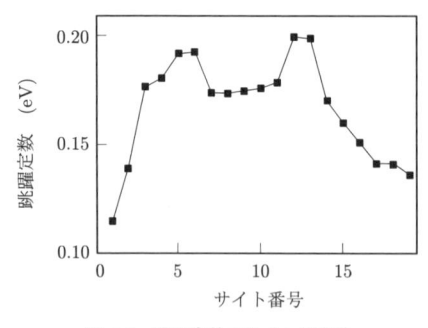

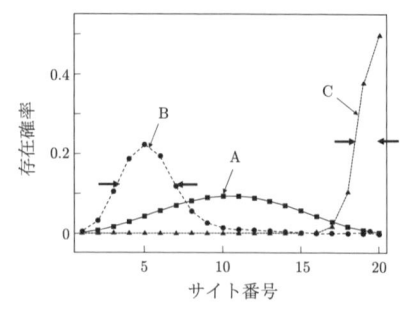

図 4.9 跳躍定数のサイト依存性
モード数 N が 20 の場合．不純物原子は 4, 6, 13, 19 番目のサイトに存在．その質量は周囲の原子の質量の 0.2 倍．$\hbar\omega = 1.81\,\text{eV}$，$\hbar J = 0.5\,\text{eV}$，$\chi = 40.0\,\text{fs}^{-1}\text{nm}^{-1}$．

図 4.10 ドレスト光子の存在確率のサイト依存性
曲線 A, B, C は各々 $\chi = 0$, 40.0, 54.0 $\text{fs}^{-1}\text{nm}^{-1}$ の場合．その他の数値は図 4.9 の場合と同じ．

の空間座標表示と考えることができる．そこで，一例として行列 Q の中で最大のエネルギーをもつ固有状態に対応する列ベクトルの各要素の二乗 $|Q_{ir}|^2$ の値を計算した結果を図 4.10 に示す．この値は各サイトにおける DP の存在確率を表す．フォノンとの結合がない場合（曲線 A：$\chi = 0$），DP は跳躍してプローブ全体に分布している．それに対しフォノンと結合すると不純物サイトに停留するようになる（曲線 B：$\chi = 40.0\,\text{fs}^{-1}\text{nm}^{-1}$）．この図では一つのモードしか示していないが，他の不純物サイトに DP が停留するようなモードもある．フォノンとの結合がさらに強くなると，端部（図の右端）にも停留するようになる（曲線 C：$\chi = 54.0\,\text{fs}^{-1}\text{nm}^{-1}$）．これは系の寸法が有限であることに起因する現象であり，「有限寸法効果」とも呼ばれている [6,15]．このとき，図に示したモード以外に，もう一方の端部（図の左端）に停留するモードや不純物サイトに停留するモードがある．さらに結合を強くすると（χ の値を大きくすると），(4.63a) からわかるように J_i の値は小さくなり，DP は跳躍できなくなる．ただし，χ がある値以上になると DP の振動数 $\omega - \omega_i$ が負になり，現実の現象を表さなくなる．

以上のように非対角要素を調べることによりどのサイトに DP が停留するかを知ることができた．また，図 4.8(b) の上向きに凸の幅の狭い曲線の幅とは異なり，図 4.10 の曲線 B, C が大きな値をとる範囲の幅（対向する二つの矢印で挟まれた部分の長さ）は不純物サイトを中心にその周辺のサイトまで広がっていることがわかる．すなわち，対角要素によって表される DP の停留とは異なり，ここでは DP の停留の空間的な範囲には幅が生ずる．この停留幅は χ による停留の効果と J による跳躍の効果との競合により決まり，χ の値が大きいほどこの幅は小さくなる．

以上で議論したモデルにおける「原子」はプローブ先端の曲率半径と同程度の大き

さをもったナノ物質であり，図 4.10 によるとこの原子のサイトに停留した DP は局在モードのフォノンとの結合によって原子数個程度の広がりをもっていることがわかった．この結合によって生成された準粒子を以下ではドレスト光子フォノン（DPP と略記する）と呼ぶことにする．プローブ先端に存在する不純物，または有限寸法効果によって DP がプローブ先端に停留するとき，プローブの外側まで DPP の場がしみ出している．この場合のしみ出しの大きさはプローブ先端の曲率半径と同程度である．このしみ出しの範囲内に気体分子が飛来すると，DPP のエネルギーがこの分子に移動し，その結果分子は DP に付随する多数のフォノンを介して振動励起され，引き続き電子励起される．これにより，光源の光子エネルギーが解離エネルギーより低くともこの分子は解離されることになる．これが図 4.2 に示した特異な解離現象の原因である．実験結果との比較の詳細は第 6 章の 6.1 節で議論する．

なお，4.2 節と本節で記したように DP とフォノンとの結合，およびその結果生じた DPP が不純物サイト，プローブの端部に停留する性質を議論することができたのは (4.1) で表されるハミルトニアンが (4.51) に至るまでサイトの位置情報 i をもつように変換できたことによる．これまでの議論の全体を理解するためには多所に現れる二つの添字 i, p のもつ意味が互いに異なり，前者はサイトの番号，後者はフォノンのモード番号であることに注意されたい．

4.4　ドレスト光子フォノンが関与する光の吸収と放出

DP は電子・正孔対のエネルギーの衣をまとった光子なので，第 2 章の 2.1 節末尾に示したようにその固有エネルギーは無数の変調の側波帯を有する．そのうちのいくつかの上側波帯の固有エネルギー $\hbar\omega'_k$ の値は入射光の光子エネルギー $\hbar\omega_0$ より大きい．さらに前節までに記述した DPP は電子・正孔対のみでなくフォノンのエネルギーの衣をまとった光子なので，DP の場合よりさらに多くの変調の側波帯を有し，いくつかの上側波帯の固有エネルギーの値は入射光の光子エネルギー $\hbar\omega_0$ より大きい．従って図 4.11 に示すように DPP のエネルギーがナノ物質 1 からナノ物質 2 に移動したとき，ナノ物質 2 の電子・正孔対がこの上側波帯と共鳴する場合にはこの固有エネルギー $\hbar\omega''_k$ を吸収して励起される．$\hbar\omega''_k$ の値は入射光の光子エネルギー $\hbar\omega_0$ の値より大きいので，この励起過程はエネルギー上方変換に相当する．これを応用した技術の詳細は第 7 章で記述することとし，本節ではその基礎となる光の吸収，放出について記す．ただしここではナノ物質のエネルギー状態として電子状態のみでなくフォノンの状態が寄与しているので，無数の側波帯のうち特にフォノンの状態と共鳴するもの

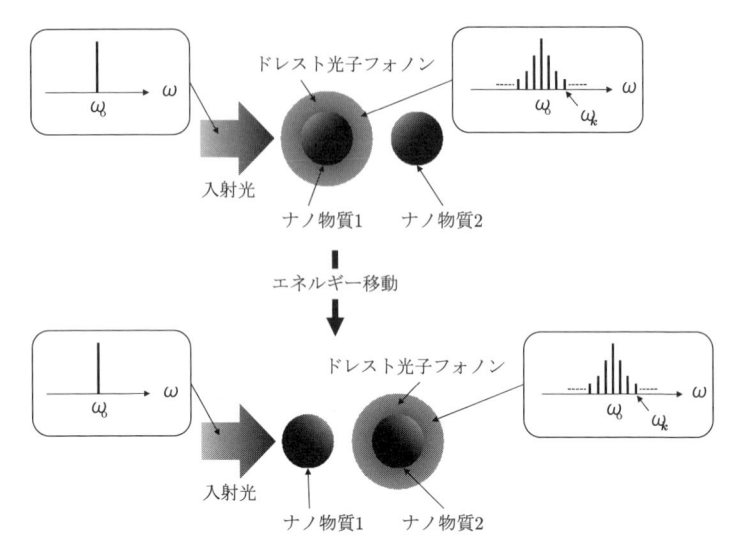

図 4.11 ドレスト光子フォノンのエネルギー移動の様子
□内の図は入射光,ドレスト光子フォノンのスペクトル形状を表す.後者は変調されたスペクトルである.

を一つ抽出して考える[*5)].

(4.30a), (4.30b) で与えられる DPP の生成,消滅演算子のうち DP の消滅,生成演算子 $\tilde{a}_i, \tilde{a}_i^\dagger$ は,DPP が媒介するナノ物質間の相互作用によりナノ物質中の電子を基底状態 $|E_g; \text{el}\rangle$ と励起状態 $|E_{\text{ex}}; \text{el}\rangle$ との間で遷移させることに関与している.さらに, (4.30a), (4.30b) の指数関数の中にあるフォノンの演算子はナノ物質中のフォノンを熱平衡状態(基底状態)$|E_{\text{thermal}}; \text{phonon}\rangle$ と励起状態 $|E_{\text{ex}}; \text{phonon}\rangle$ との間で遷移させることに関与している.従って DPP が媒介するナノ物質間の相互作用を取り扱うとき,ナノ物質には電子状態とフォノン状態の直積 $\otimes$ を使って表される $|E_g; \text{el}\rangle \otimes |E_{\text{thermal}}; \text{phonon}\rangle$, $|E_g; \text{el}\rangle \otimes |E_{\text{ex}}; \text{phonon}\rangle$, $|E_{\text{ex}}; \text{el}\rangle \otimes |E_{\text{thermal}}; \text{phonon}\rangle$, $|E_{\text{ex}}; \text{el}\rangle \otimes |E_{\text{ex}}; \text{phonon}\rangle$ といった状態を考える必要がある[*6)].このような電子状態とフォノン状態の直積で表される状態を考えるとエネルギー上方変換の起源が明らかになる.これは 4.1.1 項に

[*5)] 後掲の図 4.12(a)〜(c) 中の上向き,下向きの矢印はこのような一つの側波帯による吸収,放出を表している.

[*6)] DP は電子状態間の遷移を誘起するが,ここに示すように電子状態にフォノンの状態が直積の形で現れていることは,フォノンのエネルギーの衣をまとった DP である DPP の固有エネルギーが変調されているのと双対な関係として,DPP により励起されるナノ物質中の電子・正孔対の固有エネルギーも変調され側波帯を有することに他ならない.この変調の側波帯が無数のフォノンの状態に相当する.後掲の図 4.12(a)〜(c) 中の多数の水平線は側波帯としてのフォノンの状態である.

記した非断熱過程に相当する．なお，従来の伝搬光と物質との間の相互作用では電気双極子許容遷移が関与していたため，電子状態 $|E_\mathrm{g}; \mathrm{el}\rangle$ または $|E_\mathrm{ex}; \mathrm{el}\rangle$ のみを考慮すれば十分であり，これは 4.1.1 項に記した断熱過程に相当する．

エネルギー変換のためには電子，または電子・正孔対を励起すること，さらにはそれらを脱励起することが必要であるが，これに DPP が関与するとエネルギーの上方変換が実現する．本章で扱うエネルギー変換の種類と，DPP が関与する励起，脱励起過程は表 4.1 のように分類される．

表 4.1 DPP によるエネルギー変換に関与する励起と脱励起

エネルギー変換の種類	励起	脱励起
光→光（7.1 節 *）	光の吸収	光の自然放出
光→電気（7.2 節 *）	光の吸収	光の誘導放出，外部電流
電気→光（7.3 節 *）	電流注入	光の自然放出
	（光の吸収 **）	（光の誘導放出 **）

*印は第 7 章中の該当する節番号
** デバイス作製の際に使用

この表には光の吸収，自然放出，誘導放出が記されているが，これらの過程に DPP がどのように関与するかについて考えよう [16]．考察対象の材料として半導体を取り上げると，従来の伝搬光が関与する各過程では，材料のバンドギャップエネルギー E_g よりも小さい光子エネルギーの光（遮断波長 $\lambda_\mathrm{c} = E_\mathrm{g}/hc$ 以上の波長をもつ光）の吸収，自然放出，誘導放出はない．しかし DPP が関与するとそれが可能になり，エネルギー上方変換が実現する．この場合，E_g より小さい光子エネルギーの光が材料に入射するので，電子や電子・正孔対の励起，脱励起は二段階またはそれ以上の多段階で起こる．ここでは簡単のために二段階の場合について考える．

まず光の吸収過程について説明する．入射光および DP のエネルギーは材料のバンドギャップエネルギー E_g より小さいので，電子が価電子帯から伝導帯に励起されるには，図 4.12(a) に示すように次の二段階が必要である．

【第一段階】 始状態では電子は基底状態 $|E_\mathrm{g}; \mathrm{el}\rangle$ にある．これは半導体では電子が価電子帯中にあることに相当する．また，フォノンは結晶格子温度で決まる熱平衡状態 $|E_\mathrm{thermal}; \mathrm{phonon}\rangle$ にある[*7]．従って始状態は両者の直積 $|E_\mathrm{g}; \mathrm{el}\rangle \otimes |E_\mathrm{thermal}; \mathrm{phonon}\rangle$ によって表される．これが DPP のエネルギーを受けて励起される．ただし入射光および DP のエネルギーは材料のバンドギャップエネルギー E_g より小さいので，電子は伝導帯へは励起されず，依然として基底状態 $|E_\mathrm{g}; \mathrm{el}\rangle$ にある．しかし，フォノンは DP のエネルギーで決まる励起状態 $|E_\mathrm{ex}; \mathrm{phonon}\rangle$ へと励起され，直積

[*7] 結晶格子温度が 0 K の場合には真空状態 $|0; \mathrm{phonon}\rangle$ となる．

$|E_\mathrm{g};\mathrm{el}\rangle \otimes |E_\mathrm{ex};\mathrm{phonon}\rangle$ で表される状態に達する．電子はこの遷移の前後で基底状態にあるので，この遷移は電気双極子禁制遷移である．この状態 $|E_\mathrm{g};\mathrm{el}\rangle \otimes |E_\mathrm{ex};\mathrm{phonon}\rangle$ が二段階励起における中間状態である．

【第二段階】 これは上記の中間段階から終状態への励起であるが，終状態では電子は励起状態 $|E_\mathrm{ex};\mathrm{el}\rangle$，すなわち伝導帯にある[*8)]．これは電子の基底状態 $|E_\mathrm{g};\mathrm{el}\rangle$ から励起状態 $|E_\mathrm{ex};\mathrm{el}\rangle$ への遷移なので，電気双極子許容遷移である．従って DPP のみでなく，伝搬光によっても励起することができる．遷移の結果，電子の励起状態 $|E_\mathrm{ex};\mathrm{el}\rangle$ とフォノンの励起状態 $|E_{\mathrm{ex}'};\mathrm{phonon}\rangle$ との直積 $|E_\mathrm{ex};\mathrm{el}\rangle \otimes |E_{\mathrm{ex}'};\mathrm{phonon}\rangle$ で表される状態に達する．この励起後，フォノンは熱平衡状態 $|E_\mathrm{thermal};\mathrm{phonon}\rangle$ に緩和し，第二段階が終了する．このフォノンの熱平衡状態と電子の励起状態との直積が二段階励起における終状態 $|E_\mathrm{ex};\mathrm{el}\rangle \otimes |E_\mathrm{thermal};\mathrm{phonon}\rangle$ である．以上をまとめると表 4.2 のようになる．

表 4.2 二段階の吸収過程

第一段階	始状態：	電子の基底状態（価電子帯中の） $|E_\mathrm{g};\mathrm{el}\rangle \otimes |E_\mathrm{thermal};\mathrm{phonon}\rangle$ (1)
		↓↓電気双極子禁制遷移↓↓
		$|E_\mathrm{g};\mathrm{el}\rangle \otimes |E_\mathrm{ex};\mathrm{phonon}\rangle$ (2)
第二段階	経路 1 (DPP による)	経路 2 (伝搬光による)
		↓↓電気双極子許容遷移↓↓
	中間状態：	伝導帯中の $|E_\mathrm{ex};\mathrm{el}\rangle \otimes |E_{\mathrm{ex}'};\mathrm{phonon}\rangle$ (3)
		↓↓ 緩和
	終状態：	電子の励起状態（伝導帯中の） $|E_\mathrm{ex};\mathrm{el}\rangle \otimes |E_\mathrm{thermal};\mathrm{phonon}\rangle$

(1) $|E_\mathrm{g};\mathrm{el}\rangle$ は電子の基底状態，$|E_\mathrm{thermal};\mathrm{phonon}\rangle$ はフォノンの熱平衡状態
(2) $|E_\mathrm{ex};\mathrm{phonon}\rangle$ はフォノンの励起状態
(3) $|E_\mathrm{ex};\mathrm{el}\rangle$ は電子の励起状態，$|E_{\mathrm{ex}'};\mathrm{phonon}\rangle$ はフォノンの励起状態

次に光の放出過程について説明する．この過程でも上記と同じ理由で二段階が必要である．まず，自然放出について考える．これは図 4.12(b) に示すように次の二段階からなる．

【第一段階】放出は上記 (a) の吸収と逆過程なので，始状態は伝導帯中の電子の励起状態とフォノンの熱平衡状態との直積 $|E_\mathrm{ex};\mathrm{el}\rangle \otimes |E_\mathrm{thermal};\mathrm{phonon}\rangle$ である．これが電子の基底状態 $|E_\mathrm{g};\mathrm{el}\rangle$，すなわち価電子帯へと脱励起するが，これは吸収の第二段階の逆過程に相当するので電気双極子許容遷移である．従ってこの放出過程では DPP のみでなく伝搬光も発生する．その結果，中間状態 $|E_\mathrm{g};\mathrm{el}\rangle \otimes |E_\mathrm{ex};\mathrm{phonon}\rangle$ へと達す

[*8)] 第一段階と同様，フォノンのさらに高い励起状態に上がることも可能である．しかしその場合，電子状態は依然として基底状態なので，応用例が限られるため（例外は 7.1 節の色素微粒子による光周波数上方変換），ここでは略す．

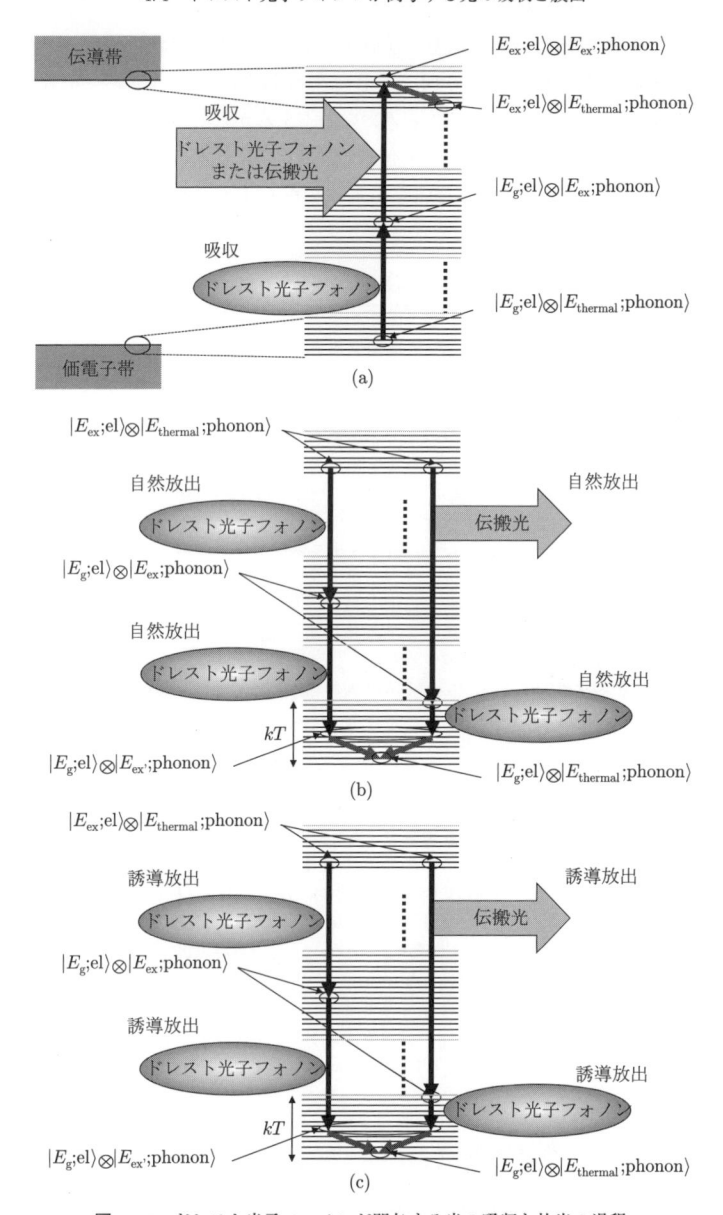

図 4.12 ドレスト光子フォノンが関与する光の吸収と放出の過程
(a) 吸収. (b) 自然放出. 左側, 右側の下向き矢印は各々表 4.3 の左部(第一段階で DP が発生), 右部(第一段階で伝搬光が発生)に相当. (c) 誘導放出. 左側, 右側の下向き矢印は各々表 4.4 の左部(第一段階で DP が発生), 右部(第一段階で伝搬光が発生)に相当.

る．なお，DPP を放出した後の状態を構成するフォノンの励起状態 $|E_\text{ex}; \text{phonon}\rangle$ はフォノンの熱平衡状態 $|E_\text{thermal}: \text{phonon}\rangle$ よりずっと高いエネルギーをもつ．なぜならば DP はフォノンと結合し，フォノンを生成するからである．一方，伝搬光を放出した後の状態を構成するフォノンの励起状態 $|E_\text{ex}; \text{phonon}\rangle$ はフォノンの熱平衡状態 $|E_\text{thermal}: \text{phonon}\rangle$ とほぼ等しいエネルギーを有する．なぜならば伝搬光はフォノンを生成しないからである．

表 4.3 二段階の自然放出過程

第一段階	始状態： 電子の励起状態（伝導帯中の）$|E_\text{ex}; \text{el}\rangle \otimes |E_\text{thermal}; \text{phonon}\rangle^{(1)}$
	↓↓ 電気双極子許容遷移 ↓↓
	（自然放出： DP が発生）　　　　　　（自然放出： 伝搬光が発生）
	中間状態：$|E_\text{g}; \text{el}\rangle \otimes |E_\text{ex}; \text{phonon}\rangle^{(2)}$　中間状態：$|E_\text{g}; \text{el}\rangle \otimes |E_\text{ex}; \text{phonon}\rangle^{(3)}$
第二段階	↓↓ 電気双極子禁制遷移 ↓↓
	（自然放出： DP が発生）
	価電子帯中の $|E_\text{g}; \text{el}\rangle \otimes |E_{\text{ex}'}; \text{phonon}\rangle^{(4)}$
	↓↓ 緩和
	終状態：電子の基底状態（価電子帯中の）$|E_\text{g}; \text{el}\rangle \otimes |E_\text{thermal}; \text{phonon}\rangle^{(1)}$

(1) $|E_\text{thermal}; \text{phonon}\rangle$ はフォノンの熱平衡状態
(2) フォノンの励起状態 $|E_\text{ex}; \text{phonon}\rangle$ は熱平衡状態 $|E_\text{thermal}; \text{phonon}\rangle$ よりずっと高いところにある（∵ DP はフォノンを生成するから）
(3) フォノンの励起状態 $|E_\text{ex}; \text{phonon}\rangle$ は熱平衡状態 $|E_\text{thermal}; \text{phonon}\rangle$ の近傍にある（∵ 伝搬光はフォノンを生成しないから）
(4) $|E_{\text{ex}'}; \text{phonon}\rangle$ はフォノンの励起状態

表 4.4 二段階の誘導放出過程

第一段階	伝導帯中にある電子に DP が入射
	↓↓
	始状態： 電子の励起状態（伝導帯中の）$|E_\text{ex}; \text{el}\rangle \otimes |E_\text{thermal}; \text{phonon}\rangle^{(1)}$
	↓↓ 電気双極子許容遷移 ↓↓
	（誘導放出： DP が発生）　　　　　　（誘導放出： 伝搬光が発生）
	中間状態：$|E_\text{g}; \text{el}\rangle \otimes |E_\text{ex}; \text{phonon}\rangle^{(2)}$　中間状態：$|E_\text{g}; \text{el}\rangle \otimes |E_\text{ex}; \text{phonon}\rangle^{(3)}$
第二段階	↓↓ 電気双極子禁制遷移 ↓↓
	（誘導放出： DP が発生）
	価電子帯中の $|E_\text{g}; \text{el}\rangle \otimes |E_{\text{ex}'}; \text{phonon}\rangle^{(4)}$
	↓↓ 緩和
	終状態：電子の基底状態（価電子帯中の）$|E_\text{g}; \text{el}\rangle \otimes |E_\text{thermal}; \text{phonon}\rangle^{(1)}$

(1) $|E_\text{thermal}; \text{phonon}\rangle$ はフォノンの熱平衡状態
(2) フォノンの励起状態 $|E_\text{ex}; \text{phonon}\rangle$ は熱平衡状態 $|E_\text{thermal}; \text{phonon}\rangle$ よりずっと高いところにある（∵ DP はフォノンを生成するから）
(3) フォノンの励起状態 $|E_\text{ex}; \text{phonon}\rangle$ は熱平衡状態 $|E_\text{thermal}; \text{phonon}\rangle$ の近傍にある（∵ 伝搬光はフォノンを生成しないから）
(4) $|E_{\text{ex}'}; \text{phonon}\rangle$ はフォノンの励起状態

【第二段階】これは (a) の第一段階の逆過程に相当するので電気双極子禁制遷移である. 従ってこの放出過程で DPP を発生する. その結果, 電子は基底状態, すなわち価電子帯 $|E_\mathrm{g}; \mathrm{el}\rangle$ へと達し, 直積 $|E_\mathrm{g}; \mathrm{el}\rangle \otimes |E_{\mathrm{ex}'}; \mathrm{phonon}\rangle$ で表される状態への脱励起が終わる. その後フォノンは熱平衡状態へといち早く緩和し, 終状態 $|E_\mathrm{g}; \mathrm{el}\rangle \otimes |E_{\mathrm{thermal}}; \mathrm{phonon}\rangle$ に達して第二段階が終了する. 以上をまとめると表 4.3 のようになる.

最後に誘導放出は図 4.12(c) および表 4.4 のように説明される. これらは図 4.12(b) および表 4.3 と同等であるが, 唯一の違いは第一段階において始状態から中間状態へ遷移するには伝導帯中にある電子に DPP が入射し, これが誘導放出を引き起こすことである.

5

ドレスト光子によるデバイス

Natura semina nobis scientiae dedit, scientiam non dedit.
（自然はわれわれに知の種を与えたのであって，知そのものを与えたのではない）
Lucius Annaeus Seneca, *Epistulae*, CXX, 4

本章では第 3 章に記した原理に基づき，さらにそれを発展させて実現した各種のドレスト光子 (DP) デバイスについて紹介する [1]．まず最初に DP デバイスの動作原理を復習すると，それは次の二つである．

① DP デバイス用の材料として量子ドット (QD) がしばしば使われるが，互いに近接する二つの QD の間での近接場光相互作用を利用し，これらの QD を結合させて，二原子分子のような状態を形成させる．

② QD 内での緩和過程を利用し，一方の QD から他方の QD へとエネルギーを移動させる．

実際の DP デバイスでは第 3 章末尾に示したように，QD 中の励起子の電気双極子禁制のエネルギー準位を活用する．これにより伝搬光による励起子の発生の可能性を排除し，デバイスの誤動作を避けることができる．

5.1 ドレスト光子デバイスの構成と機能

これまでに多くの DP デバイスが開発されているが，それらは機能によって表 5.1 のように分類される．これらの DP デバイスの回路構成の雛形の概略を図 5.1 に示す

表 5.1 DP デバイスの機能と本節で扱う DP デバイスの名前

機　能	DP デバイス名
信号発生	遅延帰還型の光パルス発生器（5.1.1 項 g），超放射型の光パルス発生器（5.1.2 項 b）
信号制御	光スイッチ（AND 論理ゲート）（5.1.1 項 a），NOT 論理ゲート（5.1.1 項 b），DA 変換器（5.1.1 項 d），周波数上方変換器（5.1.1 項 f），バッファメモリ（5.1.2 項 a）
信号伝送	エネルギー移動路（5.1.1 項 e）
入力インターフェース	ナノ集光器（5.1.1 項 c）

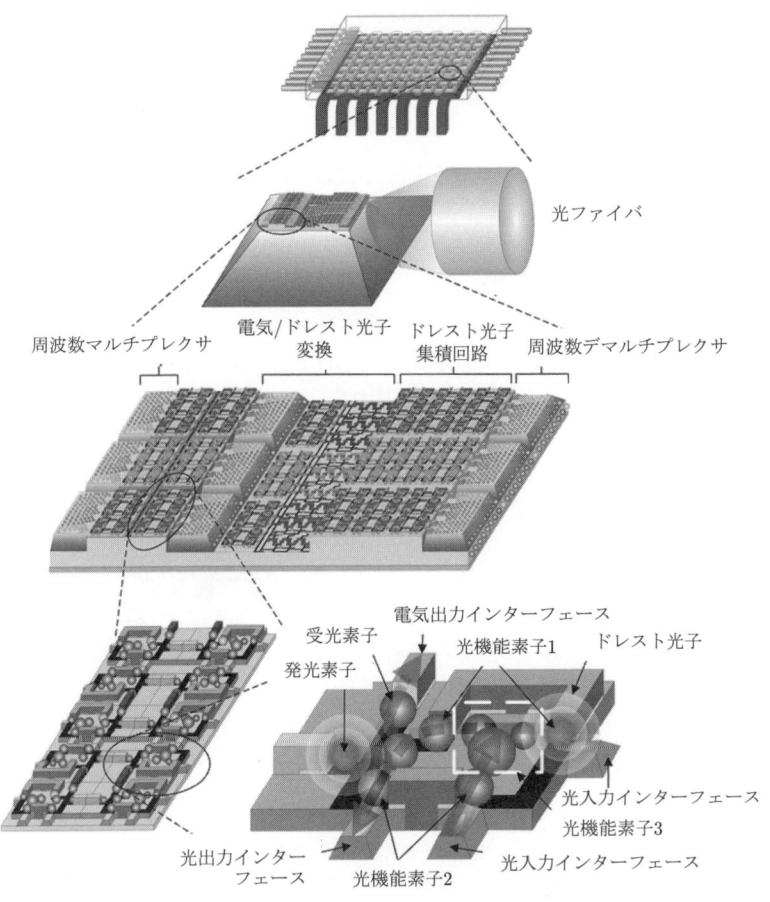

図 5.1 ドレスト光子デバイスの回路構成の雛形

が，この構成は使用目的に応じて大きく変化する可能性がある．なお，図中の光出力インターフェースは表 5.1 には記載されていないが，これは後掲の図 5.7 に示すように金属のナノ微粒子を一つ使うことにより実現する．

5.1.1 エネルギー散逸を利用するデバイス

DP デバイスの多くは入力端子として使われる QD への入力信号エネルギーが選択的かつ非可逆的に出力端子の QD に移動することを用いる．すなわち，この移動の後，出力端子の QD において励起子が高エネルギー準位から低エネルギー準位へ緩和し，エネルギーが散逸される時点で選択的なエネルギー移動が確定する．このようにエネルギーの散逸がこのデバイスの機能に重要な役割を果たす．以下ではその例を列

挙する．

a. 光スイッチ

光スイッチは入力信号を出力端子に伝送または非伝送（オン(on)またはオフ(off)）する機能を第二の信号によって制御するデバイスである．そのためには光に関する基本的な機能（発光，変調など）の多くを使うので，光デバイスの代表例と考えられる．第3章の動作原理を応用すると，次のように互いに寸法の異なる三つのQDを使って光スイッチを構成することができる．この場合，上記のように二つの入力端子に信号が入った場合に出力信号が得られるので，AND論理ゲートと見なすこともできる．その動作原理を図5.2に示す．ここでは立方体形の三つの半導体QDの各々を入力端子（QD-I），出力端子（QD-O），制御端子（QD-C）として用いる．また，互いの間隔を各QDの寸法程度まで近接させて配置する．三つのQDの一辺の寸法を各々 L, $\sqrt{2}L$, $2L$ とする．

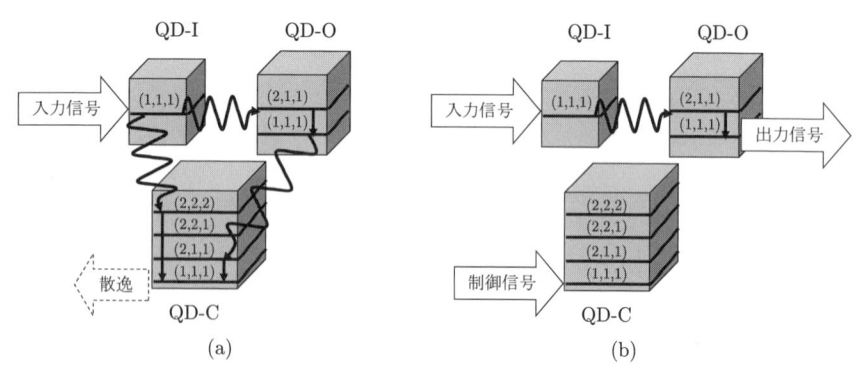

図 5.2 光スイッチの構成
(a) オフ動作. (b) オン動作.

付録Fの(F.23)においてLを各々$\sqrt{2}L$, $2L$に置き換えるとQD-Iの励起子のエネルギー準位(1,1,1)のエネルギー値 $E_{1,1,1}$，QD-Oのエネルギー準位(2,1,1)のエネルギー値 $E_{2,1,1}$，QD-Cのエネルギー準位(2,2,2)のエネルギー値 $E_{2,2,2}$ は互いに等しいことがわかる．すなわちこれらのエネルギー準位は互いに共鳴する．さらにQD-Oのエネルギー準位(1,1,1)とQD-Cのエネルギー準位(2,1,1)も互いに共鳴することがわかる．

なお，励起子の包絡関数は偶関数のときのみ付録Fの(F.50)の右辺に示されるように0でない値をとる．一方，奇関数のときには0となることから，QD-OとQD-Iのエネルギー準位(2,1,1)は電気双極子禁制である．しかし近接場光相互作用によればエネルギー準位(1,1,1)からのエネルギー移動が可能となる．このようにして図5.2

の波状の矢印で示す方向にエネルギーが移動する．その後同図の下向き矢印で示すように下方のエネルギー準位へと短時間のうちに緩和する．以上をもとに光スイッチの動作は次のように説明される．

オフ動作： QD-I に入力信号を加えエネルギー準位 (1,1,1) に励起子を生成する．その後ただちに図 5.2 (a) の波状の矢印と下向き矢印とで示す方向にエネルギーが移動して緩和し（その緩和定数は (3.16) の γ），最後には励起子は QD-C の最低のエネルギー準位 (1,1,1) に到達する．その後，フォノン散乱により非放射緩和定数の逆数 γ'^{-1} の時間が経過すると熱浴中のフォノン等との相互作用により励起子は消滅する（γ' は (3.16) の γ と同等であるが，右辺の $D(\omega)$ 中の ω の値は結晶格子の温度によって決まる幅 $\Delta\omega$ を有する）．または光を発生して励起子は消滅する（この光の強度の減衰の時定数は放射緩和定数の逆数 $\gamma_{\rm rad}^{-1}$ である）．これらはいずれもエネルギーの散逸現象であり，QD-O には励起子が生成しないことを意味するので，出力信号は発生しない．すなわちこのスイッチはオフの状態になる．

オン動作： 図 5.2(b) のように QD-C に制御信号を加えエネルギー準位 (1,1,1) に励起子を生成させると，QD-C のエネルギー準位 (2,2,2) は QD-I のエネルギー準位 (1,1,1) に対し非共鳴となり（これは充填効果と呼ばれている），QD-I のエネルギー準位 (1,1,1) に生成した励起子は QD-C のエネルギー準位 (2,2,2) に到達できない．その結果 QD-I から QD-O の上エネルギー準位 (2,1,1) へのエネルギー移動のみが許される．その後ただちに QD-O の中の下エネルギー準位 (1,1,1) に緩和するが，上記の充填効果により QD-C のエネルギー準位 (2,1,1) も QD-O の下エネルギー準位 (1,1,1) に対し非共鳴となっているので，QD-C へのエネルギー移動が不可能である．従って QD-O の下エネルギー準位 (1,1,1) の励起子は消滅し光が発生する．この光を出力信号として使う．すなわちこのスイッチはオンの状態になる．

以上の原理に基づく光スイッチの機能は NaCl 結晶中の立方体形の CuCl の三つの QD を用いて実証されている [2]．すなわち一辺の長さが 3.5 nm, 4.6 nm, 6.3 nm の CuCl の QD が各々 QD-I, QD-O, QD-C として用いられた．温度 15 K における実験結果を図 5.3 に示す．ここで QD-O の下エネルギー準位 (1,1,1) からの発光波長は 383 nm であるが，この図はその発光強度の空間分布の測定結果を表す．図 5.3(a) は上記のオフ動作の状態を示し，QD-O の位置およびその周辺は暗い．一方図 5.3(b) はオン動作の状態を示し，QD-O の位置およびその周辺は明るく，出力信号が発生していることがわかる．また，このデバイス寸法は 20 nm 以下であることもわかる．図 5.4(a) は QD-C に制御信号パルス（パルス幅 10 ps）を加えた直後の QD-O からの発光強度，すなわち出力信号の時間変化を表す．発光強度は急峻に立ち上がっており，

(a) (b)

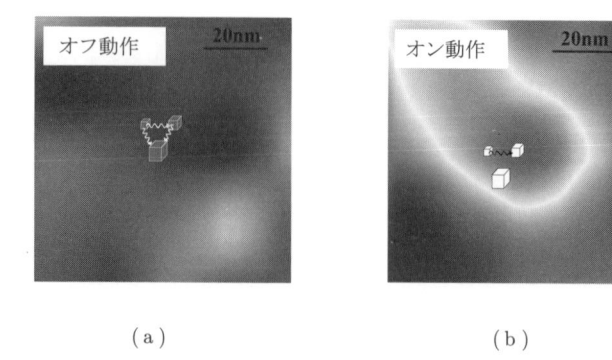

図 5.3 CuCl の量子ドットを用いた光スイッチの出力端子（QD-O）からの発光強度の空間分布の測定結果
(a) オフ動作. (b) オン動作.

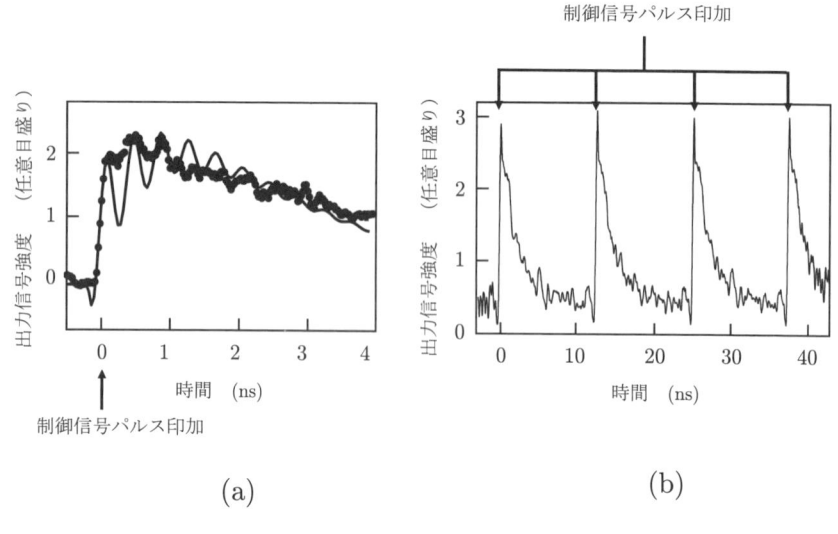

(a) (b)

図 5.4 CuCl の量子ドットを用いた光スイッチの出力端子（QD-O）からの発光強度の時間変化の測定結果
(a) ●印は実験結果. 曲線は計算結果. (b) 繰り返し動作の例.

その立ち上がり時間[*1)] は 90 ps であるが，この値は第 2 章の (2.76) で与えられる相互作用エネルギーによって決まっている．制御信号パルスが消滅すると出力信号は小

[*1)] 本書では，立ち上がり，立ち下がりの現象を示す曲線を各々指数関数 $\exp(t/\tau_r)$, $\exp(-t/\tau_f)$ によって近似的に表し，その時定数 τ_r, τ_f を各々立ち上がり時間，立ち下がり時間と定義した．

振幅で振動しながら減衰していく．この振動は章動現象のために QD-O から QD-I へわずかにエネルギーが逆戻りし，その後再び QD-O に移動することを繰り返すことに起因する．その周期は図から約 400 ps であることがわかる．また減衰時間（これは立ち下がり時間[*1)]とも呼ばれる）は放射緩和定数 $\gamma_{\rm rad}$ の値によって決まり 4 ns である．図 5.4(a) 中の曲線は第 2 章の (2.76) を使って計算した結果を示すが [3]，これは実験結果とよく一致している．図 5.4(b) は繰り返し動作の例であり，制御信号パルスを繰り返し加えることによりオン，オフの動作が繰り返されていることがわかる．

繰り返し周波数を増加させるためには，図 5.4(a) における立ち上がり時間と立ち下がり時間を短くする必要がある．たとえば立ち上がり時間を短縮するために QD 間の距離を短くすること，立ち下がり時間を短縮するためにナノ金属微粒子を QD-O に近接させ，発光の寿命を短くすること（後掲の図 5.7 中の金のナノ微粒子がその例である），などが行われている．

次に，上記のように三つの QD を使う場合と異なり，二つの立方体形の QD を使った光スイッチの可能性について紹介する．ここでは小さい QD(QD-IO) は入力端子と出力端子を兼ねている．すなわち図 5.5(a) に示すように，入力信号によって QD が埋め込まれている障壁層に励起子を生成し，それを QD-IO のエネルギー準位 (1,1,1) に

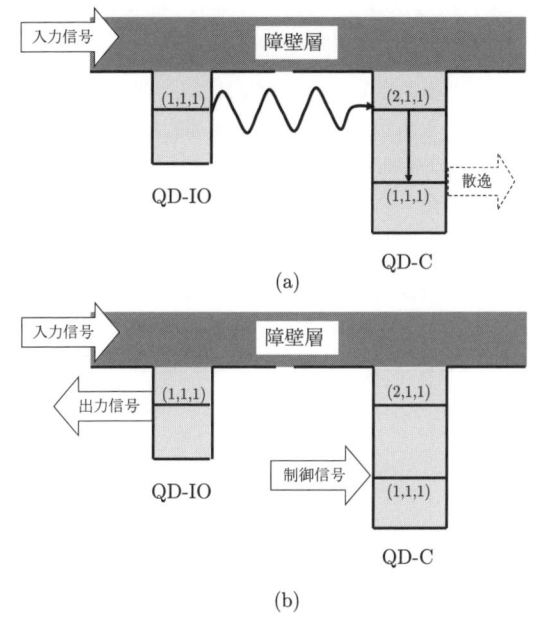

図 5.5 二つの量子ドットを使った光スイッチ
(a) オフ動作．(b) オン動作．

流入させる．その後，励起子は近接場相互作用により制御端子用の大きい QD(QD-C) の上エネルギー準位 (2,1,1) に移動し，下エネルギー準位 (1,1,1) に緩和して図 5.2(a) の場合と同様，エネルギーが散逸する．従って QD-IO からの出力信号がないので，オフ状態となる．一方，図 5.5(b) のように QD-C に制御信号を加え下エネルギー準位 (1,1,1) に励起子を生成すると充填効果により上記のエネルギー移動が不可能となり，QD-IO のエネルギー準位 (1,1,1) にある励起子は出力信号を発生する．これはオン状態に対応する．以上の原理に基づく光スイッチは ZnO のナノロッド中の近接した二つの ZnO/ZnMgO 量子井戸を用いて実証されている [4]．なお，後掲の図 5.8 中の AND 論理ゲートはこの原理に基づき，二つの QD により構成されたデバイスである．

次に光スイッチの性能指数について検討しよう．このデバイスを光情報伝送，光情報処理のシステムに使うときに要求される性能はその体積 V，スイッチング時間 T_{sw}，一回のオンおよびオフに必要な制御信号のエネルギー E，コントラスト C（オンおよびオフの時の出力信号値の比．実際のデバイスではオフのときも若干の漏れ信号があるので，この比の値を評価する必要がある）である．これらを用いると性能指数 (figure of merit) を

$$FOM = \frac{C}{VT_{\mathrm{SW}}E} \tag{5.1}$$

と定義することができる．DP を用いた上記の光スイッチの性能指数と伝搬光を用いた既存の光スイッチの代表的なデバイスの性能指数とを比較すると表 5.2 のようになる．なお，ここで記した物理量 $V \sim C$ の数値は既存の光スイッチ用の各デバイスがすべてを完備しているわけではなく，各数値の原理的な最大値を意味している．従ってこれらの性能指数の値は原理的最大値である．その値と比較しても上記の CuCl の QD を用いた DP による光スイッチ（図 5.3，図 5.4）の性能指数は 10〜100 倍大きく，他に比べて優れていることがわかる．

表 5.2 各種の光スイッチの性能指数の比較

デバイスの種類	体積 V	スイッチング時間 T_{sw}	制御信号のエネルギー E	コントラスト C	性能指数 $FOM^{(3)}$
光 MEMS	$(\alpha\lambda)^{3(1)}$	1μs	10^{-18} J	10^4	10^{-5}
マッハツェンダー干渉計型	$(\alpha\lambda)^3$	10 ps	10^{-18} J	10^2	10^{-2}
非共鳴の第 3 次非線形型	$(\alpha\lambda)^3$	10 fs	$10^6 h\nu^{(2)}$	10^3	10^{-3}
共鳴の非線形光学型	$(\alpha\lambda)^3$	1 ns	$10^3 h\nu$	10^4	10^{-4}
量子井戸中の量子化エネルギー準位利用	$(\alpha\lambda)^3$	100 fs	$10^3 h\nu$	10^3	10^{-1}
DP による光スイッチ	$(\alpha\lambda/10)^3$	100ps	$h\nu$	10〜25	1

(1) α は 1 より大きな実数．λ は光の波長．(2) $h\nu$ は光子一つ分のエネルギー．
(3) DP による光スイッチの性能指数の値を 1 とした．他の光スイッチの性能指数の値はこれに対する相対値．

b. NOT 論理ゲート

NOT 論理ゲートの構成を図 5.6 に示す [5]. ここでは二つの立方体形の QD を使うが, そのうち大きい QD を入力端子 QD-I, 小さい QD を出力端子 QD-O とする. 両者の一辺の寸法は各々 $\sqrt{2}(L+\delta L)$, L である. すなわちこれらの寸法比が $\sqrt{2}:1$ からわずかに $\delta L/L$ だけずれている. このことは QD-O の中の励起子のエネルギー準位 (1,1,1) と QD-I の上エネルギー準位 (2,1,1) とはわずかに非共鳴であることを意味する. すなわち両エネルギー準位のエネルギー値は一致しない.

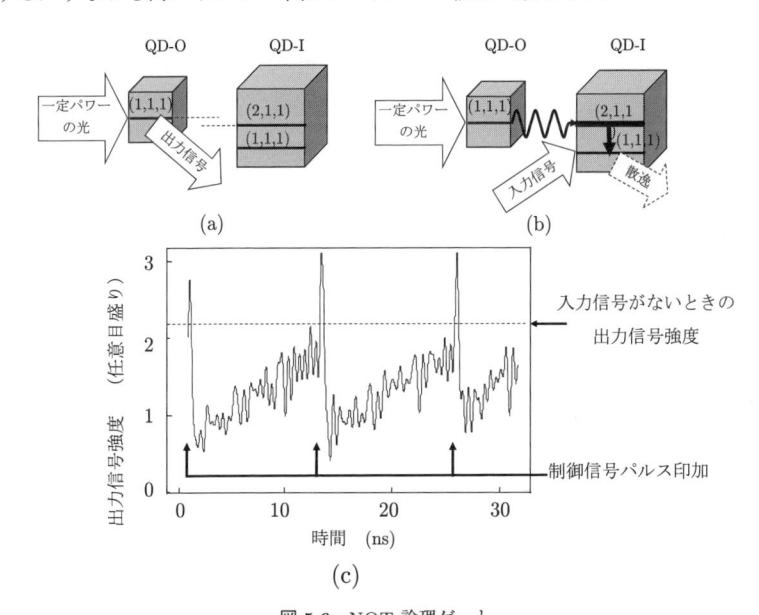

図 5.6 NOT 論理ゲート
(a) 入力信号がない場合. (b) 入力信号がある場合. (c) CuCl の量子ドットを用いた NOT 論理ゲートの出力信号強度の時間変化の測定結果.

ここで図 5.6(a) に示すようにパワーが時間的に変化しない光(連続光, 以下では CW 光と略記する)を QD-O に加える. このときエネルギー準位 (1,1,1) に励起子が生成するがエネルギーは非共鳴な QD-I の上エネルギー準位 (2,1,1) へ移動せず, 従って QD-O の励起子が消滅する際に発生する光を出力信号として使う. すなわち, 入力端子としての QD-I に入力信号を加えなくとも出力信号が発生する.

次に図 5.6 (b) に示すように QD-I に入力信号を加え下エネルギー準位 (1,1,1) に励起子を生成する. このとき (a) の光スイッチのオン動作の際と同じ充塡効果が生ずる. ここで注意すべきは, この充塡効果により QD-I の上エネルギー準位 (2,1,1) のエネルギー値 $E_{2,1,1}$ の幅が広がり, QD-O のエネルギー準位 (1,1,1) と共鳴するようにな

ることである.これは主に多体効果による衝突広がりと呼ばれている [6].すなわち,両エネルギー準位は互いに共鳴するようになるので,QD-O に加えられた CW 光により励起子が発生し,近接場光相互作用によりエネルギー準位 (1,1,1) から QD-I の上エネルギー準位 (2,1,1) へとエネルギーが移動する.その後 QD-I の下エネルギー準位 (1,1,1) へと緩和し図 5.2(a) の場合と同様,エネルギーが散逸する.従って出力信号は発生しない.

以上をまとめると,図 5.6 では入力信号がないときに出力信号が発生し,逆に入力信号があるときには出力信号は発生しない.このことは NOT 論理ゲートの機能を意味している.なお図中の QD-O に加える CW 光は電子回路における電源に相当し,入力信号がないときに出力信号を発生するエネルギー源として働いている.図 5.6(c) は立方体形の CuCl の二つの QD を用いた実験の結果を示している.入力信号の光パルスが入射したときに出力信号の光強度が小さくなっていることから,NOT 論理ゲート動作が確認される.

DP デバイスの実用化のためには寸法と位置の制御された QD を用い,多数のデバイスを再現性よく多数作り,それらを室温で動作させることが求められる.この要求に応えるため,InAs の QD を用いた室温動作の NOT 論理ゲートの二次元配列が開発された [7].そのためにまず分子ビームエピタキシー (molecular beam epitaxy) 法により QD を作った後,電子線描画と Ar イオンミリング (Ar-ion milling) により図

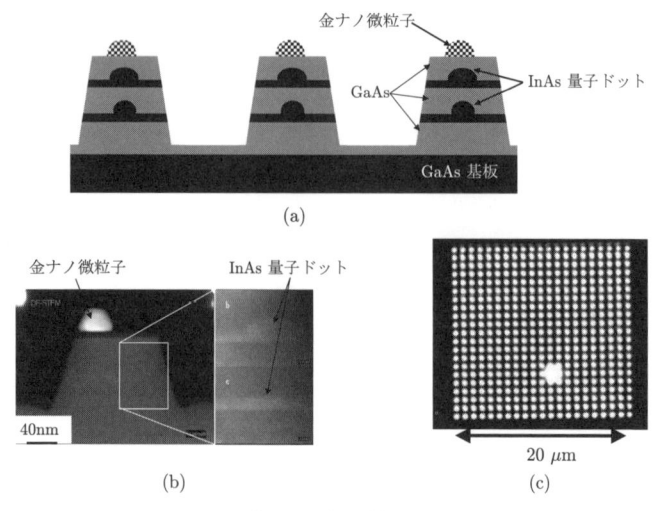

図 5.7 InAs の量子ドットを用いた室温動作の NOT 論理ゲート(口絵 2)(a) 構成の断面図.(b) 断面の走査型透過電子顕微鏡像.(c) 複数のデバイスの二次元配列の光学顕微鏡像.

5.7(a) に示すメサ形の DP デバイスの二次元配列が作られた．図 5.7(b) は底辺の寸法 300 nm × 300 nm，高さ 85 nm のメサ形のデバイスの断面の走査型透過電子顕微鏡（S-TEM）像である．内部には薄い半球状の二つの QD が厚さ 24 nm の障壁層を挟んで垂直に配列している．大きい QD の平均直径は 42 nm，高さは 11 nm，その直下の小さい QD の平均直径 38 nm，高さ 10 nm である．さらにこの写真にも示すように直径 50 nm，高さ 30 nm の金ナノ微粒子がメサ上部に設置されている．この金ナノ微粒子はデバイスの出力信号を伝搬光として取り出す効率を増加させる役割をもつ．すなわち，障壁層の GaAs の屈折率は大きいため本 DP デバイスの出力信号は大きい QD から基板の方向に後方散乱される [8]．しかしこの金ナノ微粒子により散乱光の多くをデバイス外部に放出し検出することができる．図 5.7(c) は作製された多数の DP デバイスの光学顕微鏡像であり，1 μm 間隔で 20 個 × 20 個のデバイスが二次元配列している．

図 5.8 は二次元配列のメサ形デバイス（底辺寸法 200 nm × 200 nm，高さ 85 nm）からの出力信号の光強度の空間分布を測定した結果である．これらの図中，NOT 論理ゲートの位置ではスポットが暗くなっている．これは上記のように CW 光を加えた状態で入力信号を加えると NOT 論理ゲートからは出力信号が発生しないことを反映している．なお，この二次元配列の中には，同様に作られた QD を二つ用いて作った AND 論理ゲート（この動作原理は図 5.5 に示した二つの QD を用いたデバイスと同様である）も作られている．その場合，二つの入力信号を加えると出力信号が発生するので，AND 論理ゲートの位置ではスポットが明るくなっている．NOT 論理ゲート，AND 論理ゲートとも，オン，オフ時の出力信号強度比，すなわち論理ゲートのコントラスト（(5.1) 中の C）[9] は 66（= 18 dB）であり，これは表 5.2 中の値より

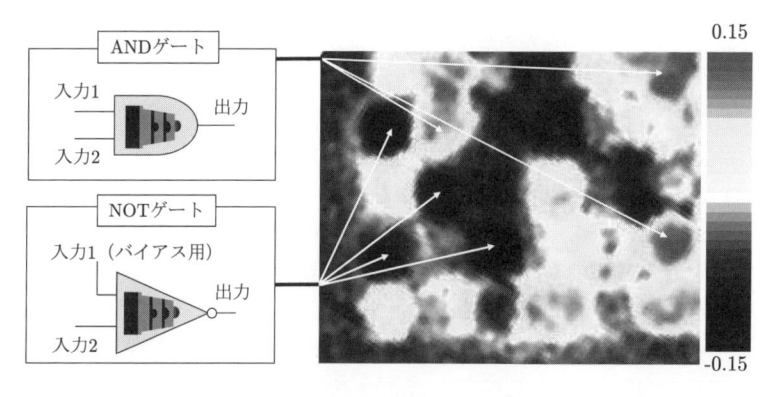

図 5.8　InAs の量子ドットを用いた二次元配列のドレスト光子デバイスの出力信号光強度の空間分布（口絵 3）

も大きいことから，これらのデバイスの性能の高さが理解される．なお，上記のように分子ビームエピタキシー法などでは大型かつ高消費エネルギーの製造装置が必須であるが，それらを使わず，大きさと種類の異なる複数の QD の間隔を調整し，かつこれらを高分子材料の微小球体に閉じ込める方法が最近提案された．これは QD 間での DP のエネルギー移動を使って QD の周囲の紫外線硬化樹脂を自律的に硬化する方法であり [10]，図 5.1 に示す回路への応用のみでなく，エネルギー変換（第 7 章），情報保護（第 8 章の 8.1〜8.3 節）など幅広い応用が期待されている．

上記の NOT 論理ゲート，AND 論理ゲート，さらには第 3 章に記した XOR 論理ゲートの動作原理を応用すると，図 5.9(a)-(c) に示すように各々 OR 論理ゲート，NOR 論理ゲート，NAND 論理ゲートなどが構成できる．すなわち論理ゲートの「完備集合」が実現する[*2]．従来の伝搬光を使った光デバイスでは個々の論理ゲートを構成すること自身が困難であり，従って完備集合を構成することは不可能であった．それに対し DP の原理を使うことによりこれが可能となった．

回路構成の能力を推定する際に用いられる重要なパラメータの一つはファンアウト (fan out) F である．これはデバイスの後段に並列接続できるデバイス数を表すパラメータであり，上記 (a), (b) のデバイスの場合，$F = 1/2\gamma_{\mathrm{rad}}T$ により与えられる．ここで γ_{rad} は放射緩和定数である．また，T はエネルギー移動の時定数であり，その値は第 2 章の (2.76) の相互作用エネルギーの逆数に比例する．たとえば CuCl の QD で構成される AND 論理ゲート，NOT 論理ゲートなどの場合，$\gamma_{\mathrm{rad}} = 5.0 \times 10^8 \mathrm{s}^{-1}$, $T = 100\,\mathrm{ps}$ なので $F = 10$ である．InAs の QD で構成した場合は $\gamma_{\mathrm{rad}} = 1.0 \times 10^9 \mathrm{s}^{-1}$, $T = 100\,\mathrm{ps}$ であることから $F = 5$ である．これらの F の値は実用面からみても十分大きい．

c. ナノ集光器

ナノ集光器は伝搬光を効率よく DP に変換するデバイスであり [11]．a, b および後掲の各種 DP デバイスからなる集積回路に外部から伝搬光を入射させたとき，これを DP デバイスに注入するための入力インターフェースとして使われる．このデバイスを構成するために図 5.10(a) のように外周に小型の QD を，その内側に中型の QD を置き，中心部分に大型の QD を一つ置く．図 5.2 の QD-I, QD-O, QD-C の場合と同様，QD の中の励起子のエネルギー準位が互いに共鳴するので小型の QD に伝搬光をあて，その中に励起子を生成すると，エネルギーが中型の QD へ移動し緩和する．その後エネルギーは中型の QD から大型の QD へと移動し緩和する．この結果，伝搬光のエネルギーは大型の QD 内の励起子のエネルギーとして蓄えられ，その後出力信号が発生する．なお，小型の QD は中型，大型の QD の周囲に多数配備できるので，入

[*2] M 入力 N 出力 ($M, N = 1, 2, 3, \cdots$) のすべての論理関数を少数の基本論理関数の組合せで表現できるとき，その基本論理関数の集合は「完備集合」と呼ばれている．すなわち完備集合が実現できればすべてのデジタル演算が可能となる．

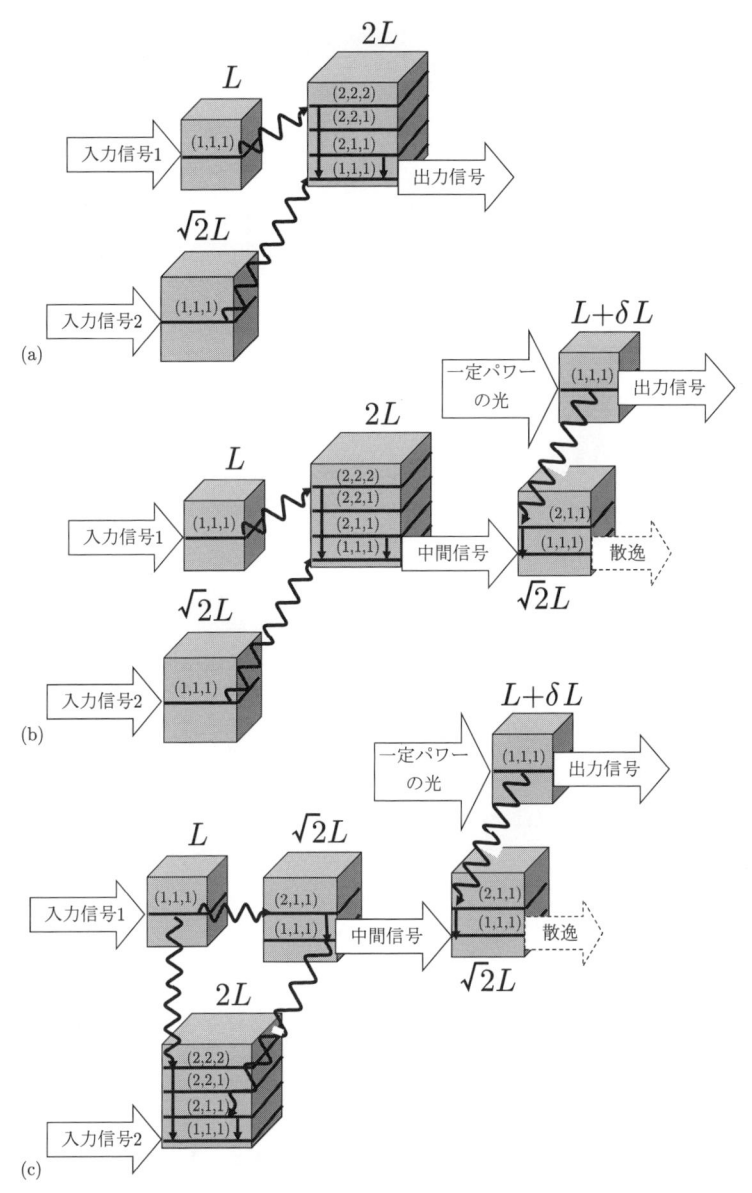

5.1 ドレスト光子デバイスの構成と機能

図 5.9 論理ゲートの動作原理の応用例
(a) OR 論理ゲート．(b) NOR 論理ゲート．(c) NAND 論理ゲート．

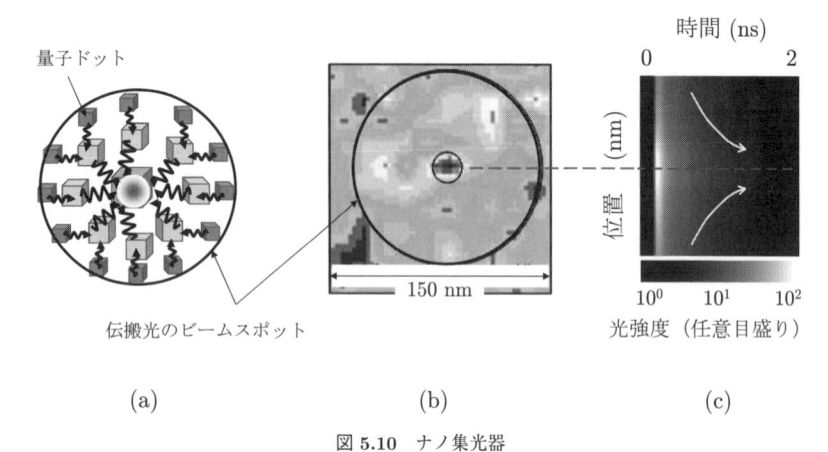

92   5. ドレスト光子によるデバイス

図 5.10 ナノ集光器
(a) 構成例. (b), (c) CuCl の量子ドットを使った場合の最大寸法の量子ドットからの発光強度の値の空間分布, およびその時間変化の測定結果.

射する伝搬光のエネルギーのほぼすべてを多数の小型 QD により吸収できる. また, エネルギーの損失は中型, 大型の QD の中での緩和による散逸分のみであり, この量は前項までの DP デバイスの場合と同様に微小である. このようにして高い効率で伝搬光を DP に変換することが可能である. 変換後, 大型の QD の近くにある他の DP デバイスにエネルギーが移動し, これらの DP デバイスを動作させることができる.

図 5.10(b) には NaCl 結晶中の立方体形の複数の CuCl の QD を低温にて使うことにより, 波長 384 nm～386 nm の伝搬光を集光し, DP のエネルギーの空間分布を測定した結果を示す. 中心部分の明るい領域が大型の QD (一辺の寸法 8 nm) に集光された箇所であり, その直径は 20 nm である (測定の際の分解能を差し引くと, 真の値はこれらの値よりさらに小さい). また, そのエネルギーはこの QD が他から孤立して単独で存在する場合の発光エネルギーの 5 倍以上であり, 回折限界を超えた集光器として機能していることが確認される. この集光機能は高地に降った雨が土に吸収され, 地下を伝わり, 一カ所に集まってわき出る泉に似ていることから, この DP デバイスは光ナノファウンテン (optical nano-fountain) と呼ばれている [11]. ここで集光器としての性能を評価するために, 凸レンズの性能と比較しよう. 伝搬光を凸レンズで集光すると, 焦点面上での光の直径は λ/NA となる. これが集光の回折限界に他ならない. この式中 λ は入射光の波長である. NA はレンズの形状, 材料などによって決まる値で開口数と呼ばれており, 通常は 1 未満である. 上記の数値をこの公式に当てはめると NA は 40 以上となり凸レンズの開口数よりずっと大きい. 図 5.10(c) は集光される様子を時間と空間に分解して観測した結果である. 図の上辺に記された横軸は時間を表し, 縦軸は集光位置を中心とする極座標の動径方向の位置を表す. ま

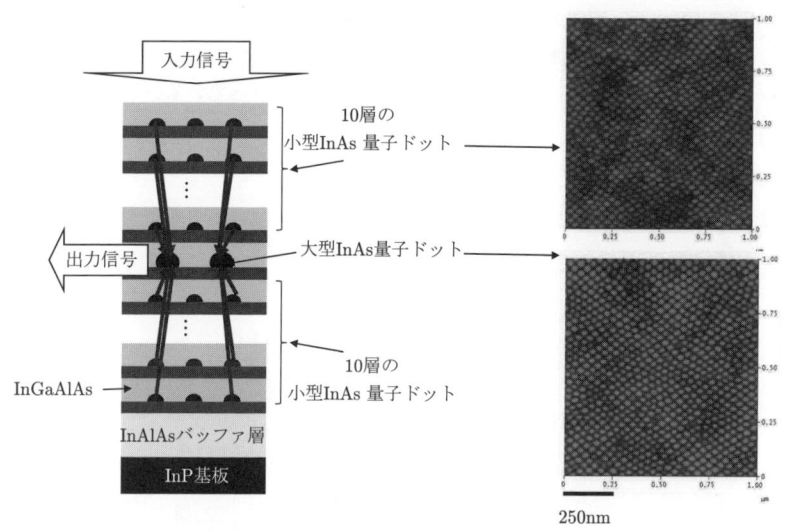

図 5.11 InAs の量子ドットを用いたナノ集光器
多層構造の断面図，および小型，大型の量子ドットの基板面内配列の原子間力顕微鏡像．

た，明るさの階調は放出される光子の数に対応し，集光位置に向かってエネルギーが約 2 ps の時間内で集まる様子がわかる．

最近では InAs の QD を用い室温動作の実用的な積層型のナノ集光器が開発されている [12]．そのデバイスの断面の概略を図 5.11 に示すが，大きい寸法の QD が多数並んだ層の上下に小さい寸法の QD の層が各々 10 層ある．QD は皿を伏せたような円形をしており，大きい QD の直径は 48 nm，高さは 4.5 nm，面内の QD 間の平均距離は 15 nm である．一方，小さい QD の直径は 43 nm，高さは 2.7 nm，面内の QD 間の平均距離は 20 nm である．また，上下の層の QD 間の距離は 15 nm である．以上の数値はエネルギー移動のための共鳴条件を満たしている．その結果，上下各 10 層の小さい QD から，それに挟まれた大きい QD へエネルギー移動の結果，室温 (300 K) において大きい QD からの発光強度は小さい QD がないときに比べ 7.7 倍増加していることが確認されている．

d．デジタル・アナログ変換器

三ビットのデジタル・アナログ（DA）変換器の構成例を図 5.12(a) に示す [13]．ここでは寸法の異なる三つの入力端子用の QD（QD0，QD1，QD2）とそれらより大きな出力端子用の QD（QD-O）を用いる．QD の動作原理は (c) のナノ集光器と同様であるが，これらの QD の寸法を調整し，QD0，QD1，QD2 のエネルギー準位 (1,1,1) が QD-O のエネルギー準位 (2,2,2)，(2,2,1)，(2,1,1) と各々共鳴するようにしておく．また，入力端子用の最小寸法の QD0 と出力端子用の QD-O の間の距離が最長で，

最大寸法の QD2 と QD-O の間の距離が最短になるよう配置する．その結果，QD0，QD1，QD2 と QD-O の間の相互作用エネルギー $\hbar U$（第 2 章 (2.76) に相当）の値が各々 2.5×10^{-25} J，4.8×10^{-25} J，2.1×10^{-24} J となっていると仮定しよう．ここで中の相互作用エネルギーに相当する．このとき第 3 章の定式化に基づいて QD0，QD1，QD2 の各々に入力信号が印加された後の QD-O 中の励起子の占有確率の時間的変化の様子を計算すると図 5.12(b) のようになる．ここで，時刻 0〜5 ns の範囲で

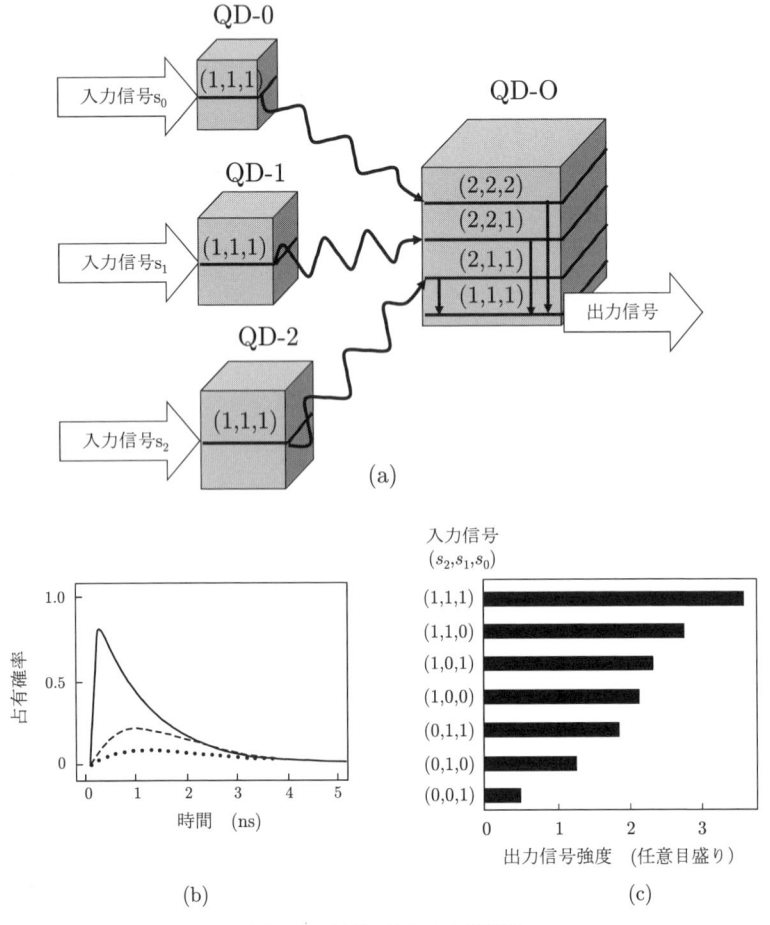

図 **5.12** 三ビットの DA 変換器
(a) 構成例．(b) QD-O 中の励起子の占有確率の時間変化の計算結果．点線，破線，実線の曲線は各々 (a) 中の入力信号 s_0, s_1, s_2 に対応．(c) CuCl の量子ドットを使った場合の QD-O からの発光強度の値の測定結果．

この図の三つの曲線と横軸とで挟まれる面積を求め，これを各々 QD0, QD1, QD2 から QD-O へのエネルギーが移動する確率とすると，それらの値の比は 1:2:4 となる（実はこの値になるように上記のように相互作用エネルギー $\hbar U$ の値を設定しているのである）．これを一般化し，QD-O からの出力信号強度の値を d とし各々 QD0, QD1, QD2 中の励起子の有無をデジタルのビット s_0, s_1, s_2（=0 または 1）に対応づけると

$$d = 2^0 s_0 + 2^1 s_1 + 2^2 s_2 \tag{5.2}$$

が成り立つことがわかる．すなわちこれはデジタル信号からアナログ信号への変換機能を表しており，三ビットの DA 変換器が実現できることがわかる．

図 5.12(c) は DA 変換のデバイス機能を検証する実験の結果である．立方体形の CuCl の QD を用い，図 5.12(a) の入力端子用の QD0, QD1, QD2 の一辺の長さを各々 1.0 nm, 3.1 nm, 4.1 nm としている．これに共鳴する入射光の波長は各々 325 nm, 376 nm, 381 nm である．これらの光が照射されるか否かが 0 または 1 のいずれかの値をとる (5.2) 中の s_0, s_1, s_2 に対応している．また出力端子用の QD-O の寸法は 5.9 nm である．この図は QD-O からの発光強度の値を表すが，これは (5.2) と一致しており，DA 変換の機能が確認されている．

e. エネルギー移動路

上記 a～d の各 DP デバイス間での信号の授受をするためには信号エネルギーの移動路が必要である．これは電子回路における金属配線，光ファイバ通信における光ファイバ，光導波路などに相当する．このエネルギー移動路に要求される主な性能は

(1) 後段に接続される DP デバイスからの信号の反射がない，

(2) 伝送損失が低く伝送距離が長い，

ことなどである．この要求を満たすために図 5.13 に示す DP デバイスが考案されている．これは大きさの等しい N 個の QD（QD-1～QD-N）の配列，およびその末尾の大きい QD（QD-O）からなる．一例として立方体形の QD の場合を考える．まず QD-1 に入力信号が加えられ励起子がエネルギー準位 (1,1,1) に生成されると，近接場光相互作用により QD-N のエネルギー準位 (1,1,1) までエネルギーが移動し，これらの N 個の QD の間で章動を繰り返し，これらの QD は第 3 章 (3.2) に示した二つの QD の場合と同様の結合状態を作る．この結合状態のエネルギー準位に対して，QD-O

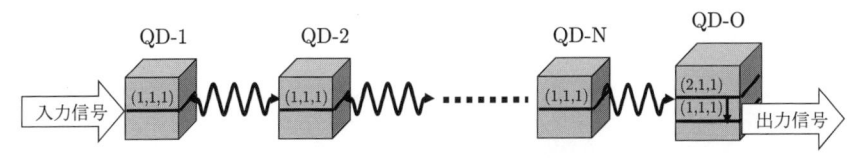

図 5.13 エネルギー移動路の構成

中の電気双極子禁制の上エネルギー準位 (2,1,1) が共鳴するように QD-O の寸法が調節されているとすると，章動している上記のエネルギーは QD-O の上エネルギー準位 (2,1,1) に移動し，その後 QD-O の下エネルギー準位 (1,1,1) へと緩和し図 5.2(a) の場合と同様，エネルギーが散逸する．このとき発生する光が出力信号であり，後段の DP デバイスに注入される．

図 5.13 の QD-1〜QD-N および QD-O として，球形の CdSe の QD を使った例を紹介しよう [14]．この場合の QD のエネルギー固有値を表す式は付録 F の (F.15)，(F.16) である．QD-1〜QD-N には直径 2.8 nm の QD を，QD-O には直径 4.1 nm の QD を各々用いれば図 5.14(a) に示すように QD-1〜QD-N のエネルギー準位 S と QD-O の上エネルギー準位 L_u とは共鳴する．これらの QD は SiO_2 基板上に配置されている．QD 間の平均間隔を 3 nm とし，波長 306 nm のパルス光（パルス幅 2 ps）を入射させ（入射光パワー 0.6 mW），QD-1〜QD-N に励起子を生成する．図 5.14(b) はこれらの QD からの発光スペクトルであるが，低温になるに従い，QD-1〜QD-N のエネルギー準位 S からの発光強度（図中，波長 540 nm にあるピーク P_S）は減少し，QD-O の下エネルギー準位 L_l からの強度（図中，波長 595 nm にあるピーク P_{Ll}）は増加している．これは温度の低下とともに励起子の非放射緩和定数 γ の値が小さくなるためエネルギー準位 S からエネルギー準位 L_u へのエネルギー移動効率も増加するからである．また，両ピークの波長の光強度の時間変化の測定結果から QD-1

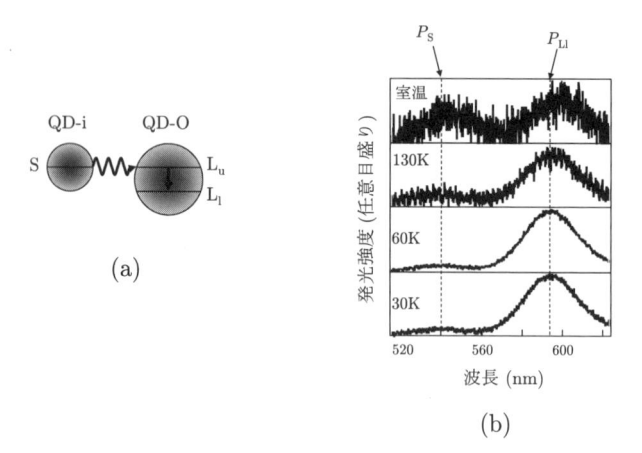

図 5.14 球形の小さい量子ドット QD-i ($i = 1$〜N) から大きい量子ドット QD-O へのエネルギー移動

(a) エネルギー準位．(b) CdSe の量子ドットを使った場合の発光スペクトルの温度依存性の実験結果．P_S, P_{Ll} は小さい量子ドットのエネルギー準位 S, 大きい量子ドットの下エネルギー準位 L_l からの発光スペクトルのピーク．

〜QD-N から QD-O へのエネルギー移動に要する時間は 135 ps と見積もられた.

図 5.13 のエネルギー移動路は上記の二つの要求 (1), (2) を満たしている. まず要求 (1) については, QD-O の近隣にある後段の DP デバイスからの信号が逆流し, QD-O の下エネルギー準位 L_l に励起子が生成しても, 上エネルギー準位 L_u には励起されず, 従って QD-1〜QD-N へのエネルギー移動はないからである. 一方, 要求 (2) については二つの要因が関与している. まず QD-O 中の上エネルギー準位 L_u から下エネルギー準位 L_l への緩和の際のエネルギー散逸量は 20 meV 程度であり, これは非常に小さい. むしろ大きいのはフォノン散乱, または光を放出することにより散逸されるエネルギー量である. 第 3 章の量子マスター方程式を簡略化して得られるレート方程式を用いて, 要求 (2) に関わる伝送損失と伝送距離を検討しよう. 実際のデバイスでは QD-1〜QD-N を一列に配列するよりも, QD-1〜QD-N が基板の上に分散されている場合が多いので図 5.15(a) のようにこれらの QD が x, y, z 軸方向に沿って N_x, N_y, N_z 列並んでおり, その配列中に QD-O がある場合を考える [15]. 図中では QD-1 を QD_{in}, QD-O を QD_{out} と表している. これらの QD のうち, 任意の二つの QD 間の相互作用を考慮したレート方程式は

$$\frac{dn_i}{dt} = \sum_{j=1}^{N+1} U_{ji}n_j - \sum_{i=1}^{N+1} U_{ij}n_i - \gamma_{\mathrm{rad},i}n_i \tag{5.3}$$

である. ここで n_i は i 番目の QD の励起子の占有確率 (ただし $i = N+1$ は QD-O を表す) である. U_{ij} は第 3 章 (3.2) 右辺の U に相当し, QD-i と QD-j との間の相互作用エネルギーの値に比例する. $\gamma_{\mathrm{rad},i}$ は QD-i 中の励起子の放射緩和定数である. QD-O からの出力信号光強度 I_{out} は

$$I_{\mathrm{out}} = \int \gamma_{\mathrm{rad},N+1} n_{N+1} dt \tag{5.4}$$

により与えられる.

後掲の球形の CdSe の QD を用いた実験の状況に合わせ, QD-1〜QD-N の直径を 2.8 nm, QD-O の直径を 4.1 nm, QD-N と QD-O の間の相互作用エネルギー $\hbar U$ の値を 7.8×10^{-25} J (QD 間隔 7.3 nm に相当), $\gamma_{\mathrm{rad},i} = 4.5 \times 10^8 \mathrm{s}^{-1}$ ($i = 1 \sim N$), $\gamma_{\mathrm{rad},N+1} = 1.0 \times 10^9 \mathrm{s}^{-1}$ とする [16]. 図 5.15(b) は $(N_y, N_z) = (1,1)$, (9,1), (9,2), (15,2) の場合 (ただし $N_x = 317$), 入力端子 QD-1 と出力端子 QD-O との間の距離 L に対する I_{out} の値の数値計算結果を示す. I_{out} の値は L に対して単純に指数関数的に減衰してはおらず, 図中, L が小さい領域では N_y, N_z の値が小さい方が I_{out} の値は大きい. 一方, L が大きい領域では N_y, N_z の値が大きい方が I_{out} の値はより緩やかに減衰する. 従って信号を短距離伝送するときは QD 数は少ない方がよく, 長距離伝送の場合には QD 数を増やすことが有利である. 出力光の電場の値 ($\sqrt{I_{\mathrm{out}}}$ に比例) が入力端での値の e^{-1} に減衰する L の位置をエネルギー移動長 L_0 と定義し,

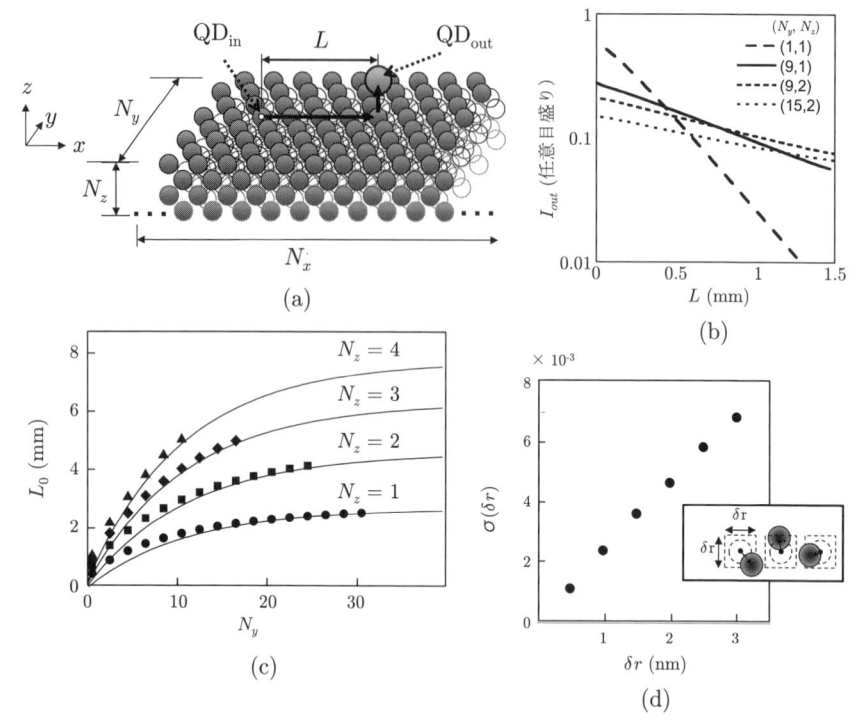

図 5.15 基板の上に分散された量子ドットを使った場合の計算結果
(a) 多数の小さい量子ドットと一つの大きい量子ドットの配置の様子. QD_{in}, QD_{out} は各々本文中の QD-I, QD-O を表す. (b) 入力端子と出力端子との間の距離 L と出力信号光強度 I_{out} との関係. (c) 基板面の y 軸方向に沿った小型の量子ドットの数 N_y とエネルギー移動長 L_0 との関係. (d) 量子ドット間の距離のばらつき δr と I_{out} の値の標準偏差値 $\sigma(\delta r)$ との関係.

その値の N_y, N_z の値に対する依存性の数値計算結果を図 5.15(c) に示す. これによると N_y, N_z の値の増加とともに L_0 は増加し, 特に N_y が増加するとやがて飽和する. そこで

$$L_0(N_y, N_z) = L_{\max}\left\{1 - \exp\left(-\frac{N_y}{C}\right)\right\} \tag{5.5}$$

と近似する. 右辺の $L_{\max}$ は最大エネルギー移動長に相当する. 図中の実線は (5.5) を実験結果に当てはめた結果であるが, それによると $L_{\max}$ は $N_z = 1$ のとき $2.85\,\mu m$, $N_z = 4$ のとき $7.92\,\mu m$ である. 以上の考察では QD 間の距離は一定と仮定したが実際にはわずかにばらついている. そのばらつきの値 δr に対する I_{out} の変動の標準偏差値 $\sigma(\delta r)$ を求めると, 図 5.15(d) に示すように δr の値が 3 nm まで大きくなっても $\sigma(\delta r) = 6.8 \times 10^{-3}$ と十分小さく, デバイス作製の際に有利である.

5.1 ドレスト光子デバイスの構成と機能

伝送距離（言い換えると伝送損失）を実験により評価するため，球形の CdSe の QD を SiO_2 基板上に分散させ，QD 間の平均距離が 7.3 nm となるように調節する．また，図 5.15(a) 中の z 軸方向の QD-1～QD-N の数 N_z に比例する値として，分散された QD の層の厚み H が 10, 20, 50 nm（これらの DP デバイスを各々 A, B, C と名づける）である試料を用意した．波長 473 nm の CW 光を入射し，DP デバイス A, B, C に対して図 5.15(b) と同様 L と I_{out} との間の関係を測定した結果が図 5.16(a), (b) である．これをもとにエネルギー移動長 L_0 を測定した結果が図 5.16(b) である．DP デバイス A, B, C に対し，L_0 の値は各々 1.92 μm, 4.40 μm, 11.8 μm であり，これは同図中の計算結果とほぼ一致している．すなわち図 5.16(c) のように N_z の増加とともに L_0 は増加する．

最近では SiO_2 基板に幅の狭い溝を堀り，その中に CdSe-QD を分散させることにより，図 5.16 と同様の実験が行われ，エネルギー移動長 L_0 などの値が評価されるようになった [17]．なお，著しく長いエネルギー移動長 L_0 を実現するために QD 中の励起子の電気双極子禁制遷移のみを使う方法が提案されており，数値計算の結果，L_0 の値として数 mm が得られている [18]．

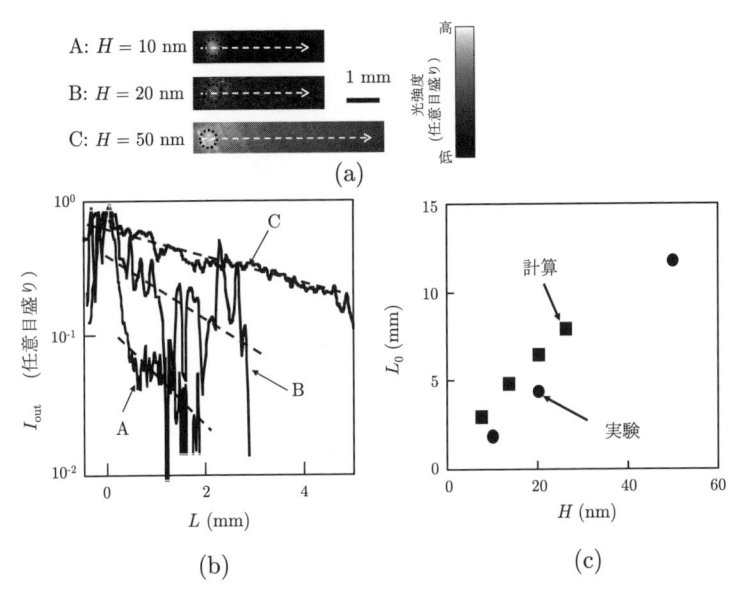

図 5.16 球形の CdSe の量子ドットを使った場合の実験結果
(a) ドレスト光子デバイス A, B, C からの発光強度の空間分布．(b) 入力端子と出力端子との間の距離 L と出力信号光強度 I_{out} との関係．破線は実験結果に当てはめた指数関数．(c) 小型の量子ドットの層の厚み H とエネルギー移動長 L_0 との関係．

f. 周波数上方変換器

上記 a~e の DP デバイスでは励起子が QD 中の上エネルギー準位から下エネルギー準位へと緩和することにより一方向のエネルギー移動が保証されていた．従って出力信号のエネルギーの値は入力信号のエネルギーの値に比べ緩和による散逸量の分だけ低くなっている．すなわち出力信号の光の周波数は入力信号の光の周波数に比べ低く，これらは周波数下方変換器に相当する．

これに対し，図 5.17 に示すように小さい QD（QD-A）と大きい QD（QD-B）を用いることにより，周波数を上方変換することが可能である．デバイス構成は b の NOT 論理ゲートと似ているが，ここでは入力信号として高強度の光パルスを用いる．この光パルスにより熱浴中に複数のフォノンを生成し，これにより励起子を下エネルギー準位から上エネルギー準位へと励起することが可能となる．これはすでに実験によって確認されている [19]．

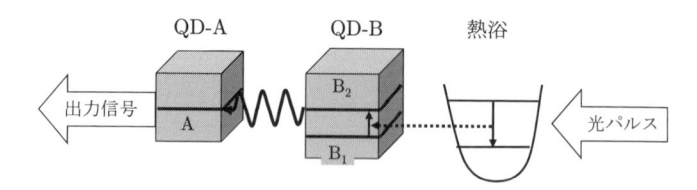

図 5.17 量子ドットを使った周波数上方変換器の構成

すなわち，QD-B 中の下エネルギー準位 B_1 に共鳴する高強度の光パルスを入射することにより，光子と励起子との間の相互作用が誘起され，結晶格子が光パルスにより過渡的に振動する結果，熱浴中のフォノンの数はボーズ・アインシュタイン（Bose-Einstein）分布

$$n(\omega_0) = \frac{1}{\exp[\hbar\omega_0/k_B T(S)] - 1} \tag{5.6}$$

で決まる値となる．ここで ω_0, T, k_B は各々入射光の角周波数，熱浴の温度，ボルツマン定数を表す．簡単のために熱浴の温度は光パルス強度を時間軸に沿って積分した値 S に比例すると仮定する．これをもとに第 3 章の量子マスター方程式を用いて励起子の占有確率の時間変化を計算した結果を図 5.18 に示す．実線，破線，点線は入射光が各々 $\pi/2$ パルス，π パルス，$3\pi/2$ パルスの場合の結果を表す．図 5.18 (a) は QD-B 中の下エネルギー準位 B_1 中の占有確率を表す．一方，図 5.18(b) は QD-A 中のエネルギー準位（準位 B_1 より高いエネルギーをもつ）中の占有確率を表しており，これが 0 ではない有限の値をもつことから，周波数上方変換が実現したことを表している．すなわち，このようにして励起子は QD-A 中のエネルギー準位を占有し，その後に光を発生するが，その光の周波数は入射光パルスの周波数よりも高い．

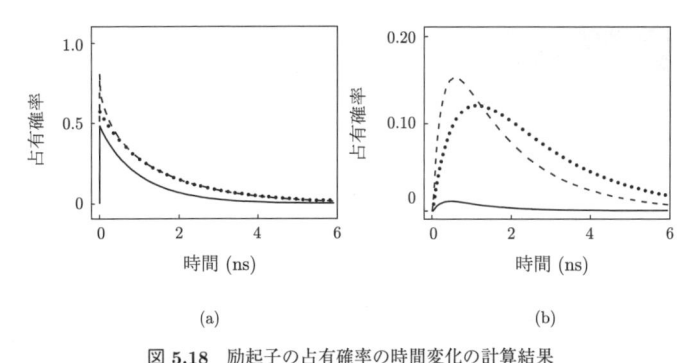

図 **5.18** 励起子の占有確率の時間変化の計算結果
(a) QD-B 中の下エネルギー準位 B_1 中の占有確率. (b) QD-A 中のエネルギー準位中の占有確率. 両図中, 実線, 破線, 点線の曲線は入射光が各々 $\pi/2$ パルス, π パルス, $3\pi/2$ パルスの場合の値.

光パルスを入射させることにより励起が起こるので, QD-B 中の下エネルギー準位 B_1 中の占有確率は π パルス励起により最大値をとり, それ以上の強度のパルス (ここでは $3\pi/2$ パルス) 励起では減少する. このエネルギー準位中の占有確率の時間変化の様子は下エネルギー準位の緩和定数 γ, γ_{rad} によって決まる. 一方, QD-A 中の占有確率はより複雑である. ピーク値は QD-B の下エネルギー準位 B_1 中の占有確率に依存し, フォノンの数は光パルス強度に依存して単調に増加する. 従って, 図 5.18(b) 中の点線で表される占有確率の寿命は破線の場合より長い. なぜなら前者の方が後者に比べ光パルスの照射時間が長いからである.

上記の原理に基づき酸化亜鉛 (ZnO) のナノロッド中 (直径 80 nm) の近接した二つの量子井戸 (Quantum Well: 以下では QW と略記する) を使った周波数上方変換器が開発されている. 図 5.19(a), (b) に示すように, これらは薄い QD と見なすことができ, 薄い QW (QW-A, その厚みは 3.2 nm) と厚い QW (QW-B, その厚みは 3.8 nm) とは互いに数 nm 離れている. 図 5.17 に相当するエネルギー準位は図 5.19(c) のようになる. QW-B 中の下エネルギー準位 E_{B1} と共鳴するパルス光 (光子エネルギー 3.425 eV, パルス幅 10 ps) を入射し, その光パワーを増加させていくと, QW-B 中の上エネルギー準位 E_{B2} と共鳴する QW-A のエネルギー準位 E_{A1} からの発光が観測される (その光子エネルギーは 3.435 eV). 図 5.20(a) の曲線 A〜D は入射光パワーの値が各々 1 mW, 2 mW, 10 mW, 60 mW の場合の QW-A からの発光スペクトルを表している. 右側の破線の位置 (3.435 eV) が E_{A1} からの発光強度に相当しており, それは曲線 B〜D の場合に大きく, 周波数上方変換が実現していることが確認される. これらの曲線の 3.435 eV 付近を拡大したものが図 5.20(b) であり, 実験結果には破線のローレンツ型曲線があてはめられている. 図 5.20(c) はこ

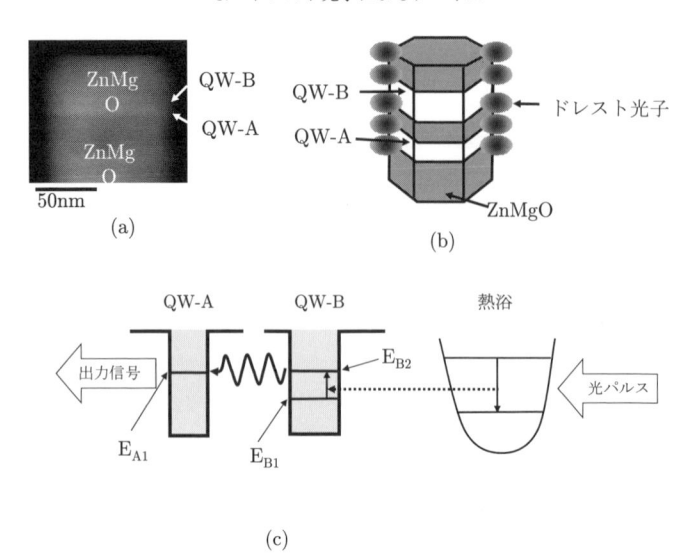

図 5.19 酸化亜鉛のナノロッド中の量子井戸を使った周波数上方変換器
(a) 試料の透過型電子顕微鏡像. (b) 試料の構造. (c) 周波数上方変換の機能.

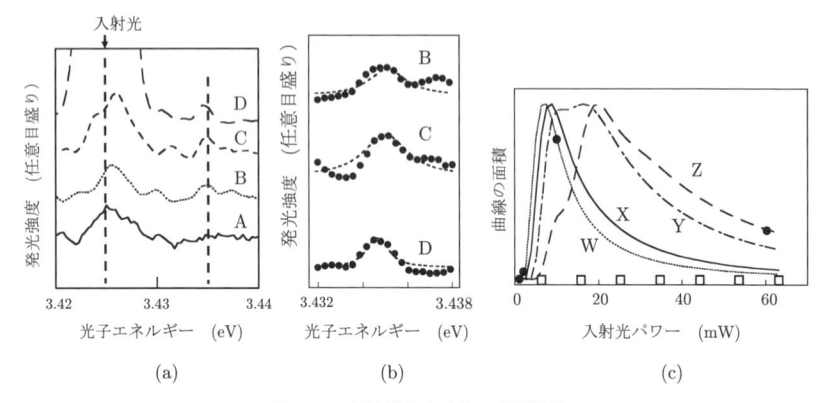

図 5.20 周波数上方変換の実験結果
(a) 出力信号のスペクトル. 曲線 A, B, C, D は入射光パワーの値が各々 1 mW, 2 mW, 10 mW, 60 mW の場合. (b) 曲線 B, C, D の一部の横軸を拡大したもの. 破線はこれらにあてはめたローレンツ型曲線. (c) 入射光パワーとローレンツ型曲線の面積との関係. ●印は実験結果. 曲線 W, X, Y, Z は $\hbar\omega_0/k_B\eta$ の値を各々 0.1, 0.2, 0.5, 1.0 として●印に当てはめた計算結果. □印はフォノン数 n が 0 の場合の計算結果.

れらのローレンツ型曲線の面積を入射光パワーの関数として記している.この図中, ●印は上記の実験結果である.一方,曲線 W〜Z は第 3 章の量子マスター方程式を用い,QW-A 中のエネルギー準位 E_{A1} の励起子の占有確率を計算した結果である.す

なわち (5.6) において，熱浴の温度 T は入射光パルス強度の時間積分値 S に比例するとし，$T(S) = \eta S$（η は比例係数）を (5.6) に代入し，さらに $\hbar\omega_0/k_B\eta$ の値を各々 0.1，0.2，0.5，1.0 として●印の実験結果に当てはめた結果が曲線 W〜Z である．なお□印はフォノン数 n が 0 の場合の計算結果であり，この場合には励起子の占有確率は 0 となる．これらの計算結果は実験結果とよく一致していることから励起子と熱浴中のフォノンとの結合による周波数上方変換が確認された．

上記の周波数上方変換器は光子と励起子，および励起子と熱浴中のフォノンの相互作用によって可能となったが，これらは新規な光源，DP と伝搬光とのインターフェースデバイス，高効率光検出器，エネルギー変換デバイスなどに応用される可能性を有する．

図 5.17 の DP デバイスよりは複雑な構成ではあるが，図 5.21 に示すように a の光スイッチ（AND 論理ゲート）を利用した周波数上方変換器も考案されている [20]．ここでは入出力端子の使い方が図 5.2 の場合と異なることに注意されたい．CW 光および前段の DP デバイスの出力信号（その光子エネルギーは $h\nu_2$）をこの周波数上方変換器に加えることにより，出力信号の光子エネルギーはその後段の DP デバイスの入力信号の光子エネルギー $h\nu_1$ と等しくなるよう変換され，従って周波数上方変換器として働くことがわかる．

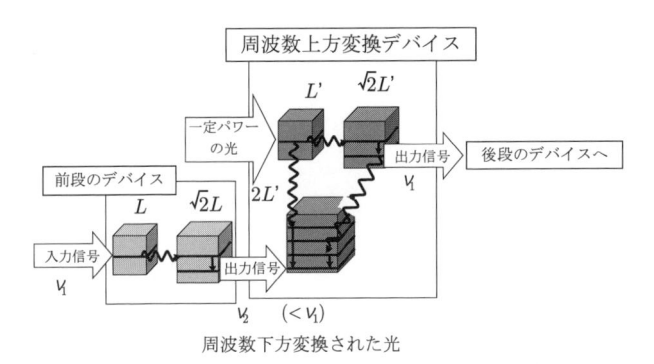

図 5.21　量子ドットを使った周波数上方変換器の構成

g. 遅延帰還型の光パルス発生器

一般にレーザーやマイクロ波発振器などの能動デバイスの出力信号を一定の遅延時間の後に再度入力すると出力信号強度は脈動することが知られている [21]．この遅延帰還を利用すると DP デバイスの出力信号強度を脈動させることが可能であり，これによりパルス発生器が実現し得る [22]．図 5.22 のように立方体形の QD を使う場合，a〜f の中の多くの例と同様，小さい QD と大きい QD の寸法比が $1:\sqrt{2}$ となるように

調節し，小さい QD 中の励起子のエネルギー準位 (1,1,1) と大きい QD 中の上エネルギー準位 (2,1,1) とを互いに共鳴させる．本 DP デバイスではこの共鳴条件下で複数の QD を使う．

図 5.22 においてシステム 1 が上記の能動デバイスに相当する．これは小さい QD (QD-C) と大きい QD (QD-G) とからなり，両 QD は共鳴条件を満たしている．QD-C 中のエネルギー準位 C_1 に CW 光を入射し，この光エネルギーをパルス発生のためのエネルギー源として使う．QD-C と QD-G との間の近接場光相互作用エネルギーの大きさを $\hbar U_{CG}$ と表す．

一方，システム 2 は遅延帰還部に相当する．これは小さい QD-A と大きい QD-B からなり，これら二つの QD も共鳴条件を満たしている．システム 1 中の QD-C のエネルギー準位 C_1 から発生した光を時間 Δ の後に QD-A に入射させ，その中のエネルギー準位 A_1 に励起子を発生させる．これが遅延帰還に相当する．ここで十分長い遅延時間を得る方法として，光ナノファウンテンを用いること [11]，大小の QD を多数用いること [15]，励起リサイクリングを用いること [23] などが挙げられる．その後 QD-A のエネルギー準位 A_1 から QD-B 中の上エネルギー準位 B_2 にエネルギーが移動する（相互作用エネルギーの値は $\hbar U_{AB}$）．さらにその後 QD-B の下エネルギー準位 B_1 に緩和し，出力信号が発生するが，これはシステム 1 中の QD-G の下エネルギー準位 G_1 の励起子の占有確率を変化させる（図中の右向きの太い実線の矢印）．以上がシステム 2 による遅延帰還の機構である．図中には各エネルギー準位からの放射緩和定数 $\gamma_{\mathrm{rad},i}$ ($i =$ A,B, C,G) を記した．Δ の値は U_{AB}, γ, $\gamma_{\mathrm{rad},i}$ などによって表される事象の時定数に比べ十分長くとることができるので，帰還の遅延時間は Δ によって決まる．

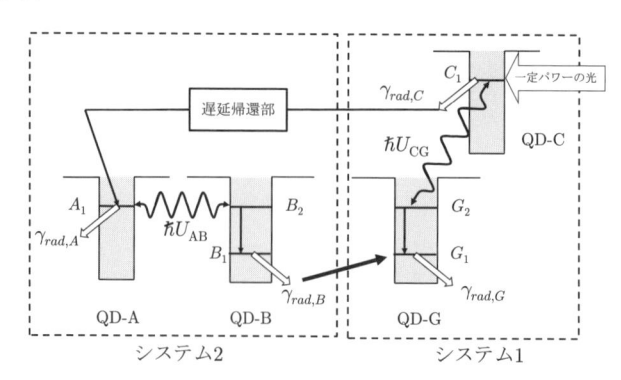

図 5.22 遅延帰還型の光パルス発生器の構成
QD-B から QD-G へ向かう太い実線の矢印は QD-B からの出力信号により QD-G のエネルギー準位 G_1 の励起子の占有確率を変化させる効果を表す．

5.1 ドレスト光子デバイスの構成と機能

第3章の量子マスター方程式を用い，これら四つの QD の各エネルギー準位の励起子の占有確率の時間的変化を求めることができる [24]．システム 1 には三つのエネルギー準位（QD-C 中の C_1，QD-G 中の G_1，G_2）があり，これらのエネルギー準位の占有確率を表す密度行列要素 $\rho^{Sys1}(t)$ の量子マスター方程式中には QD-C に入射する CW 光による摂動ハミルトニアン $H_{ext}^{CW}(t)$ が含まれる．その値は CW 光の電場の値 $E_{CW}(t)$ に比例し，

$$H_{ext}^{CW}(t) \propto E_{CW}(t) \tag{5.7}$$

と書ける．また QD-G 中の下エネルギー準位 G_1 の占有確率はシステム 2 中の QD-B の下エネルギー準位 B_1 から発生する光の入射により変化するので，QD-G が受ける摂動ハミルトニアン $H_{ext}^{G}(t)$ の値は QD-B の下エネルギー準位 B_1 の占有確率を表す密度行列要素 $\rho_{B_1}^{Sys2}(t)$ に比例し，

$$H_{ext}^{G}(t) \propto \alpha_G \times \rho_{B_1}^{Sys2}(t) \tag{5.8}$$

となる．ここで α_G はシステム 2 からシステム 1 へのエネルギー移動効率を表す比例定数である．

一方，システム 2 には三つのエネルギー準位（QD-A 中の A_1，QD-B 中の B_1，B_2）があるが，システム 1 中の QD-C のエネルギー準位 C_1 から発生する光が QD-A に入射しその中のエネルギー準位 A_1 の占有確率を変える．システム 2 中の各エネルギー準位の占有確率を表す密度行列要素 $\rho^{Sys2}(t)$ の量子マスター方程式にはこのように QD-A が受ける摂動ハミルトニアン $H_{ext}^{A}(t)$ が含まれるが，その値は QD-C のエネルギー準位 C_1 の占有確率を表す密度行列要素 $\rho_{C_1}^{Sys1}(t)$ に比例する．ただし，実際には上記のように遅延時間 Δ があるので，

$$H_{ext}^{A}(t) \propto \alpha_A \times \rho_{C_1}^{Sys1}(t - \Delta) \tag{5.9}$$

となる．ここで α_A はシステム 1 からシステム 2 へのエネルギー移動効率を表す比例定数である．以上をもとにシステム 1，2 の量子マスター方程式を連立して解くことにより各エネルギー準位の占有確率が求められる．

ZnO の QD を例にとり [25]，$\hbar U_{CG} = \hbar U_{AB} = 7.3 \times 10^{-25}$ J，$\gamma = 1 \times 10^{11}$ s^{-1}，$\gamma_{rad,C} = \gamma_{rad,A} = 2.3 \times 10^9$ s^{-1}，$\alpha_G = 0.1$，$\alpha_A = 0.01$ を使い，QD-G 中の下エネルギー準位 G_1 の占有確率の時間変化を数値計算した結果を図 5.23(a) に示す．ここでは QD-C へ入射する CW 光の電場 $E_{CW}(t)$ の値をパラメータとしている．曲線 A，E のように $E_{CW}(t)$ の値が小さすぎたり，または大きすぎたりすると脈動は生じないが，その間の値では曲線 B〜D で示すように明確な脈動が生じている．この脈動をパルス列とみなせることから，図 5.22 の四つの QD からなるデバイスは遅延帰還型パルス発生器と呼ばれている．図 5.23(b) に示すように脈動の周期は $E_{CW}(t)$ の値

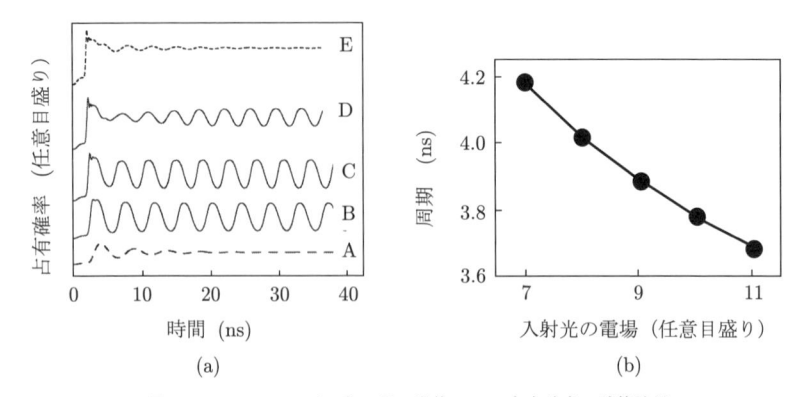

図 5.23　QD-G の下エネルギー準位 G_1 の占有確率の計算結果
(a) 占有確率の時間変化．曲線 A，B，C，D，E は入射光の電場の値が各々 5，7，9，11，13（相対値）の場合．(b) 入射光の電場の値と占有確率の脈動の周期との関係．

の増加とともに減少する．これは QD-G 中の励起子の占有確率が増加することに起因する．またパルスの幅は主に遅延時間 Δ により決まる．

さらに，このパルス発生器は次のような特徴を示している．

(1) 遅延時間 Δ の値が小さいと脈動は生じない．これはシステム 1 において QD-C 中のエネルギー準位 C_1 から QD-G 中の上エネルギー準位 G_2 にエネルギーが瞬時に移動し，速やかに定常状態に達することに起因する．また，脈動の周期 T は Δ に比例し，$T = a\Delta + b$ と表すことができる．ここで比例係数 a は $E_{\text{CW}}(t)$ の値には依存しない．一方，b は $E_{\text{CW}}(t)$ の値の増加とともに減少するが，この特性は図 5.23(b) の結果と一致する．

(2) QD-C と QD-G との間の相互作用エネルギー $\hbar U_{\text{CG}}$ の値が小さすぎる場合には QD-C 中のエネルギー準位 C_1 から QD-G へのエネルギー移動は起こりにくいため脈動は生じない．一方，強すぎても脈動は生じず，脈動はその間の $\hbar U_{\text{CG}}$ の値において実現する．

(3) QD-C の $\gamma_{\text{rad,C}}$ の値が大きい場合には脈動は生じない．ただし，$\gamma_{\text{rad,C}}$ の値が減少すると $\gamma_{\text{rad,C}}^{-1}$ の時間内に QD-C から QD-G へエネルギー移動しやすくなるため，QD-G 中の下エネルギー準位 G_1 の占有確率が増加する．

5.1.2　伝搬光との結合制御を利用するデバイス

5.1.1 項に記した一連の DP デバイスの他に，伝搬光との結合を制御することにより機能する DP デバイスが可能である．これは出力端子の QD において伝搬光との結合を許容または禁制にすることにより動作する．この短い小節では二つの例を紹介する．

5.1 ドレスト光子デバイスの構成と機能

a. バッファメモリ

第 3 章の (3.7) に記したように，反対称状態では二つの電気双極子モーメントが互いに反平行なので全電気双極子モーメントは 0 となる．従ってこれは伝搬光を吸収，放出せず，伝搬光とは結合しないことを意味する．この現象を利用すると図 5.24(a) に示すようにバッファメモリを構成することが可能となる [26]．これは三つの QD (QD-A, QD-B, QD-C) からなる．QD-A と QD-B とは互いに同じ寸法をもっているのでそのエネルギー準位は互いに共鳴している（そのエネルギーの値を $\hbar\Omega$ と表す）．QD-C はこの QD-A と QD-B の対に対して非対称な位置に設置されている．入力信号により QD-A と QD-B の両方に励起子が生成すると，これらは両 QD からなる対称状態 $|S\rangle$ と反対称状態 $|AS\rangle$ を各々占有する．ここで QD-C の上エネルギー準位 C_2 のエネルギーの値 $\hbar\Omega_{C2}$ が $\hbar(\Omega + U)$ （ここで $\hbar U$ は QD-A と QD-B との間の相互作用エネルギー）に等しいとすると，これは上記の対称状態 $|S\rangle$ と共鳴していることがわかる．従って対称状態 $|S\rangle$ 中の励起子は QD-C 中の上エネルギー準位 C_2 に移動し，下エネルギー準位 C_1 に緩和した後，熱浴に散逸する（図 5.24(a) の左側の図）．

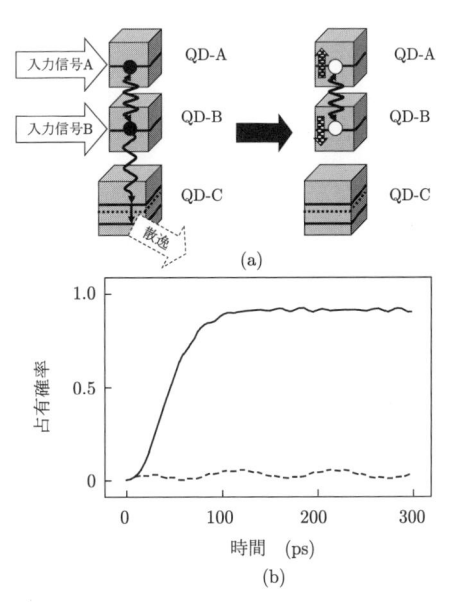

図 5.24 三つの量子ドットを使ったバッファメモリ
(a) 左側の図で中の ● 印は QD-A, QD-B に一つずつ存在する励起子を表す．右側の図では QD-A, QD-B の一方にのみ励起子が残り，その占有確率は各々 0.5 なので，それを ○ 印で表す．また，この図中の上向き，下向きの太い矢印は互いに反平行な二つの電気双極子モーメントを表す．(b) 励起子の占有確率の時間変化の計算結果．実線，破線は QD-A と QD-B の励起子が各々反対称状態，対称状態を占有する確率の値．

その後，上記の反対称状態 $|AS\rangle$ のみに励起子が残るが，この状態は QD-C の上エネルギー準位 C_2 とは共鳴していない．従って QD-A または QD-B から QD-C にはエネルギーが移動しなくなる（図 5.24(a) の右側の図）．また，この状態は上記のように電気双極子モーメントが互いに反対方向を向いた電気双極子禁制状態なので，伝搬光を発生しない．その結果，入力信号のエネルギーが QD-A または QD-B 内部に蓄積されるのでバッファメモリとして働く．

図 5.24(b) にその動作特性の計算例を示す [27]．ここでは DP による QD-A と QD-B の間の相互作用エネルギーの値 $\hbar U$ を 1.1×10^{-23} J，また QD-B と QD-C の間の相互作用エネルギーの値 $\hbar U'$ を 2.1×10^{-24} J としている．一方，QD-C は図 5.24(a) のように非対称な位置に設置されていることから，QD-A と QD-C は相互作用していないとしている．実線は QD-A と QD-B の反対称状態，破線は QD-A と QD-B の対称状態の励起子の占有確率の時間依存性を表す．両曲線を比較すると，反対称状態にのみ励起子が存在していることから，バッファメモリとしての機能が確認される．

b. 超放射型の光パルス発生器

二つの電気双極子が互いに平行である対称状態を利用すると，ディッケ (Dicke) の超放射現象 [28,29] に相当する超短光パルス発生器 [30] を実現することができる．これは協同現象の一つで，複数の QD の電気双極子モーメントが互いに同位相で振動し，これらの電気双極子モーメントから放射されるパルス状の伝搬光の全強度は QD の数 N （すなわち全電気双極子）の二乗に比例し，パルス幅は N に反比例する．

QD を一次元状に並べ，初期条件 ($t=0$) として励起子が奇数番目の QD では上エネルギー準位，偶数番目の QD では下エネルギー準位を占有するように個別に励起した場合の計算結果を図 5.25 に示す．ここでは $N=8$ としている．図中の破線の時刻において各 QD の電気双極子モーメントの振幅と位相がそろい，放射された伝搬光の強度もディッケの超放射の場合の値 $N(N/2+1)/2 = 20$ に近いことがわかる．な

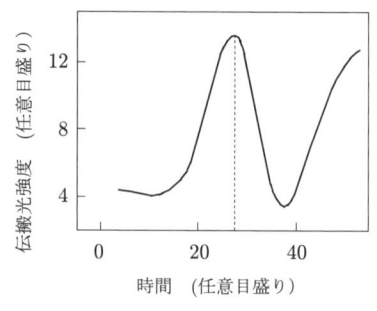

図 **5.25** 超放射型の光パルス発生器からの放射伝搬光強度の時間変化の計算結果
破線は強度が最大になる時刻を表す．

お，これらの計算結果に対応する実験が ZnO ナノロッド中の多重 QW（QW 数 9，井戸幅 3.25 nm，井戸間隔 9 nm）を用いて行われている [31]．この試料のうち，初期状態として四つの量子井戸がコヒーレントに結合し，さらに二つの量子井戸からの発光の協同現象によって超放射が発生した（$N = 2$ に相当）ことが確認されている．

5.2 ドレスト光子デバイスの性質

本節では DP デバイスの代表的な性質について記す．これらの性質は光情報伝送，光情報処理などのシステムに応用する際に重要である．

5.2.1 消費エネルギー

a. 単一光子動作

DP デバイスの入力端子に光子が一つ入射すれば励起子が一つ発生し，DP を媒介とするエネルギー移動により出力端子からは光子が一つ発生する．このように DP デバイスは単一光子により動作し，その結果単一光子を発生する．図 5.26(a) に示す光子相関法 [32] を用いて単一光子の発生が確認されている．ここでは簡単のために大小

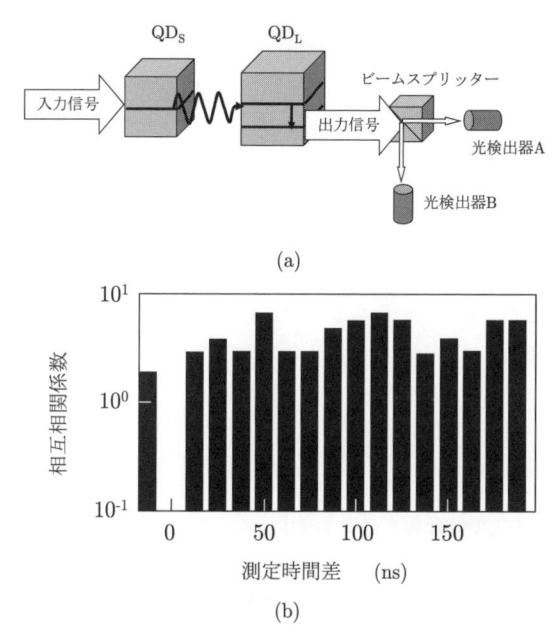

図 5.26 単一光子動作の実験結果
(a) 光子相関法の概要．(b) 二つの光検出器での測定時間差と相互相関係数の値との関係．

の二つの立方体形の QD を例にとる．5.1 節の DP デバイスの場合と同様，これらの QD の寸法比を 1：$\sqrt{2}$ として，小さい QD(QD_S) のエネルギー準位 (1,1,1) と大きい QD(QD_L) の上エネルギー準位 (2,1,1) とを互いに共鳴させる．

このような QD の例として二つの立方体形の CuCl の QD を用い，温度 15 K において測定した結果を図 5.26(b) に示す [33]．この図では二つの光検出器での測定時間差を横軸とし，縦軸には測定された二つの光強度の間の相互相関係数の値を示す．時間差が 0 のときは相互相関係数の値は 1 に比べ非常に小さくなっており[*3)，この図から単一光子発生の確からしさは 99.3% であることが推定されている．このように明確な単一光子発生は次の理由による：QD_S に二つの励起子が生成するとそのエネルギー準位 (1,1,1) のエネルギー値は約 30 meV 減少する．これは二つの励起子の結合に必要なエネルギーの値に相当するが，このことは入力端子としてのエネルギー準位 (1,1,1) が入力信号と共鳴しなくなることを意味する．従って入射信号の光子エネルギー，QD_S のエネルギー準位 (1,1,1)，QD_L の上エネルギー準位 (2,1,1) は互いに非共鳴となる．このことは入射信号によって QD_S に発生する励起子は一つだけであり，その結果 QD_L から発生する光子の数も一つだけとなることを意味する．

b． 散逸エネルギー

DP デバイスの構造は従来の配線型電子デバイスの構造とは異質である．従来の電子デバイスは図 5.27(a) に示すように配線を必要とし，そのエネルギー散逸の特性と散逸量はデバイス自身ではなく，それを取り巻く外部回路により決定されるため，一般に大きなエネルギーを消費する．配線型電子デバイスの例として図 5.27(b) の単一電子トンネリングの現象を用いた電子デバイスを考える．これが負荷を介して電源に接続され，信号を処理するための回路を構成する．単一電子トンネリングが実現するためには静電エネルギー $E_c = e^2/2C$（e：電子の電荷，C：トンネル接合の静電容量）が周囲の熱浴の熱エネルギー $k_B T$（k_B：ボルツマン定数，T：温度）より大きい必要がある．さらにまた，電子数の揺らぎの増大を防ぐには高インピーダンス負荷をつなぐ必要がある．たとえば負荷がインダクタンス L の場合

$$L \gg \frac{\hbar^2 C}{e^4} \tag{5.10}$$

でなければならない [34]．これらの事情により回路全体での消費エネルギーが高くなる．

一方，DP デバイスでは配線を必要とせず，エネルギー散逸は DP デバイス内部のみで発生する．それは DP デバイス内でエネルギー移動先のナノ物質（図 5.27(c) 中の QD_L）の内部でのエネルギー緩和によって発生する．その緩和定数は第 3 章の (3.16)

[*3)] 測定時間差が 0 のときに相互相関係数の値が 1 以下となる光の状態はアンチバンチング (antibunching) と呼ばれている．

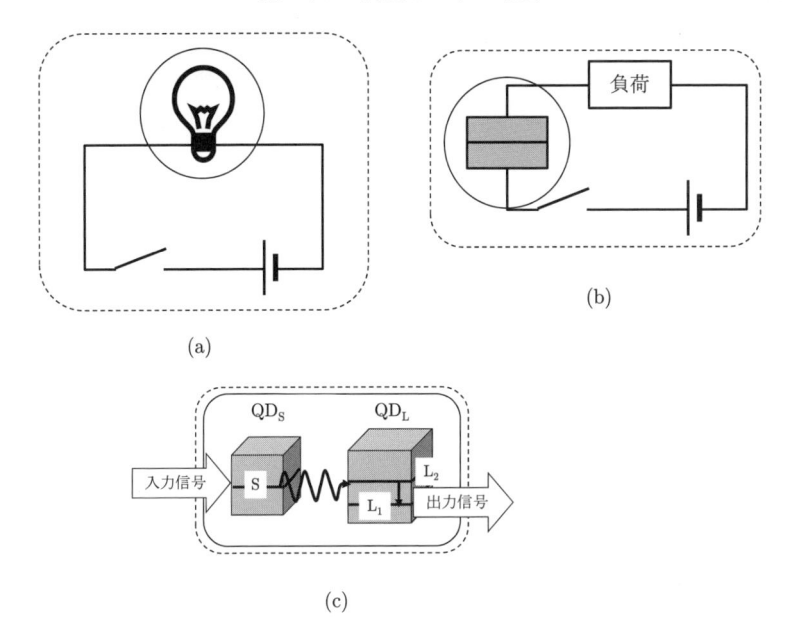

図 5.27 配線型電子デバイスを使ったシステムとドレスト光子デバイスを使ったシステムとの比較
実線,破線は各々デバイスの寸法,システムの寸法を表す. (a), (b) 配線型電子デバイス (各々電球,単一電子トンネリングの現象を用いた電子デバイス) を使ったシステム. (c) ドレスト光子デバイスを使ったシステム.

で与えられ,CuCl の QD の場合,$1.0 \times 10^{11} \mathrm{s}^{-1}$ 程度の値をとる.

DP デバイスのエネルギー散逸量を見積もるために,図 5.27(c) のように小さい量子ドット QD_S と,それに近接する大きい量子ドット QD_L を考える [35]. QD_S 中の励起子のエネルギー準位 S と QD_L 中の上エネルギー準位 L_2 とが互いに共鳴するように両 QD の寸法を調整しておくと,光が入射したときの相互作用の結果,S から L_2 へエネルギーが移動し,さらにはその後 L_2 から,下エネルギー準位 L_1 への緩和により DP デバイス出力信号値が確定する.その際,QD_L 中の二つのエネルギー準位 L_2,L_1 の間のエネルギー差が小さければ緩和による散逸エネルギーもそれに比例して小さいが,その反面 QD_S 中のエネルギー準位 S から QD_L 中のエネルギー準位 L_2 を経由することなく L_1 へ直接エネルギー移動が起こる可能性が大きくなり,これは DP デバイスの誤動作の原因となる.つまり,DP デバイス動作の誤り率と消費エネルギーはともにエネルギー散逸量(エネルギー準位 L_2 と L_1 の間のエネルギー差)に依存する.その値を推定するために,まず図 5.28(a) には,エネルギー散逸量の関数として QD_L 中の下エネルギー準位 L_1 の励起子の占有確率の値を計算した結果を示

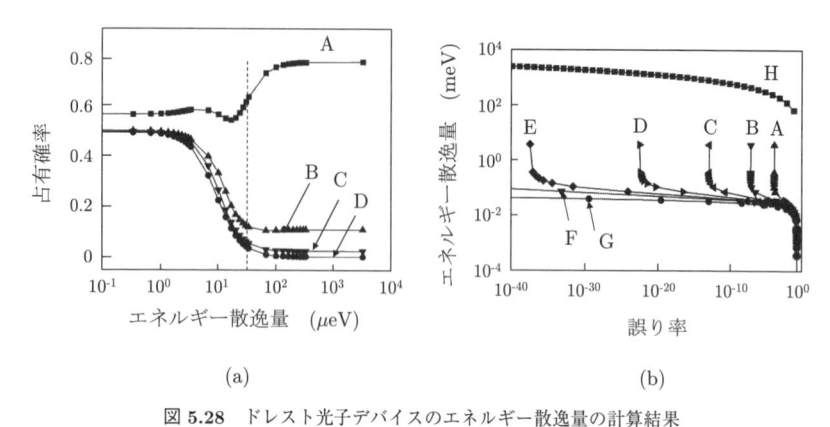

図 5.28 ドレスト光子デバイスのエネルギー散逸量の計算結果
(a) エネルギー散逸量と励起子の占有確率との関係. 曲線 A は出力信号の値に比例. 曲線 A～D は二つの量子ドット間の相互作用エネルギー $\hbar U$ の値が各々 1.1×10^{-24} J, 2.1×10^{-25} J, 1.1×10^{-25} J, 1.1×10^{-26} J の場合. (b) 誤り率とエネルギー消費量との関係. 曲線 A～G は二つの量子ドット間の相互作用エネルギー $\hbar U$ の値が各々 2.1×10^{-25} J, 1.8×10^{-25} J, 1.5×10^{-25} J, 1.3×10^{-25} J, 1.2×10^{-25} J, 1.1×10^{-25} J, 1.1×10^{-26} J の場合. 曲線 H は比較のために配線型電子デバイスに対する値を示す.

す. 曲線 A の場合, 二つの QD の間の間隔が短く QD_S から QD_L へのエネルギー移動が適切に行われている. 従ってこの曲線は出力信号の値を示す. 一方, 曲線 B～D では間隔が長くエネルギー移動量は小さい. 従ってこれらの曲線はエネルギー準位 L_2 から L_1 へのエネルギー散逸量を示しており, 誤り信号の値に相当する. 従って曲線 A の値と曲線 B～D の値の比が誤り率を与える. 図 5.28(b) の曲線 A～G は誤り率とエネルギー散逸量との関係である. なお, 比較のために同図の曲線 H には配線型電子デバイスの例として CMOS 論理ゲートにおけるビットフリップに必要なエネルギー散逸量を記した [36]. 両者を比較すると DP デバイスのエネルギー消費量は配線型電子デバイスの約 10^{-4} であり, きわめて小さな値であることがわかる.

上記のようなエネルギー移動過程は, 光合成バクテリアにおける過程とも類似しており [37], そのエネルギー移動効率の高さは, ナノ寸法領域における複雑システムが生み出す新規なシステム機能 [38,39] としても注目されている.

c. エネルギー消費量

上記 a のように DP デバイスは単一光子により動作するので, その駆動エネルギーは非常に小さい. また b のようにエネルギー準位間の緩和による散逸エネルギーも小さい. しかし, DP デバイスのエネルギー消費量の具体的な値を見積もるには, 信号の受け手にとって意味ある情報を得るために必要なデバイスの駆動エネルギー, 散逸エネルギーの値を推定する必要がある [40].

図 5.29(a) に示すように，光情報伝送，光情報処理システムの基本的構成として，入力信号（伝搬光）を DP に変換するための入力インターフェース（ナノ集光器，5.1.1 項 c），NOT 論理ゲート（5.1.1 項 b），出力インターフェースからなるシステムを考える．前二者は各々 InAs の QD からなり，後者は図 5.7 にある金ナノ微粒子からなる．金ナノ微粒子により DP が伝搬光（出力信号）に変換され，光検出器に入射し，電気信号に変換される．NOT 論理ゲートは一つの DP によるエネルギー移動により動作するが，光検出器が 1 ビットの情報を認識するには，複数の光子からなる十分高パワーの伝搬光（出力信号）を受信し，信号対雑音比の値を十分高くしなければならない．これに注意し，次の手順 (1)〜(4) により消費エネルギー量を推定する．

(1) 入力インターフェースでの入力信号（伝搬光）から DP への変換効率 $\eta_{\rm in}$：ナノ集光器，すなわち光ナノファウンテンは光合成バクテリアにおける光捕獲アンテナと同様，変換効率はほぼ 1 である [12]．しかし実際には QD 中の上エネルギー準位から下エネルギー準位への遷移に伴う微小なエネルギー散逸があるため，変換効率として実験値 $\eta_{\rm in} = 0.9$ を用いる．

(2) NOT 論理ゲート内部でのエネルギー散逸量 $E_{\rm d}$：入力端子用 QD から出力信号用 QD へのエネルギー移動後，出力信号用 QD 中の上エネルギー準位から下エネルギー準位への励起子の緩和によるエネルギー散逸量 $E_{\rm d}$ の理論値は $E_{\rm d(th)} = 25\,\mu{\rm eV}$ である [35]．実験値としては $E_{\rm d(exp)} = 65\,{\rm meV}$ を用いる [7]．

(3) 出力インターフェースの効率 $\eta_{\rm out}$：図 5.7 の NOT 論理ゲート用の DP デバイスでは InAs の QD が GaAs 層に埋め込まれている．ここで出力端子の QD からの出力光パワーを $P_{\rm emit}$ とすると，DP デバイス外部に取り出される出力光パワー $P_{\rm extract}$ は，メサ形の DP デバイス表面のフレネル（Fresnel）反射により

$$P_{\rm extract} = \left(\frac{n_{\rm G}-1}{n_{\rm G}+1}\right)^2 P_{\rm emit} \tag{5.11}$$

となる．ここで $n_{\rm G}$ は GaAs の屈折率（= 3.5）である．図 5.29(a) の系においては，この $P_{\rm extract}$ のうちメサ形の DP デバイスの上方に伝搬する光（前方散乱光）のみが使われる．すなわちメサ形の DP デバイスからの出力パワー $P_{\rm mesa}$ は

$$P_{\rm mesa} = 0.5 P_{\rm extract} \tag{5.12}$$

である．メサ形の DP デバイスの上辺におかれた金ナノ微粒子は前方散乱の割合を増やす役割をし，その結果，散乱光パワー $P_{\rm m}$ の測定値として

$$P_{\rm m} = 3.0 P_{\rm mesa} \tag{5.13}$$

が得られている [7]．以上より出力インターフェースの効率 $\eta_{\rm out}$ は

$$\eta_{\rm out} = \frac{P_{\rm m}}{P_{\rm emit}} = \frac{P_{\rm m}}{P_{\rm mesa}} \times \frac{P_{\rm mesa}}{P_{\rm extract}} \times \frac{P_{\rm extract}}{P_{\rm emit}} \tag{5.14}$$

となる．この式右辺の三つの項に各々 (5.11)～(5.13) の値を代入すると $\eta_{\text{out}} = 0.45$ を得る．

(4) 全エネルギー消費量 $E_{\text{c,total}}$：既存の受信機（光増幅器とアバランシェフォトダイオードからなる）により 1 ビットの信号を認識するのに必要な光子数は $n_{\text{p}} = 100$ [41]，すなわち受信機に入射すべきエネルギーは $E_{\text{det}} = n_{\text{p}} h\nu$（$\nu$ は光の周波数）である．従って上記 (1)～(3) に記した効率をもとに，入力インターフェースに入射すべき入力信号の光エネルギーを求めると

$$E_{\text{in}} = \frac{n_{\text{p}}(h\nu + E_{\text{d}})}{\eta_{\text{in}}\eta_{\text{out}}} \tag{5.15}$$

となる．(2) におけるエネルギー散逸量の理論値，実験値，および波長 $1.3\,\mu\text{m}$ の光（光子エネルギー $h\nu = 0.95\,\text{eV}$）を仮定すると，1 ビット認識に必要な入力信号の光エネルギーの値は $235\,\text{eV}$（理論値），$251\,\text{eV}$（実験値）となる．従って図 5.29(a) の系の全エネルギー消費量

$$E_{\text{c,total}} = E_{\text{in}} - E_{\text{det}} \tag{5.16}$$

は $140\,\text{eV}$（理論値），$156\,\text{eV}$（実験値）となる．以上の推定結果をまとめ，入力インターフェース，NOT 論理ゲート，出力インターフェースにおけるエネルギー消費量を比較した結果を図 5.29(b) に示す．この図によると出力インターフェースにおけるエネルギー消費量が最大であることがわかる．一方，入力インターフェースにおけるエネルギー消費量は小さい．また，NOT 論理ゲートでのエネルギー消費量はきわめて小さく，無視できる．これらより全エネルギー消費量をさらに低減するためには，出力インターフェースの性能を向上することが有効であることがわかる．

比較のために配線型電子デバイスの例として CMOS 論理ゲートを取り上げ，そのエネルギー消費量を上記の値と比較しよう．CMOS 論理ゲートの後段には負荷が接続され，それらでエネルギーが消費される．その実験値は $6.3\,\text{MeV}$ [42] である．これらにくらべ上記の $E_{\text{c,total}}$ の実験値 $156\,\text{eV}(25\text{aJ})$ は 10^{-4} であることから，図 5.29(a) の系のエネルギー消費量が著しく低いことが確認される．

最後に，図 5.29(a) の系に配備された NOT 論理ゲートの信号処理速度を推定しておこう．入力端子用 QD から出力端子用 QD までの信号伝送時間は $\tau = 50\,\text{ps}$ [7] であるものの，(3), (4) を勘案すると 1 ビットの情報あたりの NOT 論理ゲートの信号処理速度 B は $1/(n_{\text{p}}\tau/\eta_{\text{out}})$ である．これに上記の数値を代入すると $B = 90\,\text{Mb/s}$ となる．なお，複数の NOT 論理ゲートデバイスを空間的に並列に配置して動作させれば，1 ビットの信号処理に必要な時間を短くすることができる．言い換えれば空間並列化によるデバイスの冗長化を実現すれば，システムの動作速度をいっそう増加させることが可能である．

以上の議論から DP デバイスのエネルギー消費量がきわめて小さいことがわかるが，

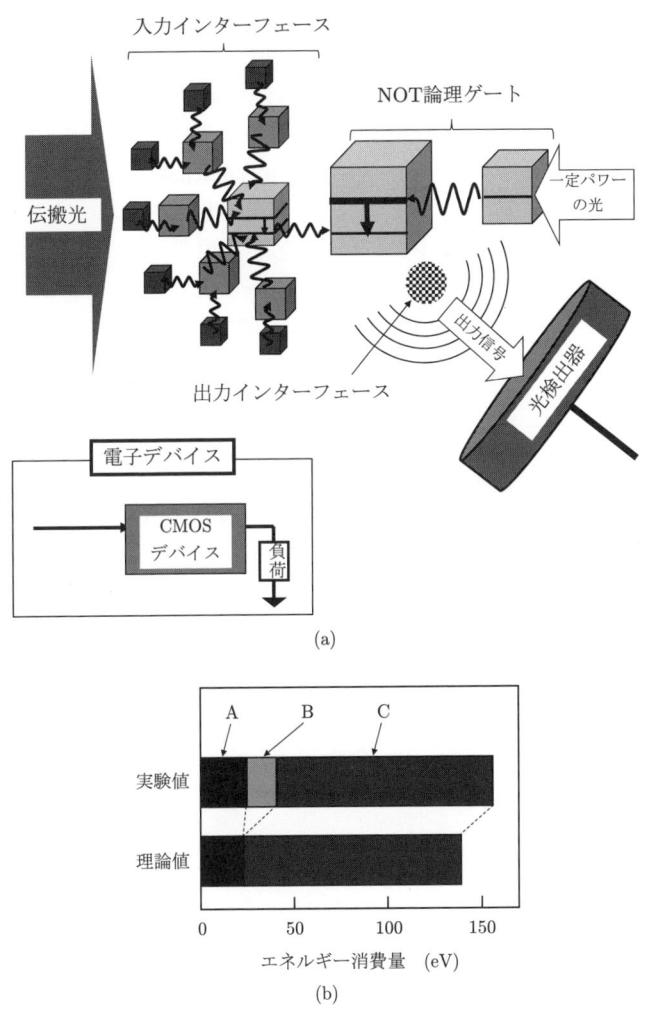

5.2 ドレスト光子デバイスの性質

図 5.29 入出力インターフェースと NOT 論理ゲート,光検出器からなるシステム (a) 構成.比較のために配線型電子デバイスの場合も示す.(b) エネルギー消費量.A,B,C は各々入力インターフェース,NOT 論理ゲート,出力インターフェースにおけるエネルギー消費量の値.

これは電子デバイスの集積回路に比べて高い集積度が可能となることを意味する.この集積度はもちろん伝搬光を用いた既存の光デバイスの場合よりもずっと高いので,5.1 節で示した新しい動作と合わせて,電子デバイスおよび既存の光デバイスでは実現しえない新しいシステムが構築できる可能性を示している.すなわち従来の技術の

常識であった「光は速いので通信に使い,電子は小さいのでコンピュータに使う」という枠組みから解き放たれることが可能となる.その一例としては光による順序論理演算を行うデジタルデバイスを組み合わせたコンピュータ,すなわち DP コンピュータなども考えられる [43]. なお,DP コンピュータは従来の光コンピュータ [44] とはまったく異なることに注意されたい.光コンピュータは伝搬光のもつ波動性を利用した空間並列処理に基づき,ホログラフィ技術などを応用してデジタル情報処理を行うものである.これに対し DP コンピュータは時系列信号をデジタル演算処理するものであり,これは伝搬光を用いた既存の光デバイスでは原理上困難である.

また,このような小消費エネルギーの性質は急激に成長するトラフィックと将来の通信網に関するエネルギー処理の問題の扱いを支援するエネルギー効率化戦略 [45] を開発するために必須である.

5.2.2 耐タンパー性

図 5.27(b) のような配線型電子デバイスではそれにつながれた電源や負荷でエネルギーを散逸するので,その散逸量を傍受すれば内部回路の情報を読み出すことができてしまう.この傍受可能性はタンパー(tamper)性と呼ばれ,情報保護上の問題であ

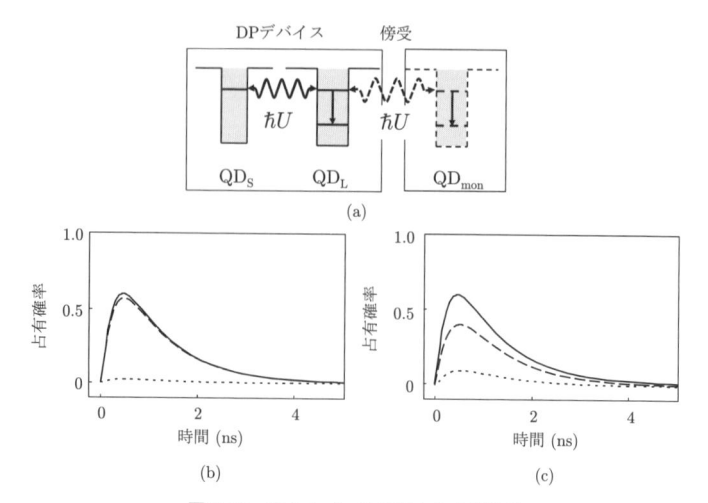

図 5.30 耐タンパー性に関する計算結果
(a) 二つの量子ドット QD_S, QD_L からなるドレスト光子デバイスと,傍受のための信号プローブ用の量子ドット QD_{mon}. (b), (c) 量子ドット中の励起子の占有確率の時間変化.実線は QD_{mon} がない場合の QD_L 中の上エネルギー準位の占有確率.破線,点線は QD_{mon} がある場合の結果であり,各々 QD_L 中の下エネルギー準位,QD_{mon} 中の下エネルギー準位の占有確率.(b), (c) では相互作用エネルギー $\hbar U$ の値は各々 1.0×10^{-24} J, 2.0×10^{-24} J. QD_L の非放射緩和定数 $\gamma = 2.0 \times 10^{11} \mathrm{s}^{-1}$.

る. それに対して DP デバイスでは配線が不要であり, いわば「デバイスと電源, 負荷を一体としながら」信号を伝送する. かつ散逸されるエネルギー量は上記のようにきわめて小さい. 従って信号の傍受が事実上不可能となる [46]. これらの性質は DP デバイスにより高い耐タンパー性が保証されることを意味している.

たとえば図 5.30(a) に示すように, 二つの QD(入力端子 QD$_S$, 出力端子 QD$_L$) からなる DP デバイスに信号プローブ用の QD(QD$_{mon}$) を近づけて傍受する場合を考える. その数値計算の結果が図 5.30(b) である. ここで QD$_S$ と QD$_L$ との間, および QD$_L$ と QD$_{mon}$ との間の相互作用エネルギーの値をともに $\hbar U = 1.0 \times 10^{-24}$ J とし, また QD$_L$ 中の非放射緩和定数の値を $\gamma = 2.0 \times 10^{11}$s^{-1} とした. この図の点線は QD$_{mon}$ 中の下エネルギー準位の励起子の占有確率を示すが, これは非常に小さい. 一方, 破線は QD$_L$ 中の下エネルギー準位での占有確率であり, これは実線 (QD$_{mon}$ がない場合) の値とそれほど変わらない. これらの結果は傍受ができないことを表す. さらに図 5.30(c) は相互作用エネルギーの値を大きくした場合 ($\hbar U = 2.0 \times 10^{-24}$J) の結果を示す. 点線で示す QD$_{mon}$ の占有確率は大きくなるが, 同時に QD$_L$ 中の占有確率 (破線で示す) も減少する. これは傍受が発覚することを意味するので, この場合も傍受ができないことがわかる. 以上により耐タンパー性が確認された.

5.2.3 スキュー耐性

図 5.2 の AND 論理ゲート (光スイッチ) に二つの入力信号が到来する時刻に差があっても, この DP デバイスからは出力信号が発生することが実験により見出されている [47]. これは 5.1.1 節 a に示した立ち上がり時間, 立ち下り時間の値に依存する. さらに, この出力信号の値は二つの入力信号のうちどちらが早く到来するかにも依存する. ここではこのようなスキュー (skew) 依存性とそれに対する耐性について説明する. AND 論理ゲート (光スイッチ) を構成する三つの QD のうち QD-I, QD-C に加えられるパルス状の入力信号強度を各々 IN$_I(t)$, IN$_C(t)$ と表す. このとき出力端子の QD-O からの出力信号強度の値を求めるため, 3.2 節に記した密度行列に関する量子マスター方程式を解く. QD 間の相互作用エネルギーの値を $\hbar U = 1.1 \times 10^{-24}$J, QD-I, QD-C, QD-O の放射緩和定数の値を各々 $\gamma_{rad,I} = 1.2 \times 10^8$s^{-1}, $\gamma_{rad,C} = 1.0 \times 10^9$s^{-1}, $\gamma_{rad,O} = 3.5 \times 10^8$s^{-1}, 非放射緩和定数の値を $\gamma = 1.0 \times 10^{11}$s^{-1} として計算し, 下記の実験結果と比較する. また IN$_I(t)$, IN$_C(t)$ のパルス幅を 2.0 ps とする.

図 5.31 は二つの入力信号の到来時刻の差 t_s の値に対し, QD-O 中のエネルギー準位 (1,1,1) 中の励起子の占有確率を計算した結果を示す. ここで IN$_I(t)$ が IN$_C(t)$ より先に到来した場合を $t_s > 0$ とする. 図中には $t_s = 0$ (曲線 A), -300 ps (曲線 B), $+300$ ps (曲線 C), および IN$_I(t)$ しか到来しない場合 (曲線 D) の結果が示されている. この図によると曲線 B が示す占有確率は曲線 A に匹敵する大きな値を示して

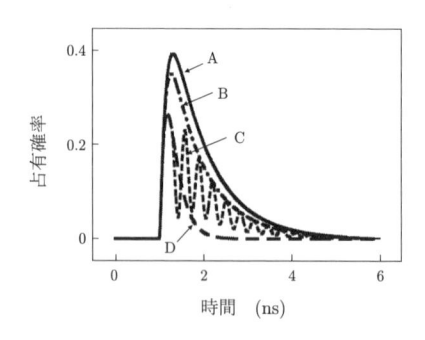

図 **5.31** 三つの量子ドットからなる AND 論理ゲート（光スイッチ）の出力端子用の量子ドット QD-O 中の励起子の下エネルギー準位の占有確率の時間変化
曲線 A, B, C は二つの入力信号の到来時刻の差 t_s が各々 0, $-300\,\mathrm{ps}$, $+300\,\mathrm{ps}$ の場合. 曲線 D は入力信号が一つの場合.

いることがわかる．一方，曲線 C の値は曲線 A, B の値より小さい．またこの曲線は脈動しているが，これは QD 間のエネルギー移動の際の章動（3.1 節参照）に起因する．

なお，曲線 D の値は 0 ではない．これは QD-C の放射緩和定数が 0 ではないことに起因する．このように一入力信号印加時にも出力信号強度が 0 でないということは AND 論理ゲートとしての本デバイスにとって不利な特性である．そこで次に，二入力信号を加えたときとそうでないときの出力信号値の比，すなわちコントラスト C（5.1.1 項 a 参照），特にその到来時刻の差 t_s との関係について調べる．C は図 5.31 の曲線 A, B, C が横軸とで囲む面積を曲線 D が囲む面積で割った値に相当する．図 5.32 の●印及び▲印は各々 $-1.0\,\mathrm{ns} \leq t_s \leq 1.0\,\mathrm{ns}$ の場合，$-4.0\,\mathrm{ns} \leq t_s \leq 4.0\,\mathrm{ns}$ の場合の C の値を表す．●印によると $-1.0\,\mathrm{ns} \leq t_s \leq 0$（すなわち $\mathrm{IN_I}(t)$ が $\mathrm{IN_C}(t)$ より遅れて到来した場合）において C は 2 以上の大きな値をとり，本デバイスはスキュー耐性をもつことを示している．入力信号のパルス幅が 2.0 ps であることから，本デバイスは入射信号のパルス幅に比べずっと長い時間にわたりスキュー耐性があることを示している．一方，$t_s > 0$（すなわち $\mathrm{IN_I}(t)$ が $\mathrm{IN_C}(t)$ より先に到来した場合）では t_s の値の増加とともに C の値は急激に減少しており，スキュー耐性が劣っている．これらの特性は QD-I から QD-O へのエネルギー移動量が QD-C 中の励起子の占有確率に大きく依存するためであることがわかっている．以上より，AND 論理ゲートの動作にとって $\mathrm{IN_C}(t)$ が $\mathrm{IN_I}(t)$ より先に到来する方が有利であることがわかる．

スキュー耐性についてさらに調べるため，InGaAs の QD を用い 5.2.1 項 a の光子相関法により出力信号強度の時間変化を測定した結果を図 5.33 に示す．入射信号の光の波長は 855 nm，パルス幅は 2.0 ps である．図中の曲線 A, B, C は各々 $t_s = -1.1\,\mathrm{ns}$,

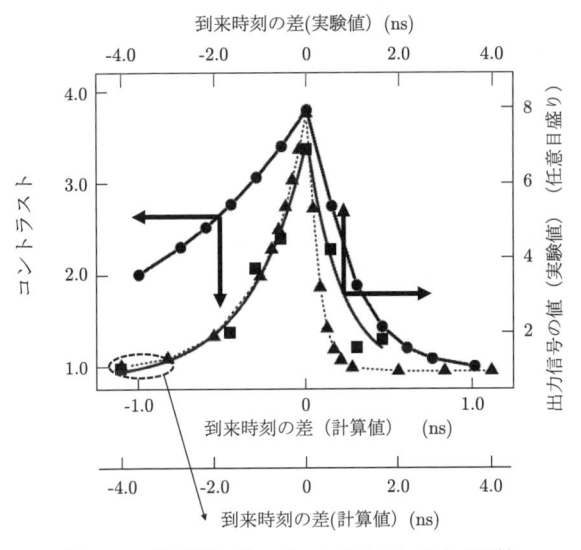

5.2 ドレスト光子デバイスの性質　　119

図 5.32　到来時刻の差 t_s とコントラスト C との関係
●，▲印は各々 $-1.0\,\mathrm{ns} \leq t_s \leq 1.0\,\mathrm{ns}$，$-4.0\,\mathrm{ns} \leq t_s \leq 4.0\,\mathrm{ns}$ の場合の計算結果．
■印は到来時刻の差 t_s と出力信号の値との関係（$-3.0\,\mathrm{ns} \leq t_s \leq 3.0\,\mathrm{ns}$）の実験結果を表すが，この出力信号の値はコントラスト C に比例する．

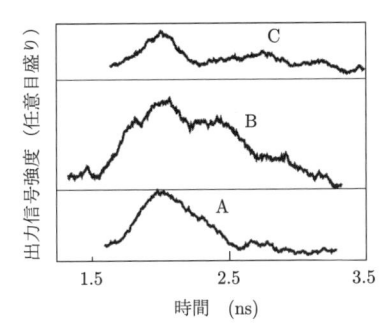

図 5.33　InGaAs の量子ドットに対して測定した出力信号強度
曲線 A, B, C は到来時刻の差 t_s が各々 $-1.1\,\mathrm{ns}$, 0, $1.1\,\mathrm{ns}$ の場合．

0, 1.1 ns の場合を表す．三つの曲線の中では当然ながら $t_s = 0$（曲線 B）の場合の出力信号強度が最大である．一方，$t_s = -1.1\,\mathrm{ns}$（曲線 A）の場合の方が 1.1 ns（曲線 C）よりも出力信号強度が大きく，図 5.32 の計算結果と一致している．なお，図 5.32 の■印は $-3.0\,\mathrm{ns} < t_s < 3.0\,\mathrm{ns}$ における C の測定値を示している．これは同図中の▲印の値とよく合っていることが確認される．

以上のように DP デバイスが入力信号パルス幅より長い到来時刻の差に対して耐性

があることは，DP によるエネルギー移動の現象を用いて非同期アーキテクチャ [48] が実現できる可能性を示唆している．この構成は同期信号の時間揺らぎに対して強健であり，最近ではこの概念は非同期セルオートマトンの設計に利用されている [49].

5.2.4 エネルギー移動の自律性

5.1.1 項 c のナノ集光器および e のエネルギー移動路では多数の小さい QD（QD_S）から大きい QD（QD_L）へのエネルギー移動と緩和を扱い，特に e における実験では図 5.15(c) に示すように QD_S の数 N_z の増加とともにエネルギー移動長 L_0 が増加することが示された．この性質から QD_L へのエネルギー移動に関し多数の QD_S の振る舞いは独特の自律性を示すことが示唆されている [50]．本節ではこの性質について紹介しよう．

ここでは実験との比較のため，図 5.14 に示されている球形の QD の場合について説明する．図 5.34 のように N 個の QD_S と一つの QD_L を考える．これらの間で上記のようにエネルギー移動が起こるとする．QD_S どうしではそのエネルギー準位 S を介してエネルギー移動が起こるが，簡単のために図 5.34(b), (c) に示すようにそれ

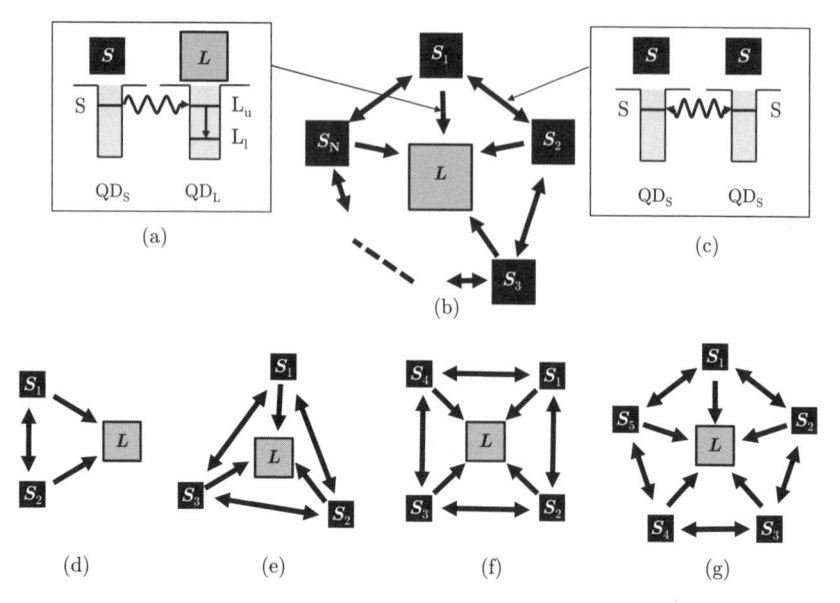

図 5.34 複数の小さい量子ドット QD_S と一つの大きい量子ドット QD_L の組合せと配置 (a) QD_S から QD_L へのエネルギー移動と緩和．(b) 量子ドット間の配置．(c) QD_S どうしの間のエネルギー移動．(d), (e), (f), (g) は各々 S2-L1, S3-L1, S4-L1, S5-L1 の系．

は互いに隣り合う QD_S 間のみで起こると仮定する.ここで図 5.34(d) に示す S2-L1 の系は QD_S を二つ含む.同様に図 5.34(e)〜(g) は S3-L1〜S5-L1 の系を表し,各々 QD_S を三〜五つ含む.このような系の中で QD_S から QD_L へのエネルギー移動の様子を考える [50].

まず S2-L1 系について考える.QD_S と QD_L との相互作用エネルギーを $\hbar U_{SL}$,QD_S 間の相互作用エネルギーを $\hbar U_{S1S2}$ と表す.QD_{S1},QD_{S2} のエネルギー準位 S からの放射緩和定数を各々 $\gamma_{rad,S1}$,$\gamma_{rad,S2}$ と表す.また QD_L の下エネルギー準位 L_l からの放射緩和定数を $\gamma_{rad,Ll}$ と表す.さらに QD_L の上エネルギー準位 L_u から下エネルギー準位 L_l への非放射緩和定数を γ とする.ここで初期状態として二つの QD_S 中に各々一つずつ励起子があるとし,3.2 節のように密度行列演算子に関する量子マスター方程式を解く.その際上記の定数の値として $\hbar U_{SL} = 5.3 \times 10^{-25}$J,$\hbar U_{S1S2} = 1.1 \times 10^{-24}$J,$\gamma_{rad,S1} = \gamma_{rad,S2} = 3.4 \times 10^8 \text{s}^{-1}$,$\gamma_{rad,Ll} = 1.0 \times 10^9 \text{s}^{-1}$,$\gamma = 1.0 \times 10^9 \text{s}^{-1}$ とする.同様の手続きにより,S3-L1〜S5-L1 の系について,QD_S すべてのエネルギー準位 S に励起子が励起されているという初期状態のもとに量子マスター方程式を書き下し,QD_L の下エネルギー準位 L_l に励起子を見出す確率を求めることができる.その時間積分値が出力信号強度に相当する.

ここでは出力信号強度を QD_S と QD_L の数の比の関数として計算する.ただし,単位面積あたりの QD の数は QD_S と QD_L の数の比によらず一定とする.その結果図 5.35 の●印に示すように,最も効率のよいエネルギー移動はこの比が約 4 のときに生ずることがわかる.QD_L の $\gamma_{rad,Ll}$ の値が有限であることから,エネルギー準位 L_l が励起子に占有される時間内では QD_L へのエネルギー移動が起こらないので,QD_L を取り囲む QD_S の数が多すぎるとエネルギーは QD_S から散逸してしまう.従って QD_S の数をそれ以上に増やしても出力信号増加には寄与せず,QD_L へのエネルギー

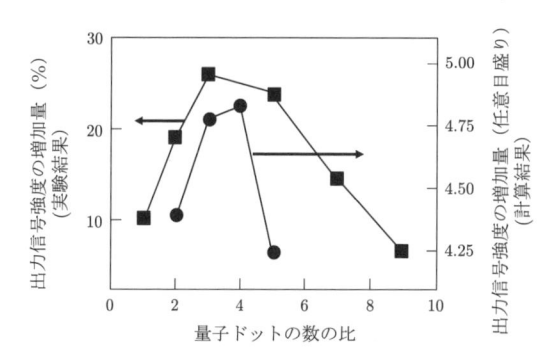

図 **5.35** 大きい量子ドットに対する小さい量子ドットの数の比と出力信号強度の値との関係

移動の効率が低下することがわかる．

5.1.1項eと同じく大小2種類のCdSeの球形のQD（直径は各々2.0 nm, 2.8 nm）を用い，QD_SからQD_Lへのエネルギー移動量を測定した結果を図5.35の■印で示す[*4]．QD_SとQD_Lとの数の比が4の時に出力信号強度の値が最大となっており，上記の理論値と整合していることがわかる．

このようにエネルギー移動量が両QDの数の比に依存することはQDの配置を調節することより出力信号強度が制御可能であることを示唆している．ここでは図5.34(g)に示すS5-L1系を例にとってこの可能性について調べる．QD_SとQD_Lとの相互作用エネルギー，およびQD_S間の相互作用エネルギーの値を$\hbar U_{SL} = \hbar U_{S_iS_j} = 1.1\times 10^{-24}$Jとし，それ以外の数値は上記のとおりとする．

図5.36のE0は図5.34(g)のS5-L1の系と同等である．以下ではこれらのQD_Sのうちのいくつかがその材料物質の劣化，寸法のずれなどによりQD_Lの上エネルギー準位L_uとの共鳴条件を満たさず，QD_Lとの相互作用が欠損している場合を考える．図5.36のような正五角形状の配置の対称性を考えると，相互作用の欠損は八つの場合に分けられる：たとえば五つのQD_Sの間には相互作用があるものの，そのうちの一つのQD_SとQD_Lとの相互作用が欠落している場合は図5.36の中の系E1になる．図中の×印は欠損を表している．二カ所で相互作用が欠損している場合は図5.36中の系E2またはE2'となる．

図5.37(a)はQD_Lの下エネルギー準位L_lの占有確率の時間変化の計算結果を表すが，これは出力信号強度に相当する．図5.37(b)は占有確率の時間積分値を図5.36の配置構造に対して示している．この図によると系E5はQD_SとQD_Lとの相互作用がないため出力信号強度は0であるが，欠損のある系E1〜E4からの出力信号強度の値は欠損のない系E0の場合よりむしろ大きいことがわかる．特に系E2からの出力信号強度の値は系E0に比べ1.64倍大きい．これは図5.35のようにQD_SとQD_Lとの数の比が約4であるときに出力信号強度が最大になることに相当する．図5.37(c)は初期状態においてエネルギー準位Sに励起子が存在するQD_Sの数が1〜5の場合に対し，QD_Lの下エネルギー準位L_lの占有確率の時間変化を計算した結果である．実線，破線は各々図5.36における系E0，E2の場合を示す．初期状態において励起子

[*4] これらのQDをフォトダイオードの表面に分散させ，フォトダイオードの光電流を測定することによりエネルギー移動量が評価された[38]．これは図5.34(a)からもわかるようにQD_Sのエネルギー準位Sに共鳴する入射光に対しQD_Lの下エネルギー準位L_lから発生する光の光子エネルギーは小さくなっており，光周波数下方変換に相当する．ここで用いたCdSeのQDの場合，これは紫外光から可視光への変換に相当する．そこで，これらのQDを太陽電池の表面に分散させる事により光電変換効率の向上，紫外光による太陽電池の劣化の防止に応用されている[38]．

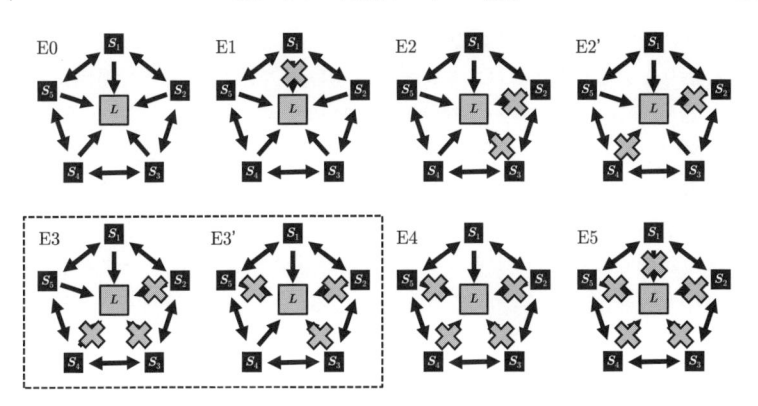

5.2 ドレスト光子デバイスの性質

図 5.36 S5-L1 の系において小さい量子ドットと大きい量子ドットとの間の相互作用が一部分欠損している場合

×印は欠損を表す．記号 En は欠損個所の数が n $(=1\sim5)$ である配置構造を表す．E0 は図 5.34(g) の S5-L1 の系と同等．

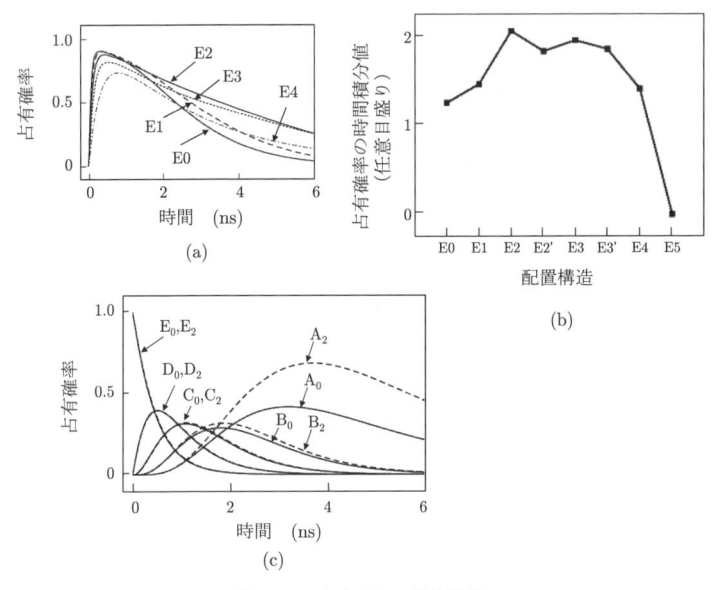

図 5.37 占有確率の計算結果

(a) 配置構造 E0〜E4 に対する QD$_L$ の励起子の下エネルギー準位の占有確率の時間変化．(b) 配置構造 E0〜E5 に対する占有確率の時間積分値．(c) QD$_L$ の下エネルギー準位の占有確率の時間変化．実線の曲線 A$_0$〜E$_0$ は図 5.36 中の系 E0 において QD$_S$ のエネルギー準位を各々 1〜5 個の励起子が占有する場合を初期条件としている．破線の曲線 A$_2$〜E$_2$ は図 5.36 中の系 E2 において QD$_S$ のエネルギー準位を各々 1〜5 個の励起子が占有する場合を初期条件としている．

が一つのみ存在する場合，系 E2 の出力（曲線 A_2）は系 E0（曲線 A_0）に比べて顕著な増加を示しているが，これはエネルギーが QD_L に移動されるまで系内に保留されていること，従ってエネルギー移動効率が QD の配置に依存することを表している．

さらに図 5.38(a) はエネルギー移動の自律性を表している．すなわちこの図は系 E2 中の五つの QD_S（S_1~S_5）中のエネルギー準位 S の占有確率の時間変化を表しており，図 5.36 に示すように S_2 と QD_L，S_3 と QD_L との間の相互作用が欠損している．初期状態では全ての QD_S のエネルギー準位 S が占有されている．その後しばらくは S_2 と S_3 中の占有確率は大きな値に留まっているが，これはエネルギーが QD_L に移動するまで S_2 と S_3 中で待機していることを意味する．一方，図 5.38(b) は系 E0 に対するエネルギー移動の様子を示したものであるが，この場合，初期状態では S_1, S_3, S_4 の三つの QD_S のエネルギー準位 S が占有されている．この図によると S_2 と S_5 の占有確率は初めは 0 であったにもかかわらず，短時間の間に増加していることがわかる．言い換えると移動すべきエネルギーは系の中で占有されていない QD_S を自律的に探していることがわかる．

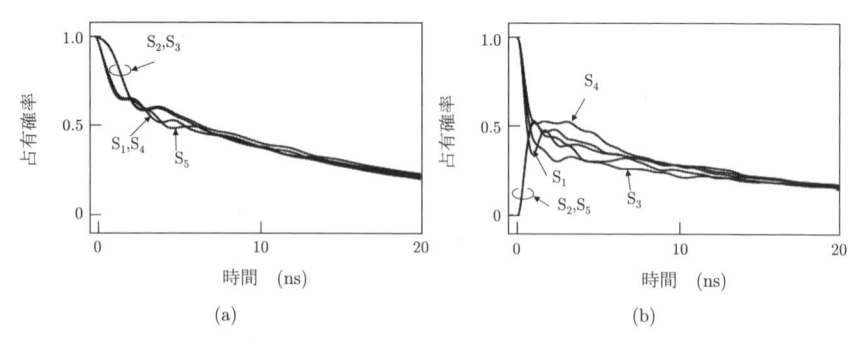

図 5.38 S5-L1 の系における QD_S の励起子のエネルギー準位の占有確率の時間変化．記号 S_1~S_5 はこの系中の QD_S の番号を表す．(a) 欠損のある配置構造 E2 の場合．(b) 欠損のない配置構造 E0 の場合．

以上で示したように QD の配置によるエネルギー移動の効率の制御，および自律性は新しい情報通信技術に応用することができる．第一に上記の自律性は QD からなる系では「中央制御器」がないにもかかわらずエネルギー移動が効率よく起こることを意味している．このようなナノ寸法の物理系における固有の知的な振る舞いは自己組織型・分散型の情報通信システムの設計に役立つ可能性がある．これによりサーバーの単一異常部位を避け，システム全体の複雑さを軽減し，さらに突発的な過負荷条件に対処して負荷を分散させてエネルギー消費を抑えることに対処できるという利点がもたらされる．最近では生物現象 [51,52]，物理現象 [53] が示唆する分散的かつ協調

5.2 ドレスト光子デバイスの性質

的な方法は自律的なネットワーク管理と制御のための柔軟かつ強健な機構として情報通信技術の分野で注目されている．これらの自律的機構は，絶えず変化する環境下では図 5.36 に示したように欠損のある系での自律的かつ高効率のエネルギー移動の現象と同様，持続性と信頼性において大きな利点を有する．なお QD 間の自律的なエネルギー移動の現象が粘菌の特性を利用したコンピューテイングと類似であることから，制約充足問題 [54]，充足可能性判定問題 [55]，意思決定問題 [56] などを解決するための非ノイマン型計算システムへ応用する試みが進められている．

第二に，図 5.37(b) に示したように相互作用が欠損した系で出力信号強度が増加することはシステムに発生する誤りに対する強健性を有することを示唆している．これは将来の情報通信網において重要である．将来の通信網は多種多様の末端デバイス，アクセス技術，ネットワークプロトコル/サービス，トラフィック特性などに順応する必要があるので，強健な機構を設計しなければならない．DP デバイスでは誤りの存在下での優れた性能を示す可能性があるので，固有の強健性を利用することにより将来の高効率な情報通信システム構築のための有用な指針と原理が得られるであろう．

光情報伝送，光情報処理システムのエネルギー効率を向上させることは重要な課題である．5.2.1 節 b で記したように DP デバイス内でのエネルギー移動効率は従来のデバイスの場合に比べ 10^4 倍高く，一方，光合成アンテナにおけるエネルギー移動も非常に高い効率を示しており [57,58]，このアンテナの構造は近接場光相互作用によるナノ寸法のネットワークとの類似性を示している．この類似性を詳しく調べることにより，さらに性能の高い DP デバイスの実現が期待される．

6

ドレスト光子による加工

Longum iter est per praecepta, breve et efficax per exempla.
(教説による道は長いが，実例による道は短く効果がある)
Lucius Annaeus Seneca, *Epistulae*, **VI,5**

　第4章に記したドレスト光子フォノン (DPP) は微細加工やエネルギー変換などに広く応用されている．これらの技術においてはドレスト光子 (DP) とともにそれと結合するフォノンが使われているので，このフォノンに起因する新しい励起，脱励起過程はフォノン援用過程とも呼ばれている．本章では第4章に記した原理に基づき，さらにそれを発展させて実現した各種の微細加工の方法について紹介する．

6.1　ドレスト光子フォノンによる分子解離

　微細加工の第一の例として，本節では DPP による分子の解離，それを応用してナノ寸法物質を基板上に堆積する技術について解説する．まず分子の解離の現象の理論と実験について記し，第4章の DPP の理論の正当性を確認する．その後，堆積の事例を紹介する．

6.1.1　実験と理論との比較

　プローブの先端付近に気体中の分子が飛来すると DPP の媒介によりプローブから分子へとエネルギーが移動し，分子振動を励起するが，この励起は通常の伝搬光では禁制されている．本小節では第4章の図4.2に示した DEZn 分子の解離の実験結果と第4章の理論とを比較し，この振動励起により分子が解離されることを説明する．

　気体中の DEZn の解離確率を求めるため，解離に関わるポテンシャルエネルギーを図6.1に示す．この図は第4章の図4.1, 図4.3を簡略化したものである．図中の三つの実線は電子基底状態と電子励起状態とを表し，多数の破線は各電子状態の中の分子振動状態を表している．DPP を用いると，プローブ先端に飛来した分子を電子基底状態の中の高い分子振動状態へ遷移させることができる（図中の矢印①）．これがフォノン援用過程である．この遷移の際，第4章4.4節に記したようにこの分子振動

6.1 ドレスト光子フォノンによる分子解離

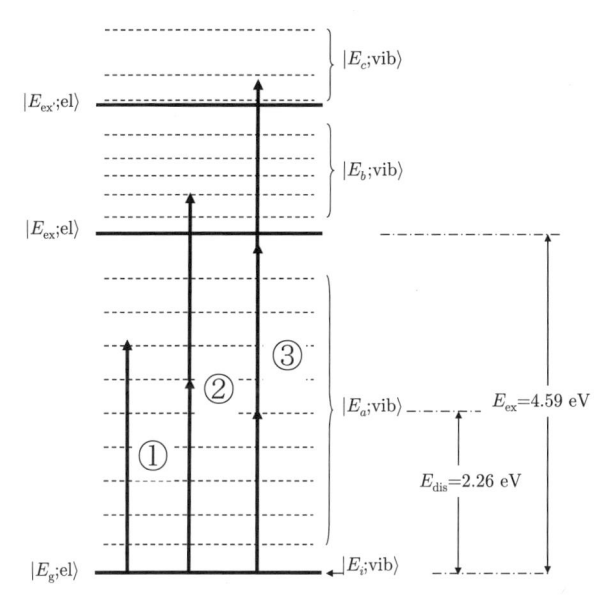

図 6.1 DEZn の解離に関わるエネルギー準位，および各状態の簡略図

状態は電子状態の変調の側波帯として寄与する．なお，この励起は伝搬光を用いた場合には不可能である．なぜなら電子基底状態の中での遷移は電気双極子禁制だからである．ここで遷移後の分子振動状態のエネルギーが解離エネルギー E_dis より大きければ分子は解離する．また，この遷移の後，さらに電子励起状態に多段階励起することもできる（図中の矢印②，③）．なお，この励起は DPP のみでなく伝搬光を用いても可能である．なぜなら電子基底状態から電子励起状態への遷移は電気双極子許容だからである．この励起の後，さらに図 4.3 中にある反結合励起状態へと遷移して分子は解離する．以上の解離過程について調べるため，プローブの状態，分子の電子状態，分子の振動状態からなる次の状態ベクトルを考える．

$$|i\rangle = |N; \mathrm{probe}\rangle \otimes |E_\mathrm{g}; \mathrm{el}\rangle \otimes |E_i; \mathrm{vib}\rangle \tag{6.1a}$$

$$|f_1\rangle = |N-1; \mathrm{probe}\rangle \otimes |E_\mathrm{g}; \mathrm{el}\rangle \otimes |E_a; \mathrm{vib}\rangle \tag{6.1b}$$

$$|f_2\rangle = |N-2; \mathrm{probe}\rangle \otimes |E_\mathrm{ex1}; \mathrm{el}\rangle \otimes |E_b; \mathrm{vib}\rangle \tag{6.1c}$$

$$|f_3\rangle = |N-3; \mathrm{probe}\rangle \otimes |E_\mathrm{ex2}; \mathrm{el}\rangle \otimes |E_c; \mathrm{vib}\rangle \tag{6.1d}$$

記号 $\otimes$ は直積を表す．ここで各式右辺の第一項 $|N; \mathrm{probe}\rangle$ はプローブの状態を表している．これは第 4 章 (4.35) のハミルトニアンの固有状態であり，DPP の数 N により指定されている．一方，第二，第三項はプローブ先端に飛来した分子の状態を表す．第二項の $|E_\alpha; \mathrm{el}\rangle$ は分子の電子状態（E_α はそのエネルギー）を表し，$\alpha = \mathrm{g}$ が基

底状態，$\alpha = \text{ex1}$ が第一励起状態（励起状態のうち，そのエネルギーが最小のもの），$\alpha = \text{ex2}$ が第二励起状態（第一励起状態よりエネルギーが大きいもの）である．従来の伝搬光を用いる場合と異なり，ここでは断熱近似が成り立たないので，分子の状態を考えるときこのような電子状態に加えて，分子の振動状態についても考える必要があるので，上式ではその状態を第三項 $|E_\beta; \text{vib}\rangle$ により表している．E_β はそのエネルギーを表し，$\beta = i$ と $\beta = a$ とが電子基底状態の中の基底振動状態，励起振動状態，$\beta = b$ と $\beta = c$ が各々電子第一励起状態と電子第二励起状態の中の振動状態である．

(6.1a) で表される始状態から (6.1b)～(6.1d) で表される状態へと励起される確率は，プローブと分子の間の相互作用ハミルトニアン

$$\hat{H}_{\text{int}} = -\int \hat{\boldsymbol{p}}(\boldsymbol{r}) \cdot \hat{\boldsymbol{D}}^\perp(\boldsymbol{r}) \, d^3r \tag{6.2}$$

を用いて，

$$P_1(\omega_{\text{p}}) = \frac{2\pi}{\hbar} \left| \langle f_1 | \hat{H}_{\text{int}} | i \rangle \right|^2 \tag{6.3a}$$

$$P_2(\omega_{\text{p}}) = \frac{2\pi}{\hbar} \left| \langle f_2 | \hat{H}_{\text{int}} | i \rangle \right|^2 \tag{6.3b}$$

$$P_3(\omega_{\text{p}}) = \frac{2\pi}{\hbar} \left| \langle f_3 | \hat{H}_{\text{int}} | i \rangle \right|^2 \tag{6.3c}$$

のように書ける．なお相互作用ハミルトニアンの詳細は付録 C の (C.25) にて与えられているが，ここでは遷移確率を解析的に書き下すために (6.2) を用いた．ここで $\langle f_2 | \hat{H}_{\text{int}} | i \rangle$, $\langle f_3 | \hat{H}_{\text{int}} | i \rangle$ では DPP の数が各々二個，三個減ることから，二段階励起過程，三段階励起過程であり，

$$\langle f_2 | \hat{H}_{\text{int}} | i \rangle = \langle f_2 | \hat{H}_{\text{int}} | f_1 \rangle \langle f_1 | \hat{H}_{\text{int}} | i \rangle \tag{6.4a}$$

$$\langle f_3 | \hat{H}_{\text{int}} | i \rangle = \langle f_3 | \hat{H}_{\text{int}} | f_2 \rangle \langle f_2 | \hat{H}_{\text{int}} | f_1 \rangle \langle f_1 | \hat{H}_{\text{int}} | i \rangle \tag{6.4b}$$

のように各段階に分けて書くことができる．

相互作用ハミルトニアン (6.2) 中の $\hat{\boldsymbol{p}}(\boldsymbol{r})$ は分子中に誘起される電気双極子モーメントの演算子であり，これは電子励起の部分 $\hat{\boldsymbol{p}}^{\text{el}}$ と分子振動励起の部分 $\hat{\boldsymbol{p}}^{\text{vib}}$ とにより構成される．これらは電子と分子振動の消滅，生成演算子 $\hat{e}_l$, $\hat{e}_l^\dagger$, $\hat{v}_{ib}$, $\hat{v}_{ib}^\dagger$ および双極子モーメントの大きさを表す定数 $\boldsymbol{p}^{\text{el}}$, $\boldsymbol{p}^{\text{vib}}$ により

$$\hat{\boldsymbol{p}}^{\text{el}} = \boldsymbol{p}^{\text{el}} \left(\hat{e}_l^\dagger + \hat{e}_l \right) \tag{6.5a}$$

$$\hat{\boldsymbol{p}}^{\text{vib}} = \boldsymbol{p}^{\text{vib}} \left(\hat{v}_{ib}^\dagger + \hat{v}_{ib} \right) \tag{6.5b}$$

$$\hat{\boldsymbol{p}} = \hat{\boldsymbol{p}}^{\text{el}} + \hat{\boldsymbol{p}}^{\text{vib}} \tag{6.5c}$$

と表される．また，$\hat{\boldsymbol{D}}^\perp(\boldsymbol{r})$ は DPP の場の作る電気変位ベクトルの演算子であり，その値は単位時間あたりに発生する DPP の個数 $\Phi(\omega_{\text{p}})$ と

$$\left|\hat{\boldsymbol{D}}^{\perp}(\boldsymbol{r})\right| = \sqrt{\frac{\hbar\omega_{\mathrm{p}}\Phi(\omega_{\mathrm{p}})}{V_{\mathrm{DPP}}}} \tag{6.6}$$

の関係にある. ここで ω_{p} はプローブ後端に入射する光の角周波数, V_{DPP} はプローブ先端からしみ出した DPP の場の体積である. これらを使い以下のように励起確率を求める.

(1) $|i\rangle$ から $|f_1\rangle$ への励起:電子基底状態の中の分子振動状態間の遷移なので (6.5b) の $\hat{\boldsymbol{p}}^{\mathrm{vib}}$ が関与し,

$$\langle f_1|\hat{H}_{\mathrm{int}}|i\rangle = p^{\mathrm{vib}}\sqrt{\frac{\hbar\omega_{\mathrm{p}}\Phi}{V_{\mathrm{DPP}}}} \tag{6.7}$$

となる. ただし $p^{\mathrm{vib}} \equiv |\hat{\boldsymbol{p}}^{\mathrm{vib}}|$ と表した.

(2) $|f_1\rangle$ から $|f_2\rangle$ への励起:電子基底状態から電子第一励起状態への遷移なので (6.5a) の $\hat{\boldsymbol{p}}^{\mathrm{el}}$ が関与し,

$$\langle f_2|\hat{H}_{\mathrm{int}}|f_1\rangle = p^{\mathrm{el}}\sqrt{\frac{\hbar\omega_{\mathrm{p}}\Phi}{V_{\mathrm{DPP}}}}\delta(\hbar\omega_{\mathrm{p}} - (E_{f_2} - E_{f_1})) \tag{6.8a}$$

となる. ただし $p^{\mathrm{el}} \equiv |\hat{\boldsymbol{p}}^{\mathrm{el}}|$ と表した. 右辺において

$$\delta(\hbar\omega_{\mathrm{p}} - (E_{f_2} - E_{f_1})) = \frac{1}{|\hbar\omega_{\mathrm{p}} - (E_{f_2} - E_{f_1} + i\gamma_{\mathrm{vib}})|} \tag{6.8b}$$

である. E_{f1}, E_{f2} は各々状態 $|f_1\rangle$, $|f_2\rangle$ の固有エネルギーである. ここでは共鳴条件が成り立つので $\hbar\omega_{\mathrm{p}} = E_{f_2} - E_{f_1}$ である. γ_{vib} は分子の振動状態の緩和定数である.

(3) $|f_2\rangle$ から $|f_2\rangle$ への励起:電子第一励起状態から電子第二励起状態への遷移なので (6.5a) 中の $\hat{\boldsymbol{p}}^{\mathrm{el}}$ が関与し, 従って (2) の場合と同様

$$\langle f_3|\hat{H}_{\mathrm{int}}|f_2\rangle = p^{\mathrm{el}}\sqrt{\frac{\hbar\omega_{\mathrm{p}}\Phi}{V_{\mathrm{DPP}}}}\delta(\hbar\omega_{\mathrm{p}} - (E_{f_3} - E_{f_2})) \tag{6.9a}$$

$$\delta(\hbar\omega_{\mathrm{p}} - (E_{f_3} - E_{f_2})) = \frac{1}{|\hbar\omega_{\mathrm{p}} - (E_{f_3} - E_{f_2} + i\gamma_{\mathrm{vib}})|} \tag{6.9b}$$

となる. E_{f3} は状態 $|f_3\rangle$ の固有エネルギーである.

(6.8b), (6.9b) において

$$\hbar\omega_{\mathrm{p}} = E_l - E_k \quad (k, l = f_1, f_2, f_3) \tag{6.10}$$

とし, これらを (6.3a)〜(6.3c) に代入すると

$$P_1(\omega_{\mathrm{p}}) = \frac{2\pi}{\hbar}\left|\langle f_1|\hat{H}_{\mathrm{int}}|i\rangle\right|^2 = \frac{2\pi}{\hbar}(p^{\mathrm{vib}})^2\left(\frac{\hbar\omega_{\mathrm{p}}\Phi}{V_{\mathrm{DPP}}}\right) \tag{6.11a}$$

$$P_2(\omega_{\mathrm{p}}) = \frac{2\pi}{\hbar}\left|\langle f_2|\hat{H}_{\mathrm{int}}|f_1\rangle\langle f_1|\hat{H}_{\mathrm{int}}|i\rangle\right|^2 = \frac{2\pi}{\hbar}(p^{\mathrm{el}})^2(p^{\mathrm{vib}})^2\left(\frac{\hbar\omega_{\mathrm{p}}\Phi}{V_{\mathrm{DPP}}}\right)^2\frac{1}{\gamma_{\mathrm{vib}}^2} \tag{6.11b}$$

$$P_3(\omega_{\mathrm{p}}) = \frac{2\pi}{\hbar} \left| \langle f_3 | \hat{H}_{\mathrm{int}} | f_2 \rangle \langle f_2 | \hat{H}_{\mathrm{int}} | f_1 \rangle \langle f_1 | \hat{H}_{\mathrm{int}} | i \rangle \right|^2$$

$$= \frac{2\pi}{\hbar} (p^{\mathrm{el}})^4 (p^{\mathrm{vib}})^2 \left(\frac{\hbar \omega_{\mathrm{p}} \Phi}{V_{\mathrm{DPP}}} \right)^3 \frac{1}{\gamma_{\mathrm{vib}}^4} \tag{6.11c}$$

となる.これらの $P_i(\omega_{\mathrm{p}})$ ($i=1,2,3$) は分子一つあたりの励起確率である.一方,実験により測定できるのは分子の解離率 $R_i(\omega_{\mathrm{p}})$ であり,それは DPP の場の体積 V_{DPP} 中にある全分子の遷移確率に相当するので,各 $\left| \langle f | \hat{H}_{\mathrm{int}} | i \rangle \right|^2$ の値を ρV_{DPP} 倍する必要がある.ここで ρ は分子の体積密度である.その結果

$$R_1(\omega_{\mathrm{p}}) = \rho V_{\mathrm{DPP}} P_1(\omega_{\mathrm{p}}) = 2\pi \rho (p^{\mathrm{vib}})^2 (\omega_{\mathrm{p}} \Phi) \tag{6.12a}$$

$$R_2(\omega_{\mathrm{p}}) = (\rho V_{\mathrm{DPP}})^2 P_2(\omega_{\mathrm{p}}) = 2\pi \hbar \rho^2 (p^{\mathrm{el}})^2 (p^{\mathrm{vib}})^2 (\omega_{\mathrm{p}} \Phi)^2 \frac{1}{\gamma_{\mathrm{vib}}^2} \tag{6.12b}$$

$$R_3(\omega_{\mathrm{p}}) = (\rho V_{\mathrm{DPP}})^3 P_3(\omega_{\mathrm{p}}) = 2\pi \hbar^2 \rho^3 (p^{\mathrm{el}})^4 (p^{\mathrm{vib}})^2 (\omega_{\mathrm{p}} \Phi)^3 \frac{1}{\gamma_{\mathrm{vib}}^4} \tag{6.12c}$$

を得る.

解離率 $R(\omega_{\mathrm{p}})$ は $\Phi(\omega_{\mathrm{p}})$ の関数であるが,これを冪級数展開し,三次の項までとると (6.12a)〜(6.12c) を用いて

$$R(\omega_{\mathrm{p}}) \equiv R_1(\omega_{\mathrm{p}}) + R_2(\omega_{\mathrm{p}}) + R_3(\omega_{\mathrm{p}}) = a_{\omega_{\mathrm{p}}} \Phi(\omega_{\mathrm{p}}) + b_{\omega_{\mathrm{p}}} \Phi^2(\omega_{\mathrm{p}}) + c_{\omega_{\mathrm{p}}} \Phi^3(\omega_{\mathrm{p}}) \tag{6.13}$$

と書ける.ここで

$$a_{\omega_{\mathrm{p}}} = 2\pi \rho (p^{\mathrm{vib}})^2 \omega_{\mathrm{p}} \tag{6.14a}$$

$$b_{\omega_{\mathrm{p}}} = 2\pi \hbar \rho^2 (p^{\mathrm{el}})^2 (p^{\mathrm{vib}})^2 \omega_{\mathrm{p}}^2 \frac{1}{\gamma_{\mathrm{vib}}^2} \tag{6.14b}$$

$$c_{\omega_{\mathrm{p}}} = 2\pi \hbar^2 \rho^3 (p^{\mathrm{el}})^4 (p^{\mathrm{vib}})^2 \omega_{\mathrm{p}}^3 \frac{1}{\gamma_{\mathrm{vib}}^4} \tag{6.14c}$$

である.

実験結果 [1,2] と比較するため,まず DPP により DEZn が解離し,Zn 原子がサファイア基板上に堆積する場合の堆積率を,プローブ後端に入射する単位時間あたりの光子数の関数として図 6.2 に示す.この光子数は $\Phi(\omega_{\mathrm{p}})$ に比例する.また,堆積率は解離率 $R(\omega_{\mathrm{p}})$ に比例するので,この図の縦軸を解離率 $R(\omega_{\mathrm{p}})$ と読み替える.この図にはプローブ後端に入射する光の光子エネルギーに対応して次の四つの結果が示されている(図中の▲印については 6.1.2 項で説明する).

(a) 光子エネルギー 3.81 eV(対応する光波長 $\lambda = 325$ nm)(図中の◆印)
(b) 光子エネルギー 3.04 eV(対応する光波長 $\lambda = 408$ nm)(図中の○印)
(c) 光子エネルギー 2.54 eV(対応する光波長 $\lambda = 488$ nm)(図中の■印)
(d) 光子エネルギー 1.81 eV(対応する光波長 $\lambda = 684$ nm)(図中の●印)

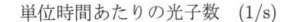

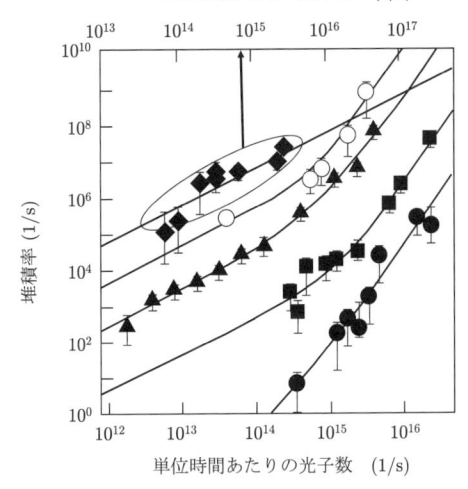

6.1 ドレスト光子フォノンによる分子解離

図 6.2 単位時間あたりの光子数と Zn 原子の堆積率との関係の実験結果
◆, ○, ■, ● 印は DEZn 分子を使った場合の結果で, 光源の光子エネルギーは各々 3.81 eV, 3.04 eV, 2.54 eV, 1.81 eV. ▲ 印は $Zn(acac)_2$ 分子を使った場合の結果. 光源の光子エネルギーは 3.04 eV.

実線の曲線は (6.13) を用いて当てはめた結果を示す. 以下では特に (c), (d) について考えることにすると, (6.13) 中の係数は各々

(c) $a_{2.54} = 4.1 \times 10^{-12}$, $b_{2.54} = 2.1 \times 10^{-27}$, $c_{2.54} = 1.5 \times 10^{-42}$

(d) $a_{1.81} = 0$, $b_{1.81} = 4.2 \times 10^{-29}$, $c_{1.81} = 3.0 \times 10^{-44}$

である. (c) の場合, 光子エネルギー 2.54 eV は DEZn の励起エネルギー $E_{ex}(= 4.59\,\text{eV})$ より低いが, 解離エネルギー $E_{dis}(= 2.26\,\text{eV})$ より高いので $\Phi(\omega_p)$ の一次に比例する項 $a_{2.54}$ の値が 0 でない. 一方 (d) の場合, 光子エネルギー 1.81eV はそのどちらよりも低いので $\Phi(\omega_p)$ の一次に比例する項 $a_{1.81}$ の値は 0 となっている. 伝搬光を用いた場合, 光子エネルギーは励起エネルギー E_{ex} より高くないと分子は解離しないので, これらの実験結果は DPP に起因する特有の現象である.

また各係数の間には

$$\frac{b_{2.54}}{a_{2.54}} = \frac{c_{2.54}}{b_{2.54}} = \frac{c_{1.81}}{b_{1.81}} \simeq 10^{-15} \tag{6.15}$$

という特徴的な関係があることがわかる.

(6.15) に示す各係数間の比の値を理論的に求めてみる. ここで Φ と $R_1(\omega_p)$ との間の比例係数 a_{ω_p} は (6.14a) により与えられているが, この式を用いると ρ は (これは実験から推定しにくい量である)

$$\rho = \frac{1}{2\pi\omega_{\mathrm{p}}(p^{\mathrm{vib}})^2} a_{\omega_{\mathrm{p}}} \tag{6.16}$$

と表される．これを (6.14b)，(6.14c) に代入し，各係数の間の比を求めると

$$\frac{b_{\omega_{\mathrm{p}}}}{a_{\omega_{\mathrm{p}}}} = \frac{c_{\omega_{\mathrm{p}}}}{b_{\omega_{\mathrm{p}}}} = \frac{\hbar}{2\pi}\left(\frac{p^{\mathrm{el}}}{p^{\mathrm{vib}}}\right)^2 \frac{1}{\gamma_{\mathrm{vib}}^2} a_{\omega_{\mathrm{p}}} \tag{6.17}$$

となる．これらの式の右辺にある $a_{\omega_{\mathrm{p}}}$ には図 6.2 中の実線を描くときに使った係数の値 $a_{2.54} = 4.1 \times 10^{-12}$ を，さらには $p^{\mathrm{el}}/p^{\mathrm{vib}} = 1 \times 10^{-4}$[*1)]，$p^{\mathrm{vib}} = 1\,\mathrm{Debye}$，$p^{\mathrm{el}} = 1 \times 10^{-4}\,\mathrm{Debye}$，$\gamma_{\mathrm{vib}} = 0.1\,\mathrm{eV}$[*2)] を代入すると

$$\frac{b_{2.54}}{a_{2.54}} = \frac{c_{2.54}}{b_{2.54}} \simeq 10^{-15} \tag{6.18}$$

となり，これは (6.15) の実験結果と一致する．これにより DEZn の解離の現象は第 4 章に記述した原理により説明できることが確認される．

6.1.2 分子解離を用いた堆積

　DPP により DEZn を解離すると，この分子を構成する Zn が基板上に堆積され微細な Zn 微粒子が形成される．これは光による化学気相堆積 (chemical vapor deposition, 以下では CVD と略記する) と呼ばれている．第 4 章の図 4.2 は Zn 原子をサファイア基板に堆積して形成した Zn の微粒子の形を原子間力顕微鏡 (atomic force microscope, 以下では AFM と略記する) により測定した結果である．さらに図 6.2 はいくつかの波長の光を用いた実験結果をもとに，Zn をサファイア基板上に堆積させる際の堆積率を測定した結果である．DPP による分子解離を用いた堆積の利点は

　(1) プローブ先端から DPP と同時に伝搬光が漏れ出していても分子は伝搬光により解離することがないので，堆積したパターンの裾の部分が広がることはなく，DPP のエネルギーの空間分布のみによって決まる小さな形状のパターンが形成される．

　(2) 従来の光学活性な分子のみでなく，光学不活性分子も使用可能となる．これは電気双極子禁制遷移を使えることに他ならない．これにより材料選択の自由度が増え，

[*1)] 巨視的寸法の物質中や真空中では電子は自由に動きまわれるので，電子の分極 p^{el} の値は p^{vib} の値より大きいが，ここでは電子のコヒーレント長より小さな空間的広がりを有する DPP に対する電子の応答を考えなければならない．電子や原子核が閉じ込められている空間の寸法が同じであるとすると，電磁場に応答する分極の大きさは電子と原子核の状態密度に依存する．さらに，閉じ込められた電子と原子核の状態密度はそれらの有効質量に比例する．なお，真空中の電子の質量は原子核の質量の 1×10^{-3} 程度であり，多くの半導体や誘電体では電子の有効質量は静止質量の 1/10 である．このことからこれらの物質中での電子と原子核の質量比は 1×10^{-4} 程度と考えてよい．従って電気双極子モーメントの大きさの比 $p^{\mathrm{el}}/p^{\mathrm{vib}}$ は 1×10^{-4} 程度となる．
[*2)] 文献 [2] 中の実験において，気相の DEZn の吸収スペクトルの測定結果から，γ_{vib} の値が $0.10 \sim 0.20\,\mathrm{eV}$ と推定されたので，本文のように設定した．

廃棄物処理などの環境問題の改善が図れる.
(3) 紫外光源が不要なので加工装置価格が低減する.
などである.

特に (2) の例として，ビスアセチルアセトナト亜鉛分子 (Zn(acac)$_2$) を DPP により解離することが可能となり，これにより Zn のナノメートル寸法微粒子が堆積されている [3]. この分子は有機金属 CVD と呼ばれる微細加工ではよく使われているが，光学不活性であるために従来の伝搬光を用いた CVD では全く使われていなかった. しかしこれは爆発性のない安全な優良材料なので DPP を用いた CVD に使うことができれば非常に有利である. 図 6.3 には波長 408 nm の光を用い，Zn(acac)$_2$ を解離して Zn 微粒子をサファイア基板の上に堆積した結果を示す. Zn 微粒子の直径は 5〜10 nm, 高さは 0.3 nm（Zn 原子二層分に相当）であり，特に直径の値は第 4 章の図 4.2 に比べずっと小さく，これまでに堆積された Zn 微粒子の中で最小である. なお, 図 6.2 中の ▲ 印は Zn(acac)$_2$ の測定結果である. この場合，DEZn に比べて解離・堆積率が小さいのでこれらの値を高精度に測定できた（図中の ▲ 印に付されている誤差棒が他の印の場合より短い）. その結果，横軸の広い範囲にわたり実験値が上記の理論値とよく一致した.

プローブ先端に発生する DPP を使えば，基板上にナノメートル寸法の Zn パターンを形成することができる. その寸法と位置は各々プローブ先端の寸法と位置とによって決まるので，微細かつ高精度の加工が可能となる [4,5]. また，プローブを基板面に沿って走査すれば，既存の微細加工法では困難な任意の形状の微細なパターンを描くことができる. さらに，複数の分子気体を順々に解離して，異種の微粒子を基板上に近接して堆積することも可能である. その例として DEZn と Al(CH$_3$)$_3$ を解離する

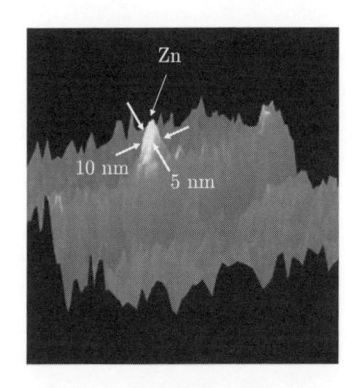

図 6.3　Zn(acac)$_2$ を解離してサファイア基板の上に堆積した Zn 微粒子の原子間力顕微鏡像

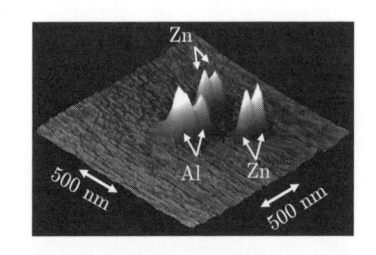

図 6.4　同一基板上に堆積された Zn と Al 微粒子の原子間力顕微鏡像

ことにより，図 6.4 に示すように Zn, Al の微粒子が同一基板上に近接して堆積されている [5]．このような異種金属を近接して堆積することは伝搬光を用いた従来の微細加工技術では困難であったが，本方法により初めて可能となった．さらに，基板表面との相互作用の観点から技術が改良されている．たとえば Zn の堆積の場合，気体の分子を解離する代わりに基板に吸着した分子を解離させることにより，堆積した微粒子の寸法精度を向上させている [6]．

さて，堆積した Zn を酸化すると酸化亜鉛（ZnO）になるが，これは室温で発光する．ZnO は大気中および室温中で化学的・熱的に安定であるため，室温で動作する DP デバイス用材料として有望である．図 6.5 はこの方法によりサファイア基板上に作製された ZnO 微粒子のフォトルミネッセンス強度の空間分布を示す [6]．この分布の半値全幅は 85 nm である．これはフォトルミネッセンスの波長（360 nm）より小

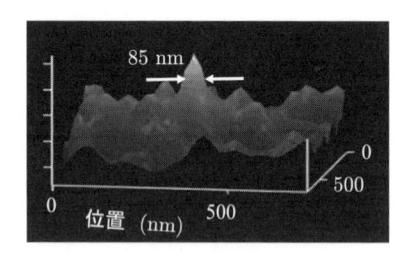

図 6.5 ZnO 微粒子からのフォトルミネッセンス強度の空間分布

表 6.1 フォノン援用過程による CVD が適用可能な材料の例

物質	材料分子	光吸収端波長 (nm)*
Zn	$Zn(C_2H_5)_2$	270
Al	$Al(CH_3)_3$	250
W	$W(CO)_6$	300
S	H_2S	270
P	PH_3	200
N	NH_3	220
O	O_2	250
Ga	$Ga(CH_3)_3$	260
Si	SiH_4	120
Si	SiH_6	195
P	PH_3	220
Sn	$Sn(CH_3)_4$	225
As	AsH_3	220
Cd	$Cd(CH_3)_2$	260
Fe	$Fe(CO)_5$	400
Ge	GeH_4	170

(*) 光吸収端波長は材料分子の励起エネルギー E_{ex} の逆数に比例

さく，回折限界を超えた微小な発光体となっている．この方法を発展させ，光子エネルギー 3.29 eV の発光を示すウルツ型構造をもつ単結晶の ZnO 微粒子が最近作製された [7]．発光のスペクトル幅は 140 meV と狭く，これにより結晶の質が高いことが確認されている．ここで注目すべき事は SiO_2 基板の表面にあらかじめ微細な凹部を作製しておき，その端部に発生する DPP により ZnO 微粒子の堆積する位置が制御されたことである．このような位置制御は第 5 章に示した DP デバイスを作製するためにも有力な技術である．

なお，以上の CVD の性能をさらに向上させるためには使用する基板とその表面処理方法，材料気体分子，光源などを選択する必要があるが，この方法は金属，半導体などの多様な物質に対して適用可能である．その例を表 6.1 に示す．これらの材料および光源を最適化することにより，上記 ZnO 以外にも室温での CVD により堆積したナノ寸法の GaN からの強い紫外発光も観測されている [8]．

6.2　ドレスト光子フォノンによるリソグラフィ

伝搬光を用いたリソグラフィは半導体からなる多数の電子デバイスを共通のシリコン（Si）基板の上に作製し，集積回路を構成する為に使われており，大量生産用の唯一の実用的な加工技術である．この技術では次の四つの工程を順次，または繰り返し使う．

(1) 露光：作りたいパターンを描いたフォトマスク（集積回路パターンの原板）を通して，基板上に薄く塗られたフォトレジスト（高分子からなる合成樹脂）に光を照射する．

(2) エッチング：露光後，現像して得られたフォトレジスト上のパターンのうち，基板がむき出しになっている部分をエッチング液により除去する．

(3) ドーピング：不純物原子を基板の中に注入する．

(4) 成膜：基板の上に薄膜を堆積させる．

この中で光と直接かかわりがあるのは (1) であり，これはフォトマスクに描かれた回路パターンをフォトレジストに投影する技術である．最近ではパターンの微小化に対する要求が高まっているが，加工の精度（分解能）は光の回折によって制限されている（回折限界）．この限界を超えるために DPP による露光技術が開発されている．

6.1 節で扱った気体分子のエネルギー状態は離散化しており，見通しのよい理論的考察が可能であったが，合成樹脂であるフォトレジストを構成する高分子のエネルギー状態は複雑である．しかし第 4 章に記した原理を応用して DPP を用いたリソグラフィ技術が開発された．すなわち図 6.6(a) に示すように削りたい基板の上にフォトレジストを塗布し，その上にフォトマスクを置く．フォトマスクの上面から光をあてると

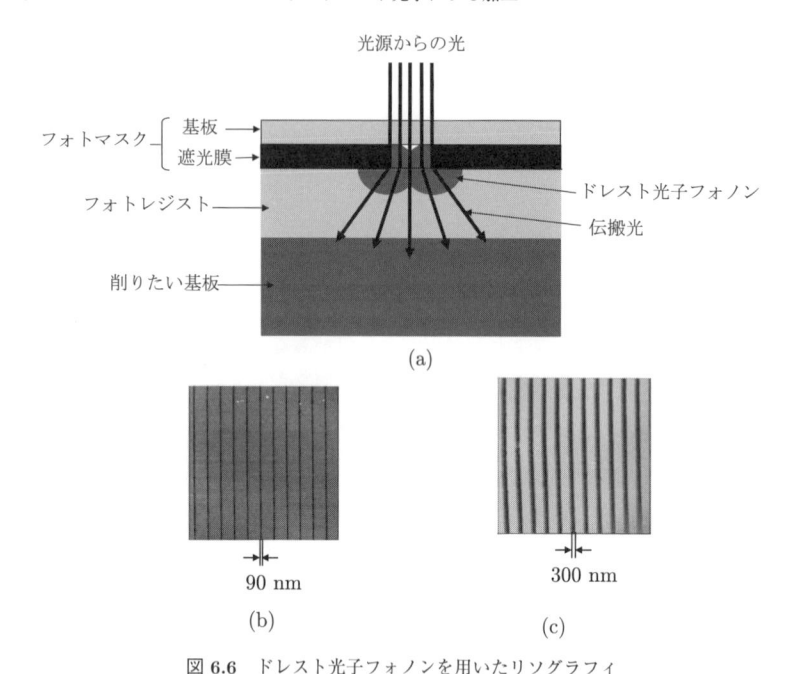

図 6.6 ドレスト光子フォノンを用いたリソグラフィ
(a) 原理説明図．(b), (c) は各々赤色の可視光源，紫外線源を使って得られたパターンの原子間力顕微鏡像．

フォトマスク下面の開口端部に DPP が発生し，これにフォトレジストが反応して微細なパターンが形成される．

ここでは伝搬光を使った既存のリソグラフィのためのフォトレジストを流用して用いており，それは短波長の伝搬光，特に紫外線に強く反応する特性をもっている．言い換えるとこれよりも低い光子エネルギーの伝搬光（フォトレジストの吸収端波長より長波長の伝搬光）には反応しない．しかしそのような長波長の伝搬光であっても，それが DPP に変換されればフォノン援用過程によりフォトレジストは反応する．その結果微細パターンが形成され，さらにそのパターンの寸法は紫外線の伝搬光を使った場合より小さくすることが可能となる．

一例として平行に並んだ多数の線状のパターンをもつフォトマスクに光を照射して DPP を発生させる．その下にはフォトレジストがある．ここでは赤色光を使っているのでこのフォトレジストは反応しないはずである．しかし図 6.6(b) に示すように感光し，微細なパターンが形成される [9]．その幅はフォトマスクの開口の幅に相当する．このように感光するのはフォトマスク表面に発生する DPP に起因しているからである．なお露光時間が短い間は図 6.7(a) に示すようにフォトマスクの開口の二つの端部

6.2 ドレスト光子フォノンによるリソグラフィ　　　　　　　　　137

(a)

(b)

(c)

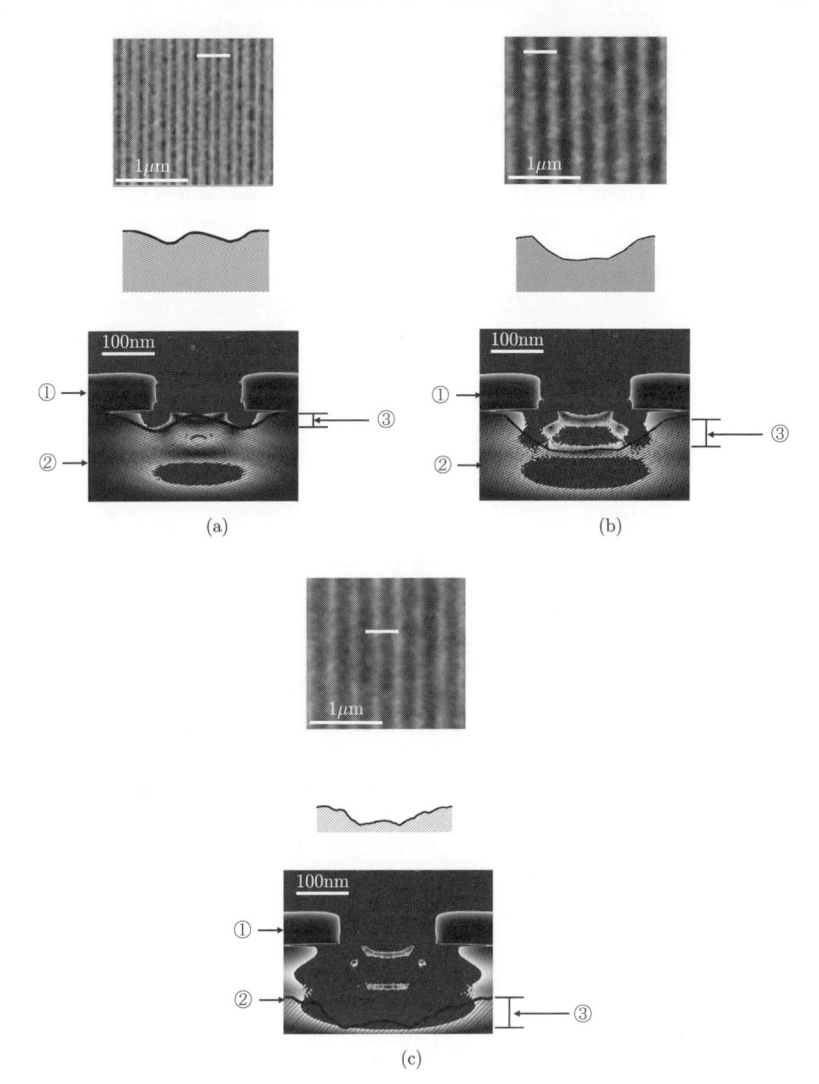

図 6.7　露光時間とフォトレジストの感光の様子との関係
①フォトマスク，②フォトレジスト，③パターンの深さ．(a), (b), (c) の順に露光時間が長くなっている．これらの図中の上図はフォトレジストの線状パターンの原子間力顕微鏡像．中図は上図中の白い実線部分の断面形状．下図は中図に相当する断面形状のシミュレーション計算結果．

に発生する DPP によりフォトレジスト表面部で反応が起こる．それに加えてフォトレジストの内部でも反応が起こるが，これはフォトマスクの開口の二つの端部で発生

した DPP の間での相互増強効果とでも言うべき現象である．露光時間を増加すると図 6.7(b) に示すようにこれらの反応部分の体積が増加し，遂には図 6.7(c) のように合体して，フォトマスクの開口の幅に応じたパターンが形成される．すなわち，露光時間とフォトレジストに形成されたパターンの深さとの関係は図 6.8 の●，■印，および実線にて示すようにしきい値を有する [10]（比較のために紫外線を照射した場合の結果を○，□印，および破線にて示す）．これらの特徴は図 6.7 中に示したようにシミュレーション計算により再現されている．

比較のために図 6.6(c) には同じフォトマスクに紫外線を照射して得られたパターンを示す．この場合にはフォトレジストはフォトマスクをわずかに透過する伝搬光にも反応する．この透過伝搬光が回折して広がることにより，形成されたパターンの幅の値は DPP による感光領域の幅の値よりも大きくなる．図 6.6(b) ではこのような伝搬光の影響を受けておらず DPP のみに反応したので，そのパターンの幅の値は図 6.6(c) より小さい．

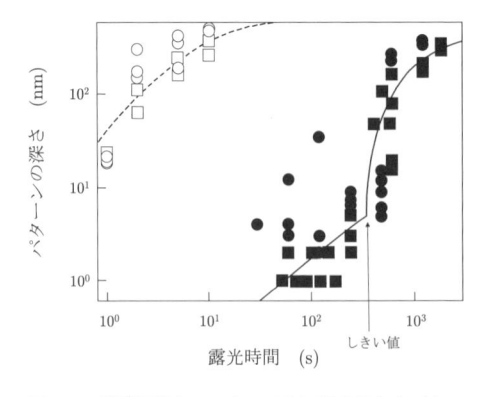

図 6.8 露光時間とフォトマスクに形成されたパターンの深さとの関係
●，■印，実線は可視光を照射しドレスト光子フォノンを利用した場合の結果．○，□印，破線は紫外線を照射した場合の結果．

図 6.9 光学的に不活性なレジスト材料に作製した円形パターンの二次元状配列

DPP を用いるリソグラフィは 6.1 節末尾の CVD 技術の利点 (1)〜(3) と同様の利点を有する．そのうち利点 (1) は図 6.6(b)，(c) の比較により容易に理解される．利点 (2) を示す例として図 6.9 に示すように，光学的に不活性な電子ビーム描画用のレジストが DPP により加工されている [9]．実験に使用したレジスト ZEP520 は電子ビームや X 線に対してのみ活性であるが，伝搬光には反応しない．しかし DPP には反応し，その結果二次元状に配列された円形のパターンがレジスト上に作製された．

このレジストは微細加工のために作られた材料なので，Si 基板に塗布した場合，その表面の平坦性が優れており，図 6.9 ではパターンの端が切り立っており精細になっている．利点 (3) は高価格の紫外線源や光学素子を必要とせず既存の露光装置と安価な光源が利用できることに起因する．

これらの利点に加え，次のような新しい加工方法も実現している．

(1) 電子回路パターンの複製の作製：図 6.10(a) のように透明な基板の上にフォトレジストを塗布し，その上に電子回路パターンを置き，これをフォトマスクとして使う．基板の裏面から可視域の伝搬光を照射するが，フォトレジストはこれには反応しない．従って伝搬光はそのままフォトレジストを透過するが，その後フォトマスク表面に達するとそこに DPP が発生する．するとフォトレジストがこれに反応するので，図 6.10(b) に示すように電子回路パターンの複製ができる．

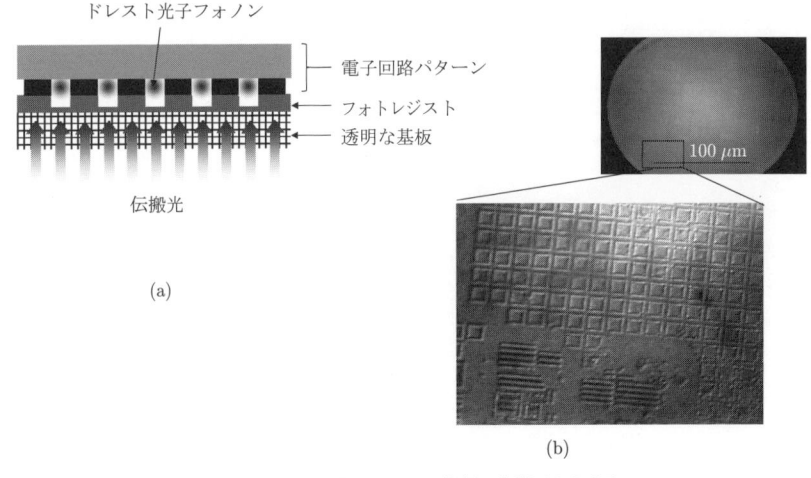

図 **6.10** 電子回路パターンの複製の作製原理と実際
(a) 原理説明図．(b) 作製された複製の光学顕微鏡像．

(2) 多重露光：一例として図 6.11(a) に示すように線状パターンをもつフォトマスクをフォトレジストの上に置く．上記 (1) と同様，可視域の伝搬光を透明な基板の裏側から照射すると，フォトマスク表面に発生した DPP によりフォトレジストが反応する（図 6.11(b)）．次にこのフォトマスクを面内で 90° 回転させた後に再度フォトレジストの上に置き，同様に反応させる．この二重露光の結果，図 6.11(c) に示すように格子状のパターンができる．このパターンのコントラストは露光回数を増やしても低下しない．なぜならば，このフォトレジストは可視域の伝搬光には不活性だからである．

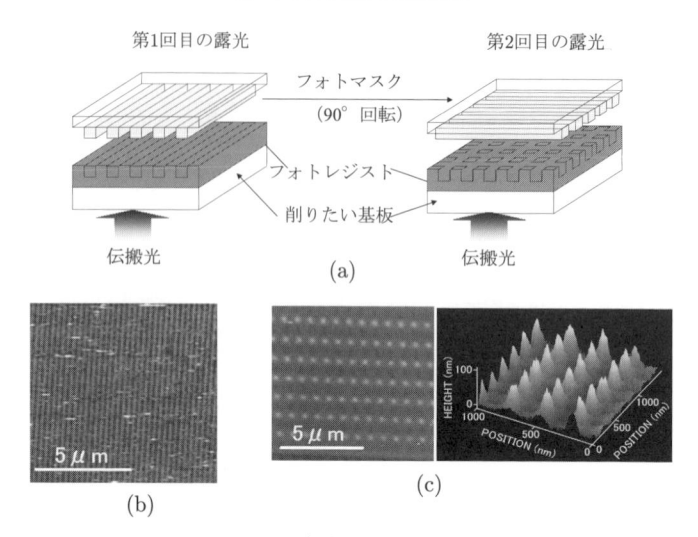

図 6.11　多重露光の原理と実際
(a) 原理説明図．(b) 第一回目の露光により得られた線状パターンの原子間力顕微鏡像．
(c) 第二回目の露光により得られた格子状パターンの原子間力顕微鏡像（左図は上面図，右図は鳥瞰図）．

　これらの新しい方法を利用することにより多様なパターンが形成されている．なお，既存のリソグラフィと同様，DPP によるリソグラフィに使うフォトマスクは，当初は電子ビーム描画技術を用いて作られていた．すなわち，ガラス基板の上のクロム薄膜に電子ビームを照射してこれを削り，所望のパターンを作成して使っていた．ただしこの方法は電子ビームを走査する，いわゆる「一筆書き」なので，フォトマスク全体にわたる削り出しの時間が非常に長い．また，電子ビーム描画装置は大型，高価格，大消費エネルギーである．これらの問題を解決するため，最近ではフォトマスク自身も DPP を用いたリソグラフィにより作られるようになっている．

　各種のデバイスの作製への応用として次の例がある．

　(1) DP デバイスの二次元配列 [11]：第 5 章の図 5.7 に示すメサ形のデバイスの二次元配列は電子線描画と Ar イオンミリングにより作られた．これをより低価格・小消費エネルギーの装置を用いて作るために上記の多重露光の方法が使われるようになった．まず分子ビームエピタキシー法により図 6.12(a) に示す二種類の InAs の QD を基板上の第一層，第一層に多数作る．その後に上記の多重露光により二つの層を格子状に加工し，メサの二次元配列が形成され，各メサの中には二つの層中の QD が一つずつ含まれるようになる．この一対の大小の QD が DP デバイスとして使える．図 6.12(b) は作製結果を示すが，DP デバイスが二次元状に規則正しく配列していることがわかる．

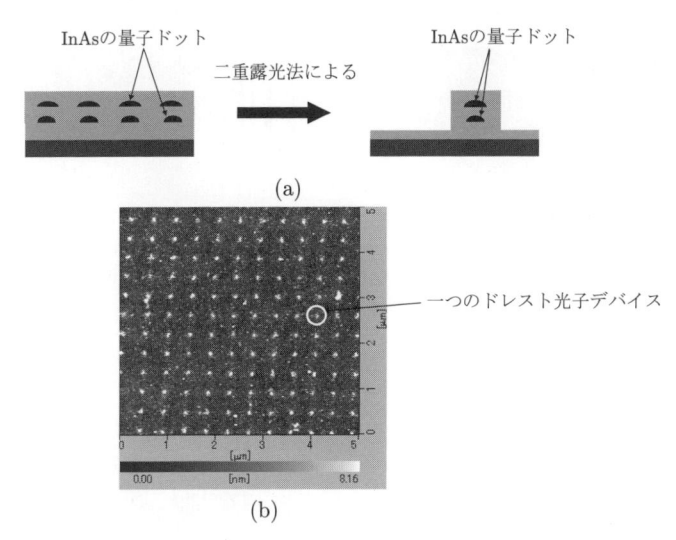

6.2 ドレスト光子フォノンによるリソグラフィ　　141

図 6.12　二重露光によるメサ形のドレスト光子デバイスの二次元配列作製の原理と実際
(a) 原理説明図. (b) 二次元配列の原子間力顕微鏡像.

(2) 軟 X 線用のフレネルゾーンプレート [12]：フレネルゾーンプレート（Fresnel zone plate，以下では FZP と略記する）は軟 X 線用の集光素子であり，多数の同心円から構成され，X 線顕微鏡等に用いられる．FZP を作るために従来は電子ビームや収束イオンビームが用いられていたが，作製時間を短縮するために DPP を用いたリソグラフィが適用されている．一例として波長 0.42 nm の軟 X 線を集光し焦点距離 50 mm，焦点でのスポット直径 196 nm を得る為の FZP は 151 の同心円から構成されており，その最外円の半径と帯幅は各々 56 μm, 190 nm である．すなわち FZP の直径は 112 μm である．この FZP を作るための材料として Si 基板上の厚さ 200 nm の Si_3N_4 の上に堆積された厚さ 180 nm の Ta 薄膜を用い，その薄膜上に Si 含有フォトレジスト（FH-SP-3CL）薄膜を塗布する．この上にフォトマスク（Si 基板上の薄膜化された Si_3N_4 上の Cr 薄膜）を置く．露光用光源は Xe ランプ（発光スペクトルの中心波長 550 nm, 波長幅 80 nm, 光パワー密度 100 mW/cm^2）であり，この光の波長は FH-SP-3CL の吸収端波長より長いが，フォノン援用過程によって DPP によりパターンが形成される．露光後に Si 基板を除去し Si_3N_4 を薄膜化する．以上により製作した FZP の電子顕微鏡像を図 6.13(a) に示す．最外円の帯幅（190 nm）は光源波長（550 nm）よりずっと小さいにもかかわらず，全体に明瞭な同心円パターンが形成されていることがわかる．図 6.13(b) はその断面図であり，各同心円の厚さを表している．比較のために FH-SP-3CL の吸収端波長より短波長の Hg ランプ（発光スペクトルの中心波長 450 nm, 波長幅 40 nm, 光パワー密度 100 mW/cm^2）を光源と

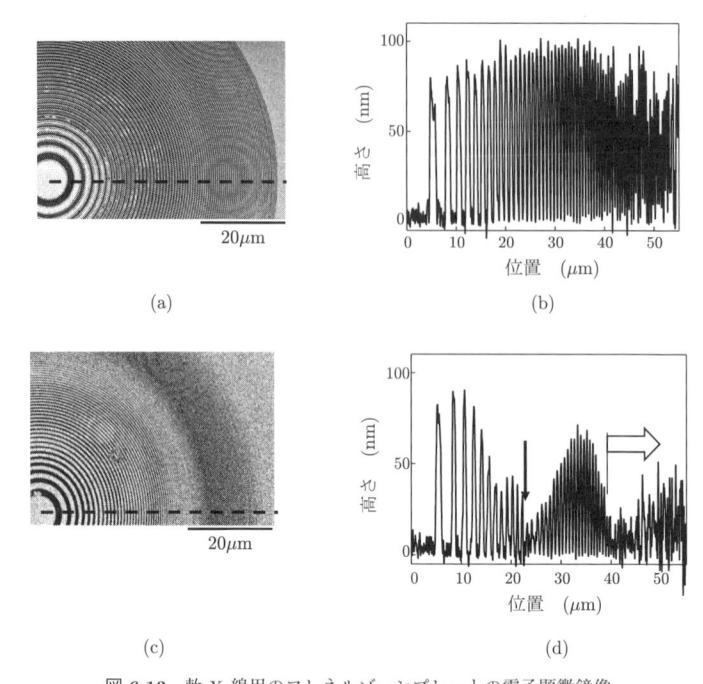

図 6.13 軟 X 線用のフレネルゾーンプレートの電子顕微鏡像
(a) Xe ランプ（発光スペクトルの中心波長 550 nm）を光源として使った場合．(b) 図 (a) 中の破線に沿った断面形状．(c) Hg ランプ（発光スペクトルの中心波長 450 nm）を光源として使った場合．(d) 図 (c) 中の破線に沿った断面形状．

して用いて作製された結果を図 6.13(c)，(d) に示す．図 6.13(d) の断面図中の白く太い右向きの矢印で示される部分では同心円の厚さが小さいことがわかる．これは伝搬光の回折の影響による．また，下向きの矢印で示した部分でも同心円の厚さが小さい．ここでは同心円の帯幅が 450 nm であり，光源からの光の波長の値と一致することから，これは露光時に散乱光と隣の開口を透過した伝搬光との間の干渉により光強度が増加したことに起因する．以上の特性の比較により，コントラストの高い FZP を製作するには DPP を用いる方法が有利であることがわかる．

さらに DPP を用いて同様の方法で波長 325 nm の紫外線用の FZP を作った結果を図 6.14 に示す．外径が $400\,\mu{\rm m}$，かつ最外部と再内部の帯幅の比が 60 と大きいにもかかわらず，FZP 全体にわたりコントラストの高いパターンが形成されていることがわかる．なお，図 6.15 は作製に使用したフォトマスクの写真である．写真では縦に 7 個，横に 7 個並んだ FZP 用フォトマスクが一辺 7 mm の四角形の範囲内に作製されている．これにより同時に 49 個の FZP を一括製造可能であり，これは電子ビームや収束イオンビームを用いる場合にくらべ作製時間を著しく短縮することができ，大量

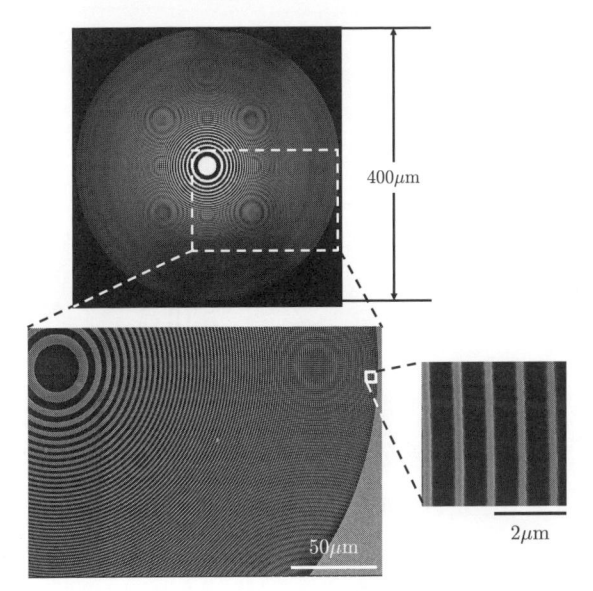

図 6.14 紫外線用のフレネルゾーンプレート（口絵 4）
上図は作製されたフレネルゾーンプレートの光学顕微鏡像．下図は走査型電子顕微鏡像．

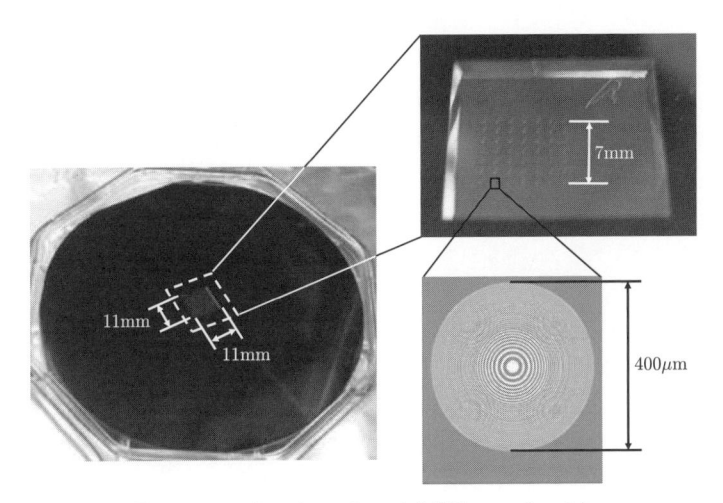

図 6.15 フレネルゾーンプレート作製用のフォトマスク

生産に適することを意味している．

(3) 軟 X 線用の回折格子 [13]：上記 (2) と同様に，Si 基板上に塗布したフォトレジストの上にフォトマスクを置いて露光し，Si 基板上に 1 mm あたり 7600 本の線状パ

ターンを作る．その後この上に Mo などの薄膜を塗布することにより図 6.16(a) に示すように軟 X 線用の回折格子が作られている．図 6.16(b) にはその回折効率を示すが，波長 0.6 nm の軟 X 線に対する回折効率は 3.3%であり，これは KAP 結晶格子を用いた市販の回折格子に対して約 1.4 倍高い値になっている．

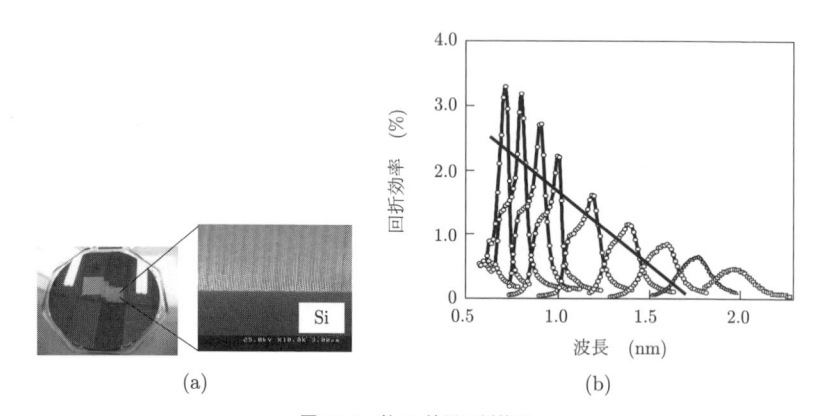

図 6.16 軟 X 線用回折格子
(a) 回折格子外観（左）とその電子顕微鏡像（右）．(b) 回折効率の測定値．実線の直線は KAP 結晶を用いた市販の回折格子の回折効率．

以上の例のみに留まらず多様なデバイスを作製するため，DPP を用いた実用的なリソグラフィ装置が開発された．この装置には次のような工夫が加えられている．

(1) フォトレジストの選択：フォトレジストを基板上に薄く塗ったとき，その表面ができるだけ均一となるようなフォトレジスト用材料を選択する．さらに，加工の分解能を上げるために小さい分子からなる材料を選択する．

(2) フォトマスクとフォトレジストとの間の密着：図 6.17 に示すようにフォトマスクを薄膜化し，空気圧によってフォトレジスト表面の大面積にわたり密着させる．また，露光後にフォトマスクをはがすとき，フォトマスクが損傷しないようにフォトマスクとフォトレジストとの間に表面保護薄膜を塗布する．

(3) 大面積にわたる加工：フォトマスクをフォトレジストに密着させて露光した後，このフォトマスクをフォトレジスト表面の隣接する位置に移動して露光する．これを繰り返すことにより，大面積にわたり加工する．これはステップアンドリピート（step and repeat）法と呼ばれており，加工可能な面積はフォトマスクの面積と繰り返し回数との積によって決まる．

(4) 機械的振動の除去：装置を設置してある部屋の床の振動などによってフォトマスクとフォトレジストの相対位置がずれるのを防ぐために，装置全体の形状，構造を調節し，除振効果を高める．

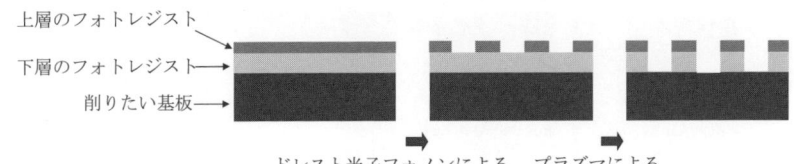

6.2 ドレスト光子フォノンによるリソグラフィ

図中ラベル（上段）：
- 上層のフォトレジスト
- 下層のフォトレジスト
- 削りたい基板
- ドレスト光子フォノンによる
- プラズマによる

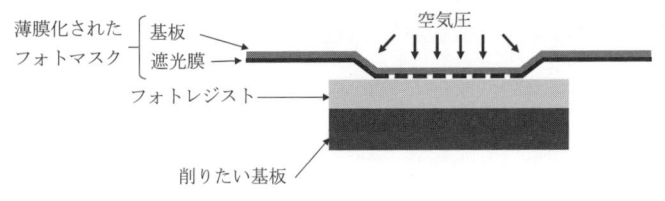

図中ラベル（下段）：
- 薄膜化されたフォトマスク
- 基板
- 遮光膜
- 空気圧
- フォトレジスト
- 削りたい基板

図 **6.17** フォトマスクとフォトレジストとの間の密着方法

(5) ゴミの除去：フォトマスクとフォトレジストの間に微粒子などのゴミが付着しないよう，露光部のクリーン度は少なくともクラス 10 に保つ[*3)]．その周囲はクラス 100〜1000 に保つ．

これらをもとに図 6.18 に示すように実用化のひな形としての小型装置が製造された [14]．床面積はわずか $1\,\mathrm{m}^2$ である．また，自動化のために加工対象の Si 基板などの試料は装置内でロボットにより自動搬送される．これを含め加工の主要な過程は計算機により制御されている．DPP を用いる為の光源として Xe ランプが用いられているが，最近では緑色光を発生する発光ダイオードが用いられるようになった．この光源の発光効率は低いもののその消費電力は $4.5\,\mathrm{W}$ にすぎず，装置の小消費エネルギー化が顕著となっている．また，装置はさらに小型化され，図 6.19 に示すデスクトップ

図 **6.18** 実用化のひな形としての小型装置の外観

---

*3) クラス X とは洗浄度レベルの等級分けをした表現である．我が国では JISB9920（クリーンルーム中における浮遊微粒子の濃度測定方法）で定めており，体積 $1\,\mathrm{m}^3$ の空気中に含まれる粒径 $0.1\,\mu\mathrm{m}$ 以上の粒子数が X 個以下に保たれている状態を意味する．X は 10 のべき乗で表す．

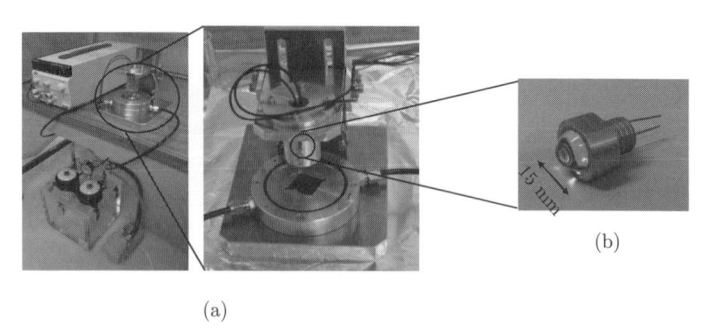

図 **6.19** デスクトップ機器
(a) 機器の外観. (b) 光源として使われている発光ダイオードの外観.

装置が開発され使用されている.

図 6.20 はこれらの装置により加工された形状の例である [15]. 一辺 5 mm のフォトマスクを使い, ステップアンドリピート方式により 50 mm × 60 mm の面積にわたり加工されている. 線幅 40 nm, 周期 90 nm のパターン (図 6.20(a)), 線幅 32 nm, 周期 85 nm, かつアスペクト比が 3.3 に達する細くて深いパターン (図 6.20(b)), さらには, 最小の線幅として 22 nm が得られている (図 6.20(c)).

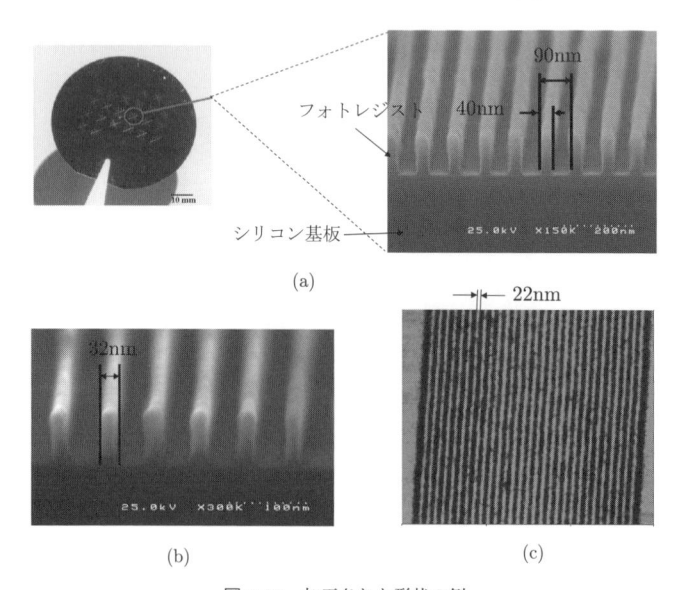

図 **6.20** 加工された形状の例
(a) 線幅 40 nm, 周期 90 nm のパターン. (b) 高アスペクト比のパターン. (c) 最少線幅 (22 nm) のパターン.

表 6.2 光リソグラフィ装置の消費エネルギーの比較

	伝搬光を用いた装置[1, 2]	DPP を用いた装置[1]
光源	ArF レーザーなど (0.9 億 kWh/年)	発光ダイオード (0.01 億 kWh/年)
光学素子	紫外光対応の光学素子作製 (0.1 億 kWh/年)	可視光用の光学素子作製 (0.05 億 kWh/年)
加工装置	真空装置 (>30 億 kWh/年)	大気中で使用 (10 億 kWh/年)
周囲環境	クリーンルーム (床面積 200 m^2) (≫90 億 kWh/年)	クリーンブース (床面積 2 m^2) およびそれを設置するクリーンルーム (45 億 kWh/年)
上欄の合計の値	≫121 億 kWh/年	～55 億 kWh/年

(1) 両装置とも 1000 台稼働すると仮定.
(2) 従来の伝搬光を用いた装置の消費エネルギーは文献 [16] により算出.

　伝搬光を用いた従来の光リソグラフィでは光の回折により制限される加工の精度（分解能）を向上させるため紫外線が用いられてきた．最近ではより短波長の極端紫外線，シンクロトロン放射光などの使用も検討されている．しかしこれらの光源は大型かつ大消費エネルギーである．また短波長用の特殊な光学素子，それらを収納する大型真空装置，さらには装置全体を設置する大型クリーンルームなどが必要であり，これらが消費するエネルギーは莫大である．また装置価格も数十億円に達するため，実際には技術の限界に達しつつある．それに対し，DPP を用いるリソグラフィ装置は紫外線源などの光源は不要である．むしろ図 6.6(b), (c) の比較から，紫外線のような短波長の光を使うのは不利であることがわかる．さらには高真空装置も不要なので，装置全体が小型になっている．また，大型のクリーンルームなども不要である．これらをまとめ，消費エネルギーの観点から従来の装置と比較すると表 6.2 のようになる．

　この表によると，DPP を用いると装置の小消費エネルギー化が著しいことがわかる．さらに，従来では装置が大型，大消費エネルギー，高価格であったために作ることができなかった新しいデバイス（光デバイス，バイオチップ，微小化学チップなど）を多品種・少量生産することも可能となり，今後の社会の要求の多様化に適合して新応用，新市場を創出すると期待されている．

6.3　ドレスト光子フォノンの自律的な消滅過程を用いた微細加工

　前節までに記した新しい微細加工には DPP を発生させるための部品としてファイバプローブ，フォトマスクが用いられてきた．しかし第 4 章によると一般に DPP は有限の長さをもつ一次元格子振動モデルを適用できる物質には必ず発生し，その先端に停留しうる．本節ではこの可能性に着目し，上記の部品を必要としない自律的な微

細加工技術を紹介する．

6.3.1　エッチングによる基板表面の平坦化

第一の例としてレーザー用の鏡のための合成石英ガラス基板の表面研磨を取り上げる．ガラス基板に限らず表面研磨には酸化セリウム (CeO_2) などの研磨剤を用いる化学機械研磨法 (chemical-mechanical polishing，以下では CMP と略記する) が長年にわたり用いられてきた [17]．合成石英ガラス基板は面粗さ $10\,\mu m$ の研磨パッドと粒径 $100\,nm$ の CeO_2 を含む懸濁液を用いた CMP 法により研磨されてきたが，これにより実現する表面粗さ R_a の最小値は約 $2\,\text{Å}$ であり [18]，これ以下の値を得ることは困難である．なお R_a は

$$R_a = \frac{1}{l}\int_0^l f(x)dx \qquad (6.19)$$

により与えられる．ここで $f(x)$ は基板表面内の位置 x における基板面の厚さであり，l は基板表面に沿った測定範囲の全長である．dx は測定の分解能に相当する．さらに，研磨の際に CeO_2 粒子や懸濁液中の不純物が基板と接触するために傷や凹みが生じることなどの問題がある．

ところで最近はレーザー光の高パワー化，超短パルス化，短波長化に伴い，鏡の光耐性をいっそう向上させることが必須となっている．そのためには R_a を $1\,\text{Å}$ 程度まで減少させることが要求されている [19]．この要求に応えるため，DPP を用いた化学エッチング法が開発された [20]．すなわち図 6.21 に示すように，室温において約 $100\,Pa$ の圧力の塩素 (Cl_2) 分子気体を満たした真空容器の中に直径 $30\,mm$ の円形の

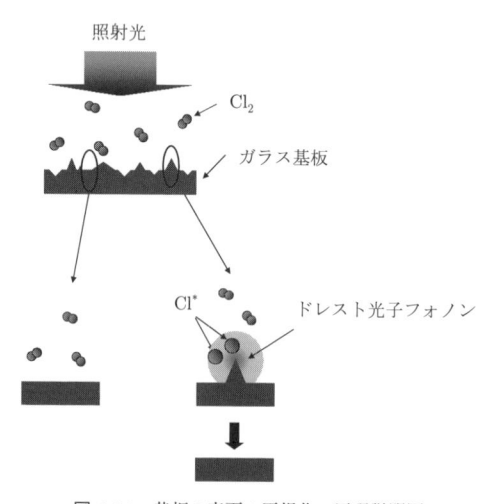

図 6.21　基板の表面の平坦化の原理説明図

合成石英ガラス基板を設置する．これは気相軸付け法で作製され OH 基の含有量は 1 ppm 以下である [21]．Cl_2 はこの基板と化学反応しないが，Cl*原子は化学的に活性であるため反応し基板はエッチングされる．なお，この化学記号に付された*印は化学的に活性なラジカル原子であることを意味する．これにより基板表面の平坦化が期待される．この Cl*を生成するために，ここでは 6.1 節の分子解離と同等の方法で Cl_2 を解離する．その際，DPP を用いるので，Cl_2 の励起エネルギー E_{ex} (3.10 eV) より小さい光子エネルギーをもつ光（波長 532 nm，光子エネルギー 2.33 eV）を基板全面にわたって照射する（光パワー密度 $0.28\,W/cm^2$)．なお，このような光子エネルギーの小さい伝搬光では Cl_2 分子は解離せず，DPP のみによって解離することに注意されたい．

基板の平坦部にこの光が照射された場合，その表面には DPP は発生しないので，近傍の Cl_2 は安定に保たれる．しかし非平坦部にある微小な突起の先端には DPP が発生するので，フォノン援用過程により Cl_2 が解離し Cl*が生成される．生成した Cl*はこの突起部と化学反応し，基板のエッチングが進行するので突起部の形，寸法は時々刻々変化していく．なお，DPP は表面の凹部には発生しない．なぜなら凹部はすり鉢状の三次元形状を持つので第 4 章の一次元格子振動モデルが適用できないからである．

以上がエッチングの原理であり，これは自律的な加工法である．すなわち光照射により突起部の選択的なエッチングが始まり，もはや DPP が発生しなくなるとエッチングは終了する．言い換えると突起部の変形の結果，DPP が消滅するとエッチングは終了する．エッチング速度は光パワーと Cl_2 分子圧力の値に依存するので，両者とも十分大きい必要があるが，両者の組み合わせには最適値がある．図 6.22 は実用化されたエッチング装置の外観である．

直径 30 mm の円形の合成石英ガラス基板を CMP により予備研磨した直後に，その表面の AFM 像を測定した結果を図 6.23(a) に示す．この図によると，表面には CMP

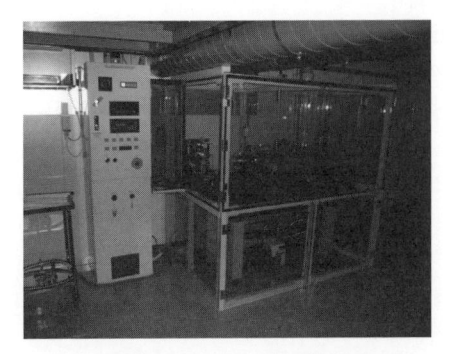

図 **6.22** エッチング装置の外観

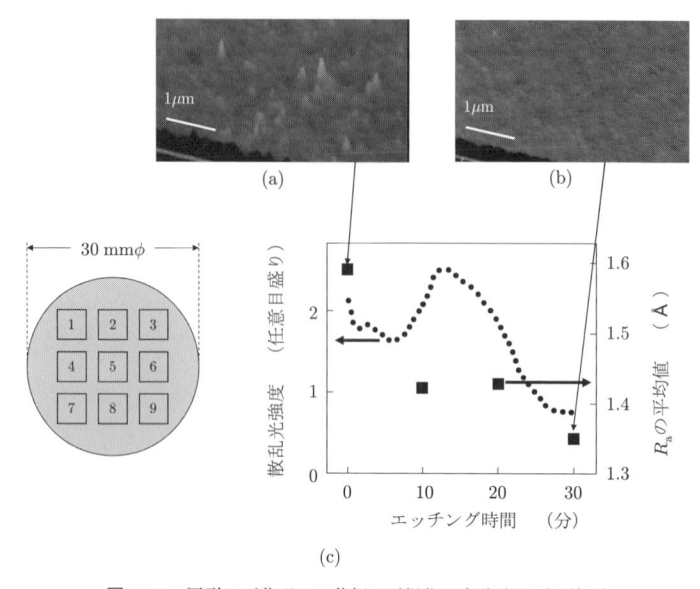

図 6.23 円形の石英ガラス基板の平坦化の実験結果（口絵 5）
(a), (b) は各々平坦化前, 後の基板表面の原子間力顕微鏡像. (c) 原子間力顕微鏡を用いて測定した円形基板表面の九箇所の位置関係（左図）. ■印, 点線の曲線は各々面粗さ, 散乱光強度の時間変化（右図）.

の際の直線上の引っかき傷, 研磨されずに残った微細な突起などがあることがわかる. この基板を DPP を用いたエッチングにより平坦化した結果を図 6.23(b) に示す. これを図 6.23(a) と比較すると引っかき傷, 突起などが消失し, より平坦になっていることがわかる. ここでは基板表面の互いに $100\,\mu m$ 離れた九箇所の $10\,\mu m \times 10\,\mu m$ の面積内での AFM による測定結果から (6.19) により表面粗さ R_a を求めたが, それら九つの値の平均値 $\bar{R}_a$ とエッチング時間との関係を図 6.23(c) に示す. 測定の分解能（(6.19) の dx に相当）は約 40 nm であり, これは AFM 用のカンチレバーの先端寸法に依存する. この図によるとエッチング前の $\bar{R}_a$ は約 2.1 Å であったが, エッチング開始後約 30 分経過すると 1.3 Å まで減少しほぼ定常値に達していることがわかる [22]. さらに九つの R_a の値の標準偏差値もエッチング後に各々減少し, 基板面全体にわたり均一に平坦化されたことが確認されている. なお図 6.23(c) 中の点線の曲線は波長 632 nm のレーザー光（すなわちその光子エネルギーは E_{ex} 以下. 光パワー密度 $0.13\,W/cm^2$, 光ビーム径 1.0 mm）をエッチング中の基板表面に照射し, その散乱光強度を実時間で測定した結果である [22]. その時間変化のようすは $\bar{R}_a$ の時間変化と同様であり, 両者の結果の妥当性が確認される. なお, エッチング開始の約 10 分後には $\bar{R}_a$ の値も散乱光強度もともにいったん増加している. AFM 像の空間パワー

スペクトル密度を分析すると，これはエッチングにより一つの高い突起が複数の低い突起へと変形したことに起因している．なお，その後この自律的なエッチングが進むにつれ，散乱光強度と $\bar{R}_a$ の値とは減少していく．以上の時間的変化の様子のパワースペクトル解析が行われており [23]，その特性は後掲の 8.4 節に示す数理科学モデルに基づいて説明することが可能である．

このようにして平坦化された基板の上に反射膜を塗布して作られたレーザー用鏡の光耐性を標準的な試験法（ISO 11254-022 on 1）により評価した結果を図 6.24 の◆印に示す [24]．これは波長 355 nm のパルスレーザー光を照射し鏡の損傷の発生確率を測定する評価方法である．この図には従来の CMP 法で研磨された基板を用いて作った鏡に対する検査結果も記されている．損傷確率 50% における光量を損傷のしきい値と定義すると，エッチング後（◆印）は 74 J/cm^2 である．これに対しエッチング前（▼印）が 28 J/cm^2，市販品の最高値（▲印）が 39 J/cm^2 であることから，本技術の有効性が確認される．

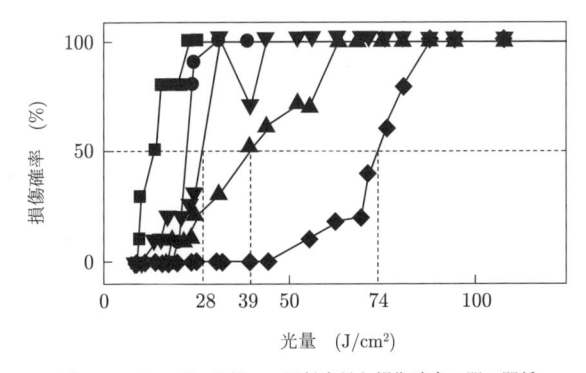

図 6.24 レーザー用鏡への照射光量と損傷確率の間の関係

◆，▼印は各々基板平坦化後，前の値．▲，●，■印は市販品の値．損傷のしきい値は破線の下部に記す．

なお，波長 750 nm のパルスレーザー光を用いたポンプ・プローブ分光法により鏡の損傷機構が同定されている [25]．すなわち，強いパルスレーザー光をポンプ光として用い，これを基板表面に照射して損傷させ，その直後に同じパルスレーザー光の一部をプローブ光としてこの損傷部に照射したときに発生するラマン信号光のスペクトルが測定された．その結果，基板の成分であるアモルファス状態の SiO$_2$ 分子構造がポンプ光照射によって約 300 fs の時定数で一度結晶化し，その後 200 fs 程度の時定数で Si-O の結合が切れて損傷が進行することが確認された．この損傷のしきい値はエッチング前の値（6.9 kJ/cm^2）に比べエッチング後は 1.3 倍以上増加しており，この分光法によっても光耐性の増加に対するエッチングの効果が確認されている．

以上のエッチング技術は上記の平面基板以外にも多様な基板に対して適用可能である．すなわち凸面，凹面，側面，円筒の内壁，間隔を置いて並べた複数の基板などである [26]．いずれの場合にも基板表面に光と Cl_2 分子が到達すればエッチングが自律的に行われる．その一例として図 6.25 に示すように互いに平行に並んだ回折格子状のストライプの各側面を平坦化した例を紹介しよう．ここではソーダライムガラス基板表面に熱ナノインプリント法により回折格子状のパターンを作り付けた試料が使われている [27]．このパターンの高さおよび周期の平均値は各々 13.5 nm，175 nm である．これに対し上記と同様に波長 532 nm，パワー密度 $0.28\,\mathrm{W/cm^2}$ の光，および圧力 100 Pa の Cl_2 を用いてエッチングが行われた．図 6.26(a) はエッチング前の AFM

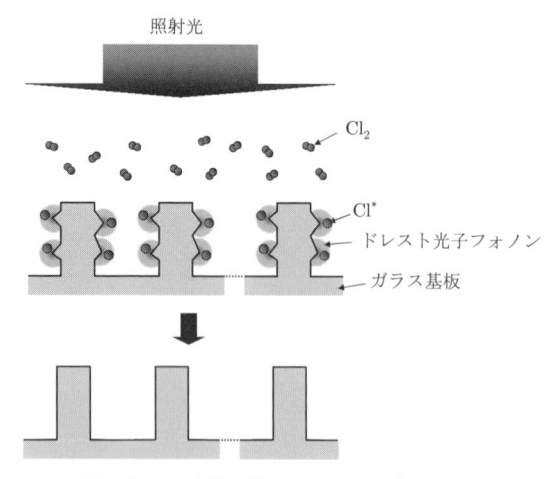

図 **6.25** 互いに平行に並んだ回折格子状のストライプの各側面の平坦化の原理説明図

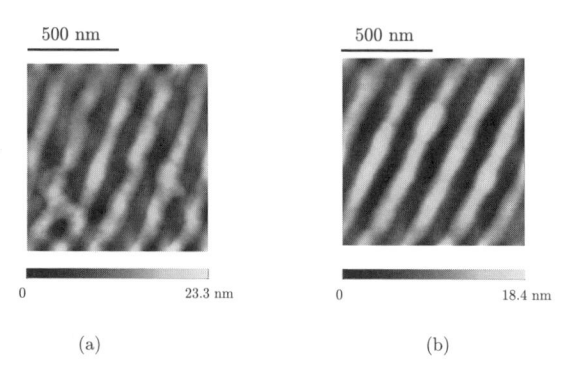

(a) (b)

図 **6.26** ソーダライムガラス基板表面の回折格子状のパターンの原子間力顕微鏡像
(a) 平坦化前．(b) 平坦化後．

6.3 ドレスト光子フォノンの自律的な消滅過程を用いた微細加工

表 6.3 エッチング前後での各部の寸法と表面粗さ

	エッチング前	エッチング後
ストライプの幅の平均値	94.4 nm	89.8 nm
() 内は標準偏差値	(20.7 nm)	(17.6 nm)
ストライプ面[1] の表面粗さ R_a	0.68 nm	0.36 nm
溝面[2] の表面粗さ R_a	0.76 nm	0.26 nm

(1) エッチング速度 0.64 nm/hour
(2) エッチング速度 1.0 nm/hour

像であり，ストライプがうねっていることがわかる．これはストライプ側面に突起部があることを反映している．これに対し図 6.26(b) は 30 分のエッチング後の AFM 像であるが，ストライプのうねりが減少し，これは側面の突起部が減少したことを反映している．これらの測定結果をもとにエッチング前後の各部の面粗さを評価した結果が表 6.3 である．特にストライプの幅の平均値とその標準偏差値がともにエッチング後に減少していることは，側面の平坦化が実現したことを表している．本方法はこの他にもハードディスク用ガラス基板 [28]，極端紫外線の伝搬光を用いた既存のリソグラフィ用フォトマスク [29] の平坦化などに応用されている．

以上のエッチングはラジカル原子と反応する物質であれば適用可能であり，結晶，プラスチック，金属などにも広く応用できる．たとえば GaN [30]，ダイヤモンド [31] などの結晶，PMMA[32] などのプラスチックの表面が平坦化されている．さらに上記の Cl_2 の他に F_2，O_2 などの分子気体も利用できる．また，最近では上記のハードディスク用ガラス基板表面を平坦化する際，これらの分子気体ではなく塗料系の有機薄膜を表面に塗布し，これに光を照射することにより大気中で短時間での平坦化が可能になっている [28]．従来の CMP で多量に用いられている CeO_2 はレアメタル（希少物質）であるため，資源枯渇の問題を含むが，本方法はその問題の解決に有望である．

6.3.2 堆積による基板表面の傷修復

前の小節に記したエッチング技術は基板表面を削りながら表面粗さを減少させていく方法であった．それとは反対に，基板表面に物質を堆積しながら表面粗さを減少することも可能である．ここではその例として，多結晶アルミナ (Al_2O_3) 基板の表面の傷の修復の例を紹介する [33]．最近では可視域の伝搬光に対するこの材料の透過率が増加し，レーザー媒質や光学窓への応用が進展している [34-38]．特に多結晶アルミナを用いて作られるセラミックレーザーは自動車用スパークプラグにも応用されている [39]．透過率をさらに増加させるには表面平坦化が重要であるが，そのための予備研磨により表面に多数の直線状の引っかき傷が生じている．前節で述べた CMP は単結晶やアモルファス物質には適用できるものの，多結晶の場合には研磨剤との相互作用が非等方であるため，この傷を修復するのには有効ではない．

そこでこの修復のためにスパッタリングにより基板に Al_2O_3 を堆積させる．図 6.27(a) に示すように，通常のスパッタリング法では，基板表面に飛来した Al_2O_3 微粒子が基板表面を移動する距離は自由エネルギーのシュベーベル（Schwöbel）障壁の高さに依存することが知られている [40,41]．この障壁は傷の稜線部では高いので，ここに飛来した Al_2O_3 微粒子はこの障壁を乗り越えて傷の斜面と底部，および基板表面の平坦部へと移動することが困難である．従って Al_2O_3 微粒子は傷の稜線部に留まりそこに堆積するので，この方法では堆積後にも溝の形状は残る．それに対し図 6.27(b) に示すようにスパッタリングの際，基板表面に光を照射すると傷の稜線部に DPP が発生し，そこに飛来した Al_2O_3 微粒子はフォノン援用過程により活性化し，シュベーベル（Schwöbel）障壁を乗り越え，傷の斜面，底部へと移動して堆積が進み，その結果傷が修復される．

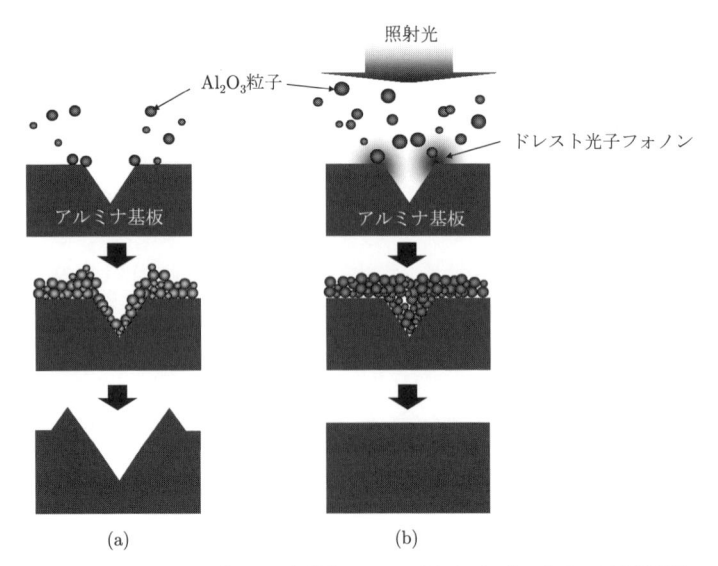

図 6.27　Al_2O_3 の堆積による多結晶アルミナ基板表面の傷の修復の原理説明図
(a) 光を照射しない通常のスパッタリング法．(b) 光照射によるスパッタリング法．

この方法の有効性を確認するために使用した多結晶 Al_2O_3 基板は直径 $0.5\,\mu m$ のダイヤモンド粒子を用いて CMP により予備研磨されている．その表面に RF スパッタリングにより Al_2O_3 微粒子を堆積させる．その際，波長 473 nm のレーザー光（その光子エネルギー 2.62 eV は Al_2O_3 の励起エネルギー 4.96 eV[42] より小さい．光パワー密度は $2.7\,W/cm^2$）を基板表面に照射する．30 分間のスパッタリングの後，約 100 nm の厚さの Al_2O_3 層が堆積される．図 6.28(a), (b), (c) は各々スパッタリング

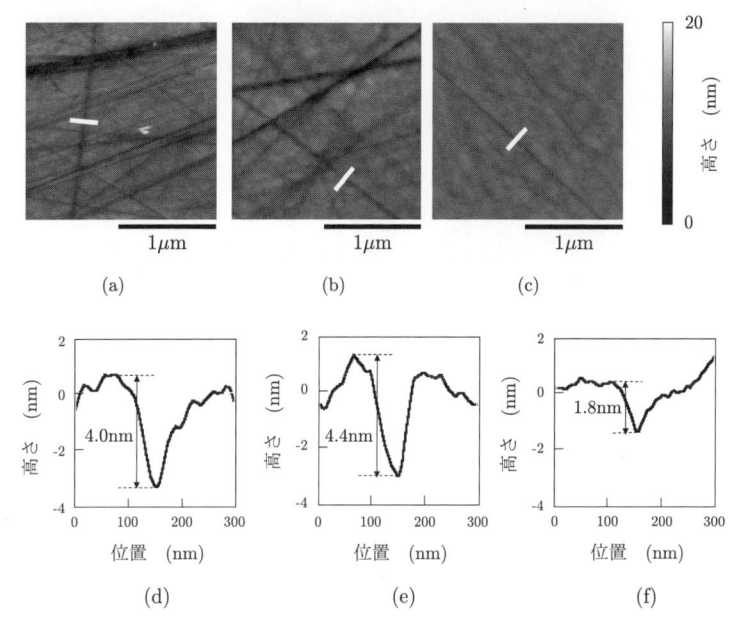

6.3 ドレスト光子フォノンの自律的な消滅過程を用いた微細加工　　　155

図 **6.28**　多結晶アルミナ基板表面の傷の修復の結果
(a),(b),(c) は各々スパッタリング前，光を照射しない通常のスパッタリングの後（図 6.27(a) に相当），光照射によるスパッタリングの後（図 6.27(b) に相当）の基板表面の原子間力顕微鏡像．(d),(e),(f) は各々 (a),(b),(c) 中の白線に沿った傷の断面形状．

前，光を照射しない通常のスパッタリングの後，上記の光照射によるスパッタリングの後の基板表面の AFM 像である．これらの図を比較すると，光照射によるスパッタリングにより傷が修復されていることがわかる．また，図 6.28(d)，(e)，(f) はこれらの図の中の白線に沿った傷の断面形状である．その深さは各々 4.0 nm，4.4 nm，1.8 nm であり，光照射の有効性が確認される．より定量的な評価をするために図 6.28(a)，(b)，(c) の AFM 像を使い 6.3.1 項の (6.19) をもとに表面粗さ R_a を求めた結果を表 6.4 に示す．さらには傷の直線的な特徴を選択的に抽出するためにハフ（Hough）変換 [43] を用いて傷の深さを求めた結果もこの表に示すが，その中の数値を見るとスパッタリング前，通常のスパッタリング後の数値に比べ，光を照射したスパッタリン

表 **6.4**　スパッタリング前後での各部の寸法と表面粗さ

	スパッタリング前	通常のスパッタリング後（光照射なし）	光照射スパッタリング後
図 6.28(d)-(f) から求めた溝の深さ	4.0 nm	4.4 nm	1.8 nm
表面粗さ R_a の値	1.3 nm	1.1 nm	0.5 nm
ハフ変換を用いて求めた溝の深さ	3.2 nm	3.8 nm	0.8 nm

グ後の数値は著しく小さくなっており，DPPの効果の有効性が確認される．

6.3.3 その他の関連する方法

上記のエッチング，スパッタリングの他に，関連する技術がいくつか開発されているが，ここでは下記の例を紹介する．

(1) 半導体ナノ微粒子の寸法制御

エッチング，スパッタリングはいずれも基板表面の形状を平坦化する技術であるが，これは物質表面形状が制御可能であることを意味する．この制御技術をさらに発展させ，ゾルゲル法により溶液中での酸化亜鉛（ZnO）のナノ微粒子を合成し成長させる際，微粒子の寸法のばらつきを抑えるため光を照射する [44]．透過型電子顕微鏡による微粒子形状観測，および量子寸法効果を示すフォトルミネッセンスのスペクトルの測定結果から寸法のばらつきが減少したことが確認されている．この方法は $(AgIn)_xZn_{2(1-x)}S_2$ のナノ微粒子の寸法と組成制御にも応用されている [45]．

(2) 化合物半導体のモル比の空間的均一化

第4章によるとDPPは不純物のサイトにも停留するので，この現象を応用すると物質の組成の空間的不均一性を改善することができる．その例として発光ダイオード用材料として使われている $In_xGa_{1-x}N$ のモル比 x の空間分布の均一化がある [46]．すなわち，CVDにより $In_xGa_{1-x}N$ の薄膜を成長させる際に光を照射し，これによりモル比 x を均一化する．作製後の薄膜のフォトルミネッセンスのスペクトル幅が狭くなっていることから，均一化が確認されている．

7

ドレスト光子によるエネルギー変換

Ab uno disce omnes.
(一つの事からすべてを学べ)
Publius Vergilius Maro, *Aeneis*, **II, 66**

第4章ではナノ物質の先端または不純物原子のサイトにドレスト光子フォノン (DPP) が停留しうることを示したが,本章ではこの現象を応用したエネルギー変換の技術について解説する.特に 7.2 節,7.3 節では,高いエネルギー変換効率を得るために最適なエネルギー・空間分布をもつ DPP が材料全体にわたり自律的に発生するよう,DPP を用いてデバイス用の材料を加工する.これは 6.3 節のように DPP の自律的な消滅とは逆過程であるが,これも第 4 章で記した原理に基づいている.

7.1　光エネルギーから光エネルギーへの変換

　エネルギー変換の第一の例として,光エネルギーから光エネルギーへの変換を取り上げる.この場合,後掲のように光エネルギー上方変換が可能となるが,これは光周波数上方変換と考えることができる.ここでは第 4 章の図 4.12,表 4.2～4.4 で取り上げた半導体ではなく,有機色素結晶の微粒子群を材料として使う場合について説明する.すなわち,これらの微粒子群に長波長の光を照射して,短波長の光を発生させる.伝搬光を自然放出する過程として蛍光が従来より知られているが,これは紫外線などの短波長の光を吸収して長波長の可視光を発生させるので光周波数下方変換である.これに対し,DPP が関与する光吸収 (図 4.12(a), 表 4.2) により励起すると光周波数上方変換が可能になる.すなわち,図 7.1 に示すように凝集した色素微粒子に赤外線を照射するとそれらの突起部の先端に DPP が発生する.この DPP のエネルギーが近隣の色素微粒子へ移動すると変調の側波帯としての分子振動状態を経由した光吸収により電子励起状態への励起が可能となる.この励起状態は電気双極子許容準位であるので,この準位から電子基底状態への脱励起により自然放出光が発生する.その際,図 4.12(b),表 4.3 の第一段階の右部において発生する伝搬光を色素微粒子の遠方にて観測する.この脱励起過程は上記の蛍光と同等であるので発光効率は高い.

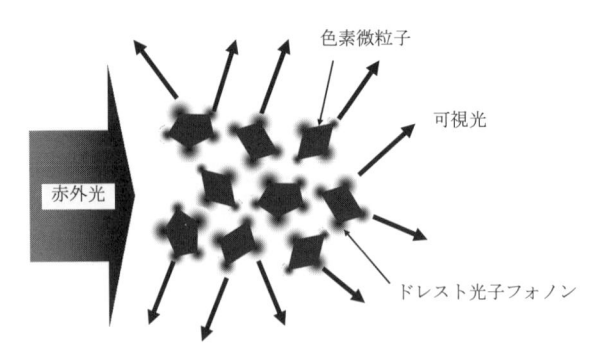

図 7.1 色素微粒子への赤外光の照射,可視光の発生

赤外線照射によるこの発光現象は表 7.1 に示す各種の色素微粒子により確認されている [1,2]. なお,これらの試料は色素分子を石英ガラス容器中で有機溶媒に分散後,有機溶媒を蒸発させ,凝集した色素結晶微粒子を容器内壁に堆積して作製されている. 表 7.1 の他,ローダミン(Rh)6G 色素微粒子により波長 600 nm〜680 nm での赤色発光も同様に確認されている. このように多様な色素微粒子からの発光が確認されて

表 7.1 使用した色素

色素分子名	クマリン 480	クマリン 540A	DCM
微粒子形状 (平均寸法)	棒状 (直径 2 μm, 長さ 50 μm) 図 7.2(a)	顆粒状 (直径 5 μm) 図 7.2(b)	顆粒状 (直径 10 nm〜数 μm) 図 7.2(c)
試料厚み	1 mm	1 mm	100 μm
電子励起エネルギー (吸収端波長)	2.82 eV (440 nm)	2.48 eV (500 nm)	1.88 eV (660 nm)
蛍光の光子エネルギーと 発光強度が最大値をとる 光子エネルギー(波長)の 測定値 [励起用の光の光子エネル ギー(波長)]	2.67 eV (460 nm) [1.53 eV (326 nm)]	2.22 eV (570 nm) [3.80 eV (326 nm)]	1.91 eV (650 nm) [3.08 eV (402 nm)]
DPP による発光の光子 エネルギー[a]と波長の 測定値	2.25 eV〜2.76 eV (450 nm〜550 nm) {発光強度最大値では 2.67 eV[a] (465 nm)}	2.07 eV〜2.48 eV (500 nm〜600 nm) {発光強度最大値では 2.36 eV[a] (525 nm)}	1.80 eV 以下 〜1.91 eV[a](650 nm 〜690 nm 以上)
[励起用の赤外線の光子エ ネルギー[b](波長)]	[1.53 eV[b] (808 nm)]	[1.53 eV[b] (808 nm)]	[1.54 eV[b] (805 nm)]
エネルギー上方変換量 (上記の (a) と (b) の差)	1.14 eV	0.83 eV	0.37 eV

7.1 光エネルギーから光エネルギーへの変換

いることから，この光周波数上方変換は普遍的現象であることがわかる．

これらの色素微粒子の走査型電子顕微鏡（SEM）像を図 7.2 に示す．また，DCM 色素微粒子からの赤色の可視光の発光スポット写真を図 7.3(a) に示す．この他，クマリン 480，クマリン 540A 色素微粒子から各々，青色，緑色の可視光（図 7.3(b)），さらにはスチルベン 420 色素微粒子から青色の可視光（図 7.3(c)）が発生しており，赤外線により可視光の三原色が発生したことが確認される．また，図 7.4(a) には DCM 色素微粒子からの発光の光学顕微鏡像を示すが，色素微粒子の突起部のみから発光しているため，多数の微小な輝点が見られる．比較のために短波長の光を吸収させ励起して得られる通常の蛍光の光学顕微鏡像を図 7.4(b) に示す．これは色素微粒子全体から発生するので画像は均一に明るくなっている．

図 7.5(a) の実線はクマリン 480 色素微粒子を波長 808 nm の赤外線で励起した場合の青色発光スペクトルであり，発光強度が最大値をとる波長は 465 nm である．発光と

図 **7.2** 色素微粒子の電子顕微鏡像
(a) クマリン 480． (b) クマリン 540 A． (c) DCM．

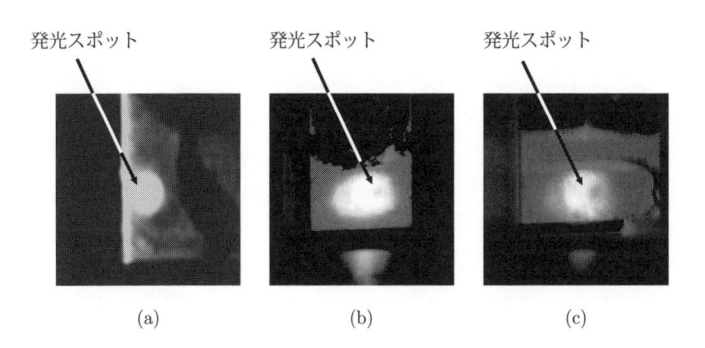

図 **7.3** 色素微粒子からの発光スポット写真（株式会社浜松ホトニクス，藤原弘康氏のご厚意による．口絵 6）
(a) DCM からの赤色発光． (b) クマリン 540 A からの緑色発光． (c) スチルベン 420 からの青色発光．

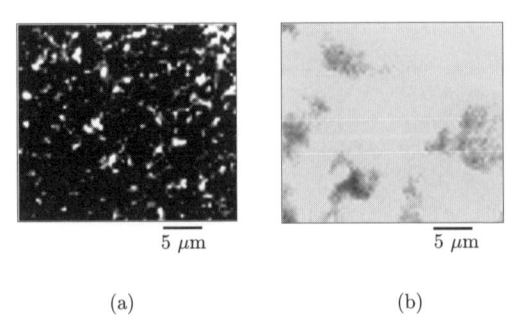

図 7.4 DCM 色素微粒子からの発光の光学顕微鏡像
(a) 赤外光を照射した場合. (b) 短波長の光を照射して得られた蛍光の像.

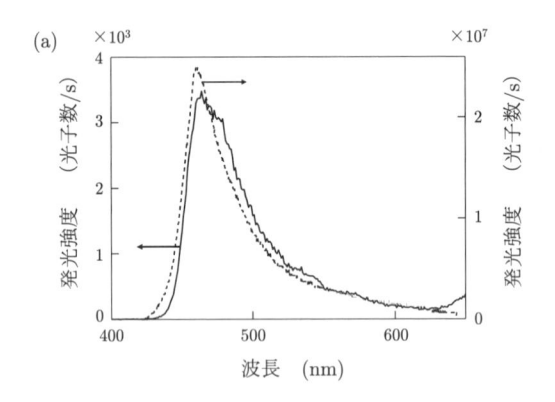

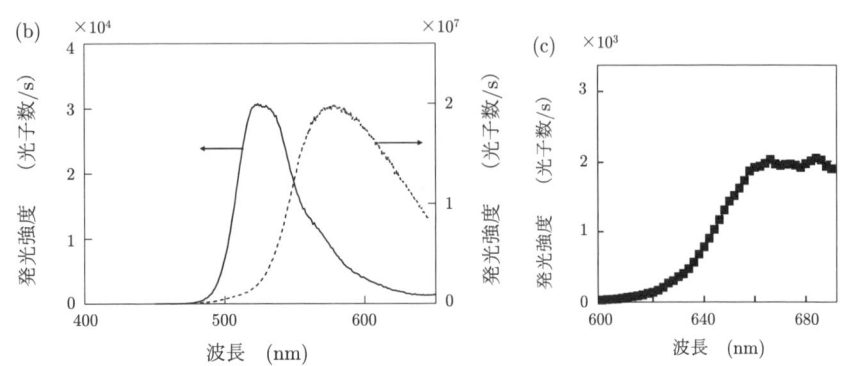

図 7.5 赤外線を照射したときに発生する可視光のスペクトル
(a) クマリン 480. 破線は紫外光による蛍光スペクトル.
(b) クマリン 540A. 破線は紫外光による蛍光スペクトル.
(c) DCM.

励起光の光子エネルギーの間のエネルギー上方変換量は約 1.14 eV である.参考のために破線には紫外線により励起したときの通常の蛍光のスペクトルを示す.このピーク波長も上記と同じく 465 nm である.同様に図 7.5(b) の実線はクマリン 540A 色素微粒子からの緑色発光スペクトルであり,発光ピーク波長は 525 nm,エネルギー上方変換量は約 0.83 eV である.このピーク波長は破線の蛍光スペクトルより約 54 nm 短波長であるが,この理由についてはさらに調査が必要である.さらに図 7.5(c) は DCM 色素微粒子からの青色発光スペクトルである.この図では波長 650 nm〜690 nm における発光強度を示しているが,実際にはさらに長波長まで達している.エネルギー上方変換量は約 0.37 eV である.紫外線により励起したときの通常の蛍光のスペクトルのピーク波長は上記とほぼ同様の 650 nm である.

以上のように赤外線励起による発光と通常の蛍光とを比較するとそれらのピーク波長が互いに同等であることから,両者の発光のための始状態は同等の電子励起状態であることがわかる.さらには周波数上方変換のための励起光(波長 805 nm),および蛍光のための励起光の可視光(波長 402 nm)がともにパルスの場合,周波数上方変換光と蛍光の強度がともに二つの時定数 $\tau_1 = 0.45$ ns, $\tau_2 = 1.37$ ns をもって指数関数的に減少したことから,周波数上方変換による発光は電子励起状態(後掲の表 7.3 の最終行にある $|E_{\mathrm{ex}}; \mathrm{el}\rangle \otimes |E_{\mathrm{em}}; \mathrm{vib}\rangle$)から基底状態への電子遷移に起因することが確認されている [3,4].しかし励起に用いた赤外線の光子エネルギーは蛍光のための励起に必要な短波長の光子エネルギーに比べずっと小さい.このことから,これらの発光は色素微粒子中の電子が DPP により多段階励起されたことに起因すると考えられる.表 7.1 の三つの色素微粒子に関するエネルギー上方変換量は 0.37 eV〜1.14 eV であり,これらは 4.29×10^3 K 〜 1.32×10^3 K の高温度での熱エネルギーに相当するので,このエネルギー上方変換は熱効果ではない.

7.1.1 多段階励起

a. 三段階励起

クマリン 480,クマリン 540A の場合,エネルギー上方変換量は各々 1.14 eV, 0.83 eV と大きいので,三段階励起が必要である.図 7.6 はこれらの励起光強度 I_{ex} と発光強度 I_{em} との関係の測定結果である.ここで I_{em} はクマリン 480 の場合(図中の●印)には波長 460 nm(光子エネルギー 2.70 eV) における発光強度の値,クマリン 540A の場合(図中の■印)には波長 520 nm (2.38 eV) における発光強度の値を各々示した.三段階励起に対応して,この依存性を第 6 章の (6.13) と同様に三次関数

$$I_{\mathrm{em}} = a_{\omega_{\mathrm{p}}} I_{\mathrm{ex}} + b_{\omega_{\mathrm{p}}} I_{\mathrm{ex}}^2 + c_{\omega_{\mathrm{p}}} I_{\mathrm{ex}}^3 \tag{7.1}$$

で近似する.最小二乗当てはめにより各係数を求めるとクマリン 480 の場合

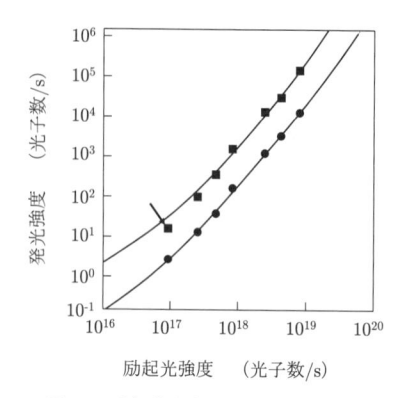

162   7. ドレスト光子によるエネルギー変換

図 7.6 励起光強度と発光強度との関係
●印はクマリン 480，■印はクマリン 540 A．矢印を付した■印は $I_{\text{ex}} = 9.2 \times 10^{16}$ 光子数/s, $I_{\text{em}} = 14.8$ 光子数/s の測定値を表す．

$$a_{2.70} = (1.19 \pm 0.85) \times 10^{-17}, \quad b_{2.70} = (1.71 \pm 0.10) \times 10^{-34},$$
$$c_{2.70} = (3.51 \pm 1.43) \times 10^{-54} \tag{7.2}$$

クマリン 540A の場合

$$a_{2.38} = (2.09 \pm 0.20) \times 10^{-16}, \quad b_{2.38} = (1.42 \pm 0.02) \times 10^{-33},$$
$$c_{2.38} = (9.20 \pm 0.39) \times 10^{-53} \tag{7.3}$$

を得る．これらの値を (7.1) に代入した結果を同図中の実線で示す．

(7.2)，(7.3) によると係数 b_{ω_p} と c_{ω_p} の比 $c_{\omega_p}/b_{\omega_p}$ は各々 2.1×10^{-20}, 6.5×10^{-20} である．これらの係数は各々第 6 章の (6.14b), (6.14c) により与えられ，両者の比は (6.17) により与えられるが，ここでは発光強度 I_{em}, 励起光強度 I_{ex} が一秒あたりに色素微粒子に入射する光子数，すなわち（光子数/s）の単位で表されていることを考慮すると (6.17) 右辺で測定値を代入すべき a_{ω_p} は $I_{\text{em}}/I_{\text{ex}}$ で置き換える必要があり，

$$\frac{c_{\omega_p}}{b_{\omega_p}} = \frac{\hbar}{2\pi} \left(\frac{p^{\text{el}}}{p^{\text{vib}}}\right)^2 \frac{1}{\gamma_{\text{vib}}^2} \frac{I_{\text{em}}}{I_{\text{ex}}} \tag{7.4}$$

となる．ここでクマリン 540A について実験値と比較するために図 7.6 中の矢印で表される位置での測定値 $I_{\text{ex}} = 9.2 \times 10^{16}$ 光子数/s, $I_{\text{em}} = 14.8$ 光子数/s の値を (7.4) 右辺に代入し，それ以外の値は (6.17) の場合と同様，$p^{\text{el}}/p^{\text{vib}} = 1 \times 10^{-4}$, $\gamma_{\text{vib}} = 0.1\,\text{eV}$ を代入すると $c_{\omega_p}/b_{\omega_p} = 1.1 \times 10^{-20}$ の値が得られる．これは (7.2), (7.3) から得られる測定値 6.5×10^{-20} と同等である．なお，(7.2), (7.3) 中の係数 a_{ω_p} の値は理論値よりも大きくなっているが，これは発光強度 $a_{\omega_p} I_{\text{ex}}$ が小さいために測定精度が低いことに起因する．

7.1 光エネルギーから光エネルギーへの変換

　色素微粒子を発光させるため，その中の電子を電子励起準位へと光吸収により多段階励起する過程の概要を図 7.7 に示す．これは第 4 章の図 4.12(a) に相当するが，この図には電子励起準位への三段階励起が示されている．ここで $|E_\alpha; \text{el}\rangle$, $|E_\beta; \text{vib}\rangle$ は各々分子中の電子状態と振動状態を表す．E_α は電子準位のエネルギーであり $\alpha = \text{g}$ は基底準位，$\alpha = \text{ex}$ は励起準位を表す．E_β は振動準位のエネルギーであり β は関連する振動準位 (i, a, b, c, em) を表す．なお，第 4 章の図 4.12 は半導体の場合を扱っているので，$|E_\beta; \text{vib}\rangle$ に相当するのはフォノンの状態 $|E_\beta; \text{phonon}\rangle$ であった．本章では分子を扱うのでその振動状態 $|E_\beta; \text{vib}\rangle$ を使っている．各段階の遷移と緩和を表 7.2 にまとめて示す．この表では第一段階，第二段階の遷移が終了後に熱平衡状態へ向けて緩和することが記載されている．これは第 4 章の表 4.2 には記載されていない．しかし DCM 色素微粒子に対してポンプ・プローブ分光法を用いて測定すると，緩和後に遷移が起こる確率，緩和せずに起こる確率は室温において約 1:1 であることが確認されている [5][*1)．この結果に基づき，この表ではこの緩和過程を記載しておいた．

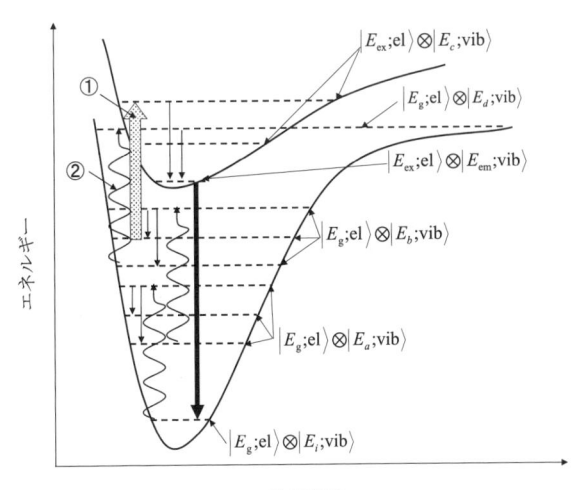

図 7.7　三段階励起の過程
上向きの太い矢印，上向きの波矢印は各々電気双極子許容遷移，電気双極子禁制遷移による励起を表す．下向きの細い矢印は緩和を表す．下向きの太い矢印は発光を表す．

[*1)　後掲の (7.11)，(7.12) にも示すように，二段階励起に寄与する中間状態の寿命は長，短の二種類ある．短寿命は中間状態の寿命に相当する．長寿命は熱平衡状態への緩和途中の状態の寿命である．この状態は二段階目の励起によって電子を励起状態に励起させるのに十分な高いエネルギー状態にある．長・短寿命をもつ発光の強度を比較すると中間状態の緩和後に遷移が起こる確率，緩和せずに起こる確率を見積もることが可能である．本文中の確率の比の値はこのようにして見積もられた．

表 7.2 三段階励起の経路

第一段階	始状態： 基底状態 $|E_g;\mathrm{el}\rangle \otimes |E_i;\mathrm{vib}\rangle$
	↓↓ 電気双極子禁制遷移
	（図 7.7 中の波矢印）
	振動励起状態 $|E_g;\mathrm{el}\rangle \otimes |E_a;\mathrm{vib}\rangle$
	↓↓ 緩和（熱平衡状態に向けて）[1]
	（図 7.7 中の下向きの細い矢印）
	中間状態： 上記の $|E_g;\mathrm{el}\rangle \otimes |E_a;\mathrm{vib}\rangle$ より少し低い振動励起状態
第二段階	↓↓ 電気双極子禁制遷移
	（図 7.7 中の波矢印）
	より高い振動励起状態 $|E_g;\mathrm{el}\rangle \otimes |E_b;\mathrm{vib}\rangle$
	↓↓ 緩和（熱平衡状態に向けて）
	（図 7.7 中の下向きの細い矢印）
	中間状態： 上記の $|E_g;\mathrm{el}\rangle \otimes |E_b;\mathrm{vib}\rangle$ より少し低い振動励起状態

第三段階[2]	経路 1	経路 2
	↓↓ 電気双極子許容遷移	↓↓ 電気双極子禁制遷移
	（図 7.7 中の太い矢印①）	（図 7.7 中の波矢印②）
	電子励起状態 $|E_\mathrm{ex};\mathrm{el}\rangle \otimes |E_c;\mathrm{vib}\rangle$	より高い振動励起状態 $|E_g;\mathrm{el}\rangle \otimes |E_d;\mathrm{vib}\rangle$

↓↓ 緩和
（熱平衡状態に向けて冷却，またはフォノンと電子状態との結合による）[3]
（図 7.7 中の下向きの細い矢印）
終状態： 発光のための初期状態 $|E_\mathrm{ex};\mathrm{el}\rangle \otimes |E_\mathrm{em};\mathrm{vib}\rangle$

(1) この緩和定数は実験により約 $100\,\mathrm{meV/ps}$ と確認されている [6]．(2) 熱平衡状態に緩和した振動状態のエネルギーが表 7.1 中の「エネルギー上方変換量」の値より大きければ，第三段階では二つの経路 1, 2 により励起される．(3) 文献 [7,8]

ところで，第三段階には二つの経路があることに注意されたい．以上の三段階励起により到達した電子励起状態 $|E_\mathrm{ex};\mathrm{el}\rangle \otimes |E_\mathrm{em};\mathrm{vib}\rangle$ から基底状態 $|E_g;\mathrm{el}\rangle \otimes |E_i;\mathrm{vib}\rangle$ への電気双極子許容遷移（図 7.7 の下向きの太い矢印）の結果，伝搬光を発生する．これは蛍光と同等の自然放出過程である．

第三段階の経路 1 は電気双極子許容遷移であり，その遷移確率は電気双極子禁制遷移に比べ約 10^6 倍大きいので [1,9]，経路 1 を経由した励起による発光の確率は電気双極子禁制遷移確率により制限される．従って発光強度 I_em は励起光強度 I_ex の二乗に比例する（$I_\mathrm{em} \propto I_\mathrm{ex}^2$）．一方，経路 2 の電気双極子禁制遷移は第一段階，第二段階の電気双極子禁制遷移と同じ確率をもつ．従って経路 2 を経由した励起による発光の強度 I_em は励起光強度 I_ex の三乗に比例する（$I_\mathrm{em} \propto I_\mathrm{ex}^3$）．以上により I_em は (7.1) の形に書くことが妥当であることがわかる．

b. 二段階励起

DCM の場合，表 7.1 に示すようにエネルギー上方変換量（励起光の光子エネルギー

と青，緑色の発光の光子エネルギーとの差）0.37 eV はクマリン 480，540A の場合に比べ小さいので，二段階励起に起因すると考えてよく，これは第 4 章の図 4.12(a)，表 4.2 と同様である．図 7.8 の■，●印は各々波長 650 nm (1.91 eV)，690 nm (1.80 eV) における発光強度 $I_{\rm em}$ の測定値を励起光（波長 805 nm (1.54 eV)）強度 $I_{\rm ex}$ の関数として示したものであるが，これらを二次関数

$$I_{\rm em} = a_{\omega_{\rm p}} I_{\rm ex} + b_{\omega_{\rm p}} I_{\rm ex}^2 \tag{7.5}$$

により当てはめると，係数の値は各々

$$a_{1.91} = (1.37 \pm 0.33) \times 10^{-17}, \quad b_{1.91} = (2.61 \pm 0.92) \times 10^{-36} \tag{7.6a}$$

$$a_{1.80} = (1.12 \pm 0.09) \times 10^{-16}, \quad b_{1.80} = (1.17 \pm 0.25) \times 10^{-35} \tag{7.6b}$$

となる．これらの値を (7.5) に代入した結果を同図中の実線に示す．

(7.6a), (7.6b) によると係数 $a_{\omega_{\rm p}}$ と $b_{\omega_{\rm p}}$ の比 $b_{\omega_{\rm p}}/a_{\omega_{\rm p}}$ は各々 1.9×10^{-19}, 1.0×10^{-19} である．これらの係数は各々第 6 章 (6.14a), (6.14b) により与えられ，両者の比は (6.17) により与えられるが，ここでは (7.4) と同様の考慮のもとに

$$\frac{b_{\omega_{\rm p}}}{a_{\omega_{\rm p}}} = \frac{\hbar}{2\pi}\left(\frac{p^{\rm el}}{p^{\rm vib}}\right)^2 \frac{1}{\gamma_{\rm vib}^2} \frac{I_{\rm em}}{I_{\rm ex}} \tag{7.7}$$

となる．ここで実験値と比較するために図 7.8 中の矢印で表される位置での測定値 $I_{\rm ex(1.80)} = 8.9 \times 10^{15}$ 光子数/s, $I_{\rm em(1.80)} = 0.75$ 光子数/s を (7.7) 右辺に代入し，それ以外の値は (6.17) と同様，$p^{\rm el}/p^{\rm vib} = 1 \times 10^{-4}$, $\gamma_{\rm vib} = 0.1$ eV を代入すると $b_{\omega_{\rm p}}/a_{\omega_{\rm p}} = 0.5 \times 10^{-19}$ の値が得られる．これは (7.6) から得られた測定値 1.0×10^{-19} と同等である．

二段階励起による可視光発生の起源を図 7.7，表 7.2 と同様，各々図 7.9，表 7.3 に

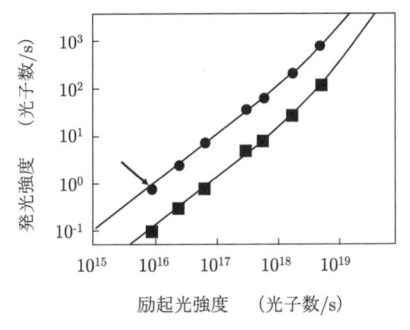

図 7.8 励起光強度と発光強度との関係（DCM 色素微粒子の場合）
■，●印は各々波長 650 nm，690 nm における発光強度．矢印を付した●印は $I_{\rm ex(1.80)} = 8.9 \times 10^{15}$ 光子数/s, $I_{\rm em(1.80)} = 0.75$ 光子数/s の測定値を表す．

表 7.3 二段階励起の経路

第一段階	始状態: 基底状態 $\lvert E_g; \mathrm{el}\rangle \otimes \lvert E_i; \mathrm{vib}\rangle$
	↓↓ 電気双極子禁制遷移
	(図 7.9 中の波矢印)
	振動励起状態 $\lvert E_g; \mathrm{el}\rangle \otimes \lvert E_a; \mathrm{vib}\rangle$
	↓↓ 緩和(熱平衡状態に向けて冷却)
	(図 7.9 中の下向きの細い矢印)[1]
	中間状態:上記の $\lvert E_g; \mathrm{el}\rangle \otimes \lvert E_a; \mathrm{vib}\rangle$ より少し低い振動励起状態

第二段階[2]	経路 1	経路 2
	↓↓ 電気双極子許容遷移	↓↓ 電気双極子禁制遷移
	(図 7.9 中の太い矢印①)	(図 7.9 中の波矢印②)
	電子励起状態 $\lvert E_{\mathrm{ex}}; \mathrm{el}\rangle \otimes \lvert E_c; \mathrm{vib}\rangle$	より高い振動状態 $\lvert E_g; \mathrm{el}\rangle \otimes \lvert E_d; \mathrm{vib}\rangle$
	↓↓ 緩和	
	(熱平衡状態に向けて冷却,またはフォノンと電子状態との結合による)	
	(図 7.9 中の下向きの細い矢印)[3]	
	終状態: 発光のための初期状態 $\lvert E_{\mathrm{ex}}; \mathrm{el}\rangle \otimes \lvert E_{\mathrm{em}}; \mathrm{vib}\rangle$	

(1) この緩和定数は実験により約 100 meV/ps と確認されている [6].
(2) 熱平衡状態に緩和した振動状態のエネルギーが表 7.1 中の「エネルギー上方変換量」の値より大きければ,第二段階では二つの経路 1,2 により励起される.
(3) 文献 [7,8]

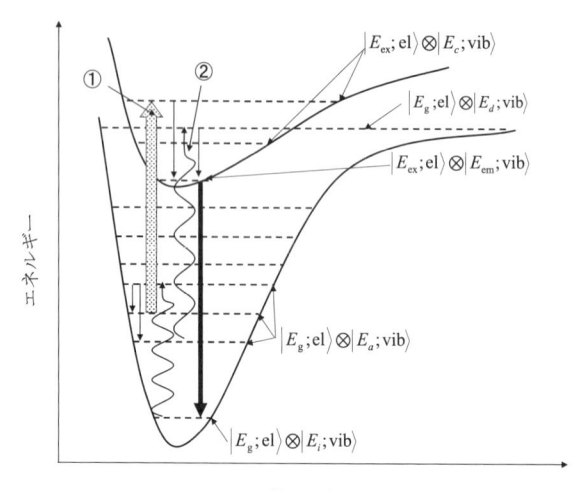

図 7.9 二段階励起の過程

上向きの太い矢印,上向きの波矢印は各々電気双極子許容遷移,電気双極子禁制遷移による励起を表す.下向きの細い矢印は緩和を表す.下向きの太い矢印は発光を表す.

まとめて示す．表 7.3 の第一段階の遷移が終了後に緩和，すなわち熱平衡状態へ向けての緩和が記載されている．これは第 4 章の表 4.2 の第一段階には記載されていない．しかしここでは表 7.2 の場合と同じ理由により記載しておく．なお，第二段階には二つの経路がある事に注意されたい．

以上の二段階励起により到達した電子励起状態 $|E_{\text{ex}}; \text{el}\rangle \otimes |E_{\text{em}}; \text{vib}\rangle$ から基底状態 $|E_{\text{g}}; \text{el}\rangle \otimes |E_i; \text{vib}\rangle$ への電気双極子許容遷移（図 7.9 の下向きの太い矢印）の結果，伝搬光を発生する．これは蛍光と同等の自然放出過程である．

図 7.8 において I_{em} が I_{ex} に比例する成分，および I_{ex}^2 に比例する成分をもつのは，上記の三段階励起の場合と同様，第二段階の経路 1，2 が各々電気双極子許容遷移，電気双極子禁制遷移であることに起因する．なお，以上の多段階励起に関わるフォノンのエネルギー準位を反映する発光スペクトルが最近ではポンプ・プローブ分光法により測定されている [10]．

c. 中間状態とその寿命

図 7.7 の中間状態は色素微粒子の振動励起状態である．この中間状態の寿命（熱平衡状態へ向かって緩和する時定数）はパルス光（パルス幅 100 fs）を用いたポンプ・プローブ分光法により測定されている [2]．その値はクマリン 480 では 1.9 ps，クマリン 540A では 1.1 ps である．また，クマリン 480 をパルス光と CW 光とで励起して発光強度を比較すると，励起光強度の比が $3 \times 10^3 : 1$ の場合，発光強度の比はそれよりずっと大きく $1 \times 10^5 : 1$ であることから，中間状態は実エネルギー準位でありその寿命はパルス光幅より長いことが確認されている．

さらに，上記と同様に作製したスチルベン 420 色素微粒子を赤外線により励起すると青色発光（発光波長約 460 nm）が得られ，ポンプ・プローブ分光法による測定の結果スチルベン 420 の中間状態の寿命は約 2.5 ps と推定されている．有機色素分子や GaAs 半導体では振動励起状態から熱平衡状態への緩和時間は数 fs〜10 ps であることがわかっているが [6,11,12]，以上の三種類の色素微粒子に関する実験結果はこれらの値とよく一致している．従って，上記の測定値はいずれも周波数上方変換の発光に寄与する色素分子の中間状態の平均的な寿命の値であることがわかる．

フォノンの発生効率は中間状態の寿命に反比例する．すなわち，緩和の時定数が長いほどフォノン発生効率は減少する．従って入射光子から DPP への変換効率も同様に減少し，中間状態の寿命の長い色素微粒子では発光効率が低い．このように発光効率が中間状態の寿命に依存することを確認した実験の結果を図 7.10 に示す [2]．この図は同等の励起条件で得られたスチルベン 420，クマリン 480，クマリン 540A からの発光強度と中間状態の寿命との関係を示すが，この寿命が長いと発光強度は小さくなっている．

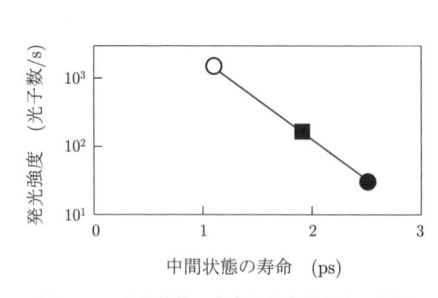

図 7.10 中間状態の寿命と発光強度との関係
●, ■, ○印は各々スチルベン 420, クマリン 480, クマリン 540A の場合を表す.

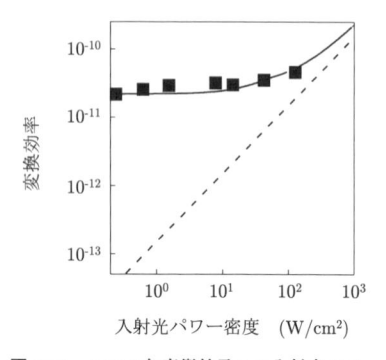

図 7.11 DCM 色素微粒子への入射光パワー密度と変換効率との関係
破線は KDP 結晶からの第二高調波の理論値.

d. 変換効率

これまでに記された周波数上方変換の効率はさほど高くないと思われがちであるが，そうではないことを示そう．そのために表 7.1 中の DCM からの発光強度に関し，励起用の赤外線（波長 805 nm）の入射光パワー密度 $P_{\rm ex}({\rm W/cm}^2)$ と，発生した可視光（波長 660〜690 nm）のパワー密度 $P_{\rm em}({\rm W/cm}^2)$ との比を変換効率 $C_{\rm DCM}$ と定義し，その値を測定すると図 7.11 に示す値が得られている．図中の■印は $C_{\rm DCM}$ の測定結果，実線は (7.6) をもとに実験結果に当てはめた曲線

$$C_{\rm DCM} = (2.77 \pm 0.22) \times 10^{-11} + (2.03 \pm 0.43) \times 10^{-13} P_{\rm ex} \tag{7.8}$$

である．比較のために同図の破線は上記試料と同じ厚さ 100 μm の KDP 結晶からの第二高調波発生（second harmonics generation, 以下では SHG と略記する）の理論値 [13],

$$C_{\rm KDP} = 1.50 \times 10^{-13} P_{\rm ex} \tag{7.9}$$

である．両者を比較すると DCM の変換効率は KDP に比べ図 7.11 の横軸の全域にわたり高いことがわかる．特に (7.5) 中の係数 $a_{\omega_{\rm p}}$ の寄与により，DCM の変換効率は入射光パワー密度 $P_{\rm ex}$ が 100 W/cm² 以下において KDP よりも著しく高い．このことは入射光パワーが低いときにも高効率の周波数上方変換が可能であることを意味している．

e. 可能な応用

赤外線の周波数上方変換のためにしばしば上記の SHG の方法が使われているが，高効率化のためには高パワーかつコヒーレント光源やパワー蓄積用共振器が必要である．同様に多段階遷移に基づく燐光 [14] も使われているが，これは発光強度が容易に飽和する．これを避けるためにはもう一つの光により電子を三重項状態に励起する必

要があるが，この励起は電気双極子禁制なので高パワーの紫外線が必要となり，応答が遅く変換効率が不安定になる．以上に対し本節で述べた方法は効率が高いため上記の諸問題を回避することができる．また，励起された色素分子の中間励起状態の寿命の平均値は 1.1～1.9 ps であり，これは非常に短い．従って本方法は光検出器や画像センサーなどの動作波長範囲を拡大するとともに，その高速化を可能とする．さらに紫外線や高ピーク強度のパルス光 [15] を使わなくとも青，緑，赤色の三原色が発光するので，画像表示システムなどへの応用も期待される．

7.1.2 非縮退励起とパルス形状計測への応用
a. 非縮退の二つの光による励起と発光

ここでは色素微粒子のうち DCM の場合について考える．表 7.3 の第一段階，第二段階の励起に用いる光の波長が互いに異なっていても（すなわち互いに非縮退であっても），二段階励起は可能と考えられる．このような非縮退の周波数上方変換について検討するため，次の二つの CW 光を励起に用いる [5]．

- 信号光；波長 $\lambda_1 = 1150$ nm (1.08 eV)（表 7.1 中の励起光波長よりさらに長波長の赤外線），強度[*2] $I_{\text{ex}(1.08)} = 0.55$～$2.28$ W/cm^2，直線偏光．
- 参照光；波長 $\lambda_2 = 808$ nm (1.53 eV)（表 7.1 中の励起光波長とほぼ同波長の赤外線），強度[*2]*$I_{\text{ex}(1.53)} = 2.0$～$19.9$ W/cm^2，楕円偏光．

これら二つの光を同時に色素微粒子に照射したときの発光強度 $I_{1.08+1.53}(\lambda)$ は信号光のみ，参照光のみを照射したときの発光強度 $I_{1.08}(\lambda_1 = 1150)$，$I_{1.53}(\lambda_2 = 808)$ の和より大きいことが確認されている．これは両光を同時に照射したことにより新たな励起過程が誘起されたことを意味する．発光波長 $\lambda = 680$ nm におけるこの強度差

$$\Delta I = I_{1.08+1.53}(\lambda = 680) - [I_{1.08}(\lambda_1 = 1150) + I_{1.53}(\lambda_2 = 808)] \quad (7.10)$$

の起源となる励起過程について検討するため，図 7.12(a) は信号光強度 $I_{\text{ex}(1.08)}$ と ΔI との関係を示す．ここでは参照光強度 $I_{\text{ex}(1.53)}$ をパラメータとしている．実線は最小二乗当てはめによる一次関数であり，実験結果とよく合っているが，これは信号光が励起過程に寄与していることを意味する．一方，図 7.12(b) は参照光強度 $I_{\text{ex}(1.53)}$ と ΔI との関係を示す．ここでは信号光強度 $I_{\text{ex}(1.08)}$ をパラメータとしている．実線は最小二乗当てはめによる二次関数であり，(7.5) と同様である．$I_{\text{ex}(1.53)}$ の値が小さい場合，ΔI は $I_{\text{ex}(1.53)}$ に比例し，$I_{\text{ex}(1.53)}$ の値が大きくなると $I_{\text{ex}(1.53)}^2$ に比例するようになるが，これらは各々一段階，二段階の電気双極子禁制遷移に起因する．

[*2] 7.1 節では光の強度を表すのにいくつかの単位を使っている．これは測定方法の違いに起因する．すなわち図 7.5, 7.6, 7.8, 7.10 では光子/s であり，図 7.11 ではパワー密度 (W/cm^2) を使っている．図 7.12 ではパワー密度 (W/cm^2) を使う．

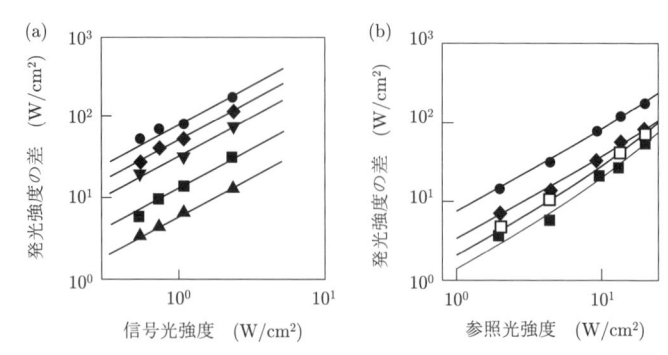

図 7.12 励起光強度と発光の強度差との関係(DCM 色素微粒子の場合)
(a) 横軸が信号光強度の場合. ▲, ■, ▼, ◆, ●印は参照光強度が各々 2.0, 4.4, 9.3, 13.6, 19.9 mW/cm^2 の場合. (b) 横軸が参照光強度の場合. ■, □, ◆, ●印は信号光強度が各々 0.55, 0.73, 1.08, 2.28 mW/cm^2 の場合.

信号光と参照光は互いに非縮退であり,位相の相関はなく,さらにまた両者は低強度の CW 光である.従って,両光を同時に照射したときの励起過程は仮想エネルギー状態を経由した多光子励起過程ではなく,互いに非縮退な二つの光による多段階励起過程と考えられる.ΔI の励起強度(すなわち $I_{\mathrm{ex}(1.53)}$ および $I_{\mathrm{ex}(1.08)}$)依存性に基づき,この励起過程として図 7.13 および表 7.4 に示すように七種類の光吸収過程(過程 1～7)が考えられる.

図 7.12(b) において,参照光強度 $I_{\mathrm{ex}(1.53)}$ が小さい場合,ΔI は $I_{\mathrm{ex}(1.53)}$ に比例している.これは表 7.4 の二段階過程 1, 2, 4 による発光であることを意味している.なぜならこれらは参照光($I_{\mathrm{ex}(1.53)}$)による電気双極子禁制遷移を一回含むからである.また,参照光強度が大きくなると電気双極子禁制遷移を二回含む三段階励起過程 5～7 も現れ,その結果 $I_{\mathrm{ex}(1.53)}$ の二乗に比例する成分が現れている.一方,信号光($I_{\mathrm{ex}(1.08)}$)による電気双極子禁制遷移は励起過程 3, 4, 6, 7 に各々一回だけ現れるので,図 7.12(a) に示すように $I_{\mathrm{ex}(1.08)}$ 依存性は一次となる.

ところで,ΔI の値は信号光と参照光の偏光角の差 $\Delta\theta$ には依存しないことが確認されている.なぜなら色素微粒子の向きが不ぞろいであり,さらには色素分子は実エネルギー準位である中間状態へ励起されるので,その際に光の偏光方向に関する情報は失われるからである.従って本節で示した周波数上方変換では入射光の偏光をあらかじめ調節する必要がなく,簡便な方法である.これは偏光状態に強く依存する和周波数発生 [16] に比べ,使用上の大きな利点である.

次に互いに非縮退な二つのパルス光により色素微粒子を励起した場合に発生するパルス光の時間的振る舞いについて検討する.測定に使用する信号光(波長 $\lambda_{\mathrm{ex}1} = 1250\,\mathrm{nm}$ (0.99 eV),強度 $I_{\mathrm{ex}1} = 1.3\,\mathrm{W/cm^2}$),参照光(波長 $\lambda_{\mathrm{ex}2} = 750\,\mathrm{nm}$ (1.65 eV),強度

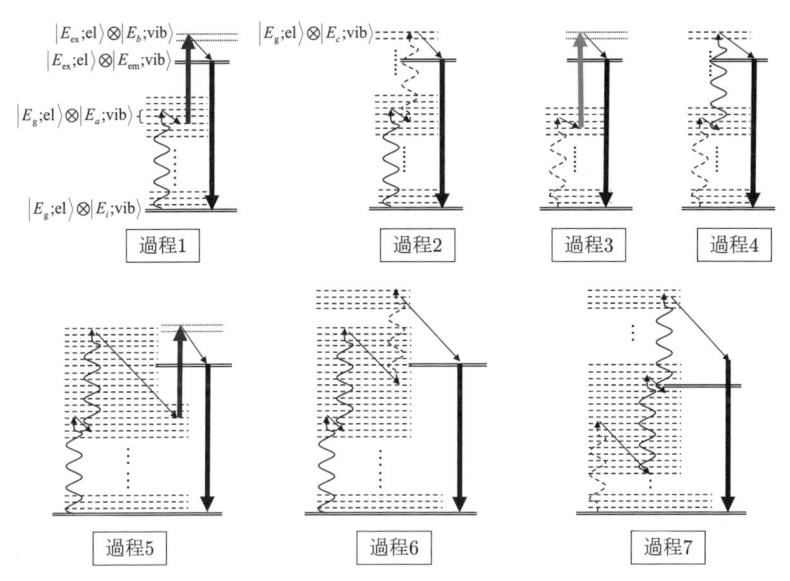

7.1 光エネルギーから光エネルギーへの変換 171

図 7.13 7 種類の励起過程

横向きの多数の破線で表されるエネルギー準位のうち，細かい破線は電子励起状態，粗い破線は電子基底状態を表す（たとえば過程 1 の $|E_{\mathrm{ex}};\mathrm{el}\rangle \otimes |E_b;\mathrm{vib}\rangle$，過程 2 の $|E_{\mathrm{g}};\mathrm{el}\rangle \otimes |E_c;\mathrm{vib}\rangle$ を比較されたい）．上向きの実線の波矢印，破線の波矢印は各々参照光（波長 808 nm），信号光（波長 1150 nm）による励起（電気双極子禁制）を表す．上向きの薄い灰色矢印，濃い灰色矢印は各々参照光，信号光による励起（電気双極子許容）を表す．下向きの細い矢印は緩和を表す．下向きの太い矢印は発光を表す．

$I_{\mathrm{ex2}} = 3.2 \,\mathrm{W/cm^2}$）のパルス幅は各々 0.2 ps, 0.1 ps である．発光スペクトルの中から波長 680 nm(1.82 eV) の発光強度成分 $I_{\mathrm{em}(1.82)}(\Delta t)$ を選別して測定した結果を図 7.14 に示す．発光パルスの半値全幅は 0.8 ps である．ここで Δt は色素微粒子に入射する信号光に対する参照光の遅れ時間である．従って

・$\Delta t < 0$；参照光は信号光より早く色素微粒子に入射するので，色素微粒子は図 7.13，表 7.4 の過程 1，2，5，6 により発光

・$\Delta t > 0$；信号光は参照光より早く色素微粒子に入射するので，色素微粒子は図 7.13，表 7.4 の過程 3，4，7 により発光

していることを意味する．ここで，図 7.14 の $I_{\mathrm{em}(1.82)}(\Delta t)$ の測定結果に対し最小二乗当てはめにより

・$\Delta t < 0$;

$$I_{\mathrm{em}(1.82)}(\Delta t) = A_{-}\exp(\Delta t/\tau_{\mathrm{fast}}) + B_{-}\exp(\Delta t/\tau_{\mathrm{slow}}),$$
$$\tau_{\mathrm{fast}} = 0.3 \,\mathrm{ps}, \tau_{\mathrm{slow}} = 1.6 \,\mathrm{ps},\ B_{-}/A_{-} = 1 \tag{7.11}$$

表 7.4 非縮退の光による励起の七つの過程

	段階番号,励起光の種類,電気双極子禁制または許容遷移
過程 1	【第一段階】 参照光 禁制 ($\|E_g; \mathrm{el}\rangle \otimes \|E_a; \mathrm{vib}\rangle$ へ励起,少し低い振動励起状態へ緩和) 【第二段階】 信号光 許容 ($\|E_{\mathrm{ex}}; \mathrm{el}\rangle \otimes \|E_b; \mathrm{vib}\rangle$ へ励起,$\|E_{\mathrm{ex}}; \mathrm{el}\rangle \otimes \|E_{\mathrm{em}}; \mathrm{vib}\rangle$ へ緩和)
過程 2	【第一段階】 参照光 禁制 ($\|E_g; \mathrm{el}\rangle \otimes \|E_a; \mathrm{vib}\rangle$ へ励起,少し低い振動励起状態へ緩和) 【第二段階】 信号光 禁制 ($\|E_g; \mathrm{el}\rangle \otimes \|E_c; \mathrm{vib}\rangle$ へ励起,$\|E_{\mathrm{ex}}; \mathrm{el}\rangle \otimes \|E_{\mathrm{em}}; \mathrm{vib}\rangle$ へ緩和)
過程 3	【第一段階】 信号光 禁制 ($\|E_g; \mathrm{el}\rangle \otimes \|E_d; \mathrm{vib}\rangle$ へ励起,少し低い振動励起状態へ緩和) 【第二段階】 参照光 許容 ($\|E_g; \mathrm{el}\rangle \otimes \|E_e; \mathrm{vib}\rangle$ へ励起,$\|E_{\mathrm{ex}}; \mathrm{el}\rangle \otimes \|E_{\mathrm{em}}; \mathrm{vib}\rangle$ へ緩和)
過程 4	【第一段階】 信号光 禁制 ($\|E_g; \mathrm{el}\rangle \otimes \|E_d; \mathrm{vib}\rangle$ へ励起,少し低い振動励起状態へ緩和) 【第二段階】 参照光 禁制 ($\|E_g; \mathrm{el}\rangle \otimes \|E_f; \mathrm{vib}\rangle$ へ励起,$\|E_{\mathrm{ex}}; \mathrm{el}\rangle \otimes \|E_{\mathrm{em}}; \mathrm{vib}\rangle$ へ緩和)
過程 5	【第一段階】 参照光 禁制 ($\|E_g; \mathrm{el}\rangle \otimes \|E_h; \mathrm{vib}\rangle$ へ励起,少し低い振動励起状態へ緩和) 【第二段階】 参照光 禁制 ($\|E_g; \mathrm{el}\rangle \otimes \|E_i; \mathrm{vib}\rangle$ へ励起,少し低い振動励起状態へ緩和) 【第三段階】 信号光 許容 ($\|E_g; \mathrm{el}\rangle \otimes \|E_j; \mathrm{vib}\rangle$ へ励起,$\|E_{\mathrm{ex}}; \mathrm{el}\rangle \otimes \|E_{\mathrm{em}}; \mathrm{vib}\rangle$ へ緩和)
過程 6	【第一段階】 参照光 禁制 ($\|E_g; \mathrm{el}\rangle \otimes \|E_h; \mathrm{vib}\rangle$ へ励起,少し低い振動励起状態へ緩和) 【第二段階】 参照光 禁制 ($\|E_g; \mathrm{el}\rangle \otimes \|E_i; \mathrm{vib}\rangle$ へ励起,少し低い振動励起状態へ緩和) 【第三段階】 信号光 禁制 ($\|E_g; \mathrm{el}\rangle \otimes \|E_k; \mathrm{vib}\rangle$ へ励起,$\|E_{\mathrm{ex}}; \mathrm{el}\rangle \otimes \|E_{\mathrm{em}}; \mathrm{vib}\rangle$ へ緩和)
過程 7	【第一段階】 信号光 禁制 ($\|E_g; \mathrm{el}\rangle \otimes \|E_l; \mathrm{vib}\rangle$ へ励起,少し低い振動励起状態へ緩和) 【第二段階】 参照光 禁制 ($\|E_g; \mathrm{el}\rangle \otimes \|E_m; \mathrm{vib}\rangle$ へ励起,少し低い振動励起状態へ緩和) 【第三段階】 参照光 禁制 ($\|E_g; \mathrm{el}\rangle \otimes \|E_n; \mathrm{vib}\rangle$ へ励起,$\|E_{\mathrm{ex}}; \mathrm{el}\rangle \otimes \|E_{\mathrm{em}}; \mathrm{vib}\rangle$ へ緩和)

・$\Delta t > 0$;

$$I_{\mathrm{em}(1.83)}(\Delta t) = A_+ \exp(-\Delta t/\tau_{\mathrm{fast}}) + B_+ \exp(-\Delta t/\tau_{\mathrm{slow}}),$$
$$\tau_{\mathrm{fast}} = 0.35\,\mathrm{ps},\, \tau_{\mathrm{slow}} = 1.7\,\mathrm{ps},\, B_+/A_+ = 1/4 \qquad (7.12)$$

なる指数関数を与えることができる(図中の実線).右辺に二つの減衰時定数 τ_{fast},τ_{slow} があることは参照光が二段階励起($\Delta t < 0$ のときは過程 1 と 2,$\Delta t > 0$ のときは過程 3,4)および三段階励起($\Delta t < 0$ のときは過程 5 と 6,$\Delta t > 0$ のときは過

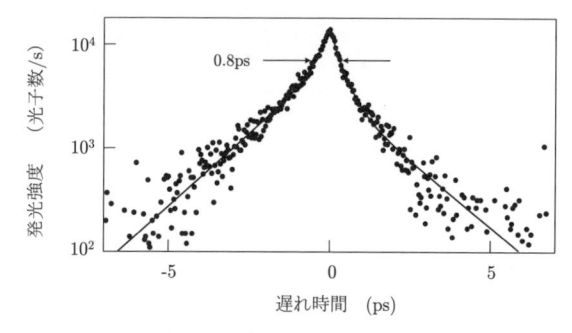

7.1 光エネルギーから光エネルギーへの変換

図 7.14 発光強度の遅れ時間依存性

程 7) の双方を通じて $I_{em(1.82)}$ (Δt) に寄与していることに起因している．これらの τ_{fast} と τ_{slow} の値 (0.3 ps～1.7 ps) は縮退した光パルスによりクマリン 480, 540A を励起し発光させた場合の中間状態の寿命の測定値 (1.1 ps～1.9 ps) と同等なので [2]，これらは中間状態の寿命と考えられ，従って，発光パルスの半値全幅 0.8 ps は中間状態の寿命によって決まっていることがわかる．

ここで $\Delta t < 0$ での τ_{slow} の成分の振幅 B_- は $\Delta t > 0$ での τ_{slow} の成分の振幅 B_+ より大きいので図 7.14 に示す波形は左右非対称であり，$\Delta t < 0$ に比べ $\Delta t > 0$ の波形の方が急峻である．なぜなら励起過程に応じ (過程 1, 2, 5, 6 と過程 3, 4, 7) 色素微粒子はどちらの光が先に入射するかにより異なる励起エネルギーを受けるからであり，さらに中間状態の寿命も異なるからである．すなわち $\Delta t > 0$ では長波長の信号光が参照光より先に入射して色素を中間状態に励起するが，この光のエネルギーは短波長の参照光の光子エネルギーより低い．従って中間状態の寿命は短いので，$\Delta t > 0$ での波形は急峻な傾きをもつのである．

なお，信号光の波長 λ_{ex1} を 1350 nm (0.92 eV)，参照光の波長 λ_{ex2} を 775 nm (1.60 eV) とした場合（光強度は各々 $I_1 = 1.3$ W/cm^2, $I_2 = 5.1$ W/cm^2），発光パルスの半値全幅は 1.1 ps，また最小二乗当てはめの結果

$$\cdot \Delta t < 0; \quad \tau_{fast} = 0.69 \text{ ps}, \quad \tau_{slow} = 3.0 \text{ ps} \quad (7.13)$$

$$\cdot \Delta t > 0; \quad \tau_{fast} = 0.62 \text{ ps}, \quad \tau_{slow} = 5.2 \text{ ps} \quad (7.14)$$

が得られている．さらに図 7.14 と同様，パルス形状は左右非対称，かつ $\Delta t > 0$ では傾斜が急峻であることが確認されている．

b. 可能な応用

非縮退励起を用いると，参照光パルスを基準として信号光パルスの時間的変化の様子を測定するパルス形状測定装置への応用が可能となる．上記のようにパルス形状の半値全幅は 0.8 ps～1.1 ps（色素微粒子の中間状態の寿命に起因）であることから，こ

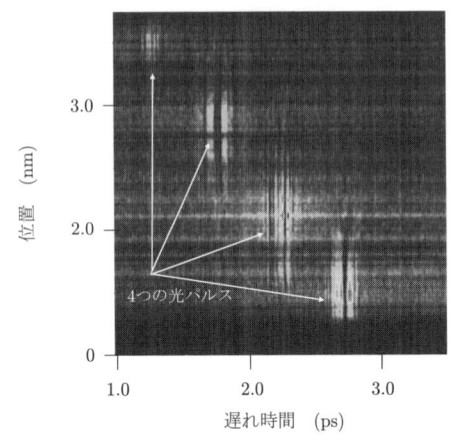

174   7. ドレスト光子によるエネルギー変換

図 7.15 クマリン 540 A を使った光パルス形状の測定結果

の幅で決まる時間分解能で測定できる．また測定波長範囲は 1250～1350 nm であるが，これは光ファイバ通信波長帯に相当しているので，通信用の光パルスの診断に使える．なお，この測定法では両光の偏光方向についての制限はないので，偏光板などの付加的な素子は不要である．さらに入射角は信号光の波長によらないので，広い波長範囲にわたる測定が可能である．従来，光パルス形状測定のためにはストリークカメラが用いられているが [17]，これは高電圧電源を使うために消費エネルギーが大きく，また電気系統の雑音により測定の信号対雑音比が制限される．さらにまた使用する光検出器の動作波長範囲が狭いため，上記の波長範囲における測定感度は低く，光パルス測定が困難である．これに対し本方法は全光方式なので，上記の諸問題を回避することができる．

図 7.15 はクマリン 540A の色素微粒子を使って光パルスの形状を測定した結果である[*3]．光源の波長は 808 nm であり，色素からの発光波長は 520 nm である．この図によると 0.5 ps ごとに到来した四つの光パルスが明瞭に分解されていることから，時間分解能 0.5 ps 以内の超高速ストリークカメラとして動作していることが確認される．

7.2 光エネルギーから電気エネルギーへの変換

エネルギー変換の第二の例として，光エネルギーから電気エネルギーへの変換を取り上げる．この変換のためのデバイスの代表例は光起電力デバイスであり，光検出器，太陽電池などに使われている．デバイス用の材料として図 4.12(a)～(c)，表 4.2～4.4

[*3)] この図は株式会社浜松ホトニクス，藤原弘康氏のご厚意による．

の説明の際に取り上げた半導体を例にとる.

7.2.1 多段階励起とそのための自律的な加工

光起電力デバイスによって電気エネルギーに変換される光の波長範囲は，デバイス材料である半導体のバンドギャップエネルギー E_g により決まる．すなわちこのエネルギー以下の光子エネルギーをもつ光，言い換えると $\lambda_\mathrm{c} = E_\mathrm{g}/hc$ 以上の波長をもつ光はデバイスに吸収されず，電気エネルギーに変換されない．λ_c は遮断波長と呼ばれているが，その値はたとえば GaN, Si, InGaAs の場合，各々 390 nm, 1.11 μm, 3.0 μm である．これより長波長の光のエネルギーを電気エネルギーに変換するには（このデバイスの動作波長を長くするには）E_g の値を減少させる必要があるが，そのためには新規な材料または構造の半導体を探索しなければならない.

ここではそのような材料工学の方法に頼るのではなく，同じ材料を用いつつも DPP の効果によって λ_c より長波長の光のエネルギーを電気エネルギーに変換する方法について述べる．すなわち入射光を DPP に変換することにより，入射光の光子エネルギーが E_g より小さくとも変調の側波帯としてのフォノンの状態を経由して電子・正孔対を生成させる．従ってこれはエネルギー上方変換に他ならない．これは図 4.12(a)，表 4.2 と同様，図 7.16 に示すように二段階励起によって可能である．これを表 7.5 にまとめて示す．この表では第一段階の遷移が終了後，熱平衡状態へ向けての緩和が記載されている．これは表 7.2, 表 7.3 と同様の理由による．第二段階には二つの経路があることに注意されたい．以上により伝導帯には電子が，価電子帯には正孔が励起され，電子・正孔対が生成されるので，デバイス外部に電気エネルギーを取り出すことができる.

従来の光起電力デバイス用の材料には上記の GaN, Si, InGaAs のような無機半導

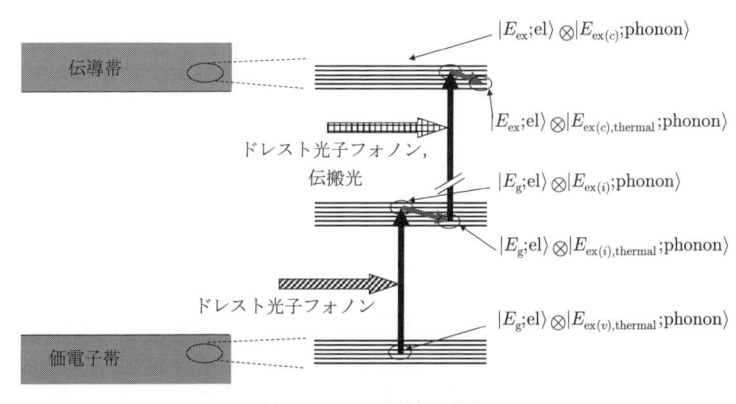

図 **7.16** 二段階励起の過程

表 7.5　二段階励起の経路

第一段階	始状態：　価電子帯中の $\|E_{\mathrm{g}};\mathrm{el}\rangle \otimes \|E_{\mathrm{ex}(v),\mathrm{thermal}};\mathrm{phonon}\rangle^{(1)}$
	↓↓電気双極子禁制遷移
	$\|E_{\mathrm{g}};\mathrm{el}\rangle \otimes \|E_{\mathrm{ex}(i)};\mathrm{phonon}\rangle^{(2)}$
	↓↓　緩和
	中間状態：$\|E_{\mathrm{g}};\mathrm{el}\rangle \otimes \|E_{\mathrm{ex}(i),\mathrm{thermal}};\mathrm{phonon}\rangle^{(3)}$
第二段階	経路 1（DPP による）　　　　経路 2（伝搬光による）
	↓↓電気双極子許容遷移↓↓
	伝導帯中の $\|E_{\mathrm{g}};\mathrm{el}\rangle \otimes \|E_{\mathrm{ex}(c)};\mathrm{phonon}\rangle^{(4)}$
	↓↓　緩和
	終状態：$\|E_{\mathrm{ex}};\mathrm{el}\rangle \otimes \|E_{\mathrm{ex}(c),\mathrm{thermal}};\mathrm{phonon}\rangle^{(5)}$

(1) $\|E_{\mathrm{g}};\mathrm{el}\rangle$ は電子の基底状態，$\|E_{\mathrm{ex}(v),\mathrm{thermal}};\mathrm{phonon}\rangle$ はフォノンの熱平衡状態
(2) $\|E_{\mathrm{ex}(i)};\mathrm{phonon}\rangle$ は DPP のエネルギーに依存するエネルギーを有するフォノンの励起状態
(3) $\|E_{\mathrm{ex}(i),\mathrm{thermal}};\mathrm{phonon}\rangle$ はフォノンの熱平衡状態
(4) $\|E_{\mathrm{g}};\mathrm{el}\rangle$ は電子の励起状態，$\|E_{\mathrm{ex}(c)};\mathrm{phonon}\rangle$ は伝搬光のエネルギーまたは DPP のエネルギーに依存するエネルギーを有するフォノンの励起状態
(5) $\|E_{\mathrm{ex}(c),\mathrm{thermal}};\mathrm{phonon}\rangle$ はフォノンの熱平衡状態

体がよく使われているが，最近では有機半導体も使われるようになった．6.1 節では気体の分子，6.2 節では有機高分子であるフォトレジスト，7.1 節では有機色素の微粒子を用いて説明してきたので，ここでも有機分子（poly(3-hexylthiophene)，以下では P3HT と略記する）の薄膜を用いた光起電力デバイスを例にとり，その原理を説明しよう [18]．

本節では変換効率を高めるため，デバイスの加工・作製にも DPP を活用する．これは 6.3 節と同じ自律的な加工法であるが，DPP の自律的な消滅過程とは逆の，自律的な発生過程を用いる．すなわち光照射により DPP が自律的に発生して定常状態に達した段階で加工が終了する．このように加工された材料を用いて光起電力デバイスを作ると，これはエネルギー上方変換の性質を示すのみでなく，エネルギー選択性も示す．すなわち上記の加工の際の照射光と同じ光子エネルギーをもつ光が入射した場合，これと異なる光子エネルギーの光が入射した場合に比べ，ずっと大きな光電変換効率が得られる．

自律的な加工法を図 7.17 に示す．P3HT 薄膜は p 型半導体として使われる [19]．その E_{g} は 2.18 eV（遮断波長 $\lambda_{c}=570\,\mathrm{nm}$）である．n 型半導体には ZnO 薄膜を使う．その E_{g} は 3.37 eV（遮断波長 $\lambda_{c}=367\,\mathrm{nm}$）である [20]．これらを挟む二つの電極には透明な ITO 薄膜と Ag 薄膜とを用いる．pn 接合の空乏層は P3HT 内に形成されるのでこのデバイスの主要な性質は P3HT に依存する．サファイア基板の上に厚さ 200 nm の ITO 薄膜，その上に厚さ 100 nm の ZnO，厚さ 50 nm の P3HT を

つけ，最後に厚さ数 nm の Ag 薄膜をつける．

この段階で図 7.17(a) に示す光起電力デバイスができあがるが，ここでは DPP を発生させるために図 7.17(b) に示す方法により Ag 薄膜の上にさらに Ag を堆積させる．すなわち RF スパッタリングにより図 7.17(a) の Ag 薄膜表面に Ag 微粒子を吹きつける．その際 Ag 薄膜表面に光を照射し，かつ P3HT と ZnO からなる pn 接合に直

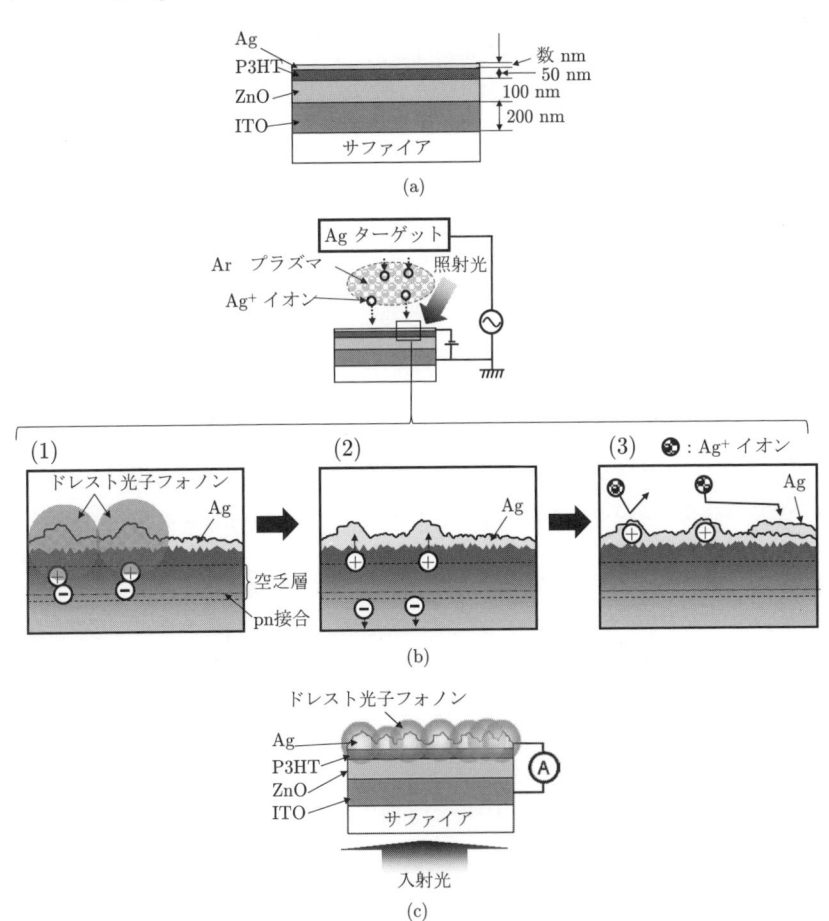

図 **7.17** 有機分子の薄膜を用いた光起電力デバイスの自律的な加工法
(a) Ag 薄膜を電極として予備的に作った光起電力デバイス．
(b) 光照射下での RF スパッタリングによる Ag 微粒子の吹きつけ．
(1), (2), (3) は各々ドレスト光子フォノンによる電子・正孔対の発生，Ag 薄膜の帯電，Ag 微粒子の流入・流出量の自律的制御を表す．
(c) できあがった光起電力デバイスの構造．

流電圧により逆バイアス V_b を加える．ここで照射光の波長 λ_0 は上記の遮断波長 λ_c より長い値にするが，ここでは一例として $\lambda_0 = 660\,\mathrm{nm}$ とする．また $V_\mathrm{b} = -1.5\,\mathrm{V}$ とする．図 7.17(b) に示す加工の原理は次のとおりであり，DPP と逆バイアス電圧によって Ag 薄膜表面の各位置に飛来する Ag 微粒子の流入・流出量を制御している．

(1) DPP による電子・正孔対の発生

光照射により Ag 薄膜表面の突起部に DPP が発生する．発生した DPP の場が pn 接合部に達していれば，表 7.5 の二段階励起が生じ，照射光の光子エネルギーが E_g 以下であっても電子が励起され pn 接合部には電子・正孔対が生成される．

(2) Ag 薄膜の帯電

生成された電子・正孔対は逆バイアス電圧による電場のために電子と正孔とに分離し，正孔は電極である Ag 薄膜に引きつけられる．その結果，Ag 薄膜は正に帯電する．

(3) Ag 微粒子の流入・流出量の自律的制御

Ag 薄膜表面に飛来する Ag 微粒子は RF スパッタリング用の Ar プラズマを通り抜けることにより（または Ar プラズマと Ag ターゲットとが衝突することにより）正に帯電しているので [21]，この Ag 微粒子は Ag 薄膜表面のうち上記 (2) に記した局所的に正に帯電している部分から反発を受ける．すなわち Ag 微粒子は Ag 薄膜表面のうち DPP が効率よく発生している部分を避け，別の部分に堆積される．

以上により，DPP のエネルギーの空間分布に依存して独特の表面形状をもつ Ag 薄膜が形成される．この Ag 薄膜は RF スパッタリング時間の増加とともに自律的に成長し，独特の表面形状となる．これで加工が終了する．このようにして作られた Ag 薄膜を光起電力デバイスの電極に用い，サファイア基板の後ろ側から光を入射すると（図 7.17(c)）Ag 電極表面に DPP が効率よく発生し，従って pn 接合部に電子・正孔対が生成される．そのときの入射光の光子エネルギーは E_g より小さいので，光エネルギーから電気エネルギーへの変換の際，エネルギー上方変換が実現する．また，電子・正孔対の生成効率は入射光波長が上記の加工の際の照射光の波長 λ_0 と等しい場合に最も高いと期待される．これと異なる波長の光の場合，発生する DPP の空間分布は波長 λ_0 の光の場合に発生する DPP の空間分布と異なるので生成効率は低い．このようにして，このデバイスは光電流発生に関して上記の波長選択性を示すが，その発生効率は波長 λ_0 において最大値をとるはずである．

表 7.6 にはデバイスを作製するときに用いた照射光パワー P，逆バイアス電圧 V_b の値を示す．

図 7.18 はこれらのデバイスの Ag 薄膜表面の SEM 像を示す．デバイス A（図 7.18(a)）に比べデバイス B，C の表面形状（図 7.18(b), (c) の上半分）は粗く，大きな塊を含むことがわかる．さらに両図の塊の寸法は互いに異なるので，塊を円形と近似しその直径の分布を求めた結果を図 7.18(b), (c) の下半分のヒストグラムおよびそ

7.2 光エネルギーから電気エネルギーへの変換

表 7.6 デバイス作製に用いた照射光パワー P, 逆バイアス電圧 V_b の値

デバイス名	照射光パワー P	逆バイアス電圧 V_b
A[(1)]	0	0
B	50 mW	-1.5 V
C	70 mW	-1.5 V

(1) デバイス A はデバイス B, C の性能との比較のための参照用

れに当てはめた対数正規分布曲線により示す．図 7.18(b) に示す分布より直径の平均値と標準偏差値を求めると，各々 90 nm, 64 nm である．図 7.18(c) では各々 86 nm, 32 nm である．これらより表面形状制御用の照射光パワーの増加とともに標準偏差値が小さくなることがわかるが，これは独特の寸法の塊をもつ表面が自律的に形成されることを意味している．

図 7.18(b), (c) の Ag の塊の表面に発生した DPP の場の空間的広がりは塊の寸法に依存するが，Ag 薄膜と P3HT を合わせた厚みは 70 nm 以下なので，図 7.18(b), (c)（デバイス B, C）に示す平均直径 90 nm, 86 nm の Ag 塊に発生する DPP の場は pn 接合に達する．その結果電子・正孔対が生成される．一方，デバイス A の場合，Ag 薄膜の厚みは 800 nm なので，DPP が発生したとしてもその場は pn 接合部には達せず，従って電子・正孔対は生成されない．

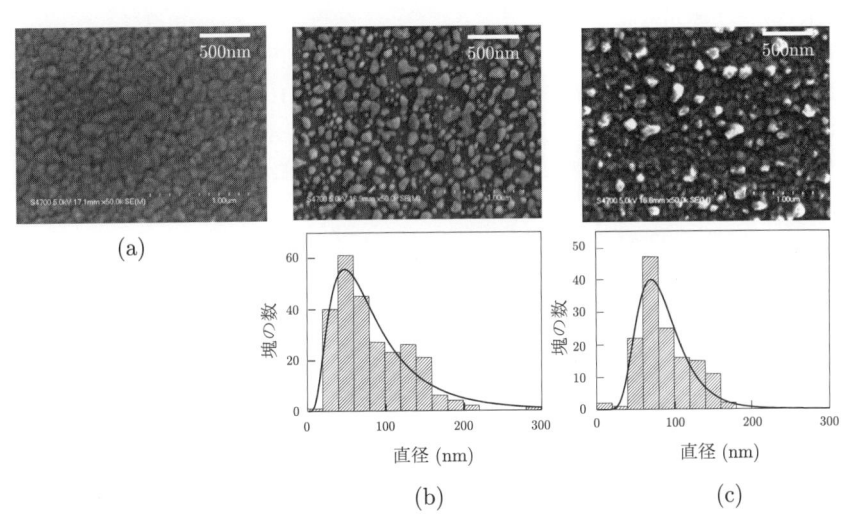

図 7.18 作製された光起電力デバイスの Ag 薄膜表面の走査型電子顕微鏡像
(a), (b), (c) はデバイス A, B, C の場合．(b), (c) の下半分は塊の直径の分布を表す．

7.2.2 波長選択性および関連する特性

a. 波長選択性

前の小節の方法により作製された光起電力デバイスに低パワー密度 ($125\,\mathrm{mW/cm^2}$) の波長可変レーザー光を入射させ，発生する光電流密度の値の波長依存性を調べる．測定波長範囲は $580\,\mathrm{nm}\sim670\,\mathrm{nm}$ であり，これは P3HT の遮断波長 $\lambda_c\,(=570\,\mathrm{nm})$ より長い．このように λ_c 以上の波長範囲において低光パワー密度の光により励起した場合，電子正孔対の生成率は図 7.16, 表 7.5 の第 1 段階励起を引き起こす電気双極子禁制遷移に支配されるので，入射光パワー密度と光電流密度とは互いに比例関係にある．

図 7.19 はその測定結果である．デバイス A から発生する光電流密度の値は非常に小さいが，参考のために曲線 A にて示す．デバイス B, C の値は各々曲線 B, C であるが，これらを見ると入射光波長が λ_c 以上でも光電流が発生していることがわかり，エネルギー上方変換が確認される．曲線 C の光電流は波長 $620\,\mathrm{nm}$ で最大値をとり，波長選択性を明確に示している．この曲線のピーク (波長 $620\,\mathrm{nm}$) における量子効率は 0.24% である．この値は P3HT を使った従来のヘテロ接合型光起電力デバイスと同等であるが [22]，デバイス C ではエネルギー上方変換の結果，E_g によって制限される遮断波長 λ_c 以上においてこのように高い効率を実現したことに注意すべきである．

曲線 C のピーク波長 $620\,\mathrm{nm}$ は Ag 薄膜表面形状を制御するのに使った照射光の波長 $\lambda_0\,(=660\,\mathrm{nm})$ より $40\,\mathrm{nm}$ 短い．この差は表面形状制御の際の逆バイアス電圧 $V_b(=-1.5\,\mathrm{V})$ により誘起された直流シュタルク効果に起因する．すなわち，一般に有機半導体の pn 接合の空乏層の厚み (約 $10\,\mathrm{nm}$) [23] と P3HT の比誘電率 (3.0) [24] の値より，V_b が $-1.5\,\mathrm{V}$ のとき，P3HT/ZnO の pn 接合の空乏層には $-1.0\times10^6\,\mathrm{V/m}$ の直流電場が加えられていると推定される．さらに，pn 接合における電子・正孔対の

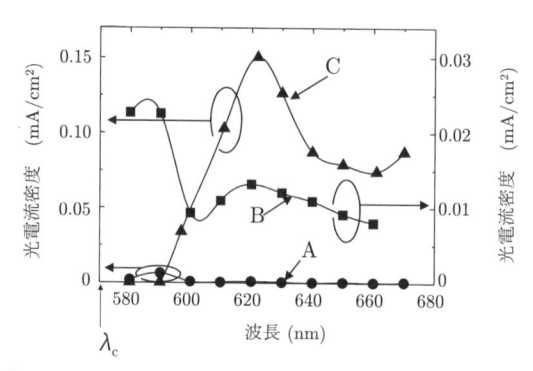

図 7.19 入射光波長と光電流密度との関係
曲線 A, B, C は各々デバイス A, B, C の場合．

換算質量が真空中での電子の質量に等しいと仮定し，光吸収係数の公式をもとにこのDC電場による遮断波長 λ_c のシフト量 [25] を推定すると 40 nm の値を得る．これは上記の測定値と一致する．

曲線 B で表されるデバイス B の波長選択性は曲線 C ほど顕著ではないが，これは作製するときに用いた照射光パワー（50 mW）が十分には大きくなかったことに起因する．それに対してデバイス C の場合は照射光パワーが大きく（70 mW），電子・正孔対生成効率が十分高くなるような DPP の場が形成されていると考えられる．

b. 発　光

図 7.19 の曲線 B は測定波長範囲の短波長端（580 nm）以下でも光電流密度が 0 にはなっておらず，λ_c 以下の波長でも光電流は発生している．これに対し，曲線 C ではピーク波長より短波長側において，波長の減少とともに光電流密度は急激に減少している．また，λ_c 以下の短波長の入射光に対する光電流の値は小さいことが確認されている．これは DPP による脱励起過程によりデバイス C が発光することに起因している．デバイス A〜C に対しこの発光の起源とその特性は各々次のように説明される．

(1) デバイス A

λ_c 以下の波長をもつ入射光の光子エネルギーは P3HT の E_g より大きいので，デバイス A 中の電子は従来の電気双極子許容遷移により価電子帯から伝導帯（これらは有機半導体の場合，各々 HOMO，LUMO と呼ばれている）へ伝搬光の吸収により励起される．それは図 7.20(a) および表 7.7 のように説明される．表 7.7 中の脱励起は

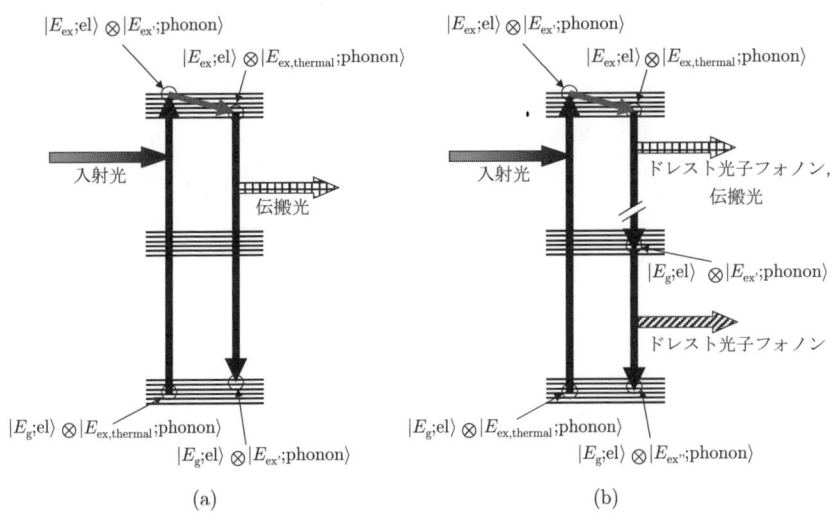

図 7.20 励起と脱励起の過程
(a) デバイス A の場合．(b) デバイス B，C の場合．

表 7.7 デバイス A の励起と脱励起

励起		HOMO 中の $\|E_g;\mathrm{el}\rangle \otimes \|E_{\mathrm{ex,thermal}};\mathrm{phonon}\rangle$
		↓↓電気双極子許容遷移
		LUMO 中の $\|E_{\mathrm{ex}};\mathrm{el}\rangle \otimes \|E_{\mathrm{ex}'};\mathrm{phonon}\rangle$
		↓↓緩和
		LUMO 中の $\|E_{\mathrm{ex}};\mathrm{el}\rangle \otimes \|E_{\mathrm{ex,thermal}};\mathrm{phonon}\rangle$
脱励起	経路 1(光電流発生)	経路 2(伝搬光発生)
		↓電気双極子許容遷移
		HOMO 中の $\|E_g;\mathrm{el}\rangle \otimes \|E_{\mathrm{ex}'};\mathrm{phonon}\rangle$

自然放出によるが,その際,伝搬光の発生が顕著であれば光電流は減少する.これらの励起,脱励起は図 4.12(a)〜(c),表 4.2〜4.4 と異なり通常の伝搬光の吸収と自然放出である.

(2) デバイス B, C

デバイス B, C の場合には,図 7.20(b) および表 7.8 に示すように DPP が関与する光吸収による励起の後,二段階の脱励起過程により自然放出光および誘導放出光が発生し,従ってさらに光電流が減少する.

図 7.21(a) はデバイス A からの発光スペクトルであり,これは図 7.20(a) および表 7.7 に示すように,脱励起の結果発生する伝搬光のスペクトルである.そのピーク波長は 585 nm であり,これは P3HT の示す通常のストークス(Stokes)シフト(電子とフォノンとの衝突に起因する波長シフト)[26] のために λ_c より 15 nm 長い.スペクトル曲線の半値全幅(以下では FWHM と略記する)は 90 nm である.

一方,図 7.21(b) の曲線 A はデバイス C の発光スペクトルである.ピーク波長は 620 nm であり,λ_c より 50 nm 長い.これは図 7.20(b) および表 7.8 の第一段階の脱励起によって発生する伝搬光のスペクトルである.FWHM は 150 nm と広いが,これは互いに密に分布しているフォノンのエネルギー準位に起因するいくつかの発光ス

表 7.8 デバイス B, C の励起と脱励起

励起		HOMO 中の $\|E_g;\mathrm{el}\rangle \otimes \|E_{\mathrm{ex,thermal}};\mathrm{phonon}\rangle$
		↓↓電気双極子許容遷移
		LUMO 中の $\|E_{\mathrm{ex}};\mathrm{el}\rangle \otimes \|E_{\mathrm{ex}'};\mathrm{phonon}\rangle$
		↓↓緩和
		LUMO 中の $\|E_{\mathrm{ex}};\mathrm{el}\rangle \otimes \|E_{\mathrm{ex,thermal}};\mathrm{phonon}\rangle$
脱励起	第一段階	経路 1(DPP 発生) 経路 2(伝搬光発生)
		↓↓電気双極子許容遷移↓↓
		中間状態 $\|E_g;\mathrm{el}\rangle \otimes \|E_{\mathrm{ex}'};\mathrm{phonon}\rangle$
	第二段階	↓↓電気双極子禁制遷移(DPP のみが発生)
		HOMO 中の $\|E_g;\mathrm{el}\rangle \otimes \|E_{\mathrm{ex}''};\mathrm{phonon}\rangle$

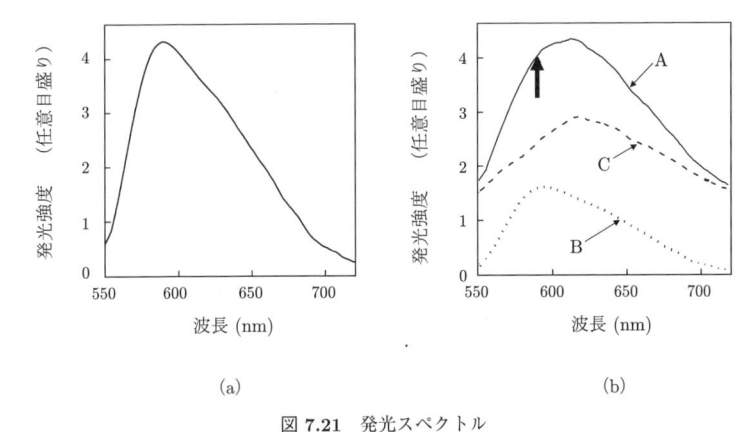

図 7.21 発光スペクトル
(a) デバイス A の場合. (b) デバイス C の場合（曲線 A）. 上向きの太い矢印は曲線 A の折れ曲がりの位置を表す. 曲線 B は伝搬光成分, 曲線 C はその他の成分を表す.

ペクトル成分を含むことを意味する. 上向きの矢印で示すように, 曲線 A は 585 nm で折れ曲がっているが, これは曲線 A がデバイス A の場合と同等の伝搬光成分も含むことに起因する. 図 7.21(a) のスペクトル曲線を参考にし, この折れ曲がり部分におけるこの伝搬光成分を曲線 A から抽出すると曲線 B となる. 残りの成分を曲線 C で表す. その結果, デバイス A で誘起された通常の脱励起成分（図 7.20(a)）と, デバイス C で誘起された二段階脱励起のうちの第一段階（図 7.20(b)）に起因する発光成分の強度は各々曲線 B, C と横軸とが囲む面積によって推定できる. 両者の面積比は 1 : 4 であり, 前者に比べ後者が大きいことから, デバイス C 中での脱励起は DPP による過程（図 7.20(b)）が主であることが確認される.

c. 可能な応用

本節で示したエネルギー上方変換は電極の表面形状を制御するだけで実現できるので, P3HT のみでなく他の有機, 無機半導体にも適用できる. 電極の表面形状を制御するための加工の際の照射光のパワーと波長, および逆バイアス電圧の値を調整すればさらに高い効率が期待される. 特に波長選択性, すなわち光電変換効率を最大にする波長は加工の際の照射光の波長によって決まり, 半導体材料の E_g には依存しない. この特徴を使うことにより, 既存の半導体材料を使いつつもその E_g よりも低い光子エネルギーの入射光に対してエネルギー上方変換かつ波長選択性の性質を有する光起電力デバイスの実現が期待される.

このデバイスを光計測用の光検出器として用いる場合, 多くの場合は入射光の波長（光子エネルギー）がある特定の値をとることが多い. その光に対し, 高い光電変換効率を得るにはデバイスの加工・作製の際, この波長の光を照射するのがよい. 一方, 太陽電池として用いる場合, 太陽光は紫外線から赤外線にわたり多くの波長の光を含

むので高い効率のエネルギー上方変換を実現するには，E_g よりも低い光子エネルギーの光をいくつか照射して加工・作製するのが有利である．波長選択性を有するとはいえ図 7.19 の曲線 C の FWFM は適度に大きいので，それほど多数の波長の光を照射しなくとも，太陽光スペクトルの広い長波長領域でのエネルギー上方変換が実現する．

太陽電池の入力信号は太陽光であり，それは紫外線から赤外線まで多くの波長を含む．太陽から発する単位周波数幅，単位体積あたりの光のエネルギー密度 $\rho(\nu)$ (J/Hz・m^3) はプランクの熱放射式

$$\rho(\nu) = \frac{8\pi h \nu^3}{c^3} \frac{1}{\exp(h\nu/k_B T) - 1} \tag{7.15}$$

で与えられる [27]．ここで ν, c は各々光の周波数，速度，h はプランク定数，k_B はボルツマン定数，T は太陽の温度である．光電変換の量子効率は一個の光子がデバイスに入射することにより発生する電子の個数に相当する．従って重要なのは光のエネルギー密度よりも光子数密度 $n(\nu)$ である．それは $n(\nu) = \rho(\nu)/h\nu$ で与えられるが，これを単位波長幅あたりの光子数密度 $n(\lambda)$ で表すと $n(\lambda) = n(\nu) d\nu/d\lambda$ より

$$n(\lambda) = \frac{8\pi}{\lambda^4} \frac{1}{\exp(hc/\lambda k_B T) - 1} \tag{7.16}$$

となる．$T = 5800$ K[28] の場合，$\rho(\lambda)$, $n(\lambda)$ の値を各々図 7.22 の曲線 A，B に示すが，曲線 B によると太陽光は可視光のみでなく赤外線の光子も多数含んでいることがわかる．そこで太陽電池の光電変換効率を増加させるには可視光のみでなく，できるだけ広い波長範囲で赤外線のエネルギーを利用することが望ましい．しかし，太陽電池の材料である半導体のバンドギャップエネルギー E_g よりも低い光子エネルギーの光は吸収されず，したがって遮断波長 $\lambda_c = E_g/hc$ 以上の長波長の光は変換に使えない．たとえそのような材料が見つかったとしても，E_g の値が小さいと太陽電池の開放電圧も低くなるので，電気エネルギー取出しのためには不利である．この問題を回

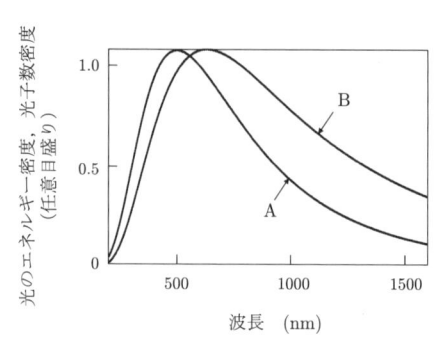

図 **7.22** 太陽光のエネルギー密度（曲線 A）と光子数密度（曲線 B）の計算結果 温度 $T = 5800$ K の場合．

避するためには本節のエネルギー上方変換が有効である.

なお,さらなる応用として,最近では二酸化チタン(TiO_2)のナノロッドと可視光を用いた電気化学的水分解などの技術開発が進んでいる [29]. 同様に ZnO のナノロッドと可視光を用いた水分解 [30] ならびに水溶液中での電子移動の活性化 [31] も報告されている. これらの例からもわかるように,水溶液中での光エネルギーから電気エネルギーへの変換において,特にエネルギー上方変換という観点から DPP の応用範囲が急速に拡大している.

7.3 電気エネルギーから光エネルギーへの変換

エネルギー変換の第三の例として,電気エネルギーから光エネルギーへの変換を取り上げる. そのためのデバイスの代表例は発光ダイオード (light emitting diode, 以下では LED と略記する) である. ここでは 7.1 節,7.2 節で注目したエネルギー上方変換よりもむしろ,間接遷移型半導体を LED (さらには本節末尾に示すレーザー) に用いるという,従来の材料工学の方法に頼っていたのでは実現しえない可能性に注目して記述する.

7.2 節と同様,LED から発生する光の波長はデバイス材料である半導体のバンドギャップエネルギー E_g により決まる (ストークスシフト [32] も存在するが,その値は小さい). すなわち LED に電流を流し半導体の pn 接合部に電子・正孔対を発生させても E_g 以下の光子エネルギーをもつ光,言い換えると遮断波長 $\lambda_c = E_g/hc$ 以上の波長をもつ光は発生しない. 従って LED の発光波長を長くするには E_g の値を減少させる必要があるが,そのためには新しい半導体材料を探索しなければならない. しかし本節ではそのような材料工学方法に頼るのではなく,同じ材料を用いつつも DPP の効果によって λ_c より長波長の光を発生させる技術について記す.

従来の LED には直接遷移型半導体が使われている. その一つである InGaAsP の λ_c は $1.00\,\mu m \sim 1.70\,\mu m$ ($E_g = 0.73\,eV \sim 1.24\,eV$) であり光ファイバ通信に使われる赤外線としてよく知られている [33,34]. この他の例として可視光領域では GaN の λ_c は 365 nm ($E_g = 3.40\,eV$) である. しかし本節で紹介する LED には間接遷移型半導体を使うことができる. たとえばシリコン (Si) は電子回路用デバイスなどに古くから使われているが,これは間接遷移型半導体なので発光効率が低く,従って Si は LED に用いる材料としては不適当と考えられてきた. しかし DPP の効果により間接遷移型半導体からの高効率発光という際立った現象を引き出すことができる. 以下では単純なホモ接合の Si のバルク結晶を使った LED を例にとって説明しよう [35].

自然放出により半導体から光を発生させるには電子を伝導帯から価電子帯へと帯間遷移させる必要がある. しかし間接遷移型半導体の場合,波数ベクトル (運動量) の

関数として価電子帯，伝導帯のエネルギーの値を表したとき，両者の両曲線の頂点，底における波数ベクトルの値は互いに異なる．従って帯間遷移のためには運動量の異なる電子と正孔とが再結合しなければならない．その際，運動量の保存則を満たすためには光子の他に運動量をもつフォノンをも同時に放出する必要がある．すなわち間接遷移型半導体では光・電子相互作用および電子・フォノン相互作用を通じて帯間遷移するので，その遷移確率は低い．従って間接遷移型半導体では自然放出の確率が小さく，発光効率が低い．

しかしDPが多モードかつコヒーレント状態のフォノンと結びついたDPPは，運動量保存則を満たすための大きな波数をもつフォノンを含む．その結果間接遷移型半導体でも自然放出の確率は直接遷移型半導体における確率と同程度まで大きくなる[*4)]．自然放出されたDPPの一部は伝搬光に変換され観測されるので，電流注入によって電子を励起すればLEDが実現する．

7.3.1 デバイスの自律的な加工

間接遷移型半導体を用いてLEDを実現するためには次のようにDPPを二回使う．
(1) デバイスを動作させ自然放出光を得るため
(2) デバイスを作製するため（特に高効率の自然放出に適したボロン（B）濃度の空間分布を自律的に制御するため）

本小節では (2) について記し，(1) は次の小節で説明する．

微量の砒素（As）が添加されたn型Si結晶基板を用いてLEDを作る場合を例にとろう．この基板にさらにBを添加すると，これが添加された部分はp型になるのでpn接合が形成される．正と負の電極には各々ITO膜とAl膜を堆積して用いる．これに順方向バイアス電圧 (16V) を印加して電流を注入し（電流密度 $4.2\,\mathrm{A/cm^2}$），ジュール熱を発生させてアニールを行う．これにより添加されたBは拡散してその濃度の空間分布が変化する．その際，Siのバンドギャップエネルギー E_g (= 1.12 eV，$\lambda_\mathrm{c} = 1.11\,\mu\mathrm{m}$)[36] よりも小さい光子エネルギー（$h\nu_\mathrm{anneal} = 0.95\,\mathrm{eV}$，波長 $1.30\,\mu\mathrm{m}$）のレーザー光（光パワー密度 $10\,\mathrm{W/cm^2}$）をITO電極側より照射すると，pn接合近傍のBの不均一分布 [37] の領域の境界にDPPが発生する[*5)]．これにより第4章の

[*4)] 第1章1.1節に記した波数 k（運動量に比例）の不確定性 Δk と位置 x の不確定性 Δx との間の不確定性関係 $\Delta k \cdot \Delta x \geq 1$ をもとに考えると，DPの寸法は光の波長 λ より小さいので $\Delta x < \lambda$ である．従って $\Delta k > k$ となり波数，すなわち運動量は不確定である．従って上記のように価電子帯，伝導帯のエネルギーの値を表す場合，運動量は独立変数にならないので，運動量保存則に関する議論が成り立たない．従って直接遷移型，間接遷移型の区別が不要となる．

[*5)] 7.1, 7.2節ではDPPがナノ物質の先端に停留することを利用したが，ここでは第4章にも記したようにDPPは不純物サイトにも停留することを利用する．

図 4.12(a) に示した光吸収とともに図 4.12(c) の誘導放出が引き起こされる[*6]. すると電流注入により加えられた電気的エネルギーはジュール熱に変換されるのみでなく, 誘導放出光として光エネルギーに変換され外部へと散逸する. その結果, アニールによる B の拡散は抑制され, 独特の微小な不均一領域境界が自律的に形成される. それは次の三つの理由による.

(1) 順方向バイアス電圧 (16V) は E_g (= 1.12 eV) よりもはるかに高いので, 伝導帯と価電子帯の擬似フェルミエネルギー E_{Fc}, E_{Fv} の差 ($E_{Fc} - E_{Fv}$) は E_g より大きい. 従って Benard-Duraffourg の反転分布条件が満たされている [38]. また, 第 4 章の図 4.12 (c) および表 4.4 中の第一段階では, 図 4.2(b) および表 4.3 の自然放出の第一段階と同様, 伝搬光を発生する遷移過程はきわめて限られている. これによっても上記の反転分布条件が維持されるので, 誘導放出により生成される光子数は吸収により消滅する光子数を上回る. なお, E_g 以下の光子エネルギー $h\nu_{anneal}$ をもつ光を照射すると, この光は Si に吸収されることなく基板中を伝搬し, pn 接合近傍の B の不均一分布の領域の境界に DPP を発生する. $h\nu_{anneal} < E_g$ であってもこの DPP のエネルギーは誘導放出を起こすのに十分大きいので, 電子は $h\nu_{anneal}(< E_g)$ の入射光に駆動された誘導放出により光子を発生し, 伝導帯からフォノン準位への電気双極子禁制遷移を経由して価電子帯に遷移する.

(2) 電流注入によるジュール熱発生用の電気的エネルギーの一部が光子の誘導放出のために費やされるので, アニールの進行は抑制される. つまり, 上記 (1) の DPP が生じやすい部位では B の不均一領域の境界の形や寸法は変化しにくくなる[*7].

(3) 上記 (2) の過程は一つの領域境界だけではなく, デバイス内にあるすべての領域境界で起こる. 実際には領域境界が多様な形をもつこと, 多数の領域境界が存在すること, 電流密度分布が不均一であることなどの理由により, 定常状態に到達した後も領域境界の寸法や形状は不均一である. ところで, 誘導放出と自然放出の確率は互いに比例するので [39], DPP の発生しやすい領域では自然放出も起こりやすい. 従って

[*6] この光吸収は二段階励起に相当し, これは 7.1, 7.2 節のエネルギー上方変換に相当する.

[*7] 簡単のためにたとえば領域境界の形状が半径 r の球であり, かつ r が空乏層の厚みより小さいと仮定すると, ある一つの領域境界に発生する誘導放出の確率は領域境界に入射する光子数, 遷移確率, DPP の空間的分布の体積の積に比例する. 参考文献 [40] によるとそれらは各々 r^2, r^{-2}, r^3 に比例するので, 誘導放出の確率 (すなわちアニールの抑制率) はこれらの積, すなわち r^3 に比例する. 一方, 発生するジュール熱はその領域表面を通過する電流に比例するのでアニールの促進率は r^2 に比例する. 従って, 領域境界の寸法 r の時間的変化率 (dr/dt) は $dr/dt = ar^2 - br^3$ で与えられ (a, b は各々順方向バイアス電流, 光強度によって決まる定数), 定常状態 ($dr/dt = 0$) では $r = a/b$ となる.

なお, 実際の領域境界の形状や寸法はより複雑であるので, これらの変化の様子の詳細を記述するには 8.4 節の数理科学モデルを使うのが有効である.

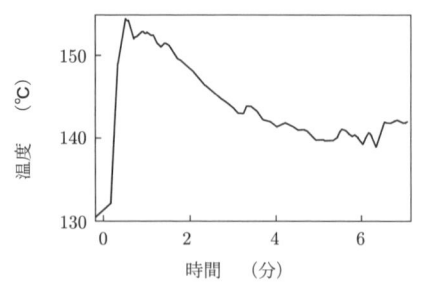

図 7.23 デバイス表面温度の時間変化のようす

(2) の過程が進むにつれ，発生した誘導放出光がデバイス内部を広く伝搬するようになり，その結果 (2) の過程は光照射領域にとどまらず，デバイス全体に自律的に広がる．

このようにして形成された領域境界での B の空間分布はデバイス動作の際に DPP を効率よく誘起するのに最適であると期待される．図 7.23 はアニール開始後のデバイス表面温度の時間変化の一例である．温度は電流注入による発熱によって 154°C まで急上昇した後に下降し，約 6 分後に一定値 (140°C) に達している．この温度変化は上述の光照射下でのアニールに関する考察と整合する．すなわちデバイスに加わる電力によりジュール熱が発生し温度が上昇するが，B の不均一分布が作る領域境界に DPP が発生し誘導放出が起こり始めると電気的エネルギーの一部が光エネルギーとして外部へと散逸して温度が下がり，やがて定常状態に達する．なお，デバイス内部の温度はもちろん上記の表面温度より高く，約 300°C になっていると推定される．

7.3.2 デバイスの特性

7.3.1 項の方法により作製された LED の主な特性について概説する．なお，この場合の自然放出過程は第 4 章の図 4.12(b) に示す二段階過程である．まず，デバイス中に DPP が発生していることを確認するため，大面積（約 $10\,\mathrm{mm}^2$ 以上）デバイスの順方向バイアス電圧 V と注入電流 I との間の関係の測定結果を図 7.24 に示す．この曲線は $I > 50\,\mathrm{mA}$ で負性抵抗を示している（曲線の折れ曲がり点のブレークオーバー電圧 V_b は 73 V である．なお，デバイス面積が小さい場合にはこの負性抵抗特性は現れない）．これは電流密度が空間的に不均一であり，フィラメント電流が発生することに起因している [41]．すなわち，B の濃度が高い領域に電流が集中している．このような電流の集中領域では電荷が束縛されやすい局在中心が形成され，ここで DPP が発生しやすい．従ってこの負性抵抗は 7.3.1 項で説明したデバイス作製の原理を支持している．上記の V_b の値は Si の pn 接合部の内部電位より大きいが，これは基板が厚いので全抵抗の値が高いこと，電極と基板の接触抵抗が大きいことなどに起因する．なお，図 7.23 に示したアニール中のデバイス表面温度の値から推定されるデバイ

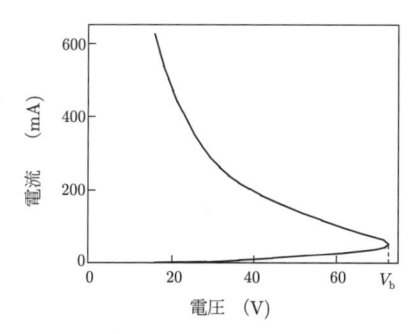

図 7.24 順方向バイアス電圧と注入電流との関係
V_b はブレークオーバー電圧.

ス内部の平均温度は B を拡散させるには低すぎるが,上記のフィラメント電流によりデバイス内部の局所的な温度は十分高いと考えられている.実際,アトムプローブ法と呼ばれる高分解能測定法によると Si 内部で B の濃度分布が不均一になっていることが確認されている.

図 7.25(a), (b) は各々電流非注入時,電流注入時(電流密度 $4.2\,\mathrm{A/cm^2}$)のデバイスの外観を室温かつ蛍光灯照明下にて赤外 CCD カメラ(受光帯域 $0.73\,\mathrm{eV}\sim1.38\,\mathrm{eV}$(波長 $0.90\,\mu\mathrm{m}\sim1.70\,\mu\mathrm{m}$))により撮影した写真である.図 7.25(b) の場合の投入電力は 11 W であり,強く発光していることがわかる.この時発光パワーは 1.1 W に達している.図 7.25(c) は市販用の Si LED の外観であり,パッケージの頭部には凸レンズが装着されている.

既存の方法で作られた市販の Si フォトダイオードも低効率であるもののわずかに発光するので,比較のために市販の Si フォトダイオードに密度 $0.2\,\mathrm{A/cm^2}$ の電流を流したときの微弱な発光スペクトルを図 7.26(a) に示す.これ以上の電流密度ではこのデバイスは破損するが,この図では文献 [34] の結果と同様,発光スペクトルが E_g

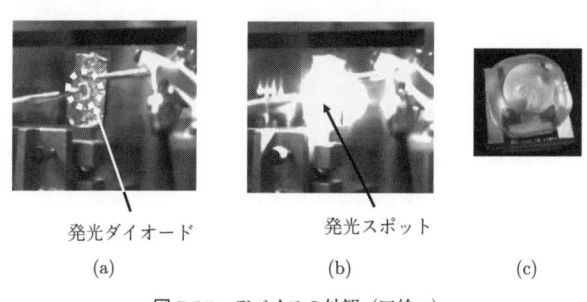

図 7.25 デバイスの外観(口絵 7)
(a), (b) は各々電流非注入時,電流注入時. (c) は市販用 Si LED.

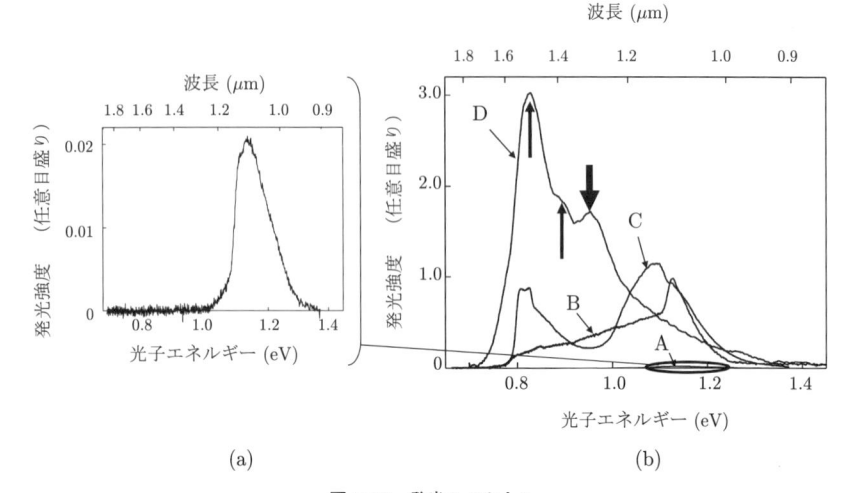

図 7.26 発光スペクトル
(a) 市販の Si フォトダイオード．(b) ここで作製されたデバイス．曲線 A は (a) のスペクトルを再掲．曲線 B，C，D はアニール時間が各々 1, 7, 30 分の場合．下向き矢印はアニールの際に照射した光の光子エネルギー．二つの上向きの矢印はフォノンの寄与を表す．

($= 1.12\,\mathrm{eV}$) よりも高エネルギー側に分布している．これは Si の中でのフォノン散乱による間接遷移の発光である[*8)]．

図 7.26(b) はここで作製されたデバイスの発光スペクトルの形状である．注入電流密度は $1.5\,\mathrm{A/cm^2}$ である．比較のために図 7.26(a) のスペクトルを曲線 A にて再掲している．曲線 B〜D は各々 1 分間，7 分間，30 分間のアニールにより得られたスペクトルである．これらは図 7.26(a)（曲線 A）とは大きく異なっており，発光スペクトルは E_g より低エネルギー側に広がっている．$0.8\,\mathrm{eV}$ より低エネルギー領域での発光強度の値の減少は光検出器の感度限界に起因するので，実際の発光スペクトルはさらに低エネルギー領域にも広がっていると考えられる．1 分間のアニールにより作られたデバイスの発光スペクトル（曲線 B）は依然として E_g 付近に明瞭な発光ピークをもつが，これは $0.75\,\mathrm{eV}$（波長 $1.65\,\mu\mathrm{m}$）にまで広がっている．また，7 分間のアニールにより作られたデバイスの発光スペクトル（曲線 C）には $0.83\,\mathrm{eV}$（波長 $1.49\,\mu\mathrm{m}$）付近に新たな発光ピークが現れている．30 分間のアニールにより作られたデバイス

---

*8) バンド端発光のスペクトルは注入電流値が小さいときにはストークスシフト分だけ低エネルギー側に広がり，電流の増加に伴い高エネルギー側に広がっていく．これはデバイス温度が上昇しなければ一般に見られる現象である．しかし特に間接遷移型半導体では電流の増加に従ってキャリアが蓄積するため，発光スペクトルは E_g よりも高エネルギー側に広がりやすい．

(曲線 D) では，もはや E_g の位置に明瞭な発光ピークは存在しない．その代わり，アニールの際に照射した光の光子エネルギー $h\nu_{\text{anneal}}$ ($= 0.95\,\text{eV}$：波長 $1.30\,\mu\text{m}$) に相当する領域にピーク (曲線 D の下向き矢印) が現れており，これは照射光によって DPP が発生しアニールが制御されたことを意味する．また二つの上向き矢印のうちの左側の矢印で示すピーク (0.83 eV) は曲線 C よりさらに高い．すなわちこのピークの位置での発光強度の値は曲線 B，C に比べ各々 14 倍，3.4 倍である．なお，二つの上向き矢印の位置 (0.83 eV, 0.89 eV) および下向き矢印の位置 (0.95 eV) の間隔は 0.06 eV であり，これは Si の光学フォノンのエネルギーと一致している．すなわち，0.95 eV のエネルギーをもつ DPP が一個の光学フォノンを放出し通常の光子に変わる過程，および二個の光学フォノンを放出して光子に変わる過程に各々対応している．これらの過程はここで議論している発光が実際にフォノンのエネルギー準位を中間状態として使っていることを証明している．また，発光スペクトルは $0.73\,\text{eV}$〜$1.24\,\text{eV}$ (波長 $1.00\,\mu\text{m}$〜$1.70\,\mu\text{m}$) に分布している．この発光波長範囲は光ファイバ通信帯を包含しており，その幅は 0.51 eV である．これは約 $1.6\,\mu\text{m}$ の発光波長をもつ市販の InGaAs LED のスペクトル幅 (0.12 eV) の 4 倍以上である．

　図 7.27 中の実線は 30 分間のアニールにより作られたデバイスの駆動電力と発光パワーとの関係を示す．破線の直線の傾きは微分外部電力変換効率の値に相当する．図 7.27(a) は光子エネルギー $h\nu = 0.73\,\text{eV}$ (波長 $1.70\,\mu\text{m}$) より高エネルギー領域での発光の全パワーを測定した結果である．11 W の電力を加えた場合，外部電力変換効率は 1.3%，微分外部電力変換効率は 5.0% に達している．さらに大きな電力を加えても破損せず安定に動作可能である．図 7.27(b) は光子エネルギー $h\nu = 0.11\,\text{eV}$〜$4.96\,\text{eV}$ (波長 $0.25\,\mu\text{m}$〜$11.0\,\mu\text{m}$) の領域での駆動電力と発光パワーとの関係である．外部電力変換効率 10%，微分外部電力変換効率 25% が得られている．ただしこれにはデバ

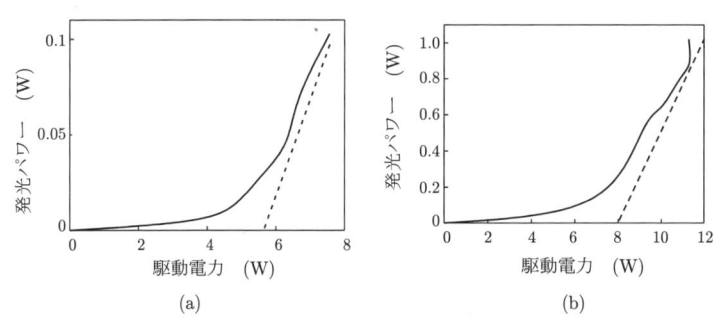

図 **7.27**　30 分間のアニールにより作られたデバイスの駆動電力と発光パワーとの関係 (a) 光子エネルギー $h\nu = 0.73\,\text{eV}$ (波長 $1.70\,\mu\text{m}$) より高エネルギー領域での測定結果．(b) 光子エネルギー $h\nu = 0.11\,\text{eV}$〜$4.96\,\text{eV}$ (波長 $0.25\,\mu\text{m}$〜$11.0\,\mu\text{m}$) の領域での測定結果．

イスの発熱による赤外線放射も含まれるので，さらに詳しく調べる必要がある．

量子効率の値を求めるため，図 7.28 に 30 分間のアニールにより作られたデバイスの電流密度 (I_d) と発光パワー密度 (P_d) との関係を示す．破線の直線の傾きは微分外部量子効率の値に相当する．図 7.28(a) は光子エネルギー $h\nu = 0.73\,\mathrm{eV}$（波長 $1.70\,\mu\mathrm{m}$）より高エネルギー領域での P_d の値を示す．実線は■印で示される測定値に対し最小二乗当てはめを行った二次曲線を表す．すなわち既存のデバイスでは P_d は I_d に比例するのに対し，本デバイスでは I_d^2 に比例する．これは二段階の自然放出過程が支配的であること，すなわち，一つの電子が二つの光子に変換されたことに起因する．また，$I_d = 4.0\,\mathrm{A/cm^2}$ のとき，外部量子効率は 15% であること，さらに $I_d = 3.0 \sim 4.0\,\mathrm{A/cm^2}$ のときの微分外部量子効率は 40% であることなどが確認されている．図 7.28(b) は光子エネルギー $h\nu = 0.11\,\mathrm{eV} \sim 4.96\,\mathrm{eV}$（波長 $0.25\,\mu\mathrm{m} \sim 11.0\,\mu\mathrm{m}$）の領域での I_d と P_d との関係を示す．外部量子効率は 150% に達しているが，この値が 100% 以上であることは上記のように二段階の自然放出過程によって一つの電子が二つの光子に変換されたことに起因する．

本節冒頭で示した直接遷移型半導体である InGaAsP を用いて赤外線を発生する発光デバイスを作る場合，発光の高効率化のためには InP 基板上にエピタキシャル成長された InGaAsP 活性層と InP キャリア閉じ込め層とを用いた二重ヘテロ構造を使う必要がある．この場合，構造が複雑であること，As は高い毒性をもつこと [42]，In が希少物質であることが短所である．一方，可視光を発生する化合物半導体（たとえば AlGaInP, InGaN など）では波長 $550\,\mathrm{nm}$（$E_g = 2.25\,\mathrm{eV}$）付近に green gap と呼ば

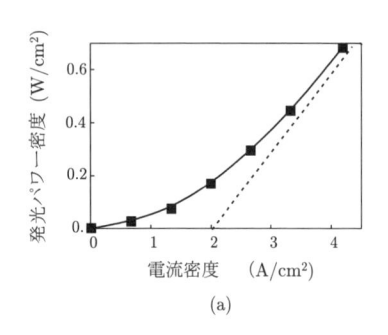

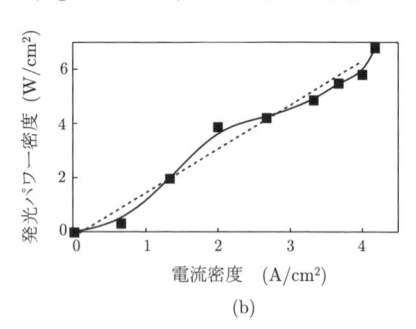

図 **7.28** 30 分間のアニールにより作られたデバイスの電流密度と発光パワー密度との関係
(a) 光子エネルギー $h\nu = 0.73\,\mathrm{eV}$（波長 $1.70\,\mu\mathrm{m}$）より高エネルギー領域での測定結果．
(b) 光子エネルギー $h\nu = 0.11\,\mathrm{eV} \sim 4.96\,\mathrm{eV}$（波長 $0.25\,\mu\mathrm{m} \sim 11.0\,\mu\mathrm{m}$）の領域での測定結果．

れ[*9]．LED の発光効率がきわめて低くなる波長帯域が存在する [43]．最近ではドーパント，作製法などの工夫によりその効率は向上しつつあるが，高い毒性をもつ材料や希少物質が必要であったり，また作製費用が高額にのぼるという問題を有する．

これらの問題を回避するために，最近では毒性が低く，資源枯渇の心配のない材料の代表である Si を用いることが試みられている．たとえば可視光領域では多孔質 Si[44]，Si と SiO_2 の超格子構造 [45,46]，SiO_2 中の Si ナノ凝集粒子 [47] が用いられ，赤外線領域では Er が添加された Si [48]，Si-Ge [49] が用いられている．しかし Si は依然として間接遷移型半導体として振る舞うので，これらの例では発光効率が低い．それに対し，本節で説明した方法により単純なホモ接合の Si のバルク結晶を用いて高効率の発光デバイスが実現した．今後，Si 基板を薄くし，デバイス外部への光取り出し効率を上げることなどの改良によりさらに高効率かつ広帯域な LED が実現すると期待されている．

7.3.3　各種デバイスへの適用

7.3.1 項に記した自律的な加工方法を応用し，下記の (1)～(4) のデバイスが実現している．

(1) Si を用いた可視 LED：7.3.1 項の方法を若干修正し，可視光を照射しながらジュール熱により Si をアニールすることにより，λ_c よりも短波長である赤色，緑色，青色の可視光を発生する LED が作製された（図 7.29）[50,51]．

(2) Si を用いた LED による光・電気弛張発振器：7.3.1 項の方法で作製した Si による LED のうちデバイス面積が大きいものは図 7.24 のように負性抵抗特性を示す．これを利用して，この LED と並列にコンデンサをつなぎ，これらを定直流電流で駆動することにより発光パワーと LED の端子電圧が周期的に変動する弛張発振器が実現している [52]．図 7.30 に示すように出力光パワーとデバイス電圧は互いに同期して振動している．この特性は光子数と電子数に関するレート方程式，および負性抵抗特性を表す式を連立させた数値計算の結果とよく一致している．実際にはコンデンサをつながなくとも LED の寄生容量により弛張発振が可能となっている．従来の光技術ではパルス状の光を発生するデバイスとして，直接電流変調された半導体レーザー，

[*9]　波長 550 nm 付近は緑色の光に相当するが，この光を発生する LED を実現するには主に次の二方法が採用されている：　(1) 青色で発光しやすい InGaN を材料として用い，In のモル比を増加させて発光を緑色領域まで長波長化する．(2) 赤色で発光しやすい材料として AlGaInP を用い，Al のモル比を増加させて発光を緑色領域まで短波長化する．

　しかし (1) の方法では In の増加に伴い内部電場が増加するため発光効率が低下する．一方 (2) の方法では Al の増加に伴い結晶品質が低下するため発光効率が低下する．これらの理由により発光効率が低下する現象は green gap という名前で呼ばれている．

図 7.29 Si 発光ダイオードからの発光スポット(口絵 8)
(a)〜(c) は各々赤色, 緑色, 青色発光. そのスペクトル中心波長は各々 640 nm, 530 nm, 430 nm.

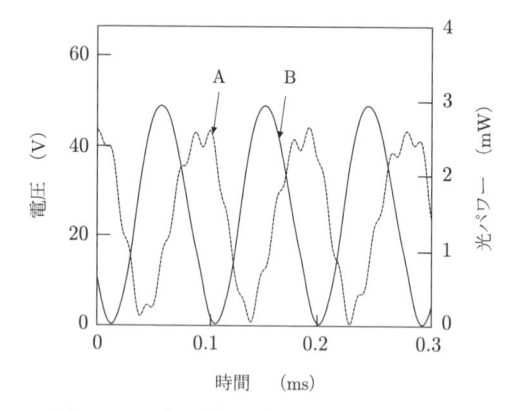

図 7.30 Si 光・電気弛張発振器の出力の時間変化
曲線 A, B は各々出力光パワー, 端子電圧の測定結果.

モード同期レーザーなどが使われていたが, 本方法はこれらにくらべ格段に簡便にパルス光を発生しうることを示している.

(3) Si を用いたレーザー: 7.3.1 項の方法で作製した Si による LED の構造を修正するとレーザーが実現する. そのためには誘導放出により発生した光を Si 結晶内に閉じ込めるための光共振器構造を作り付ければよい. そのような構造として図 7.31(a) に示すリッジ (ridge) 型導波路が採用され, これを作り付けた結果, 室温かつ連続発振するレーザーが実現している [53]. 注入される電流の値がしきい値以下の場合には図 7.31(b) に示すように幅が広く低パワーの発光スペクトルが観測されるが, しきい値以上になると図 7.31(c) に示すようにスペクトル幅は著しく減少する. また発光パワーも著しく増加し, 鋭いスペクトルが得られている. 発振波長は約 $1.3\,\mu m$ であり, これは光ファイバ通信波長に相当する. 図 7.31(c) に示す発光スペクトルの他に, 出力光ビーム (図 7.31(a)) の鋭い指向性, TE モードでの選択的発光, しきい値以上で

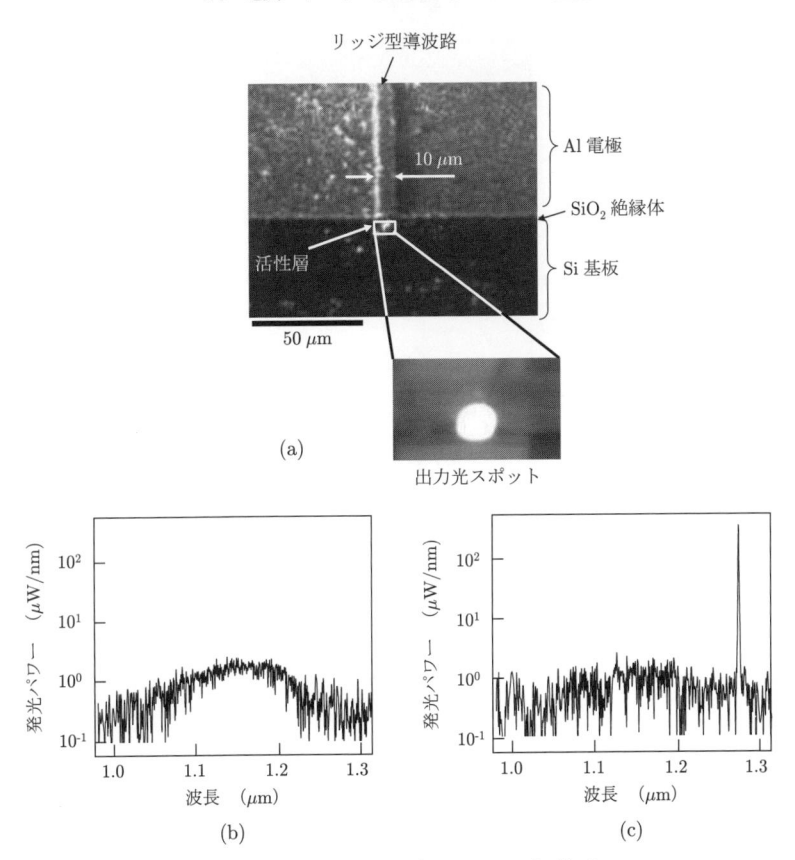

図 7.31 Si レーザーの発光スペクトル（口絵 9）
(a) リッジ型導波路の走査型電子顕微鏡像と出力光ビームのスポット像．(b), (c) は各々しきい値以下，以上の電流を注入した場合の測定結果．

の出力光パワーの急激な増加などが確認され，レーザー発振が証明された．

(4) 光増幅機能を有する Si フォトダイオード：7.3.1 項の方法に従い波長 $1.32\,\mu m$ の赤外光を照射しながらジュール熱により Si をアニールすることにより，7.2 節に記した光起電力デバイスの場合と同様，Si の E_g より低い光子エネルギーをもつ光が入射したときにも電流が発生するフォトダイオードが実現している [54]．図 7.32 の曲線 A に示すように遮断波長 λ_c 以上の波長での受光感度は従来の Si フォトダイオードの受光感度（曲線 B）より著しく高くなっている．また，このデバイスに電流を注入すると入射光に駆動された誘導放出により光増幅機能が生ずる．その結果，同図中の▲印（電流密度 $9\,A/cm^2$）に示すように波長 $1.32\,\mu m$ の入射光に対し λ_c 以下の波長と同等の高い受光感度が得られている．この場合，小信号利得係数，利得飽和パワーは各々

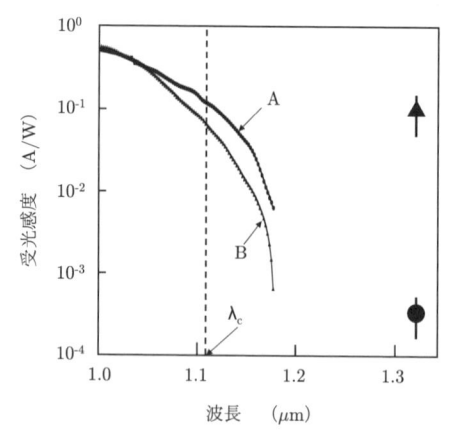

図 7.32 Si フォトダイオードの受光感度の波長依存性
曲線 A は本方法により作製されたデバイスに対する測定結果. 比較のために曲線 B は市販のフォトダイオード（浜松ホトニクス社製, S3590）に対する測定結果を示す. ▲, ●印は注入電流密度が各々 $9\,\mathrm{A/cm^2}$, $60\,\mathrm{mA/cm^2}$ の場合の測定結果.

2.2×10^{-2}, $710\,\mathrm{mW}$（▲印の場合）が得られている. ●印は電流密度 $60\,\mathrm{mA/cm^2}$ の場合であり, 小信号利得係数, 利得飽和パワーは各々 3.2×10^{-4}, $17\,\mathrm{mW}$（●印の場合）である. このデバイス作製技術を応用すれば, 同図中の曲線 A が示す特性から推定されるように λ_c 以上の波長の太陽光を光電変換しうる高効率 Si 太陽電池が実現する可能性を示唆している. これは 7.2 節の有機薄膜太陽電池において電極表面に DPP を発生させたのとは異なり, デバイス内部に DPP を発生させる方法を利用している.

以上に示したように Si によって LED, 弛張発振器, レーザーなどの発光デバイス, またフォトダイオードなどの受光デバイスが作製された. これは光デバイスの主要な機能をすべて Si で実現したことを意味しており, 今後はこれらのデバイスを Si が本来使われている電子デバイスと集積することが可能となることを示唆している. これにより消費エネルギーの少ない光電集積回路の実現が期待される.

7.3.1 項に記した自律的な加工方法は Si 以外の材料にも適用されており, 次の (5), (6) に示す LED が実現している.

(5) GaP, SiC を用いた LED: GaP, SiC ともに Si と同様の間接遷移型半導体であることから, これまで LED の実現が困難であった. しかし 7.3.1 項の方法を若干修正し, 可視光を照射しながらジュール熱によりアニールすることにより, GaP を用い λ_c よりも短波長である黄色の可視光を発生する LED が実現している（図 7.33(a)）[55]. また SiC を用い緑色, 青色, 紫色の可視光を発生する LED が実現している（図 7.33(b)〜(d)）[56].

(6) ZnO を用いた LED: ZnO は直接遷移型半導体であるが, p 型の半導体が作製

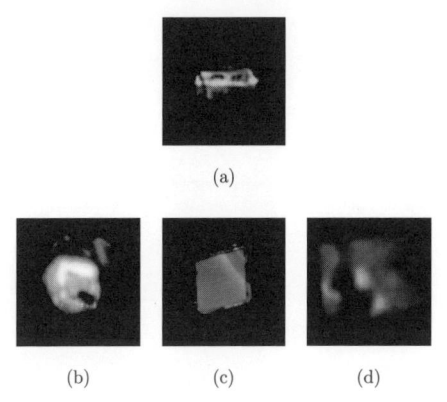

7.3 電気エネルギーから光エネルギーへの変換　　　197

図 7.33　GaP および SiC 発光ダイオードからの発光スポット（口絵 10）
(a) GaP 発光ダイオードからの黄色発光．(b)～(d) は各々 SiC 発光ダイオードからの
緑色，青色，紫色発光．

しにくいことからこれまで LED の実現が困難であった [57]．しかし 7.3.1 項の方法に従い可視光（波長 407 nm）を照射しながらジュール熱によりアニールすることにより，青色～紫色の可視光を発生する LED が実現している [58]．図 7.34 の曲線 A，B，C は注入電流が各々 10，15，20 mA の場合の発光スペクトルである．曲線 B はアニール時の照射光波長である 407 nm において発光ピーク（下向き矢印 b_1）を示している．さらに下向き矢印 b_2，b_3 の位置において曲線が折れ曲がっているが，これは自然放出に関与するフォノン準位に起因する側波帯を表す．より注入電流の高い場合の曲線 C ではこの側波帯（下向き矢印 c_1～c_3）がより明瞭に現れている．

　以上に示したように間接遷移型半導体である Si をはじめとし毒性が低く，資源枯渇の心配のない材料により LED，レーザーなどの光デバイスが実現し，それらの波長は

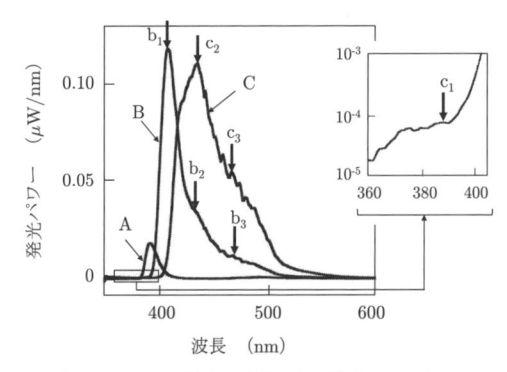

図 7.34　ZnO 発光ダイオードの発光スペクトル
曲線 A，B，C は注入電流が各々 10，15，20 mA の場合の測定結果．

赤外線のみでなく可視域全体をカバーすることとなった．今後の技術開発により従来のLED材料がこれらによって置き換えられることが期待される．

8

ドレスト光子の空間的広がりと数理科学的取り扱い

> Ars longa, vita brevis.
> (技術は長く，人生は短い)
> Lucius Annaeus Seneca, *De Brevitate Vitae*, 1.1

第2章の2.2節ではドレスト光子 (DP) の空間的広がりについて説明したが，その後の各章ではエネルギー移動とその応用を中心に議論してきた．本章では再びDPの空間的広がりについてさらに説明し，その応用例を紹介する．さらに，関連する数理科学的取り扱いについて記述するが，これは6.3節，7.2節，7.3節に記したドレスト光子フォノン (DPP) の自律的消滅，発生の空間的性質を解析する為に有効な手法である．

8.1 階 層 性

2.2.2項ではドレスト光子の特徴である寸法依存共鳴と階層性について論じた．寸法依存共鳴の効果は6.1.2項で記した分子の解離現象にも現れている．すなわちプローブの先端に発生するDPPを用いてDEZn分子を解離し，サファイア基板の上に

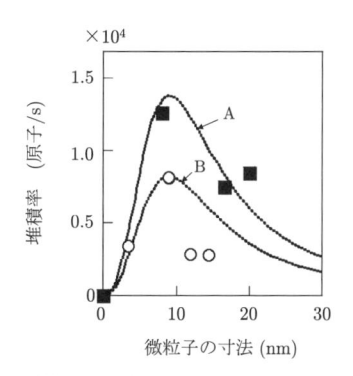

図 8.1 サファイア基板上に堆積された Zn 微粒子の寸法と堆積率との関係
プローブの先端の曲率直径は 9 nm．■，○印は堆積に使った光パワーが各々 $10\,\mu$W，$5\,\mu$W の場合の実験結果．曲線 A，B はこれらに (2.80) を当てはめた結果．

Zn の微粒子を堆積する実験において,図 8.1 に示すようにプローブの先端の曲率直径(9 nm)と同等の寸法をもつ微粒子の堆積率が最大値をとる [1].

また,図 8.2(a),(b) 左部はプローブを用いてガラス基板表面に固定したサルモネラ菌の複数の鞭毛の像を測定した NOM(2.2.2 項参照)像である [2].プローブと鞭毛との間隔は各々 15 nm,65 nm である.図 8.2(a) に比べ (b) の方が直径の大きな鞭毛像が見えている.この現象について説明するため,この像の断面の形状を図 8.2(a),(b) 右部に記す.なお,この図では鞭毛の形を基板上に並んだ球により近似している.さらに,プローブの形を小さい球とその上の大きい球とで近似している.これらの断面図によるとプローブと鞭毛との間隔が大きくなるにつれ,プローブの大きな寸法の部分に発生する DP のエネルギーが鞭毛に達するので,そのエネルギーの広がりの大きさに相当する鞭毛像が見えることがわかる.これがプローブと鞭毛との間の寸法依

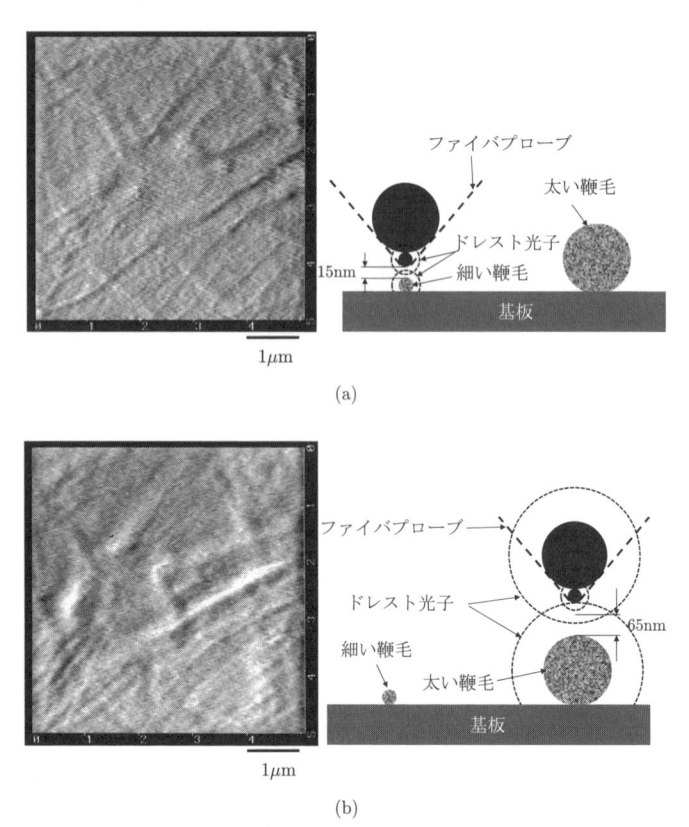

図 8.2 サルモネラ菌の複数の鞭毛断面形状の説明と近接場光学顕微鏡像
(a),(b) はプローブと鞭毛との間隔が各々 15 nm,65 nm の場合.

存共鳴である．また，このように像の見え方が違うことは階層性の発現の可能性を示唆しており，いくつかの応用が提案されている．以下の各小節ではそれらの中で特に情報保護への応用を中心に記す．

8.1.1 階層メモリ

情報の高密度化や大容量化に伴い，情報保護などの新しい機能が要求されるようになった．DPの示す階層性を利用するとこれらの要求に応えることが可能である．すなわち階層性の性質を利用し概要情報，メタデータ，タグ情報などを付加することができる．たとえば図8.3(a)に示すように大寸法領域において低分解能で概要情報を再生し，一方，図8.3(b)に示すように小寸法領域において高分解能で詳細情報を再生する．これは階層メモリと呼ばれている [3]．

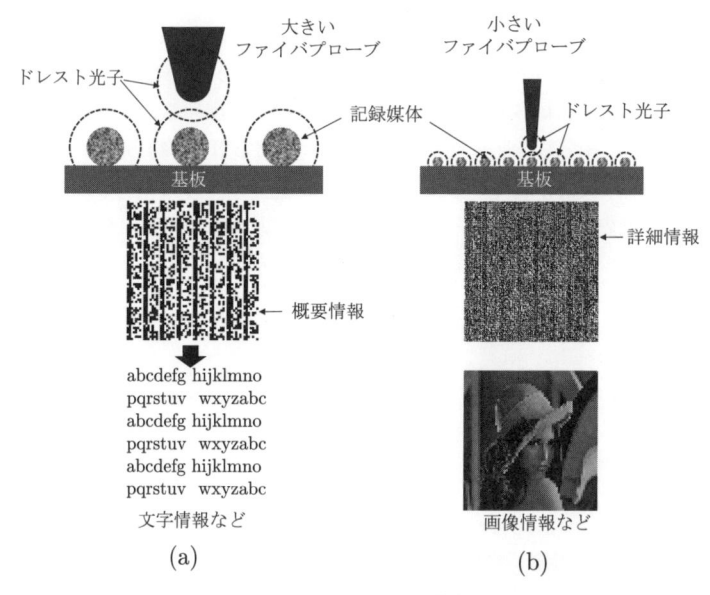

図 8.3 階層メモリの構造
(a), (b) は各々低分解能による概要情報，高分解能による詳細情報の再生．

階層メモリの例として，図8.4(a)左部に示すように光波長以下の直径の円周上にN個のナノ微粒子を配列させたものが提案されている [3]．このとき各ナノ微粒子と同等の小さな寸法の先端を有するプローブを試料表面に近づけて二次元走査すれば，その先端に発生するDPにより各ナノ微粒子の像が互いに分解されたNOM像が得られる．このとき再生できる情報は，N個のナノ微粒子の配置に応じて2^N個ある．これ

は上記の詳細情報に相当する．次に N 個のナノ微粒子が配列している円周の直径と同等の大きな寸法の先端を有するプローブを用いると各ナノ微粒子の像は互いに分解できないものの，ナノ微粒子の個数に比例した強度の信号が得られる．このときに再生できる情報は $N+1$ 個である．これは上記の概要情報に相当する．従って図 8.3 に示すように情報再生の際に異なる寸法のファイバプローブを用いることにより，読み出す情報の総数を 2^N と $N+1$ のごとく，互いに異なる値に設定することができる．これを利用すると，たとえば N ビットの情報の総数 2^N のうち，その半数 2^{N-1} には 1 の個数を半数以上，残りの半数 2^{N-1} には 1 の個数を半数以下にすることができるので，$N-1$ ビットの情報（詳細情報）をナノ微粒子の配列で表現し，残りの 1 ビット（概要情報）をナノ微粒子の個数で表現することができる．このようにして，詳細情報と概要情報とを別々に再生することが可能となる．

上記の原理を検証するため，図 8.4(a) 右部の SEM 像に示すように直径 80 nm の金のナノ物質を SiO_2 基板の上の半径 200 nm の円周に配列した試料が用いられている．図 8.4(b) 上部の SEM 像によると，このような円が七つ並んでいることがわかる．また各円の円周には各々異なる数の金のナノ物質が配列されている．下部は波長 680 nm の光と大きな先端曲率半径を有するプローブを用いて得られた NOM 像であり，これにより概要情報が再生されている．図 8.4(c) の■印はナノ物質の数に対する光の散乱光強度の計算値である．両者は互いにほぼ比例している．●印は各々の円における図 8.4(b) 下部の NOM 像のピーク信号強度の計算値を示しており，これもナ

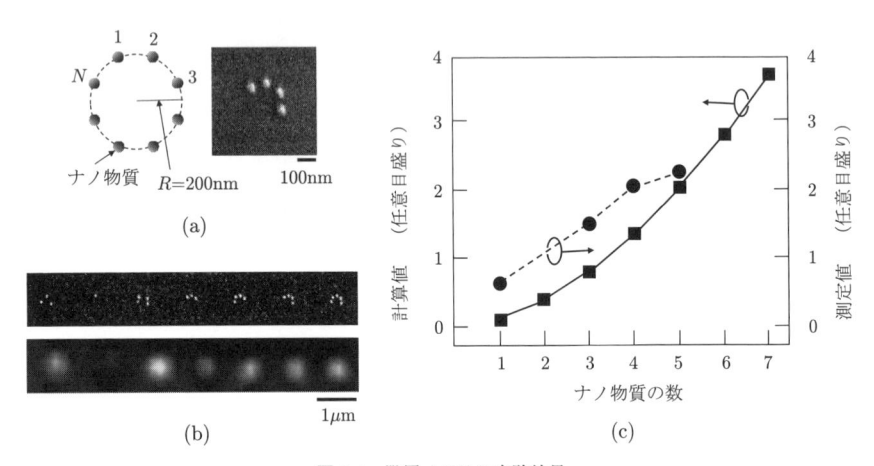

図 8.4 階層メモリの実験結果

(a) 円周上に配列した金のナノ物質．(b) 七つの円周の走査型電子顕微鏡像（上），大きな先端曲率半径を有するプローブを用いた近接場光学顕微鏡像（下）．(c) 円周上の金のナノ物質の数と散乱光強度との関係．

ノ物質の数に比例して増加している．これらの結果により階層メモリの再生が実証された．

8.1.2 材料依存の階層性

ナノ物質間の有効相互作用エネルギーの空間的広がりを表す相互作用長は第 2 章 (2.78b) のようにナノ物質の寸法 a_α のみでなく，その中の励起子の有効質量 m_α にも依存する．すなわちナノ物質の寸法が同じでも，その材料が異なれば表面の DP の空間的広がりは異なる．従って複数の材料によるナノ物質を用いた場合，各々の寸法依存共鳴の性質は互いに異なる．これは階層性の性質も材料に依存することを意味している．

この依存性はコア・シェル（core-shell）構造を有するナノ物質を用いた実験により確認されている [4]．図 8.5(a) はその外形の SEM 像である．この物質は直方体の形をしており，その寸法は 150 nm × 150 nm × 50 nm である．この物質の内部（コア部），外周部（シェル部）は各々金，銀で構成されている．図 8.5(b) はナノ物質の成

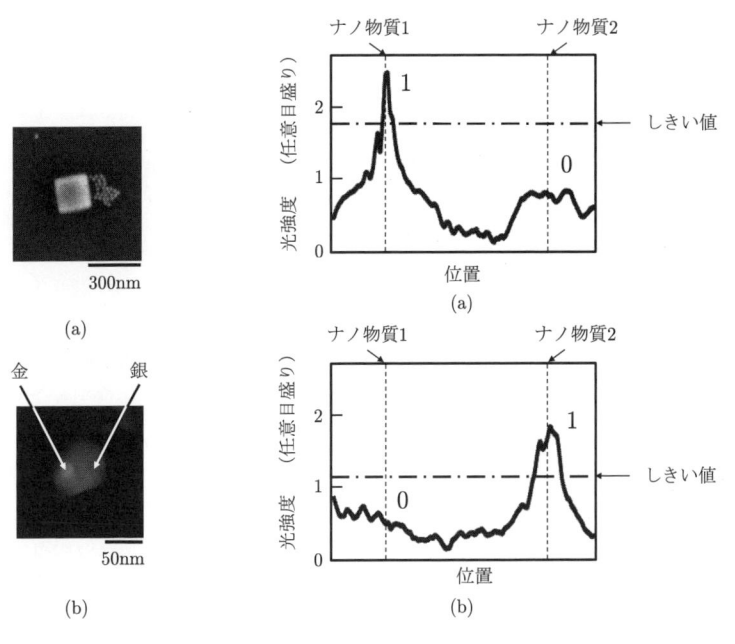

図 8.5 コア・シェル構造を有するナノ物質の形状
(a) 走査型電子顕微鏡像．(b) ナノ物質の成長途中で撮影された透過型電子顕微鏡像．

図 8.6 二つのナノ物質 1, 2 の近接場光学顕微鏡像の光強度の断面形状
(a), (b) はプローブとナノ物質との間の間隔が各々大きい場合，小さい場合．

長途中で撮影された TEM 像であり，内部の金の像が見える．ここでは金の含有率が各々 33%，43% である二つのナノ物質 1，2 を測定試料として用いる．すなわち互いに同寸法であるものの，材料が互いに異なる．これらのナノ物質を基板の上に固定し，プローブを試料表面に近づけ二次元走査することにより NOM 像が得られた．その際の光源の波長は 785 nm である．図 8.6(a),(b) の曲線は測定された光強度の断面分布であり，試料とプローブとの間隔が各々大きい場合，小さい場合の測定結果である．図 8.6(a) ではナノ物質 1 の信号強度は大きく，ナノ物質 2 の信号強度は小さい．一方，図 8.6(b) ではその大小関係が逆である．このように大小関係が逆転しているのはナノ物質 1，2 の材料の違いにより (2.78b) の相互作用長が異なることに起因する．これは階層性の性質が各ナノ物質の内部構造（すなわち金の含有率）に依存することを意味している．

デジタル情報再生の観点から，図 8.6(a),(b) 中の水平の破線に示すしきい値を境に，その上下で光強度を離散化すると，図 8.6(a) の曲線においてナノ物質 1，2 の信号強度は各々論理 1，0 に相当する．図 8.6(b) では逆に各々 0，1 である．これらは論理的に反転した組合せが再生可能であることを意味しており，物質の材料によって任意の情報再生が可能となることを示唆する．

8.1.3 階層性と局所的なエネルギー散逸

8.1.1 項，8.1.2 項では階層性の性質に注目したが，この性質をナノ寸法領域での光と物質の相互作用に結びつけることにより，さらなる機能性が生ずる．その例として一つの階層における相互作用を局所的なエネルギー散逸と結びつける方法を示す．それは痕跡メモリと呼ばれており [5]，情報再生の履歴を物理的に記憶可能な痕跡として残すことができる光メモリである．このメモリでは二つの階層で互いに異なる相互作用を実現し，これによってデジタル情報を再生する．ここでは第一階層の相互作用をエネルギーの散逸現象と連携させ，光による情報再生の履歴を記憶する機能をもたせる．

この履歴の記憶機能はたとえば次の二つの局所的なエネルギー散逸現象を利用することにより実現する．

(1) 金属ナノ物質に光を照射すると，金属中の電子電荷がナノ物質の局所的な位置に集中するので，この電荷が源となって発生する DP を利用し，金属ナノ物質近傍の材料の構造を変化させる．直角三角形の金属ナノ物質を二つ配置する．これらに光を照射すると直角三角形の頂点に DP が発生する．このとき，たとえば酸化銀のような材料の薄膜をその近傍に塗布しておくことにより，この DP が酸化銀に光化学反応を誘起し，光照射の履歴がナノ寸法の痕跡として記録される．

(2) 第 3 章で記したように小さい QD から大きい QD へとエネルギーが移動するよ

8.1 階層性

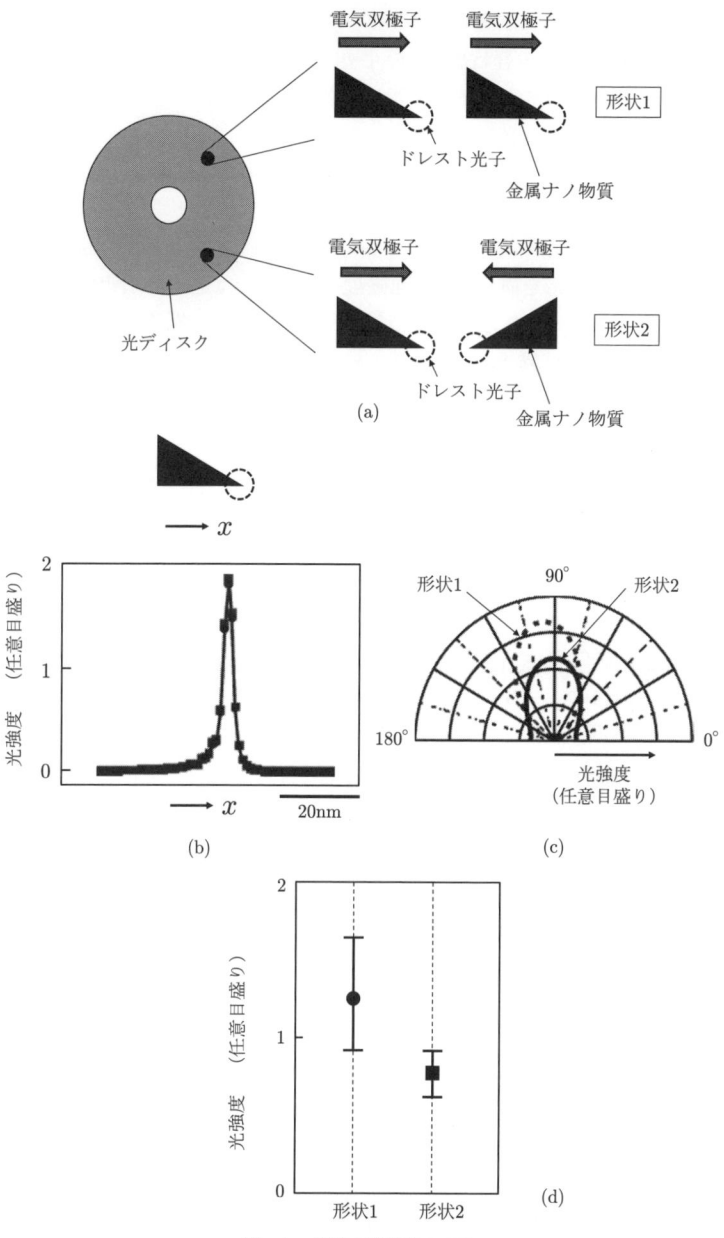

図 8.7 痕跡の残る光メモリ
(a) 構成. (b), (c) 各々第一階層, 第二階層における相互作用の大きさの計算結果. (d) 第二階層における相互作用の大きさの測定結果.

うに複数の QD を配置しておき，エネルギー移動後に起こるエネルギー散逸を利用する．大小二つの QD を組み合わせた系の寸法は上記の金属ナノ物質の寸法に比べずっと小さいので，光メモリの記録密度を著しく増加することができる．

本節で注目するのは記録密度よりもむしろ階層性と局所的なエネルギー散逸であるので上記のうち (1) について以下に説明する [6]（(2) の応用技術は 8.3.2 項で記す）．ここでは次のような二種類の形状をもつ金属ナノ物質（形状 1, 2 と記す）を用いる．いずれの形状も図 8.7(a) に示すように二つの直角三角形を要素として用いるが，形状 1 では二つの直角三角形を同じ向きに配置し，形状 2 では逆向きに配置する．ここで第一階層の相互作用（8.1.1 項の詳細情報に相当）は直角三角形の頂角部の小寸法領域において得られ，第二階層の相互作用（8.1.1 項の概要情報に相当）は二つの直角三角形全体を含む大寸法領域において得られる．

図 8.7(b) は形状 1, 2 の第一階層における計算結果であり，二つの直角三角形の頂角部において金属ナノ物質表面から 1 nm 上空における光強度の値を示す．ここで，直角三角形の頂角は 30°，底辺の長さは 173 nm，高さは 100 nm，厚みは 30 nm である．また二つの直角三角形の間隔は 50 nm である．入射光波長は 680 nm である．頂角部の光強度は周囲に比べ千倍以上の大きな値になっている．また両形状ともほぼ同等の光強度が確認されている．このように頂角部に光のエネルギーが集中するので，それが近傍に塗布された酸化銀の薄膜へと散逸すると光化学反応が誘起されナノ寸法の「痕跡」が作られる．

一方，図 8.7(c) は形状 1, 2 における第二階層の計算結果であり，前者は後者より大きな強度の散乱光を生じていることがわかる．すなわち第二階層においては形状 1 と形状 2 は互いに異なった光学応答を示している[*1]．そこで，論理 1 を形状 1 に，論理 0 を形状 2 に対応させれば第二階層においてデジタル情報再生が実現する．以上の機能を検証するため，形状 1, 2 の金属ナノ物質（材料は金(Au)，基板は SiO_2）が作製され，実験が行われている．入射光の波長は 690 nm である．その結果，第二階層では図 8.7(d) に示すように形状 1 の場合の方が形状 2 の場合より大きな値の信号が再生されている．

[*1] これは後掲の 8.2 節冒頭に記すように，入射光により直角三角形の金属ナノ物質の中に発生する電荷の空間分布を電気双極子によって表すことにより理解できる．すなわち，形状 1 では二つの直角三角形が同じ向きに配置されていることから，図 8.7(a) に示すように二つの電気双極子が同じ方向を向いており（第 3 章 3.1 節に記した明状態に相当），そのベクトル和は大きな一つの電気双極子に相当し，これから大きな値の電場が発生するので，これを遠方の第二階層で観測することができる．一方，形状 2 では両者が逆向きに配置されていることから，二つの電気双極子が反対の方向を向いており（第 3 章 3.1 節に記した暗状態に相当），これらは電気四重極子を形成する．二つの電気双極子から発生される電場は互いに相殺するので，これを第二階層で観測することはできない．

以上の新しい機能はデジタル情報の利用や流通の制御,電子タグなどの履歴情報管理による個人情報保護などへの応用が期待されている.

8.1.4 伝搬光とドレスト光子の区別の応用

階層性の最も単純な特徴として,伝搬光とDPとでは物質との相互作用の特徴が異なることが挙げられる.入射光波長に比べ小さな寸法をもつプローブの先端やフォトマスクの開口部にもきわめてわずかながら伝搬光は出射するので,空間的広がりの性質を応用する際,伝搬光とDPの差異に十分注意する必要がある.エネルギー移動の場合には,この区別はフォノン援用過程を使うことにより可能であった(第4,6章参照).第3章,第5章でもQD間のエネルギー移動に関して,伝搬光による場合とDPによる場合との差異が利用されていた.たとえば伝搬光の場合の電気双極子禁制遷移が,DPを用いると許容遷移になるという差異である.

本小節では両者の区別を利用した新しい情報保護技術を紹介する.そのために従来の光学素子の光学応答とは伝搬光に対する応答であることに注意する.これらの光学応答はたとえばホログラムや回折格子の場合には回折パターン,レンズや鏡の場合は反射・透過特性などである.これらの光学素子に対し,上記の伝搬光とDPとの区別を利用すれば,伝搬光に対する光学応答の特性に影響を与えることなく,DPに対する応答を付加することが可能である.その例として,階層ホログラムと呼ばれている光学素子が提案されている.ホログラムは三次元物体からの反射光または透過光と参照光とを干渉させて製作された光学素子であり,これに再び参照光を照射すると物体の三次元像が再生される.ホログラムは偽造防止や銘柄保護のための技術の一つとして紙幣,クレジットカード,電池などに広く利用されている.また,ホログラムは視認性に優れているため,人間が肉眼で認識可能な情報保護技術,すなわち伝搬光で再生できる情報を記録する技術(オバートセキュリティ (overt secutiry) と呼ばれている)の代表的な例である.しかし最近では攻撃者の偽造技術が進歩し,ホログラムが偽造されるようになったことから,安全・安心の確保のための耐偽造性をいっそう強化する必要性が高まっている.

この要求に応えるため,DPが示す階層性の性質がホログラムに適用されている [7,8].すなわちホログラムにナノ寸法の構造を作り付ける.その表面に発生するDPを検出するにはDPのエネルギーの空間的広がりと同等の寸法をもつプローブを近づけて二次元走査する.これによりNOM像が得られるのでDPによってのみ再生可能な情報を再生することができる.これにより人間が肉眼で認識不可能な情報保護技術(コバートセキュリティ (covert security) と呼ばれている)が実現する.ナノ構造を作り付けたホログラムの場合では,ナノ構造とプローブとの相互作用によって情報を再生する.この場合,使用する部材の複製と再生とが容易ではないことから耐偽造性が向

208   8. ドレスト光子の空間的広がりと数理科学的取り扱い

上する.

以上のように伝搬光と DP の区別を利用することにより，オバートセキュリティとコバートセキュリティとが共存する光デバイスが階層ホログラムである．その実現には次の二とおりの方法がある．

(1) 従来のホログラムの表面にナノ構造の層を作り付ける方法：ホログラムや回折格子の性能を維持しつつ，それらの表面に，DP によってのみ再生可能なナノ構造を

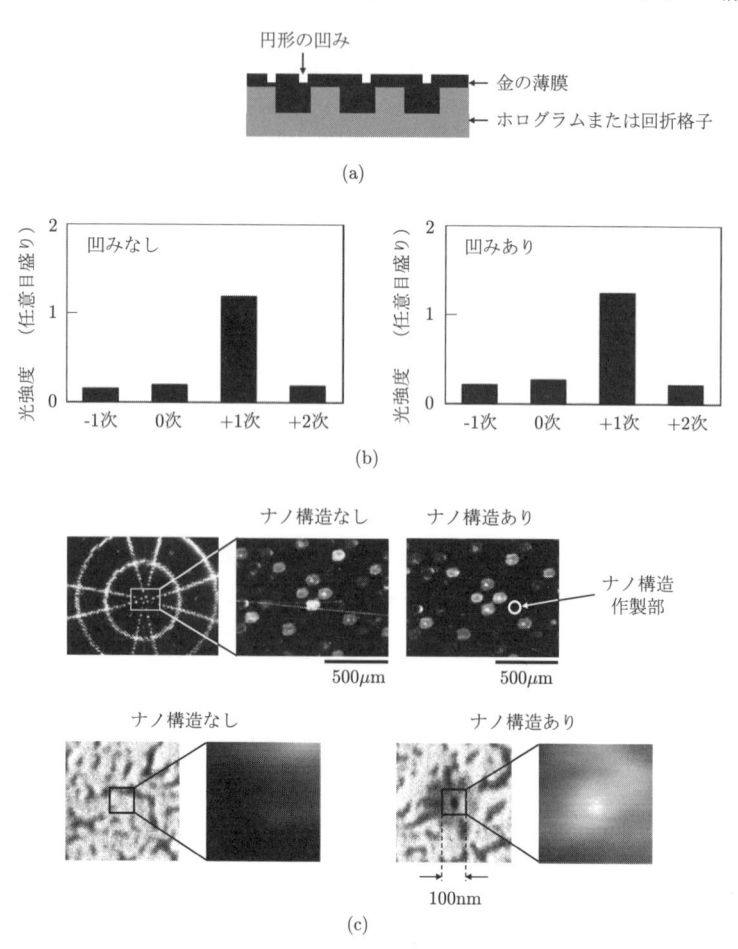

図 **8.8**　階層性光学素子
(a) 構造．(b) 各回折次数の光強度の測定結果．(c) プローブによる光学応答．上部はホログラム表面とその中心部分の光学顕微鏡像．下部は走査型電子顕微鏡像とその中心部の近接場光学顕微鏡像．

作り付けて付加的な情報を記録する [8]．その例を図 8.8(a) に示す．ここでは通常のホログラムや回折格子の上に厚さ 40 nm の金の薄膜を堆積し，さらにその表面に直径約 100 nm の微小な円形の凹みが形成されている．伝搬光に対する回折光強度を測定すると，図 8.8(b) に示すように凹みの有無によらず同等の値が得られている．一方，プローブを試料表面に近づけて二次元走査し測定すると，図 8.8(c) に示すようにナノ

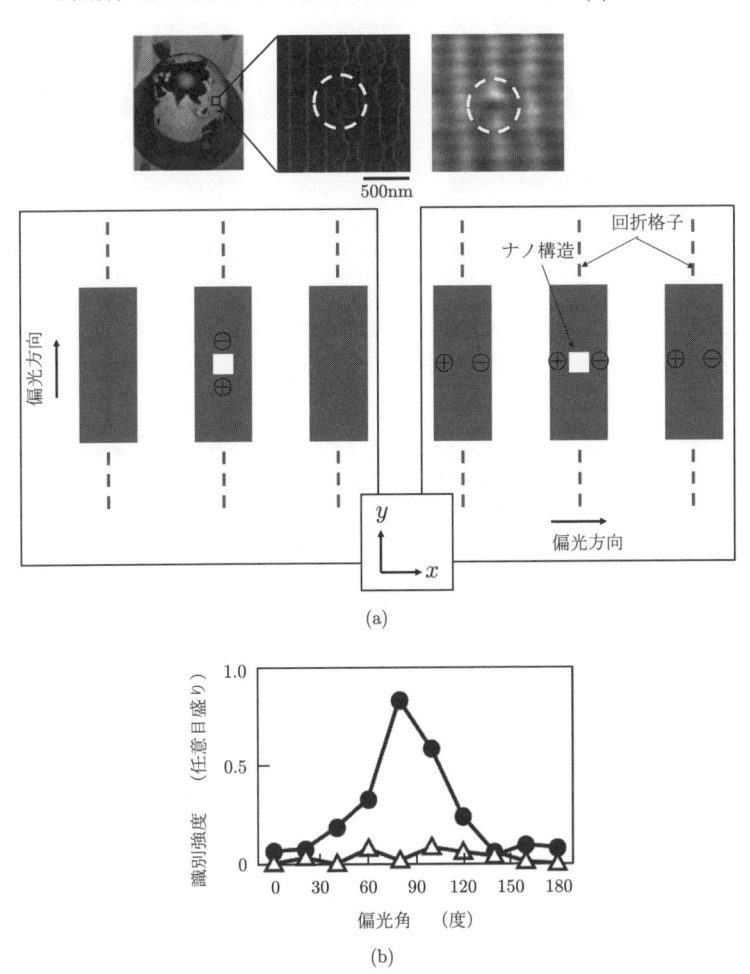

図 8.9 ナノ構造を作り付けたホログラム（口絵 11）
(a) 表面形状（上左部）とその一部分の走査型電子顕微鏡像（上中央部），近接場光学顕微鏡像（上右部）．x 軸方向（下右部），y 軸方向（下左部）に直線偏光する入射光による集中電荷．(b) 識別強度の計算結果（●印），△印は平坦な基板上に作り付けられた単一の矩形のナノ構造（ホログラムなし）の場合の計算結果．

構造の有無により異なる信号強度をもつ NOM 像が得られている.

(2) 回折格子構造をもつホログラムの中に, DP によって再生するナノ構造を作り付ける方法 [9] : この例を図 8.9(a) に示すが, この図上部に示すように一次元の金属製の回折格子構造からなるホログラムは, y 軸方向には複数の線状パターンが回折格子状に平行して長く伸びている. この中に矩形のナノ構造（一辺の寸法 80 nm）を作り付けると, y 軸方向に伸びる線状パターンが切断される. 従ってこのような金属構造に縦方向に直線偏光する光が入射すると, 図中の矩形の上下の辺でのみ電荷が集中する（図下左部）. 光電場は時間的に振動しているので, この図はある瞬間における電荷の空間分布を表している. 一方, x 軸方向は至るところで線状パターンが断絶しているので, x 軸方向に直線偏光する光が入射すると, 矩形の左右の辺とともに線状パターンの左右の辺にも電荷が集中する（図下右部）. このような電荷集中の空間的特性の違いにより入射光と金属膜との間の相互作用に著しい偏光依存性が生ずるので, これを利用すればナノ領域での情報読み出しが可能になる. 注目する小寸法領域中での測定光強度と大寸法領域にわたり空間的に平均化した光強度との差をもとに識別強度と呼ばれている性能指数を用い, 偏光依存性の差異が図 8.9(b) のように検証されている. すなわちホログラムのない平坦な基板上に孤立して作り付けられた単一のナノ構造の識別強度（△印）に比べ, ホログラム中にナノ構造を作り付けた場合, 識別強度（●印）は y 軸方向に直線偏光する光（偏光角 90°）が入射したとき著しく大きくなっている.

以上の例では階層ホログラム中にナノ構造が作り付ける方法を用いたが, この他に, さらに耐偽造性を向上するにあたり作製者ですら再現が不可能なナノ構造を実現するという方法もある. これは, 人間の指紋や静脈が個人により異なることを用いるバイオメトリクス (biometrics) の技術を人工的に実現する人工物メトリクス (artifact-metrics) の技術 [10] に相当する.

8.2　電気四重極子から電気双極子への変換

大面積の基板上に多数の微小な金属を配列し, それらの間の DP による相互作用を用いた新しい光デバイスとその情報保護への応用について記す. ここではその原理を電気四重極子から電気双極子への変換という考え方により説明する [11][*2].

[*2)] ここで扱う変換は第 3 章で扱った, 小さい QD から大きい QD へのエネルギー移動でも見られた. 立方体形の QD の場合, (1,1,1) 準位は電気双極子許容準位, (2,1,1) 準位は禁制準位であるが, これらは二つの電気双極子が各々平行, 反平行に配列することに対応する. 従って小さい QD の (1,1,1) 準位から大きい QD の (2,1,1) 準位へのエネルギー移動は電気双極子から電気四重極子への変換, また大きい QD の (2,1,1) 準位からその下の (1,1,1) 準位への緩和は電気四重極子から電気双極子への変換に相当する.

8.2 電気四重極子から電気双極子への変換

　大面積の基板全域にわたり固定された多数のナノ物質の寸法と位置を調節する際の技術的簡便性から，ナノ物質用材料として金属材料がしばしば使われている．金属に光をあてると電子が励振されるが，電子のエネルギー状態密度は大きく，また位相緩和定数も大きいので，半導体 QD 中の電子のように離散化されたエネルギー状態に基づく振る舞いは期待できない（寸法が数 nm 以下，かつ極低温であれば可能であるが，これは実用的でない）．そこで，以下では電子の動きを表す古典的なモデルを用いて議論する．

　大面積の透明基板の上に，光波長より小さい寸法を有する微小な金属を多数配列する．これらは最近の微細加工技術により可能であり，作製された配列は入射光に対し偏光制御板として働く．これは次のように説明できる．まず，図 8.10(a) に示すように微小な I 形金属を配列する．その長辺は x 軸方向に沿っているので，x 軸方向の直線偏光が入射するとI形金属の両端に電荷が集中する．負の電荷から正の電荷に向かうベクトルを矢印で示すと，これは電気双極子に相当する．I形金属中の電気双極子は長辺，すなわち x 軸方向に沿っているが，これは物質内分極と呼ばれている．一方，隣接する I 形金属間での正負の電荷を結ぶベクトルも矢印で示されているが，これは物質間分極と呼ばれている．物質間分極は隣接する I 形金属間の DP による相互作用に起因して発生する．隣接する I 形金属を適切に配列すると，図 8.10(a) に示すように y 軸方向に向いた物質間分極が生じる．左右の隣り合う矢印は $\pm y$ 軸方向，すなわち互いに反対方向を向いているので両者を合わせた物質間分極は電気四重極子に相当する．振動する分極は新たな電場を発生し，これがこの偏光制御板の透過光の源となるが，y 軸方向には物質間分極が電気四重極子となっていることから，y 軸方向に偏光した透過光は発生されない．一方，x 軸方向については物質内分極，すなわち電気双極子が源となるので x 軸方向に偏光した透過光が発生する．以上によりこの偏光制御板は x 軸方向に偏光した光を選択的に透過する機能を有する．

　次に図 8.10(b) に示すように微小な Z 形金属を配置する．その長辺は x 軸方向に沿っており，両端の腕は y 軸方向に沿っているので，x 軸方向の直線偏光が入射すると Z 形金属の長辺の両端に電荷が集中する．また，両端の腕の先端にも電荷が集中する．この図中にも物質内分極，物質間分極が示されており，これらの方向は I 形金属の場合に比べ複雑であるが，物質間分極のうち y 軸方向に向いたものに注目すると，これらはすべて $+y$ 軸方向，すなわち互いに同じ方向を向いているので，これらが源となり y 軸方向に偏光した透過光が発生する．従ってこの偏光制御板は x 偏光を y 偏光に変える機能を有する．

　以上のように，微小金属の材料，形，寸法，配置を調節すると，電気双極子や電気四重極子の二次元配列を調整することができるので，新しい偏光制御板として使える．これを情報保護に応用するため「錠と鍵」システムが提案されている [12]．そのため

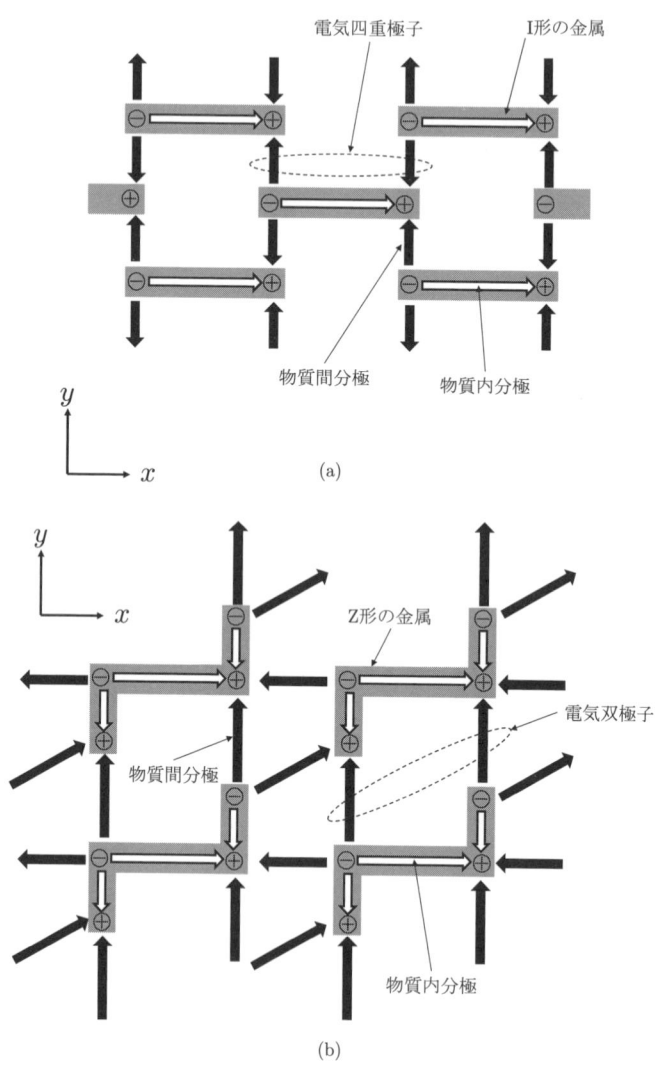

図 8.10 二次元的に配列された微小な金属，そこに発生する物質内分極，物質間分極．(a), (b) は各々 I 形，Z 形の金属．

に図 8.11 に示すように上記の I 形金属からなる偏光制御板を二枚使う．錠として使われる偏光制御板 1（図 8.11(a)）は図 8.10(a) のように長辺が x 軸方向に沿っている I 形金属の配列である．鍵として使われる偏光制御板 2（図 8.11(b)）は y 軸方向に沿った I 形金属の配列である．まず偏光制御板 1 に x 偏光を入射しても y 偏光の透過光は

8.3 プローブなどの不要な技術　213

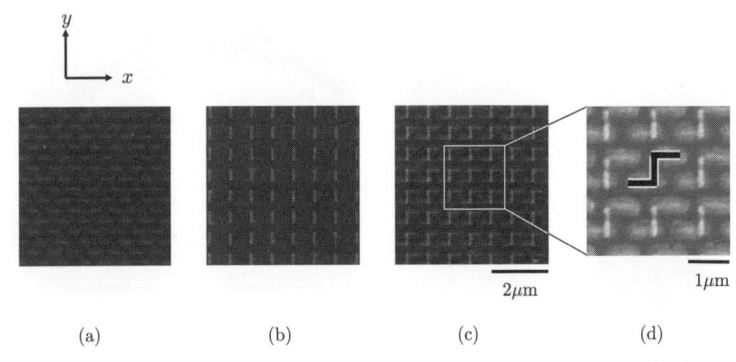

(a)　(b)　(c)　(d)

図 **8.11** 二次元的に配列された I 形金属による「錠と鍵」システム（口絵 12）(a), (b) は各々錠，鍵として使われる偏光制御板 1, 2 の走査型電子顕微鏡像．(c), (d) はそれらを重ねた場合の走査型電子顕微鏡像とその拡大像．

発生しない．しかし，これに偏光制御板 2 を近づけると，二枚合わせた場合の金属物質の形は図 8.11(c),(d) のようになり，図 8.10(b) と類似の Z 形金属となる．この場合，二枚の偏光制御板上の金属物質は接触していなくとも，相互に DP による相互作用が発生する程度に近づいていればよい．このとき上記のように物質間分極は y 軸方向を向くので，x 偏光の入射光に対し，y 偏光の透過光が発生する．これは偏光制御板 1, 2 の物質間分極が電気四重極子を形成していたのに対し，二枚重ねるとそれが電気双極子に変換されることに起因するので，その透過率の値は二枚の金属物質の寸法，形，配列に依存する．従って一つの錠に対し，最適な鍵が一つ存在する．それ以外の鍵を重ねた場合，透過率の値は大きくないことから，この「錠と鍵」システムは情報保護に応用可能である．

8.3　プローブなどの不要な技術

前節までに記した方法・技術を実験的に検証，応用するにはプローブが必要であったり，また二つの基板を近接する必要があった．これらの必要性を回避し，遠方での測定，または回折限界に制限されない低分解能の光学測定を可能とする方法が提案されており，ここではそれらについて説明する．

8.3.1　ドレスト光子による相互作用の空間分布の拡大転写

本小節では DP による相互作用の空間的分布を拡大して転写する方法について説明する [13]．これには光誘起相転移の現象を利用する．すなわちまず DP により物質に相転移を誘起する．光誘起相転移はいくつかのシアノ架橋金属錯体 [14] などで観測されているが，ここでは鉄 (Fe)，マンガン (Mn) を含む錯体 [15] を例にとる．図 8.12(a)

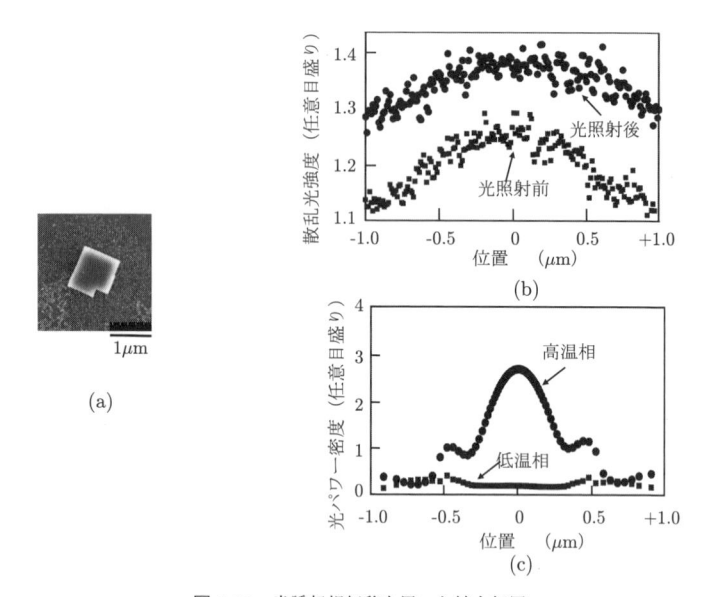

図 8.12 光誘起相転移を用いた拡大転写
(a) 試料として使われる単結晶の走査型電子顕微鏡像. (b), (c) 光照射前後の散乱高強度の測定結果と計算結果.

はこの材料の単結晶の SEM 像であり，その平均寸法は 1 μm（水平方向）× 1 μm（垂直方向）× 500 nm（厚さ）である．これは電荷輸送により高温相，低温相と呼ばれる二つの相の間で相転移を示し [16,17], Mn のヤーン・テラー（Jahn-Teller）歪みにより立方晶系から正方晶系へと構造変化する．物質表面のうち光が照射された部分が相転移を起こすが，それは周囲に拡大していき，相転移の起こる領域は光が入射する面積の 30 倍になることが知られている [18]．拡大されてしまえば，伝搬光による既存の並列処理技術 [19] を用いてこの領域を測定することができる．

この拡大転写を検証するため，サファイヤ基板の上記の単結晶に対し，ポンプ・プローブ分光が行われている．すなわちポンプ光として波長 532 nm の伝搬光を用いる．これをプローブ[*3)]の後端から入射し，その先端に DP を発生させ，それにより単結晶に相転移を誘起する．相転移が起こったことを確認するため，プローブ光として波長 635 nm の低パワーの伝搬光を用いる．これを同じプローブの後端から入射させ，結晶の NOM 像を得る．図 8.12(b) は測定された NOM 像の断面を示すが，ポンプ光の照射後では測定値が増加していることがわかる．

---

*3) ここでは検証実験であるためプローブが使われているが，拡大転写された結果の再生にはこれは不要である．

さらに，数値計算により物質表面での光パワー密度を求めた結果を図 8.12(c) に示す．高温相の物質表面での光パワー密度の値は低温相の場合に比べ大きく，これは図 8.12(b) の結果と一致している．これにより DP の転写が確認された．得られた転写形状の寸法は実験結果，数値計算結果共に $1\,\mu m$ 程度となり，プローブの先端曲率半径（約 50 nm）よりも十分大きいので，プローブを用いることなく検知するのに十分な寸法にまで拡大できていることがわかる．

DP 発生のための光源や転写用材料などの性質が転写形状に影響を及ぼすので，ここで示す再生法はエネルギー移動 [20] や階層性 [21] などの性質に依存する．DP を使ったホログラフィ [22] などの方法をはじめとする他の記録再生法では，記録材料の構造を変化させるのみなので，本方法はこれらとは本質的に異なる．

8.3.2 量子ドット間のエネルギー移動の空間的変調

8.1.3 項に記した方法 (2) の応用例を紹介しよう．光を照射すると小さい QD から

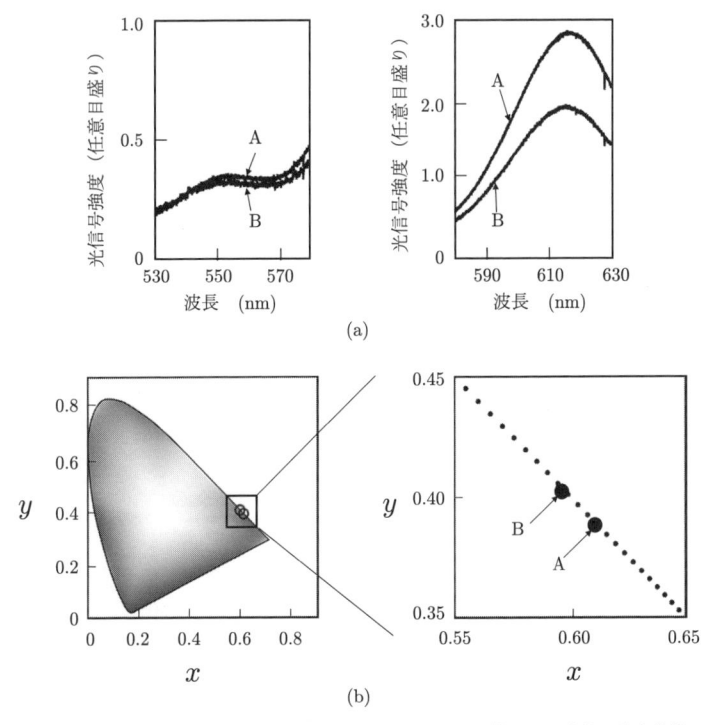

図 8.13 CdSe/ZnS コア・シェル構造をもつ QD を分散させた試料の発光特性
(a) 発光スペクトル．曲線 A, B は各々基板を伸張させた場合，伸張させない場合の発光スペクトルの測定結果．(b) 色度図上での (a) 中の曲線 A, B のスペクトルの位置．

大きい QD への DP を介したエネルギー移動が起こり，その後に散逸する．その結果小さい QD からの発光量は減少し，大きい QD の下エネルギー準位からの発光量が増加する．また後者の発光波長は前者に比べて長い．さらに両 QD の間隔が大きいとき，エネルギー移動量は少ないので，両 QD からの発光スペクトルを合わせて遠方にて回折限界内の低分解能で測定するとそのスペクトルの短波長成分強度は大きい．一方，間隔を小さくするとエネルギー移動が増えるので，長波長成分強度が大きくなる．従って間隔を変調すると，遠方で測定できる発光スペクトルの形状が変わる．そこで，これらの QD を柔軟性のある基板表面に分散させ，光を照射し，基板表面を曲げ両 QD の間隔を変調すると，QD 集団からの発光スペクトルの形状は基板表面の曲げの曲率半径に依存して変化する．

柔軟性をもつ透明材料である PDMS(polydimethilsiloxane) の基板の上に，大小の CdSe/ZnS コア・シェル構造をもつ QD を分散させた試料を用いてこの変化が検証されている．すなわち図 8.13(a) に示すように基板の伸張によって発光スペクトルの形状が変化する [23]．また図 8.13(b) に示すように発光の色は色度図上で変化している．今後は材料を適宜選択することなどによりさらに大きな変化が期待でき，微小変位を検出するセンサ，さらには媒体に触れると発色が変化する光部材や表示装置などへの応用が可能である．

8.4 数理科学モデル

第 6 章の 6.1, 6.2 節ではプローブやフォトマスクを使って DPP を発生させ，ナノ寸法領域において選択的に分子を解離したりナノ寸法パターンを形成したが，これらの部品を使わずに物質を堆積（または解離）させることも可能である．たとえば平面基板の上に密集して林立させた ZnO のナノロッドに光を照射し，その稜線や頂点に DPP を発生させる．この DPP を利用した有機金属気相堆積法により稜線や頂点付近に Zn を選択的に堆積させることができる．図 8.14(a) はその結果をナノロッド群の上空から観測した SEM 像である．この実験ではいわば ZnO ナノロッドが上記のプローブのように DPP を発生する役割を果たしている．図 8.14(a) をもとに二次元空間パワースペクトル密度を計算した結果を図 8.14(b) に示すが，これによると光を照射した場合の結果を表す●印では堆積により形成された構造の代表的な寸法が光を照射しない場合の結果を表す■印に比べ小さくなっていることがわかる．また，寸法の出現頻度が冪乗則に従うことから，光非照射時の非フラクタル構造がもとになり，光照射によって一種のフラクタル構造が自律的に形成されたと考えることができる [24]．

一方，6.3 節では DPP が自律的に消滅する現象を利用して，ガラスなどの物質表面を平坦化する方法について記した．続いて第 7 章では各種のエネルギー変換の技術

8.4 数理科学モデル

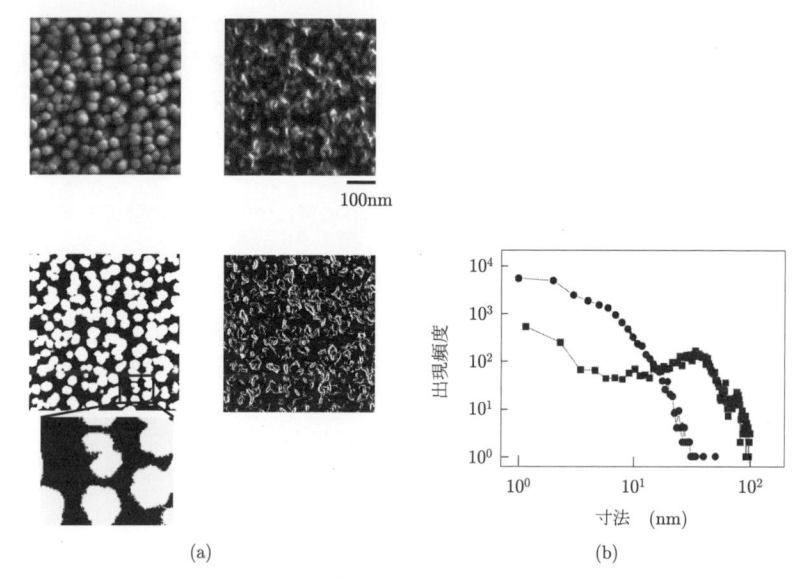

図 8.14 ZnO ナノロッドの稜線や頂点付近に選択的に堆積した亜鉛の形状 (a) 上左部，上右部は各々光を非照射，照射の場合の走査型電子顕微鏡像．下左部，下右部は上部の二つの図から各々求めた二値化画像．(b) 各寸法の形状の出現頻度を表すパワースペクトル密度 ((a) の下部の画像をもとに算出)．●印，■印は各々光照射，非照射の場合．

を紹介したが，7.2 節では光起電力デバイスの電極表面に DPP が自律的に発生する現象を利用した加工方法，さらに 7.3 節では LED 中の B の不均一分布の領域の境界に DPP が自律的に発生する現象を利用し，B の濃度分布を制御する方法について記した．

以上に記したように，第 6，7 章の事例に共通するのは自律性であり，これを使って新しい性能が発現した．従来の技術の場合，所望の性能を得るためには，必要な材料の探索・開発・加工という材料工学の方法に頼ってきたが，それらの多くは希少物質，有毒物質などを使わざるをえず，今後の発展の障害となる．これに対し，DPP を使う方法は，既存の材料を使いながらも，その表面または内部での DPP の自律的な消滅，発生を利用し，所望の新しい性能を実現することができる．この技術に使われているのが自律性である．これは決定論的な方法で材料を設計・加工・製作する方法とは異なる．

上記の各種技術ではガラス表面，光起電力デバイスの電極，LED の発光面が大面積である方が応用上有利である．これに対し，それらの表面または内部での DPP の自律的消滅・発生はナノ領域での現象である．両者を統合し，大面積のデバイスの特性

を議論する際に決定論的な理論モデルを用いると計算量が膨大となり現実的でない．この問題を解決するには別の理論モデル，たとえば統計的手法に基づくモデル，数理科学モデルなどが必要である．本節ではそれらの例について説明する．

8.4.1 ナノ物質の形成
本小節では微粒子の寸法制御，配列制御の二つの例について，その解析モデルを概説する．

a. 酸化亜鉛微粒子の寸法制御
まず ZnO 微粒子を作製する方法について記す [25]．これは溶液中でゾルゲル法により ZnO 微粒子を成長させる方法であるが，その寸法のばらつきを低減するため，光を照射する．寸法が小さい ZnO のバンドギャップエネルギー E_g は入射光の光子エネルギーより大きいので，この ZnO 微粒子は光を吸収せず，したがって成長は阻害されない．一方，寸法が大きい ZnO の E_g は入射光の光子エネルギーより小さく，光を吸収して ZnO の一部は物質表面から脱離する．その結果，できあがる ZnO 微粒子は光子エネルギーによって決まる寸法を有し，従って多数の ZnO 微粒子の寸法のばらつきは小さくなる．実験によれば光を照射しない場合，寸法のばらつきは23%であるが，光照射により18%に減少している．光を照射しない場合，ZnO 微粒子の寸法の分布の測定結果は図 8.15(a) のように左右対称であるが，光を照射するとその分布の測定結果は図 8.15(b) のように左右非対称となり，またその分布の最大値をとる寸法は図 8.15(a) の場合より小さい．これを以下のような確率過程モデルによって解析する．

まず光が照射されていない場合，図 8.16(a) に示す積み上げの確率過程モデルとして定式化する [26]．ナノ物質を構成する基本物質を立方体で表す．これが次々に積み上がっていくが，その確率を p とする．言い換えると，t 段積み上がった物質の高さを $s(t)$ と書くと，積み上げの確率は

$$P\langle s(t+1) = s(t)+1 | s(t) \rangle = p \tag{8.1a}$$

$$P\langle s(t+1) = s(t) | s(t) \rangle = 1-p \tag{8.1b}$$

である．初期条件 $s(0)=0$ のもとで積み上げを繰り返すと，積み上がった物質の全長の分布は図 8.15(c) のように左右対称な正規分布となる．この図は一万ステップを十万回繰り返した結果である．この結果は図 8.15(a) に示す実験結果と一致する．

次に光を照射した場合，大きな寸法の微粒子に脱離現象が発生するので p が微粒子寸法，すなわち積み上がった物質の高さに依存する．簡単のために図 8.16(b) に示すようにある高さ R 以上では p は単調減少すると考える．すなわち (8.1) の確率を次の式で置き換える．

8.4 数理科学モデル

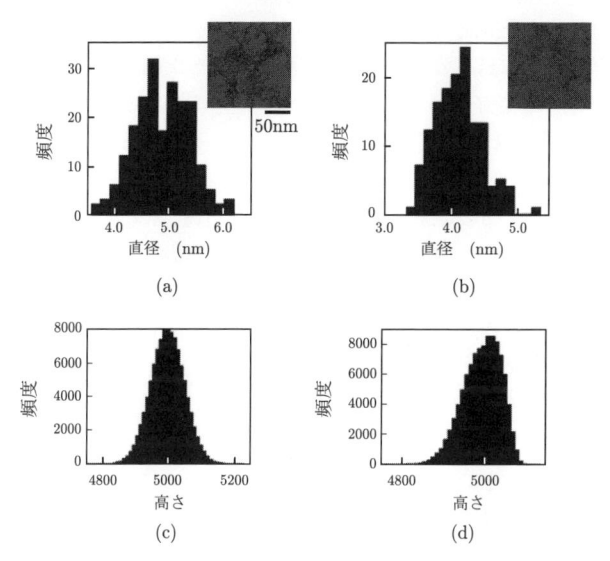

図 8.15 ZnO の微粒子の寸法分布を表すヒストグラム
(a), (b) は寸法の分布の測定結果. 各々光非照射, 照射の場合. 走査型電子顕微鏡写真もあわせて記す. (c), (d) は確率過程モデルにより計算した高さの分布. 各々光非照射, 照射の場合.

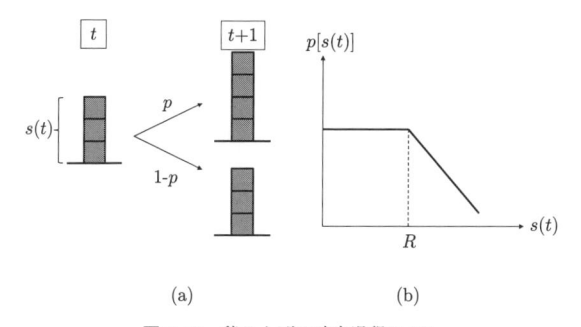

図 8.16 積み上げの確率過程モデル
(a) 確率 p により時間的に積み上がる様子. (b) ある高さ R 以上で確率 p が減少する様子.

$$p\left[s\left(t\right)\right] = \begin{cases} c & s\left(t\right) \leq R \\ c - \alpha s\left(t\right) & s\left(t\right) \geq R \end{cases} \quad (8.2)$$

ここで c, α は定数である. この確率過程モデルを用いて計算した結果が図 8.15(d) であり ($c = 1/2, \alpha = 1/250$), 分布は左右非対称となっており, 図 8.15(b) に示す実験結果と一致する.

b. 金属微粒子の配列制御

SiO$_2$ 基板に図 8.17(a) のように溝を作っておき，その上にスパッタリングによりアルミニウム (Al) の微粒子を堆積させる．その際，基板表面に光子エネルギー 2.33 eV（波長 532 nm），光パワー 50 mW の光を照射すると図 8.17(b) のようにほぼ等しい寸法（平均直径 100 nm）をもった Al ナノ物質がほぼ等間隔（平均間隔 28 nm）で溝の角部に配列する [27]．この現象は光が照射されている範囲内で発生し，配列の長さは 100 μm に及ぶ．すなわち，約 780 個に達する膨大な数のナノ物質が一列に並ぶ．図 8.17(c) は光子エネルギー 2.62 eV（波長 473 nm），光パワー 100 mW の光を照射した場合の実験結果である．この場合には平均直径 84 nm，平均間隔 49 nm の Al ナノ物質の配列が得られている．これらの実験結果は基板表面に発生する DPP と Al との相互作用により自律的な物質形成・配列が可能であることを示している．この配列形成法は 5.1.1 項 e のエネルギー移動路の作製などに応用可能である．

この Al 微粒子の配列について解析する [26]．そのために基板の溝を N 個のピクセルの配列で表す．基板に堆積する微粒子は各ピクセル上の立方体で表す．初期状態では図 8.18(a) のように立方体はない．堆積の各段階において立方体が積み上がる位置は任意に選ばれるので，その位置を x と表す．x の位置で積み上がるか否かを決めるため，溝の位置 x が立方体で占められる現象を $S(x)$ で表す．溝に沿って途切れなく配列された複数の立方体をクラスターと呼ぶ．孤立した一つの立方体もクラスターと呼ぶ．ここで次の規則を仮定する．

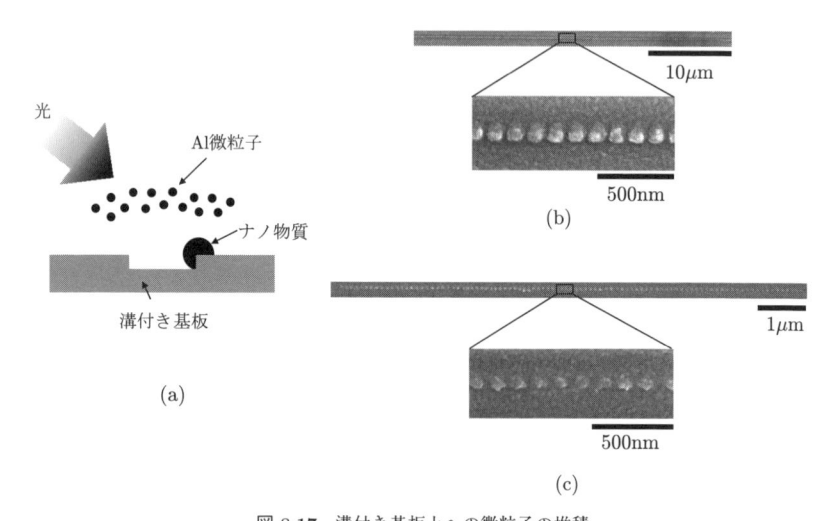

図 8.17 溝付き基板上への微粒子の堆積
(a) 基板の断面形状．(b), (c) は堆積された Al ナノ物質の配列の走査型電子顕微鏡像．使用した光の光子エネルギーは各々 2.33 eV, 2.62 eV．

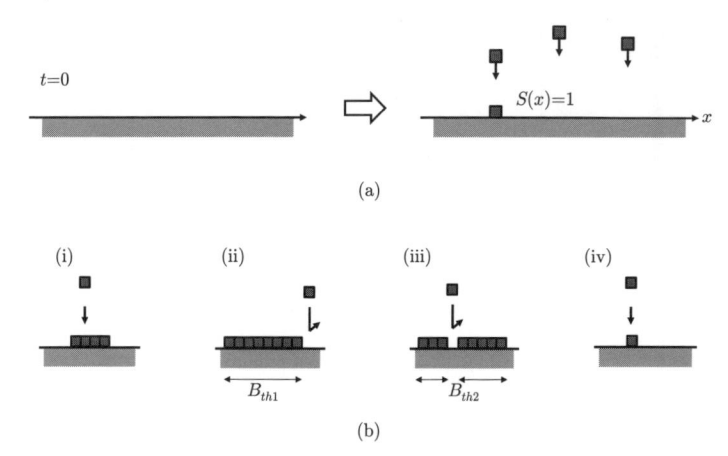

図 **8.18** Al ナノ物質の配列の確率過程モデル
(a) 堆積の時間的推移．(b) ある位置 x において積み上がりの可否に関する 4 つの場合．
(i)〜(iv) は各々本文中の (1)〜(4) に対応．

ここでは $S(x)$ のとりうる値は二つのみである．すなわち占拠されている場合 $S(x) = 1$，占拠されていない場合 $S(x) = 0$ とする．また，

(1) 任意に選んだ位置 x がクラスターの内部（$S(x) = 1$）であれば，$S(x) = 1$ のままとする（図 8.18(b-i)）．

(2) $S(x) = 0$ の場合，選んだ位置 x がある値 B_{th1} 以上の長さのクラスターの隣であれば；堆積は禁止される．すなわち $S(x) = 0$ のままとする（図 8.18(b-ii)）．

(3) $S(x) = 0$ の場合でも，選んだ位置 x の左右に立方体があり，クラスターの全長が B_{th2} 以上であれば，堆積は禁止される．すなわち $S(x) = 0$ のままとする（図 8.18(b-iii)）．

(4) 以上の 3 つの場合以外は，位置 x での堆積は続くので $S(x) = 1$ とする（図 8.18(b-iv)）．

規則 (2), (3) は光と物質の共鳴相互作用効果に対応し，これにより脱離が起こる．相互作用エネルギーは湯川関数で与えられ，物質寸法に依存するので，DP は脱離を促進し，従って堆積を阻害し，規則 (2) で表されるように物質がある程度以上の寸法となることを阻害する．さらに単一のクラスターの寸法は小さく，その表面での DP の空間的広がりが小さい場合でも，もしいくつかのクラスターが近傍にあれば，脱離効果が生ずる．この効果は規則 (3) により表されている．注意すべき点は，ここでは単一の位置 x のところに二個以上の立方体を積み上げていないことである．

図 8.19(a), (b) は各々クラスター寸法，隣り合うクラスターの中心間隔の値の時間的変化の様子の数値計算結果を表す．すなわち堆積時間 $t = 1 \times 10^2, 1 \times 10^3, 1 \times 10^5$

(a)

(b)

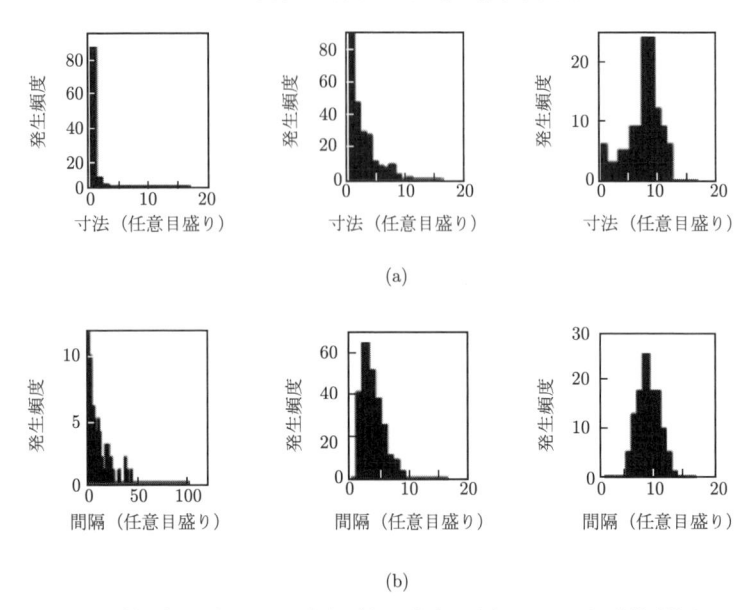

図 8.19 低い光子エネルギーの光を照射した場合に形成された配列の数値計算結果 (a), (b) クラスターの寸法, 隣り合うクラスターの中心間隔の発生頻度を表すヒストグラム. 堆積時間は各々 $t = 1 \times 10^2$ (左), $t = 1 \times 10^3$ (中央), $t = 1 \times 10^5$ (右).

(任意単位) における計算結果である. このときピクセル数 $N = 1,000$ とし, また規則 (2), (3) における閾値は $B_{\text{th}1} = 8$, $B_{\text{th}2} = 12$ とした. 寸法と間隔がある値に収束していることがわかり, これは図 8.17(b), (c) の実験結果と一致している.

図 8.17(b), (c) を比較すると, より低い光子エネルギーの光を用いた場合 (図 8.17(b)) に比べ高い光子エネルギーの光を用いた場合 (図 8.17(c)) の方が, 微粒子の直径がやや減少している. これは高い光子エネルギーの光は小さい寸法において脱離を発現することに起因する [27,28]. 一方, 間隔は増加しているが, この理由はこれまで明示されていなかった. 以下では間隔の増加の理由について解析する.

光子エネルギーが高くなるとさらに顕著な光と物質との間により強い相互作用が誘起され, 隣接するクラスターにおける脱離をより促進し, 堆積を阻害すると考えられる. これは上記の確率過程モデルを修正することにより説明することが可能である. すなわち規則 (2) により隣の位置での堆積を阻害する代わりに, より離れた位置でも阻害することを考える. つまり

(2′) $S(x) = 0$ の場合でも, もし x において $B_{\text{th}1}$ 以上の寸法のクラスターがあれば, (a) $x - 3$ と $x - 1$ の間, または (b) $x + 1$ と $x + 3$ の間では堆積が阻害され $S(x) = 0$ の状態が維持されることにする.

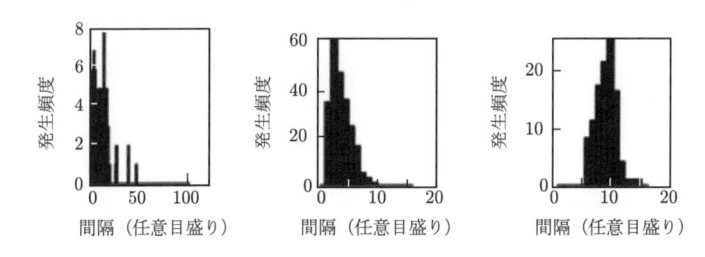

図 8.20　高い光子エネルギーの光を照射した場合に形成された配列において，隣り合う
クラスターの中心間隔の発生頻度の計算結果
堆積時間は各々 $t = 1 \times 10^2$（左），$t = 1 \times 10^3$（中央），$t = 1 \times 10^5$（右）．

B_{th1}，B_{th2} の値を前の場合と同じ値とし，クラスターの間隔の統計的性質を評価した結果を図 8.20 に示す．この図によれば間隔の最大値は 10 に収束していることがわかるが，この値は図 8.19(b) に示す結果（8 に収束）より大きいことから，高い光子エネルギーにより間隔が増加することが説明された．

8.4.2　表面形状の統計的特性

7.2.1 項の自律的な加工方法では DPP の場の空間分布が定常状態に達した段階で加工が終了するが，そのために Ag 薄膜表面の特定の場所への Ag 微粒子の流入・流出を DPP と逆バイアス電圧とで制御している．この流入・流出の量が釣り合うと Ag 薄膜表面の形状は定常状態に達するが，この状態に至るまでは，表面形状は刻一刻変化する．デバイス B，C を比べると，加工の際の照射光パワーは前者に比べ後者が大きいので，デバイス C では Ag 微粒子の流出がより顕著であり，より短い時間で定常状態に達すると考えられる．

両者の差を確認するために Ag 薄膜表面の形状の統計的性質を調べよう [29]．図 8.21 は堆積した Ag の塊の数をその寸法の関数として示したヒストグラムであり，それは図 7.18 の SEM 像より求めた．ここで「寸法」とは図 7.18 に示す Ag の塊の二次元像の「面積」である（これに対し図 7.18 の下半分に示すヒストグラムは「直径」の分布に関する結果である）．図 8.21(a) はデバイス A に対する測定結果である．そのヒストグラムの形状はポアッソン（Poisson）分布状であり，塊の寸法が $5 \times 10^3 \text{nm}^2$ のときに最大値をとる．デバイス B，C の場合のヒストグラム（各々図 8.21(b)，(c)）は図 8.21(a) とは大きく異なり，塊の寸法の増加とともに指数関数的に減少している．また，下向き矢印で示すように発生頻度はある寸法において極大値をとる．加工用の照射光のパワーが高い方がこの極大値を与える寸法の値は小さい（第 7 章図 7.18(a)，(b) の場合でも，塊の平均直径は各々 90 nm，86 nm と照射光のパワーが高い方が寸法が小さくなっている）．このように光照射・逆バイアス電圧の有無によって表面形状

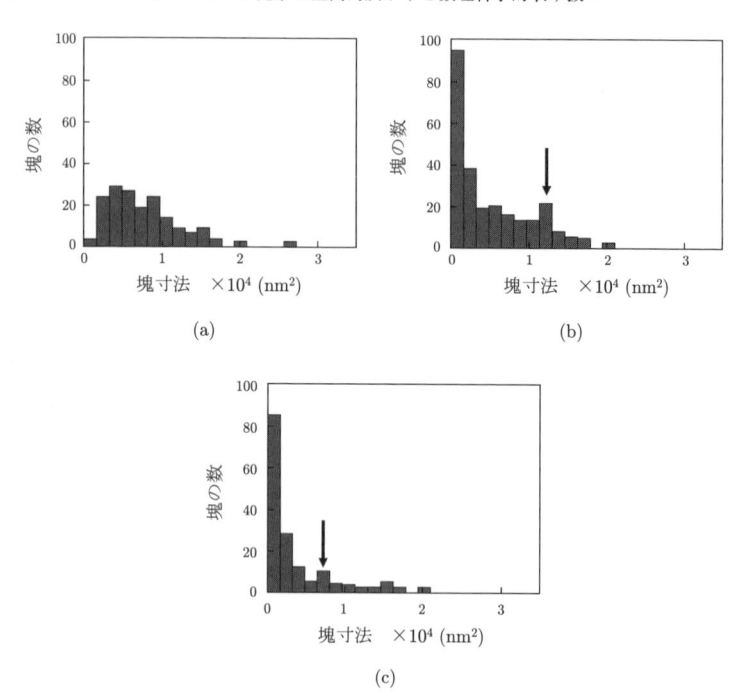

図 8.21 Ag の塊寸法と数との関係
(a), (b), (c) は各々デバイス A, B, C の場合. 下向き矢印は極大値の位置を表す.

に明確な差が見られる.

表面形状の変化の様子を記述する数理科学モデルを作るため，図 8.22 に示すように $M \times M$ 個のセルが正方形に配列された二次元構造を考える．ここで P 番目のセルを $P = (p_x, p_y)$ と記す．p_x, p_y は $M \times M$ 個のセルのうち，P の番号である．セル P に変数 $h(P)$ を割り当てる．ここで Ag 薄膜表面のセル P に Ag 微粒子が飛来し，その表面が Ag 微粒子に占有されていれば $h(P) = 1$, そうでないならば $h(P) = 0$ とする．同図中では $h(P) = 1$, $h(P) = 0$ は各々黒および白いセルで表されている．

次に Ag 微粒子の堆積過程を議論するため，まず完全平坦表面を仮定する．すなわちすべてのセル P に対し $h(P) = 0$ である．ここで任意のセル P に Ag 微粒子が飛来して，そこに着地するか，反発されるかを決める．すなわち正に帯電した Ag 微粒子と Ag 薄膜表面の正孔との間の反発力により Ag 微粒子はセル P およびその近隣のセルからなる系の外へ流出する．

ここでセル P の擬似足紋 Q_P を次のように定義する．すなわち図 8.22(a) に示すようにセル P のまわりの八つのセル $(p_x + i, p_y + j)$ $(i, j = -1, 0, +1$:ただし $i = j = 0$ は除く) のうち Ag 微粒子に占有されたセルの数 $S_P^{(i,j)}$ の和として

8.4 数理科学モデル

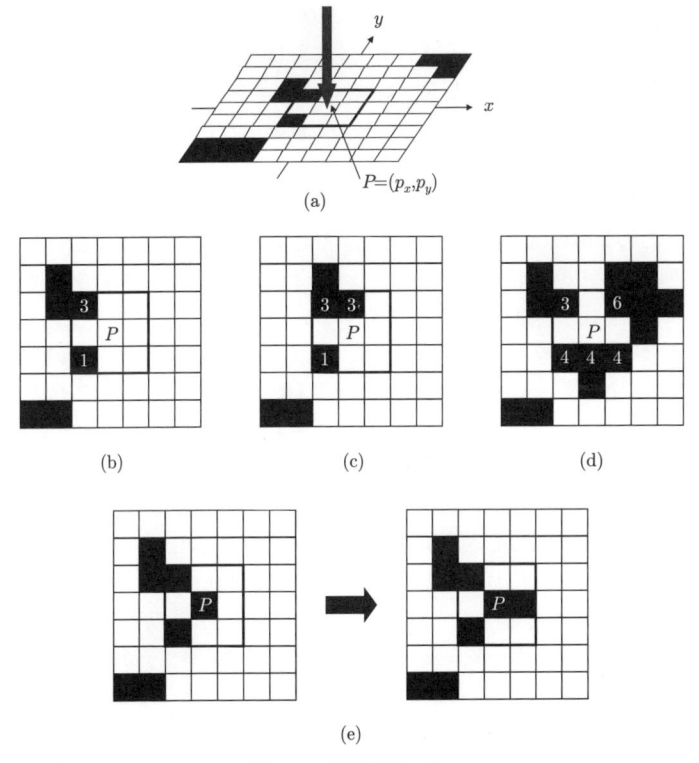

図 8.22 確率過程モデル
(a) 擬似足紋の定義の方法. (b), (c), (d) は擬似足紋の値の例. (e)Ag 微粒子の飛来前後での比較.

$$Q_P = \sum_{i=\{-1,0,1\}, j=\{-1,0,1\}} S_P^{(i,j)} \tag{8.3}$$

により与える. ただし, これら八つのセルのうち占有されたものの隣に連続して占有されたセルがあれば, それらのセルが八つのセルの外側にあってもその数も $S_P^{(i,j)}$ に加える. たとえば図 8.22(b) の場合, セル P に対して上左の角にあるセル ($i,j = -1, +1$) は占有されており, それには二つの占有されているセルが隣接しているので $S_P^{(-1,+1)} = 3$ となる. 左下の角にあるセルは占有されているものの, 隣には占有されたセルがないので $S_P^{(-1,-1)} = 1$ である. これらを合わせると図 8.22(b) の場合セル P の擬似足紋は $Q_P = S_P^{(-1,+1)} + S_P^{(-1,-1)} = 4$ となる. 同様に図 8.22(c) の場合, $S_P^{(-1,+1)} = 3$, $S_P^{(0,+1)} = 3$, $S_P^{(-1,-1)} = 1$ なので, $Q_P = 7$ となる. さらに図 8.22(d) では $Q_P = 21$ となる.

飛来した Ag 微粒子が Ag 薄膜表面から反発されないものの, P がすでに占有されて

いる場合，Ag 微粒子は近隣のセルに着地する．図8.22(e) 左部はその例を表し $Q_P = 4$ である．ここでこの Q_P の値がしきい値 Z (これは照射光パワー，逆バイアス電圧の値の増加とともに増加する値をとる) より小さいとする．この場合 P はすでに占有されているので，x 軸または y 軸にそった P の近隣の空のセルが任意に選ばれる．たとえば，この系は図 8.22(e) 右部のように更新され，ここでは新たに飛来する Ag 微粒子は P の右側のセルに着地する．すなわち $h(p_x + 1, p_y) = 0 = h(p_x + 1, p_y) = 1$ に変わる．この規則は Ag 薄膜表面での Ag 微粒子のドリフト過程を表す．

Ag 薄膜表面が平坦な状態から開始し，T サイクル反復して上記の確率過程を適用することにより，多様な空間パターンが形成される．それらはしきい値 Z にも依存する．図8.23(a) はセルの個数 16×16 ($M = 16$)，しきい値 $Z = 10$，サイクル数 $T = 300$ とし，百回の試行 ($N = 100$) のうちの三つの試行の結果の例である．これは各々異なる空間パターンになっているが，合計百のパターンが形成される．これらの統計的な性質を調べるため，ヒストグラムを求めると図 8.23(b) を得る．ここで $T = 1000$ である．■，▲，●印は各々 $Z = 5, 10, 20$ の場合の結果である．

これらのヒストグラムはしきい値 Z に依存した性質を示している．すなわち Z の値が小さいと図 8.23(b) において極大値をとる微粒子寸法は小さくなるが，これは実験の結果 (図 8.21．照射光パワーの増大とともに下向き矢印で示す極大値を与える微粒子寸法は小さくなる) と一致する．言い換えると照射光パワーが大きくなると反発を引き起こしやすいので，薄膜表面にできる塊は小さくなる．これは擬似足紋が DPP による反発を表すという物理的解釈を支持している．つまり，擬似足紋は塊の周りに局在する DPP が発生し，その結果正孔が引き寄せられ，Ag 微粒子の流入・流出量が自律的に制御されて空間的不均一性が誘起されることを反映している．

図 8.23(c) は反復数 T の増加とともにヒストグラムが変化する様子を示す．T の増加とともにピーク形状のヒストグラムが現れ出てくることがわかる．■，●，▲，◆印は各々 $T = 100, 200, 300, 1000$ の場合の結果である．定常状態，すなわち収斂したパターンについて考えるために，図 8.23(d) は $N = 100$ の試行のうち T 番目のサイクルにおける反発の起こる頻度を示す．言い換えるとこれは，反発の起こる確率の時間変化を表している．この確率は T とともに増加し，T が 300 に達すると反発確率が 0.8 以上となる．

ここで扱う確率モデルはしきい値 Z を含むので，厳密にいうとこれは自己組織的臨界現象 [30] ではない．しかし図 8.23 に示すように，平坦な表面は共通の統計的性質を示しながら自己組織的に多様なパターンに収斂する．これは上記の確率モデルにおいて固有の DPP による自己組織的臨界現象である．

このような確率過程モデルは本節のみではなく 7.2 節，7.3 節において DPP が自律的に発生する過程，特にエネルギー上方変換の効率を最大にする表面形状について

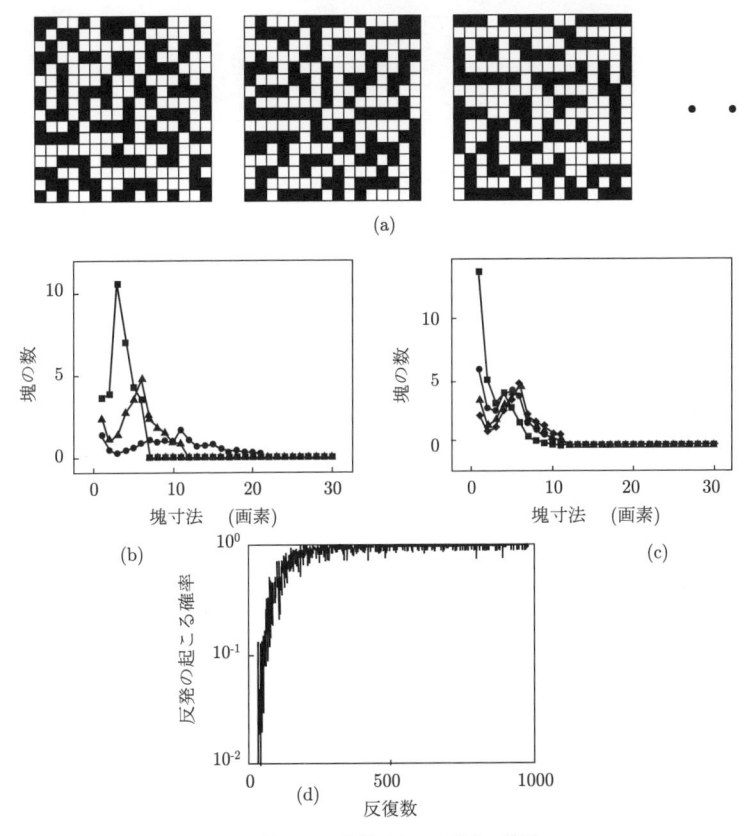

図 **8.23** 空間パターン形成の試行
(a) 試行の例. (b) 塊寸法と数との関係. ■, ▲, ●印は各々 $Z = 5, 10, 20$ の場合.
(c) 塊寸法と数との関係. ■, ●, ▲, ◆印は各々 $T = 100, 200, 300, 1000$ の場合.
(d) 反復数と反発の起こる確率との関係.

調べるのに役立つ. さらには 6.3 節において自律的に消滅する過程を調べるのにも利用可能である.

9

まとめと展望

Disce libens.
(快く学べ)
Decimus Magnus Ausonius, *Epistulae*

　本章では全体のまとめと今後の展望について記す．まず9.1節では第2章から第8章までの記述内容をまとめ，ドレスト光子 (DP) の関わる現象・技術と従来の伝搬光の関わる現象・技術との違いについて，さらにそれらの理論的取り扱いの違いについてまとめる．9.2節では今後の展望を記す．

9.1 まとめ

　本書では光の波長 λ に比べずっと小さなナノ寸法領域での光と物質との相互作用を扱ったが，その場合，光の量子化のための仮想的な共振器を設定することができない．また，波数 k と位置 x の間の不確定性関係 $\Delta k \cdot \Delta x \geq 1$ において，ナノ寸法領域では $\Delta x \ll \lambda$ であることから $\Delta k \gg k$ となり，波数と運動量は保存量とはならない．この事情により本書の内容は波動光学から逸脱している．さらに，物質の分散関係（運動量とエネルギーの間の関係）に基づく議論も有効ではない．これらに注意し，第2章では無数のモードの光と無数のエネルギー準位の電子・正孔対との相互作用を考え，ナノ寸法領域において光子と電子・正孔対とが結合した状態を表す準粒子である DP の描像を導出した．その結果 DP の場はナノ寸法領域において時間的にも空間的にも変調されており，特に時間的な変調特性は側波帯としての無数の固有エネルギーにより表されること，さらにはその双対な関係として，電子・正孔対も光子のエネルギーの衣をまとうようになり，その固有エネルギーも同様の変調特性を示すことがわかった．以上の双対な特徴はいずれも，ナノ寸法領域での光と物質との相互作用の特徴，すなわち波数と運動量が保存量とはならないこと，光の量子化のための仮想的な共振器を設定することができないことの帰結である．これらの互いに双対な表現のうちのどちらを使うかは，取り扱う現象の特徴をもとに選択される．

　また，DP の発生する系（ナノ系）は巨視的寸法の光と物質（巨系）に囲まれてい

9.1 まとめ

るので，ナノ系と巨視系との間でのエネルギーの授受を考慮する必要がある．そのために第2章では射影演算子法を用い，DPを介したナノ物質間の相互作用エネルギーが湯川関数で表されることを示した．これは巨視系の影響を受けた遮蔽ポテンシャルに相当している．DPの空間的な変調特性はこの湯川関数により表される．

湯川関数の導出の過程で，ナノ物質間でのエネルギー移動の効率はナノ物質の寸法に依存すること，すなわち寸法依存共鳴の性質を有することがわかった．これはもちろん波動光学における回折の性質と異質である．さらにまたDPのエネルギーがナノ寸法領域に局在していることから，従来の光と物質の相互作用で用いられていた長波長近似が破綻し，その結果，第3章で示したように電気双極子禁制遷移が許容されるようになった．

ここで上記の「寸法」について考える必要がある．たとえば球状の物質の寸法はその半径である．しかしこの物質を遠くで見た場合に球であったとしても，近づいて見るとその表面には凹凸があることが常である．すなわち観測する距離によって形状，寸法は変わる．第2章で記した階層性はこのような形状，寸法の観測距離依存性と関係している．上記のように球状の物質表面の凹凸を分割し，それらを凹凸部の寸法と等しい半径をもつ微小球として近似すれば，もとの球状の物質と同様の議論ができる．階層性とはこのような分割を繰り返して寸法が小さくなっても，その性質がもとの物質の性質と同等と見なせるという仮定のもとに成り立っている．しかしこのような分割は無制限に続けられるわけではない．物質がある程度小さくなるとその寸法独特の効果が生ずる場合がある．これよりも小さい物質では，それを構成する多数の原子の振る舞いがかなり変わったものになると予想される．それは個々の原子の振る舞いともまた異なっている．このような寸法領域はメゾスコピック（mesoscopic）領域と呼ばれ，最近の科学技術の重要な話題の一つとなっている．

以上で説明した階層性は現代科学に共通の概念で，「何を観測するか」に応じて巨視的古典論から素粒子論に至る理論モデルのうち，どれを採用するかに注意する必要があることを意味している．このような考え方の起源は古代ギリシャ時代の唯物論哲学者デモクリトス（Democritus）にさかのぼる．デモクリトスは物質を小さく分割していったとき，それ以上小さく分割できない最小単位があると考え，これを「アトム」（古代ギリシャ語ではatomos：「分割できないもの」）と呼び，これが「原子」の語源になったことはよく知られている．現代科学によれば原子もまた原子核や電子といった構成要素からできているので，それ以上分割すれば，もはや原子核や電子が見えるだけで，原子としての性質は失われてしまう．すなわち原子という性質を議論できる最小寸法は原子自身なのである．つまり，本書で扱う物質の最小寸法は原子である．ここで逆の考え方をするとまた重要なことがわかる．すなわち本書で扱うように原子またはそれ以上の寸法での現象を調べようとするならば，それらの構成要素である原子

核や電子の個々の振る舞いにまで気を配る必要はないということである．これがむしろ現代版の「アトム」の意味と言えるであろう．

　DPを加工，エネルギー変換に利用する例では大きな面積・体積をもつ物質を使ったが，その表面や内部に発生するDPのもたらす階層性の効果を検討する場合，DPの発生位置とそのエネルギー局在寸法が多様であるため，その解析には第8章で記したように統計的手法，数理科学的手法が必要となる．特に加工への応用の場合，表面や内部の形状・寸法が刻一刻変化するので，その時間的・空間的振る舞いを調べ，デバイスや装置の設計および現象の分析に生かす必要がある．なお，我々には統計的な性質しか把握できなくともDPのエネルギーは寸法の等しいナノ物質間を自律的に選んで移動する．この自律性から第5章で記したように耐タンパー性，生体系との類似性などが生まれる．

　第4章ではDPはフォノンとも結合しうることが示された．この場合，ナノ寸法領域で多モードかつコヒーレント状態のフォノンがDPと結合する．巨視的物質中での光散乱などの現象を調べる場合，光学フォノンや音響フォノンを考えその量子数が0または1であるような状態を扱うが，第4章では量子数が$0, 1, 2, \cdots, \infty$の場合を扱い，コヒーレント状態のフォノンがDPと結合することを示した．この状態のフォノンは物質の温度を上昇させるのではなく（すなわちフォノンと熱とは一対一に対応しない），近隣のナノ物質を励起する．これによりフォノン援用の光励起・脱励起が可能となる．従って，対象となるナノ物質についてはその中の電子の状態のみでなく，それとフォノン励起状態との直積で表される状態を考える必要が生ずる．たとえば半導体の電子状態には価電子帯と伝導帯の間にエネルギーバンドギャップがあるが，この直積で表される状態はエネルギー軸上ではフォノンのエネルギー固有値を間隔とし，無限の数の状態がほぼ連続的に分布することを意味する．これは第2章に記した変調特性に加えて，DPがフォノンと結合する場合には，電子・正孔対の固有エネルギーもさらに変調されることに起因する．すなわち無限の数の状態とは第4章に記したように変調の側波帯としてのフォノンの状態のことである．

　フォノン援用の光励起・脱励起を寸法依存共鳴と組み合わせて利用することにより，第7章に記したように半導体はそのバンドギャップエネルギー以下の光子エネルギーをもつ光を吸収し，また間接遷移型半導体は光を放出することが示された．従来の光デバイスの開発では長きにわたり材料工学の方法に頼ってきた．すなわち所望の性能をもつデバイスを作製するために適切な値のバンドギャップエネルギーをもつ物質を探索し，格子不整合の問題と戦いながら異種物質を接合する必要があった．また希少，有毒な物質が用いられる場合が多く，資源保護・環境保護上の問題があった．DPを使うことによりこのような材料工学が抱える問題から解き放たれ，豊富，無毒な材料を使いつつも所望の性能の光デバイスを作製できるようになった．これはDPが光子

と電子・正孔対とが結合した状態，言わば光と物質が融合した状態であることに起因する．つまり DP を使うことにより「光・物質融合工学」と呼ばれる新技術が生まれたのである．

9.2 今後の展望

DP についてさらに深く理解し，それを応用するためには今後も取り組んでいくべき課題や解決すべき問題がある．すなわち
1. ナノ寸法領域において光子，電子，フォノンなどが互いに結合した状態を表す準粒子の理論的描像の高精度化
2. ナノ物質間での DP または DPP のエネルギー移動と散逸の詳細の解明
3. ナノ寸法領域でのフォノン援用の光と物質の相互作用の詳細の解明
4. ランダム性，自己組織性，階層性の解明
5. 上記 4. の性質と両立する DP または DPP の発生，消滅の制御
6. 非平衡開放系の統計力学，数理科学モデルの構築とシミュレーション手法の導入

などである．
このうち 6. についてさらに説明しよう．DP を使って加工・作製された材料，デバイスの内部の形状，寸法，組成は多様であるため不規則のように見える．しかしこれはナノ寸法領域での光と物質との相互作用による帰結である．その個々について我々は評価しなくとも全体の性質を評価すればよい．その実例は 8.4 節に記された．このような手法は従来の材料工学にはなかったものであるが，DP を使った技術ではこのように新しい手法が導入されるようになった．すなわちこの技術では自然界が自律的に形成する構造を DP で制御し利用する．

独創的な概念に基づき，既存技術のすべてを置き換える包括的技術（generic technology）こそが価値ある工学になる．DP の科学技術の初期には DP 発生のためにプローブを開発して使うことにより成功をおさめたが，プローブを使用することは DP の発生位置を限定することになり，応用技術も限定される．実は DP は物質表面・内部のどこにでも発生するのであり，今やそのような DP の発生が認められて久しい．今後はその発生と消滅とをより巧みに制御して包括的技術へと展開すれば価値ある工学が生まれ，技術の多様化が実現する．上記の 1.～6. はこのような包括的技術を実現するために今後取り組むべき課題である．

現在までに光科学，場の量子論，凝縮系物理学の概念を組み合わせ，ナノ寸法領域での光と物質の相互作用を考え，ナノ物質間でのエネルギー移動と散逸が研究されてきた．その結果，DP の理論的描像が生まれた．これにより電気双極子禁制準位へのエネルギー移動が可能となった．また，DP が多モードかつコヒーレント状態のフォ

ノンと結合する可能性が見いだされ，これらをもとに新しいデバイス，加工，エネルギー変換，情報保護への応用が展開した．今後はさらに基礎研究を進め，DPがフォノンのみでなく，それ以外の素励起と結合する可能性も見いだして応用範囲を拡げれば包括的技術が実現すると期待される．さらに基礎研究との連携を強化すれば新しい光科学技術としてのドレスト光子科学技術，その工学への展開，すなわち光・物質融合工学としてのドレスト光子工学が確立するであろう．

最後に，さらに勉強する際に役立つであろうと思われる書籍を下記に列挙する．

【本書中の個々の話題に関連する書籍】

1. 大津元一，小林 潔，「近接場光の基礎」(オーム社，東京，2003)
2. 大津元一，小林 潔，「ナノフォトニクスの基礎」(オーム社，東京，2006)
3. 大津元一（編著），「ナノフォトニックデバイス・加工」(オーム社，東京，2008)
4. M. Ohtsu (ed.), *Near-Field Nano/Atom Optics and Technology* (Springer-Verlag, Berlin, 1998)
5. M. Ohtsu and K. Kobayashi, *Optical Near Fields* (Springer-Verlag, Berlin, 2004)
6. M. Ohtsu, K. Kobayashi, T. Kawazoe, T. Yatsui, and M. Naruse, *Principles of Nanophotonics* (CRC Press, Boca Raton, 2008)
7. M. Ohtsu (ed.), *Nanophotonics and Nanofabrication* (Wiley-VCH, Weinheim, 2009)

【研究開発の進展を紹介するモノグラフ，ハンドブック】

8. M. Ohtsu (ed.), *Progress in Nano-Electro-Optics* I - VII (Springer-Verlag, Berlin, 2003 - 2010)
9. M. Ohtsu (ed.), *Progress in Nanophotonics* I (Springer-Verlag, Berlin, 2011)
10. M. Ohtsu (ed.), *Handbook of Nano-Optics and Nanophotonics* (Springer-Verlag, Berlin, 2013)

【啓蒙的な書籍】

11. 大津元一，「ナノ・フォトニクス」(米田出版，千葉，1999)
    大津元一，「光の小さな粒」，ポピュラーサイエンス239 (裳華房，東京，2001)
12. 大津元一（監修），「ナノフォトニクスへの挑戦」(米田出版，千葉，2003)
13. 大津元一（監修），「ナノフォトニクスの展開」(米田出版，東京，2007)
14. 大津元一，成瀬 誠，八井 崇，「先端光技術入門」(朝倉書店，東京，2009)

付　録

A

多重極ハミルトニアン

　電磁場と荷電粒子の間の相互作用を記述する方法は二とおりある．一つは最小結合ハミルトニアンを使う方法，もう一つは多重極ハミルトニアンを使う方法である．これらのハミルトニアンはユニタリ変換によって互いに関係づけられ，原理的にはどちらを使っても差し支えない [1-3]．両者のうち多重極ハミルトニアンは静的なクーロン相互作用を含まないので，波数ベクトル k に対し垂直な偏光成分，すなわち横方向成分の光子のみが媒介する相互作用を記述することができる．しかも時間遅れの効果を含んでいる．これらの特徴は第 2 章の議論のために好都合であることから，以下では多重極ハミルトニアンについて説明する．

　ナノ物質中の荷電粒子を取り扱う．一例として二つのナノ物質からなる系を考え，そのハミルトニアンを求める．電磁波の波長がナノ物質の寸法よりずっと長い場合，ナノ物質の中心位置 R でのベクトルポテンシャル $A(R)$ はその中の荷電粒子の位置 q における値と同じで，かつ q には依存せず

$$A(q) = A(R) \tag{A.1}$$

と書ける（長波長近似）．

　これより磁束密度は $B = \nabla \times A = 0$ となり，従って荷電粒子と磁場との相互作用を無視できる．さらに磁気双極子および高次の多重極子も無視できるので，電気双極子のみを考慮すればよい．また，電子の交換相互作用も無視できると仮定すると，ラグランジュアン L は荷電粒子のエネルギーを表す項 L_{mol}，自由空間での電磁場のエネルギーを表す項 L_{rad}，相互作用エネルギーを表す項 L_{int} からなり，それらは

$$\begin{cases} L = L_{\mathrm{mol}} + L_{\mathrm{rad}} + L_{\mathrm{int}} \\ L_{\mathrm{mol}} = \sum_{\varsigma} \left\{ \sum_{\alpha} \frac{m_\alpha \dot{q}_\alpha^2(\varsigma)}{2} - V(\varsigma) \right\} \\ L_{\mathrm{rad}} = \frac{\varepsilon_0}{2} \int \left\{ \dot{A}^2 - c^2 (\nabla \times A)^2 \right\} d^3r \\ L_{\mathrm{int}} = \sum_{\varsigma} \sum_{\alpha} e \dot{q}_\alpha(\varsigma) \cdot A(R_\varsigma) - V_{\mathrm{int}} \end{cases} \tag{A.2}$$

と書ける．●は時間微分を表す．ここでナノ物質1, 2を区別するためにςを使い，それらの中の荷電粒子を表す為にαを使った．$V(\varsigma)$はクーロンポテンシャル，m_αと$\dot{\boldsymbol{q}}_\alpha$は各々荷電粒子の質量と速度，$\varepsilon_0$は真空誘電率，$c$は光の速度，$e$は電子の電荷である．$L_{\text{int}}$の第一項は荷電粒子と電磁場の相互作用を表す．第二項はナノ物質1, 2の間のクーロン相互作用

$$V_{\text{int}} = \frac{1}{4\pi\varepsilon_0 R^3}\left\{\boldsymbol{p}(1)\cdot\boldsymbol{p}(2) - 3\left(\boldsymbol{p}(1)\cdot\boldsymbol{e}_R\right)\left(\boldsymbol{p}(2)\cdot\boldsymbol{e}_R\right)\right\} \tag{A.3}$$

である．ここで$R = |\boldsymbol{R}| = |\boldsymbol{R}_1 - \boldsymbol{R}_2|$はナノ物質1, 2の中心間距離，$\boldsymbol{e}_R$は$\boldsymbol{R}/R$，すなわち$\boldsymbol{R}$の方向の単位ベクトルである．また，$\boldsymbol{p}(1)$, $\boldsymbol{p}(2)$は各々ナノ物質1, 2の電気双極子モーメントである．

相互作用を表す項を簡単化するため，もとのラグランジュアンLにパワー・ジノー・ウーリー（Power-Zienau-Woolley）変換 [1,3]

$$L_{\text{mult}} = L - \frac{d}{dt}\int \boldsymbol{P}^\perp(\boldsymbol{r})\cdot\boldsymbol{A}(\boldsymbol{r})\,d^3r \tag{A.4}$$

を施す[*1]．

ここで$\boldsymbol{P}^\perp(\boldsymbol{r})$は分極密度$\boldsymbol{P}(\boldsymbol{r})$の横方向成分である（このことは横波の光子のみが (A.4) の第二項に寄与することを意味する）．分極密度$\boldsymbol{P}(\boldsymbol{r})$は

$$\boldsymbol{P}(\boldsymbol{r}) = \sum_{\varsigma,\alpha} e(\boldsymbol{q}_\alpha - \boldsymbol{R}_\varsigma)\left[1 - \frac{1}{2!}\{(\boldsymbol{q}_\alpha - \boldsymbol{R}_\varsigma)\cdot\nabla\} + \frac{1}{3!}\{(\boldsymbol{q}_\alpha - \boldsymbol{R}_\varsigma)\cdot\nabla\}^2 - \cdots\right]$$
$$\times \delta(\boldsymbol{r} - \boldsymbol{R}_\varsigma) \tag{A.5}$$

と表されるが，この中で電気双極子の項

$$\boldsymbol{P}(\boldsymbol{r}) = \sum_{\varsigma,\alpha} e(\boldsymbol{q}_\alpha - \boldsymbol{R}_\varsigma)\delta(\boldsymbol{r} - \boldsymbol{R}_\varsigma)$$
$$= \boldsymbol{p}(1)\delta(\boldsymbol{r} - \boldsymbol{R}_1) + \boldsymbol{p}(2)\delta(\boldsymbol{r} - \boldsymbol{R}_2) \tag{A.6}$$

のみを残す．電流密度$\boldsymbol{j}(\boldsymbol{r})$は

$$\boldsymbol{j}(\boldsymbol{r}) = \sum_{\varsigma,\alpha} e\dot{\boldsymbol{q}}_\alpha\delta(\boldsymbol{r} - \boldsymbol{R}_\varsigma) \tag{A.7}$$

である．また，電流密度の横方向成分は分極密度の横方向成分と

$$\boldsymbol{j}^\perp(\boldsymbol{r}) = \frac{d\boldsymbol{P}^\perp(\boldsymbol{r})}{dt} \tag{A.8}$$

[*1] パワー・ジノー・ウーリー変換とは，電磁場のベクトルポテンシャルの代わりに電気変位ベクトル，磁束密度を使い，さらに物質の電気分極，磁化といった巨視的な測定可能量を使って電荷と電磁場との相互作用ハミルトニアンを表すための変換である．

なる関係にあることに注意し，(A.7), (A.8) を使うと，(A.2) 中の L_int を

$$L_\mathrm{int} = \int \boldsymbol{j}^\perp(\boldsymbol{r}) \cdot \boldsymbol{A}(\boldsymbol{r}) d^3 r - V_\mathrm{int} = \int \frac{d\boldsymbol{P}^\perp(\boldsymbol{r})}{dt} \cdot \boldsymbol{A}(\boldsymbol{r}) d^3 r - V_\mathrm{int} \quad (\text{A.9})$$

と書き換えることができる．従って (A.4) の L_mult は

$$\begin{aligned} L_\mathrm{mult} &= L - \int \frac{d\boldsymbol{P}^\perp(\boldsymbol{r})}{dt} \cdot \boldsymbol{A}(\boldsymbol{r}) d^3 r - \int \boldsymbol{P}^\perp(\boldsymbol{r}) \cdot \dot{\boldsymbol{A}}(\boldsymbol{r}) d^3 r \\ &= L_\mathrm{mol} + L_\mathrm{rad} - \int \boldsymbol{P}^\perp(\boldsymbol{r}) \cdot \dot{\boldsymbol{A}}(\boldsymbol{r}) d^3 r - V_\mathrm{int} \quad (\text{A.10}) \end{aligned}$$

となる．ここで運動量 $\boldsymbol{p}_\alpha$ とその共役座標 $\boldsymbol{q}_\alpha$，さらにはベクトルポテンシャル $\boldsymbol{A}(\boldsymbol{r})$ とその共役運動量 $\boldsymbol{\Pi}(\boldsymbol{r})$ は

$$\boldsymbol{p}_\alpha = \frac{\partial L_\mathrm{mult}}{\partial \dot{\boldsymbol{q}}_\alpha} = \frac{\partial L_\mathrm{mol}}{\partial \dot{\boldsymbol{q}}_\alpha} = m_\alpha \dot{\boldsymbol{q}}_\alpha \quad (\text{A.11a})$$

$$\begin{aligned} \boldsymbol{\Pi}(\boldsymbol{r}) &= \frac{\partial L_\mathrm{mult}}{\partial \dot{\boldsymbol{A}}(\boldsymbol{r})} = \frac{\partial L_\mathrm{rad}}{\partial \dot{\boldsymbol{A}}(\boldsymbol{r})} - \frac{\partial}{\partial \dot{\boldsymbol{A}}(\boldsymbol{r})} \int \boldsymbol{P}^\perp(\boldsymbol{r}) \cdot \dot{\boldsymbol{A}}(\boldsymbol{r}) d^3 r \\ &= \varepsilon_0 \dot{\boldsymbol{A}}(\boldsymbol{r}) - \boldsymbol{P}^\perp(\boldsymbol{r}) = -\varepsilon_0 \boldsymbol{E}^\perp(\boldsymbol{r}) - \boldsymbol{P}^\perp(\boldsymbol{r}) \quad (\text{A.11b}) \end{aligned}$$

により定義される．電場 $\boldsymbol{E}(\boldsymbol{r})$ と電気変位ベクトル $\boldsymbol{D}(\boldsymbol{r})$ との間の関係より，これらの横方向成分は

$$\boldsymbol{D}^\perp(\boldsymbol{r}) = \varepsilon_0 \boldsymbol{E}^\perp(\boldsymbol{r}) + \boldsymbol{P}^\perp(\boldsymbol{r}) \quad (\text{A.12})$$

の関係を満たすので，共役運動量 $\boldsymbol{\Pi}(\boldsymbol{r})$ は

$$\boldsymbol{\Pi}(\boldsymbol{r}) = -\boldsymbol{D}^\perp(\boldsymbol{r}) \quad (\text{A.13})$$

と書ける．これらをすべて使うとラグランジュアン L_mult から新しいハミルトニアン H_mult が

$$\begin{aligned} H_\mathrm{mult} &= \sum_{\zeta,\alpha} \boldsymbol{p}_\alpha(\zeta) \cdot \dot{\boldsymbol{q}}_\alpha(\zeta) + \int \boldsymbol{\Pi}(\boldsymbol{r}) \cdot \dot{\boldsymbol{A}}(\boldsymbol{r}) d^3 r - L_\mathrm{mult} \\ &= \sum_\zeta \left\{ \sum_\alpha \frac{\boldsymbol{p}_\alpha^2(\zeta)}{2m_\alpha} + V(\zeta) \right\} + \left\{ \frac{1}{2} \int \left[\frac{\boldsymbol{\Pi}^2(\boldsymbol{r})}{\varepsilon_0} + \varepsilon_0 c^2 (\nabla \times \boldsymbol{A}(\boldsymbol{r}))^2 \right] d^3 r \right\} \\ &\quad + \frac{1}{\varepsilon_0} \int \boldsymbol{P}^\perp(\boldsymbol{r}) \cdot \boldsymbol{\Pi}(\boldsymbol{r}) d^3 r + \frac{1}{2\varepsilon_0} \int \left| \boldsymbol{P}^\perp(\boldsymbol{r}) \right|^2 d^3 r + V_\mathrm{int} \quad (\text{A.14}) \end{aligned}$$

のように得られる．

$(1/2\varepsilon_0) \int \left| \boldsymbol{P}^\perp(\boldsymbol{r}) \right|^2 d^3 r$ を二つの部分，すなわちナノ物質間とナノ物質内に分けることにより (A.14) を簡単にすることができる．まずナノ物質間の部分は

$$\frac{1}{2\varepsilon_0} \int \boldsymbol{P}_1^\perp(\boldsymbol{r}) \cdot \boldsymbol{P}_2^\perp(\boldsymbol{r}) d^3 r \quad (\text{A.15})$$

である．ここで

$$P_2(r) = P_2^{\|}(r) + P_2^{\perp}(r), \quad P_1^{\perp}(r) \cdot P_2^{\|}(r) = 0 \quad (A.16)$$

(記号 $\|$ は波数ベクトル k に平行な偏光成分,すなわち縦方向成分を表す)

$$P_1^{\perp}(r) \cdot P_2^{\perp}(r) = P_1^{\perp}(r) \cdot \left\{P_2^{\|}(r) + P_2^{\perp}(r)\right\} = P_1^{\perp}(r) \cdot P_2(r) \quad (A.17)$$

に注意すると (A.15) は

$$\begin{aligned}
\frac{1}{\varepsilon_0} \int P_1^{\perp}(r) \cdot P_2^{\perp}(r) d^3r &= \frac{1}{\varepsilon_0} \int P_1^{\perp}(r) \cdot P_2(r) d^3r \\
&= \frac{1}{\varepsilon_0} p_i(1) p_j(2) \int \delta_{ij}^{\perp}(r - R_1) \delta(r - R_2) d^3r \\
&= \frac{1}{\varepsilon_0} p_i(1) p_j(2) \delta_{ij}^{\perp}(r - R_1 - R_2) \\
&= -\frac{p_i(1) p_j(2)}{4\pi\varepsilon_0 R^3}(\delta_{ij} - 3\hat{e}_{Ri}\hat{e}_{Rj}) \\
&= -\frac{1}{4\pi\varepsilon_0 R^3}\{p(1) \cdot p(2) - 3(p(1) \cdot e_R)(p(2) \cdot e_R)\}
\end{aligned}$$
(A.18)

となる. $\hat{e}_{Ri}, \hat{e}_{Rj}$ は単位ベクトル $e_R (\equiv R/R)$ を直交座標で表したときの i, j 成分である. ここで第一行目には (A.16) を使い, さらに第三行目にはディラックの δ 関数, δ ダイアジク $\delta_{ij}^{\|}(r)$ (縦方向成分), $\delta_{ij}^{\perp}(r)$ (横方向成分) に関する恒等式

$$\begin{aligned}
\delta_{ij}\delta(r) &= \delta_{ij}^{\|}(r) + \delta_{ij}^{\perp}(r), \\
\delta_{ij}^{\perp}(r) &= -\delta_{ij}^{\|}(r) = -\frac{1}{(2\pi)^3}\int \hat{e}_{ki}\hat{e}_{kj} \exp(ik \cdot r) d^3r \\
&= \nabla_i \nabla_j \left(\frac{1}{4\pi r}\right) = -\frac{1}{4\pi r^3}(\delta_{ij} - 3\hat{e}_{ri}\hat{e}_{rj})
\end{aligned}$$
(A.19)

を使った. $\hat{e}_{ki}, \hat{e}_{kj}$ は単位ベクトル $e_k (\equiv k/k)$ を直交座標で表したときの i, j 成分である. 同様に $\hat{e}_{ri}, \hat{e}_{rj}$ は単位ベクトル $e_r (\equiv r/r)$ の i, j 成分である. (A.18) は添字 1, 2 を交換しても不変なので, (A.3) に注意すると

$$\frac{1}{2\varepsilon_0} \int P_1^{\perp}(r) \cdot P_2^{\perp} d^3r + V_{\text{int}} = 0 \quad (A.20)$$

となり, (A.15) で与えられるナノ物質間の部分は V_{int} と相殺する. 従って今後はナノ物質内の部分 $(1/2\varepsilon_0)\int |P_\zeta^{\perp}(r)|^2 d^3r$, $(\zeta = 1, 2)$ のみを考慮すればよく, (A.14) は

$$\begin{aligned}
H_{\text{mult}} = \sum_\zeta &\left\{\sum_\alpha \frac{p_\alpha^2(\zeta)}{2m_\alpha} + V(\zeta) + \frac{1}{2\varepsilon_0}\int |P_\zeta^{\perp}(r)|^2 d^3r\right\} \\
&+ \left\{\frac{1}{2}\int \left[\frac{\Pi^2(r)}{\varepsilon_0} + \varepsilon_0 c^2 (\nabla \times A(r))^2\right] d^3r\right\} \\
&+ \frac{1}{\varepsilon_0}\int P^{\perp}(r) \cdot \Pi(r) d^3r
\end{aligned}$$
(A.21)

A. 多重極ハミルトニアン

となる．この式第一行目右辺，第二行は各々各分子内の荷電粒子の運動エネルギー，自由空間での電磁場のエネルギーを表し，第三行目は荷電粒子と電磁場との間の相互作用エネルギーを表している．また，この式中の分極密度 $\boldsymbol{P}^\perp(\boldsymbol{r})$ は (A.5) のように電気双極子，電気四重極子，$\cdots$，2^l 極子モーメント ($l = 1, 2, 3, \cdots$) に展開して書き下すことができるので，(A.21) の H_{mult} は多重極ハミルトニアンと呼ばれている．

第三行にある相互作用の部分は (A.6), (A.13) を使うことにより

$$\frac{1}{\varepsilon_0}\int \boldsymbol{P}^\perp(\boldsymbol{r}) \cdot \boldsymbol{\Pi}(\boldsymbol{r})\,d^3r = -\frac{1}{\varepsilon_0}\int \boldsymbol{P}^\perp(\boldsymbol{r}) \cdot \boldsymbol{D}^\perp(\boldsymbol{r})\,d^3r$$
$$= -\frac{1}{\varepsilon_0}\int \boldsymbol{P}(\boldsymbol{r}) \cdot \boldsymbol{D}^\perp(\boldsymbol{r})\,d^3r$$
$$= -\frac{1}{\varepsilon_0}\left\{\boldsymbol{p}(1)\cdot\boldsymbol{D}^\perp(\boldsymbol{R}_1) + \boldsymbol{p}(2)\cdot\boldsymbol{D}^\perp(\boldsymbol{R}_2)\right\} \quad (\text{A.22})$$

となる．この式は電子の電気双極子 $\boldsymbol{p}$，電気変位ベクトル $\boldsymbol{D}^\perp$ により表されているが，このように表すことの長所は物質内部と外部とを同一に扱えること，すなわち物質内部の反電場，電子間のクーロン相互作用などを新たに考える必要がなく，ナノ物質間の静的なクーロン相互作用を取り除くことができること，波数ベクトルに垂直な偏光成分をもつ横波の光子の交換によってのみ記述されるので遅延の効果を表現できること，電気双極子禁制遷移などの解釈が明瞭となることである．

考えている系が量子化されているとき，$\boldsymbol{p}$, $\boldsymbol{D}^\perp$ などの物理量を演算子で置き換え

$$-\frac{1}{\varepsilon_0}\left\{\hat{\boldsymbol{p}}(1)\cdot\hat{\boldsymbol{D}}^\perp(\boldsymbol{R}_1) + \hat{\boldsymbol{p}}(2)\cdot\hat{\boldsymbol{D}}^\perp(\boldsymbol{R}_2)\right\} \quad (\text{A.23})$$

と表す．(A.23) において，(A.1) と同様に $\hat{\boldsymbol{D}}^\perp(\boldsymbol{R}_1)$, $\hat{\boldsymbol{D}}^\perp(\boldsymbol{R}_2)$ を各々の電荷の位置 $\boldsymbol{r}_\text{s}$, $\boldsymbol{r}_\text{p}$ での電気変位ベクトル演算子 $\hat{\boldsymbol{D}}^\perp(\boldsymbol{r}_\text{s})$, $\hat{\boldsymbol{D}}^\perp(\boldsymbol{r}_\text{p})$ で置き換え，$\hat{\boldsymbol{p}}(1)$, $\hat{\boldsymbol{p}}(2)$ を $\hat{\boldsymbol{p}}_\text{s}$, $\hat{\boldsymbol{p}}_\text{p}$ で置き換えると第 2 章の (2.25) が得られる．

付　録

B

素励起モードと励起子ポラリトン

　多体系の励起状態は素励起または準粒子と呼ばれ，その複雑な振る舞いは古くから議論され [1]，運動量 p とエネルギー E との関係 $E = E(p)$，すなわち分散関係が調べられている．固体中の素励起の第一の例として結晶中の格子振動の基準モードであるフォノンがある．格子振動の運動は集団的であり，これはフォノンの全数が結晶格子の数とは無縁であることを意味する．フォノンの運動量は基準振動の波数 k を用いて $p = \hbar k$ と表され，これは個々の結晶格子の力学的な運動量とは異なる．エネルギーは基準振動の角周波数 ω により $E = \hbar\omega$ と表される．第二の例としてプラズモンがある．これは電子気体中の電子密度の集団運動に相当する．その他にポラロンは伝導電子と光学フォノンとの結合に起因する準粒子である．マグノンはスピン密度波の集団モードに相当する．

　励起子は固体中の電子・正孔対を一つの粒子と見なした素励起である．励起子の極限的な場合として，励起子中の電子と正孔との距離（励起子のボーア半径）が結晶の原子間距離より小さい場合はフレンケル（Frenkel）励起子と呼ばれている．ワニエ（Wannier）励起子はその反対の場合であり，励起子のボーア半径は結晶の原子間距離より大きい．以下では励起子を例にとり光と物質との相互作用を考えよう．光子が巨視的寸法をもつ物質に入射すると，光子は物質に吸収され励起子が発生する．その後，この励起子が消滅し光子が発生する．この繰り返しの現象が物質中を伝搬する．すなわち光子と励起子が互いに時間的および空間的に逆位相で生成，消滅を繰り返す．

　この繰り返しの現象は光子と励起子との相互作用により新しい分散関係とエネルギーをもった定常状態が物質全体にわたり形成されることを意味しているが，この定常状態を分極場と考えポラリトンと呼んでいる．特にこれは光子と励起子とが相互作用した結果生じた状態なので励起子ポラリトンと呼ばれており，電磁場と励起子の分極場とが作る連成波である．この場合は角周波数 ω_o をもつ光と角周波数 ω_e をもつ分極振動とが相互作用するので，これら二つの振動子を結合させて新たな角周波数 Ω_1, Ω_2 をもつ基準振動を生じることと類似である．

　光子と励起子とが相互作用している系のハミルトニアンを書き下すと，

B. 素励起モードと励起子ポラリトン

$$\hat{H} = \hbar\omega_o \hat{a}^\dagger \hat{a} + \hbar\omega_e \hat{b}^\dagger \hat{b} + \hbar D \left(\hat{a} + \hat{a}^\dagger\right)\left(\hat{b} + \hat{b}^\dagger\right) \tag{B.1}$$

を得る．これは励起子ポラリトンを記述するハミルトニアンである．ここでは巨視的な寸法をもつ物質を扱っているので，その中に量子化のための仮想的な共振器を設定することができる．従って右辺第一項の光子の非摂動ハミルトニアンは入射光のエネルギー $\hbar\omega_o$ に他ならず，それは仮想的な共振器と共鳴している．第二項は励起子の非摂動ハミルトニアンでありそのエネルギーは $\hbar\omega_e$ である．第三項は光子と励起子の相互作用（$\hbar D$ は相互作用エネルギー）であり，その詳細は第 2 章の (2.27) で与えられている．$\hat{a}$, $\hat{a}^\dagger$ は各々光子の消滅，生成演算子である．$\hat{b}$, $\hat{b}^\dagger$ は各々励起子の消滅，生成演算子であり，

$$\begin{cases} \hat{b} = \frac{1}{\sqrt{N}} \sum_l e^{-i\boldsymbol{k}\cdot\boldsymbol{l}} \hat{b}_l \\ \hat{b}^\dagger = \frac{1}{\sqrt{N}} \sum_l e^{i\boldsymbol{k}\cdot\boldsymbol{l}} \hat{b}_l^\dagger \end{cases} \tag{B.2}$$

と表される．ここで l と N は各々結晶中の格子のサイトの位置と全サイト数，$\boldsymbol{k}$ は波数ベクトルである．また

$$\hat{b}_l = \hat{e}_{l,c} \hat{h}_{l,v}, \quad \hat{b}_l^\dagger = \hat{e}_{l,c}^\dagger \hat{h}_{l,v}^\dagger \tag{B.3}$$

である．右辺の $\hat{e}_{l,c}$, $\hat{e}_{l,c}^\dagger$ は各々位置 l にある原子の伝導帯中の電子の消滅，生成演算子である．$\hat{h}_{l,v}$, $\hat{h}_{l,v}^\dagger$ は各々位置 l にある原子の価電子帯中の正孔の消滅，生成演算子である．

(B.1) のハミルトニアンにより，励起子ポラリトンの固有状態と固有値，分散関係を得ることができる．すなわち簡単のために回転波近似を適用し，光子と励起子が同時に生成，消滅する項 $\hat{a}^\dagger \hat{b}^\dagger$, $\hat{a}\hat{b}$ を無視すると (B.1) は

$$\hat{H} = \hbar\left(\omega_o \hat{a}^\dagger \hat{a} + \omega_e \hat{b}^\dagger \hat{b}\right) + \hbar D \left(\hat{b}^\dagger \hat{a} + \hat{a}^\dagger \hat{b}\right) \tag{B.4}$$

となる．

次に，新たな固有角周波数 Ω_1, Ω_2 に対応する励起子ポラリトンの生成演算子 $\hat{\xi}_1^\dagger$, $\hat{\xi}_2^\dagger$, 消滅演算子 $\hat{\xi}_1$, $\hat{\xi}_2$ を導入する．これらによりハミルトニアン $\hat{H}$ が対角化されると仮定し (B.4) を

$$\begin{aligned}\hat{H} &= \hbar\left(\Omega_1 \hat{\xi}_1^\dagger \hat{\xi}_1 + \Omega_2 \hat{\xi}_2^\dagger \hat{\xi}_2\right) = \hbar\left(\hat{b}^\dagger, \hat{a}^\dagger\right) A \begin{pmatrix} \hat{b} \\ \hat{a} \end{pmatrix} \\ &= \hbar\left(a_{11}\hat{b}^\dagger\hat{b} + a_{12}\hat{b}^\dagger\hat{a} + a_{21}\hat{a}^\dagger\hat{b} + a_{22}\hat{a}^\dagger\hat{a}\right) \end{aligned} \tag{B.5}$$

と書く．ここで A は二行二列の行列であり，その行列要素は

$$A = \begin{pmatrix} a_{11} & a_{12} \\ a_{21} & a_{22} \end{pmatrix} = \begin{pmatrix} \omega_e & D \\ D & \omega_o \end{pmatrix} \tag{B.6}$$

である．ユニタリ変換 U（すなわち $U^\dagger = U^{-1}$）

$$\begin{pmatrix} \hat{b} \\ \hat{a} \end{pmatrix} = U \begin{pmatrix} \hat{\xi}_1 \\ \hat{\xi}_2 \end{pmatrix}, \qquad U = \begin{pmatrix} u_{11} & u_{12} \\ u_{21} & u_{22} \end{pmatrix} \tag{B.7}$$

を (B.5) に施すと

$$\hbar \left(\hat{b}^\dagger, \hat{a}^\dagger \right) A \begin{pmatrix} \hat{b} \\ \hat{a} \end{pmatrix} = \hbar \left(\hat{\xi}_1^\dagger, \hat{\xi}_2^\dagger \right) U^\dagger A U \begin{pmatrix} \hat{\xi}_1 \\ \hat{\xi}_2 \end{pmatrix} \tag{B.8}$$

を得る．$U^\dagger A U = U^{-1} A U$ は対角化されているので

$$U^{-1} A U = \begin{pmatrix} \Omega_1 & 0 \\ 0 & \Omega_2 \end{pmatrix} \equiv \Lambda \tag{B.9}$$

と置くと $AU = U\Lambda$ を得，成分表示すると

$$\begin{pmatrix} \omega_e - \Omega_j & D \\ D & \omega_o - \Omega_j \end{pmatrix} \begin{pmatrix} u_{1j} \\ u_{2j} \end{pmatrix} = 0 \tag{B.10}$$

となる．この係数行列の行列式の値が 0 でなければならないことから，固有値方程式

$$(\Omega_j - \omega_e)(\Omega_j - \omega_o) - D^2 = 0 \tag{B.11}$$

が得られ，励起子ポラリトンの固有エネルギーとして

$$\hbar \Omega_j = \hbar \left[\frac{\omega_e + \omega_o}{2} \pm \frac{\sqrt{(\omega_e - \omega_o)^2 + 4D^2}}{2} \right] \tag{B.12}$$

を得る．この式が求める分散関係である．光子の分散関係 $\omega_o = ck$（ただし $k = |\bm{k}|$）を使い，k の関数として励起子ポラリトンの固有エネルギーを図示すると図 B.1 を得る．ここでは簡単のために励起子のエネルギーを $\hbar \omega_e = \hbar \Omega$ と近似し，k にはよらな

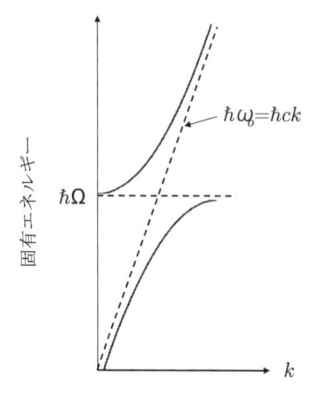

図 **B.1** 波数 k と固有エネルギーとの関係

いとした. (B.10) と U のユニタリ性より,

$$\begin{cases} u_{2j} = -\frac{\omega_e - \Omega_j}{D} u_{1j} \\ u_{1j}^2 + u_{2j}^2 = 1 \end{cases}, \quad (j = 1, 2) \tag{B.13}$$

を得るので,

$$\left\{ 1 + \left(\frac{\omega_e - \Omega_j}{D} \right)^2 \right\} u_{1j}^2 = 1 \tag{B.14}$$

となる. これより励起子ポラリトンの固有ベクトルの成分として

$$\begin{cases} u_{1j} = \left\{ 1 + \left(\frac{\omega_e - \Omega_j}{D} \right)^2 \right\}^{-1/2} \\ u_{2j} = -\left(\frac{\omega_e - \Omega_j}{D} \right) \left\{ 1 + \left(\frac{\omega_e - \Omega_j}{D} \right)^2 \right\}^{-1/2} \end{cases} \tag{B.15}$$

を得る. 以上により励起子ポラリトンの定常状態は (B.12), (B.15) にて記述されることが示された.

(B.12) で与えられる $\hbar\Omega_1$ と $\hbar\Omega_2$ の和をとると, それは相互作用のない場合の励起子のエネルギーと光子のエネルギーの和 $\hbar(\omega_e + \omega_o)$ に等しいが, これは冒頭に記したように光子の消滅, 生成と励起子の消滅, 生成とが互いに時間的および空間的に逆位相であることに起因している. また, 励起子ポラリトンの古典的な描像は電磁場 (光波) と励起子の分極場からなる連成波であるので, その波の振幅の時間 t および空間 $\boldsymbol{x}$ 依存性は三角関数の複素表示を用いて $\exp[i(\Omega_j t - \boldsymbol{k} \cdot \boldsymbol{x})]$ と表される. ここで Ω_j は (B.12) 中の角周波数である. 従ってたとえば n 個の光子と n 個の励起子が存在する場合でも連成波の振幅の二乗が n 倍になるだけであり, その角周波数は Ω_j のままである.

付　録

C

射影演算子と有効相互作用演算子

C.1　射影演算子

　光と物質とが相互作用している場合，そのハミルトニアン $\hat{H}$ は非摂動ハミルトニアン $\hat{H}_0$，相互作用ハミルトニアン $\hat{V}$ の和として

$$\hat{H} = \hat{H}_0 + \hat{V} \tag{C.1}$$

と表される．第 2 章 (2.32) 中の $|\phi_{\mathrm{P}j}\rangle$ は $\hat{H}_0$ の固有状態である．また $\hat{H}$ の固有状態と固有値を各々 $|\psi_j\rangle$, E_j とすると，シュレーディンガー方程式は

$$\hat{H}|\psi_j\rangle = E_j|\psi_j\rangle \tag{C.2}$$

である．添字 j は各固有状態を区別するための量子数である．ここで非摂動ハミルトニアン $\hat{H}_0$ の固有状態を $|\phi_j\rangle$ として，これらのうちから必要なものを集め

$$\hat{P} = \sum_j |\phi_j\rangle\langle\phi_j| \tag{C.3}$$

を作り，これを射影演算子と呼ぶ．この射影演算子 $\hat{P}$ を任意の状態 $|\psi\rangle$ に作用させると

$$\hat{P}|\psi\rangle = \sum_j |\phi_j\rangle\langle\phi_j|\psi\rangle \tag{C.4}$$

となるが，内積 $\langle\phi_j|\psi\rangle$ は定数なので (C.4) は任意の状態 $|\psi\rangle$ が固有状態 $|\phi_j\rangle$ の線形な重ね合わせになっていることを意味する．すなわち射影演算子は任意の状態関数 $|\psi\rangle$ を関数 $|\phi_j\rangle$ から構成される関数空間（P 空間と呼ぶ）に射影する働きをもつ．ここではシュレーディンガー方程式の定常状態を用いて射影演算子を定義したが，時間依存の射影演算子については文献 [1] を参照されたい．

　次に，射影演算子 $\hat{P}$ の性質をいくつか挙げておく．まず固有状態 $|\phi_j\rangle$ は規格直交化されているので

$$\hat{P} = \hat{P}^\dagger \tag{C.5a}$$

$$\hat{P}^2 = \hat{P} \tag{C.5b}$$

が成り立つことがわかる．ここで $\hat{P}^\dagger$ は $\hat{P}$ のエルミート共役演算子である．(C.5a) が成り立つことから $\hat{P}$ はエルミート演算子であることがわかる．

P 空間の補空間（Q 空間と呼ぶ）への射影演算子は

$$\hat{Q} = 1 - \hat{P} \tag{C.6a}$$

により与えられ，$\hat{P}$ と同様に

$$\hat{Q} = \hat{Q}^\dagger \tag{C.6b}$$

$$\hat{Q}^2 = \hat{Q} \tag{C.6c}$$

が成り立つ．また，P 空間の中の関数と Q 空間の中の関数とは互いに直交しているので，

$$\hat{P}\hat{Q} = \hat{Q}\hat{P} = 0 \tag{C.7}$$

である．さらに $|\phi_j\rangle$ は $\hat{H}_0$ の固有状態なので

$$\left[\hat{P}, \hat{H}_0\right] = \hat{P}\hat{H}_0 - \hat{H}_0\hat{P} = 0 \tag{C.8a}$$

$$\left[\hat{Q}, \hat{H}_0\right] = \hat{Q}\hat{H}_0 - \hat{H}_0\hat{Q} = 0 \tag{C.8b}$$

である．

C.2 有効相互作用演算子

考察の対象としている状態が関数 $|\psi\rangle$ によって表される場合，任意の物理量（対応する演算子を $\hat{O}$ と表す）の期待値 $\langle\psi|\hat{O}|\psi\rangle$ を求める．この値を P 空間のみで計算するために，すなわち期待値を $\langle\phi_i|\hat{O}_\text{eff}|\phi_j\rangle$ の形で表すために，新たな演算子 $\hat{O}_\text{eff}$ を導出しよう．この演算子 $\hat{O}_\text{eff}$ は有効演算子と呼ばれている．

任意の状態関数 $|\psi\rangle$ は $\hat{H}$ の固有関数 $|\psi_j\rangle$ の線形な重ね合わせにより表されるので，以下では $|\psi\rangle$ の代わりに $|\psi_j\rangle$ を考えればよい．この $|\psi_j\rangle$ を用いて

$$\left|\psi_j^{(P)}\right\rangle = \hat{P}|\psi_j\rangle, \quad \left|\psi_j^{(Q)}\right\rangle = \hat{Q}|\psi_j\rangle \tag{C.9}$$

により $|\psi_j\rangle$ から各々 P 空間，Q 空間へ射影された関数として $\left|\psi_j^{(P)}\right\rangle$，$\left|\psi_j^{(Q)}\right\rangle$ を定義する．ここで $\hat{P} + \hat{Q} = 1$ であることに注意すると

$$|\psi_j\rangle = \left(\hat{P} + \hat{Q}\right)|\psi_j\rangle = \hat{P}|\psi_j\rangle + \hat{Q}|\psi_j\rangle = \left|\psi_j^{(P)}\right\rangle + \left|\psi_j^{(Q)}\right\rangle \tag{C.10}$$

であり，一方 (C.5b)，(C.6c) より

$$\hat{P}\left|\psi_j^{(P)}\right\rangle = \hat{P}\hat{P}|\psi_j\rangle = \hat{P}|\psi_j\rangle = \left|\psi_j^{(P)}\right\rangle \tag{C.11a}$$

$$\hat{Q}\left|\psi_j^{(Q)}\right\rangle = \hat{Q}\hat{Q}\left|\psi_j\right\rangle = \hat{Q}\left|\psi_j\right\rangle = \left|\psi_j^{(Q)}\right\rangle \tag{C.11b}$$

となるので，この (C.11a)，(C.11b) を (C.10) に代入して

$$\left|\psi_j\right\rangle = \hat{P}\left|\psi_j^{(P)}\right\rangle + \hat{Q}\left|\psi_j^{(Q)}\right\rangle \tag{C.12}$$

を得る．

ところで (C.1)，(C.2) より

$$\left(E_j - \hat{H}_0\right)\left|\psi_j\right\rangle = \hat{V}\left|\psi_j\right\rangle \tag{C.13a}$$

なので，これに (C.12) を代入すると

$$\left(E_j - \hat{H}_0\right)\hat{P}\left|\psi_j^{(P)}\right\rangle + \left(E_j - \hat{H}_0\right)\hat{Q}\left|\psi_j^{(Q)}\right\rangle = \hat{V}\hat{P}\left|\psi_j^{(P)}\right\rangle + \hat{V}\hat{Q}\left|\psi_j^{(Q)}\right\rangle \tag{C.13b}$$

となる．(C.13b) の左側から $\hat{P}$ を作用させ，(C.5b)，(C.7) を使うと

$$\left(E_j - \hat{H}_0\right)\hat{P}\left|\psi_j^{(P)}\right\rangle = \hat{P}\hat{V}\hat{P}\left|\psi_j^{(P)}\right\rangle + \hat{P}\hat{V}\hat{Q}\left|\psi_j^{(Q)}\right\rangle \tag{C.14}$$

を得る．同様に (C.13b) の左側から $\hat{Q}$ を作用させ，(C.6b)，(C.7) を使うと

$$\left(E_j - \hat{H}_0\right)\hat{Q}\left|\psi_j^{(Q)}\right\rangle = \hat{Q}\hat{V}\hat{P}\left|\psi_j^{(P)}\right\rangle + \hat{Q}\hat{V}\hat{Q}\left|\psi_j^{(Q)}\right\rangle \tag{C.15}$$

を得る．(C.15) の右辺第二項を左辺に移項し，$\hat{Q}\left|\psi_j^{(Q)}\right\rangle$ について整理すると

$$\begin{aligned}
\hat{Q}\left|\psi_j^{(Q)}\right\rangle &= \left(E_j - \hat{H}_0 - \hat{Q}\hat{V}\right)^{-1}\hat{Q}\hat{V}\hat{P}\left|\psi_j^{(P)}\right\rangle \\
&= \left\{\left(E_j - \hat{H}_0\right)\left[1 - \left(E_j - \hat{H}_0\right)^{-1}\hat{Q}\hat{V}\right]\right\}^{-1}\hat{Q}\hat{V}\hat{P}\left|\psi_j^{(P)}\right\rangle \\
&= \hat{J}\left(E_j - \hat{H}_0\right)^{-1}\hat{Q}\hat{V}\hat{P}\left|\psi_j^{(P)}\right\rangle
\end{aligned} \tag{C.16}$$

となる．ただし

$$\hat{J} = \left[1 - \left(E_j - \hat{H}_0\right)^{-1}\hat{Q}\hat{V}\right]^{-1} \tag{C.17}$$

である．

(C.16) は $\hat{Q}|\psi_j^{(Q)}\rangle$ を $|\psi_j^{(P)}\rangle$ で表すことができることを意味している．そこで (C.16) を (C.14) に代入すると

$$\begin{aligned}
\left(E_j - \hat{H}_0\right)\hat{P}\left|\psi_j^{(P)}\right\rangle &= \hat{P}\hat{V}\hat{P}\left|\psi_j^{(P)}\right\rangle + \hat{P}\hat{V}\hat{J}\left(E_j - \hat{H}_0\right)^{-1}\hat{Q}\hat{V}\hat{P}\left|\psi_j^{(P)}\right\rangle \\
&= \hat{P}\hat{V}\hat{J}\left\{\hat{J}^{-1} + \left(E_j - \hat{H}_0\right)^{-1}\hat{Q}\hat{V}\right\}\hat{P}\left|\psi_j^{(P)}\right\rangle
\end{aligned} \tag{C.18}$$

となる．(C.17) をもとに

$$\hat{J}^{-1} = 1 - \left(E_j - \hat{H}_0\right)^{-1}\hat{Q}\hat{V} \tag{C.19}$$

が得られるので，これを (C.18) 右辺に代入すると

$$\left(E_j - \hat{H}_0\right)\hat{P}\left|\psi_j^{(P)}\right\rangle = \hat{P}\hat{V}\hat{J}\hat{P}\left|\psi_j^{(P)}\right\rangle \tag{C.20}$$

となる．これが $\left|\psi_j^{(P)}\right\rangle$ の満たすべき方程式である．一方 (C.12) の右辺第二項に (C.16) を代入すると

$$\begin{aligned}\left|\psi_j\right\rangle &= \hat{P}\left|\psi_j^{(P)}\right\rangle + \hat{J}\left(E_j - \hat{H}_0\right)^{-1}\hat{Q}\hat{V}\hat{P}\left|\psi_j^{(P)}\right\rangle \\ &= \hat{J}\left\{\hat{J}^{-1} + \left(E_j - \hat{H}_0\right)^{-1}\hat{Q}\hat{V}\right\}\hat{P}\left|\psi_j^{(P)}\right\rangle \\ &= \hat{J}\hat{P}\left|\psi_j^{(P)}\right\rangle \end{aligned} \tag{C.21}$$

となる．ここで第三行への変形は (C.19) を利用した．

ところで $\left|\psi_j\right\rangle$ は規格化されているので $\langle\psi_j|\psi_j\rangle = 1$ であり，これに (C.21) を代入すると

$$\left\langle\psi_j^{(P)}\right|\hat{P}\hat{J}^\dagger\hat{J}\hat{P}\left|\psi_j^{(P)}\right\rangle = 1 \tag{C.22a}$$

となる．これは

$$\left\langle\psi_j^{(P)}\right|\left(\hat{P}\hat{J}^\dagger\hat{J}\hat{P}\right)^{1/2}\left(\hat{P}\hat{J}^\dagger\hat{J}\hat{P}\right)^{1/2}\left|\psi_j^{(P)}\right\rangle = 1 \tag{C.22b}$$

と書けるが，この式によると $\left|\psi_j\right\rangle$ と同様に $\left|\psi_j^{(P)}\right\rangle$ も規格化するためには $\left(\hat{P}\hat{J}^\dagger\hat{J}\hat{P}\right)^{-1/2}\left|\psi_j^{(P)}\right\rangle$ を新たに $\left|\psi_j^{(P)}\right\rangle$ と見なせばよいことがわかる．従って (C.21) では $\left|\psi_j^{(P)}\right\rangle$ のところにこの $\left(\hat{P}\hat{J}^\dagger\hat{J}\hat{P}\right)^{-1/2}\left|\psi_j^{(P)}\right\rangle$ を代入する．すると (C.21) は規格化された関数どうしを用いて

$$\left|\psi_j\right\rangle = \hat{J}\hat{P}\left(\hat{P}\hat{J}^\dagger\hat{J}\hat{P}\right)^{-1/2}\left|\psi_j^{(P)}\right\rangle \tag{C.22c}$$

と書くことができる．

$\left|\psi_j\right\rangle$ を $\left|\psi_j^{(P)}\right\rangle$ によって表した式が (C.22c) のように得られたので，任意の演算子 $\hat{O}$ の期待値が有効演算子 $\hat{O}_\mathrm{eff}$ の期待値と等しいと置いて $\hat{O}_\mathrm{eff}$ を求めることができる [2-4]．すなわち

$$\langle\psi_i|\hat{O}|\psi_j\rangle = \left\langle\psi_i^{(P)}\right|\hat{O}_\mathrm{eff}\left|\psi_j^{(P)}\right\rangle \tag{C.23}$$

が成り立つ $\hat{O}_\mathrm{eff}$ を求めればよい．そのために (C.23) の左辺に (C.22c) を代入して両辺を比べると直ちに

$$\hat{O}_\mathrm{eff} = \left(\hat{P}\hat{J}^\dagger\hat{J}\hat{P}\right)^{-1/2}\left(\hat{P}\hat{J}^\dagger\hat{O}\hat{J}\hat{P}\right)\left(\hat{P}\hat{J}^\dagger\hat{J}\hat{P}\right)^{-1/2} \tag{C.24}$$

を得る．(C.24) の記号 $\hat{O}$ の代わりに (C.1) 中の相互作用を表す演算子 $\hat{V}$ を使うと P 空間での有効相互作用演算子 $\hat{V}_\mathrm{eff}$ として

$$\hat{V}_\mathrm{eff} = \left(\hat{P}\hat{J}^\dagger\hat{J}\hat{P}\right)^{-1/2}\left(\hat{P}\hat{J}^\dagger\hat{V}\hat{J}\hat{P}\right)\left(\hat{P}\hat{J}^\dagger\hat{J}\hat{P}\right)^{-1/2} \tag{C.25}$$

を得るが,これが我々の求めるものである.従って元来の相互作用 $\hat{V}$ が与えられてしまえば,後は未知の演算子 $\hat{J}$ を求めるのみとなる.

演算子 $\hat{J}$ の具体的な形を求めるために P 空間を構成する関数 $|\phi_{Pj}\rangle$ やその固有値を使う.そのためにこれらに関する演算子 $\hat{P}$, $\hat{H}_0$ などからなる演算子 $[\hat{J}, \hat{H}_0]\hat{P}$ を取り上げる.この演算子を任意の状態 $|\psi_j\rangle$ に作用させると

$$\left[\hat{J}, \hat{H}_0\right]\hat{P}|\psi_j\rangle = \left(\hat{J}\hat{H}_0 - \hat{H}_0\hat{J}\right)\hat{P}|\psi_j\rangle$$
$$= \left\{\left(E_j - \hat{H}_0\right)\hat{J} - \hat{J}\left(E_j - \hat{H}_0\right)\right\}\hat{P}|\psi_j\rangle \quad \text{(C.26a)}$$

となるが,(C.1), (C.2), (C.11a), (C.21) を用いて第二行第一項の $(E_j - \hat{H}_0)$ を $\hat{V}$ で置き換えると

$$\left[\hat{J}, \hat{H}_0\right]\hat{P}|\psi_j\rangle = \hat{V}\hat{J}\hat{P}|\psi_j\rangle - \hat{J}\left(E_j - \hat{H}_0\right)\hat{P}|\psi_j\rangle \quad \text{(C.26b)}$$

となる.この右辺第二項のうち $\hat{J}$ を除く部分は (C.1), (C.2), (C.11a), (C.12) を使って

$$\left(E_j - \hat{H}_0\right)\hat{P}|\psi_j\rangle = \left(E_j - \hat{H}_0\right)\hat{P}\left|\psi_j^{(P)}\right\rangle$$
$$= \hat{P}\hat{V}\hat{P}\left|\psi_j^{(P)}\right\rangle + \hat{P}\hat{V}\hat{Q}\left|\psi_j^{(Q)}\right\rangle \quad \text{(C.27a)}$$

と表すことができる.ここでこの右辺第二項の $\hat{Q}|\psi_j^{(Q)}\rangle$ に (C.16) を代入すると

$$\left(E_j - \hat{H}_0\right)\hat{P}|\psi_j\rangle = \hat{P}\hat{V}\hat{P}\left|\psi_j^{(P)}\right\rangle + \hat{P}\hat{V}\hat{J}\left(E_j - \hat{H}_0\right)^{-1}\hat{Q}\hat{V}\hat{P}\left|\psi_j^{(P)}\right\rangle$$
$$= \hat{P}\hat{V}\hat{J}\left\{\hat{J}^{-1} + \left(E_j - \hat{H}_0\right)^{-1}\hat{Q}\hat{V}\right\}\hat{P}\left|\psi_j^{(P)}\right\rangle \quad \text{(C.27b)}$$

となる.さらにこの右辺に (C.19) を代入すると

$$\left(E_j - \hat{H}_0\right)\hat{P}|\psi_j\rangle = \hat{P}\hat{V}\hat{J}\hat{P}\left|\psi_j^{(P)}\right\rangle \quad \text{(C.27c)}$$

となるが,これの右辺に (C.11a) を使うと

$$\left(E_j - \hat{H}_0\right)\hat{P}|\psi_j\rangle = \hat{P}\hat{V}\hat{J}\hat{P}|\psi_j\rangle \quad \text{(C.27d)}$$

を得る.最後にこれを (C.26b) の右辺第二項に代入すると

$$\left[\hat{J}, \hat{H}_0\right]\hat{P}|\psi_j\rangle = \hat{V}\hat{J}\hat{P}|\psi_j\rangle - \hat{J}\hat{P}\hat{V}\hat{J}\hat{P}|\psi_j\rangle \quad \text{(C.28a)}$$

となる.従って

$$\left[\hat{J}, \hat{H}_0\right]\hat{P} = \hat{V}\hat{J}\hat{P} - \hat{J}\hat{P}\hat{V}\hat{J}\hat{P} \quad \text{(C.28b)}$$

なる関係が得られる.

C.3　近似的な表式

$\hat{J}$ を求めるため，相互作用の大きさに関する摂動を使い多項式の形

$$\hat{J} = \sum_{n=0}^{\infty} g^n \hat{J}^{(n)} \tag{C.29}$$

を仮定する．ここで第 n 次の項 $\hat{J}^{(n)}$ は n 個の $\hat{V}$ を含む．まず (C.17) のうち $\hat{V}$ および $\hat{Q}$ に依存しない項は定数 1 であること，さらに (C.6a) によると $1 = \hat{P} + \hat{Q}$ であることに注意すれば

$$\hat{J}^{(0)} = \hat{P} \tag{C.30}$$

である．

次に (C.29)，(C.30) を (C.28b) に代入し，両辺で g^n の項の係数が等しくなるように

$\hat{J}^{(1)}, \hat{J}^{(2)}, \ldots, \hat{J}^{(n)}$ を次々に求める．まず (C.28b) の両辺の左から $\hat{Q}$ を掛けると

$$\hat{Q}\left[\hat{J}^{(1)}, \hat{H}_0\right]\hat{P} = \hat{Q}\hat{V}\hat{J}^{(0)}\hat{P} - \hat{Q}\hat{J}^{(0)}\hat{P}\hat{V}\hat{J}^{(0)}\hat{P} \tag{C.31a}$$

を得る．これに (C.30) を代入すると

$$\hat{Q}\left[\hat{J}^{(1)}, \hat{H}_0\right]\hat{P} = \hat{Q}\hat{V}\hat{P}^2 - \hat{Q}\hat{P}^2\hat{V}\hat{P}^2 = \hat{Q}\hat{V}\hat{P} \tag{C.31b}$$

となる．中辺から右辺への変形は (C.5b)，(C.7) を使った．(C.31b) を $\langle\psi_i|$ と $|\psi_j\rangle$ とで挟むと

$$\langle\psi_i|\hat{Q}\left[\hat{J}^{(1)}, \hat{H}_0\right]\hat{P}|\psi_j\rangle = \langle\psi_i|\hat{Q}\hat{V}\hat{P}|\psi_j\rangle \tag{C.32}$$

となるが

$$\hat{H}_0\hat{P}|\psi_j\rangle = \hat{H}_0\hat{P}\left|\psi_j^{(P)}\right\rangle = \hat{P}\hat{H}_0\left|\psi_j^{(P)}\right\rangle = \hat{P}E_{\mathrm{P}}^0\left|\psi_j^{(P)}\right\rangle = E_{\mathrm{P}}^0\hat{P}|\psi_j\rangle \tag{C.33a}$$

$$\hat{H}_0\hat{Q}|\psi_j\rangle = \hat{H}_0\hat{Q}\left|\psi_j^{(Q)}\right\rangle = \hat{Q}\hat{H}_0\left|\psi_j^{(Q)}\right\rangle = \hat{Q}E_{\mathrm{Q}}^0\left|\psi_j^{(Q)}\right\rangle = E_{\mathrm{Q}}^0\hat{Q}|\psi_j\rangle \tag{C.33b}$$

であることに注意すると (C.32) 左辺は

$$\langle\psi_i|\hat{Q}\left(\hat{J}^{(1)}\hat{H}_0 - \hat{H}_0\hat{J}^{(1)}\right)\hat{P}|\psi_j\rangle = \langle\psi_i|\left(\hat{Q}\hat{J}^{(1)}E_{\mathrm{P}}^0\hat{P} - \hat{Q}E_{\mathrm{Q}}^0\hat{J}^{(1)}\hat{P}\right)|\psi_j\rangle$$
$$= \langle\psi_i|\left\{\hat{Q}\hat{J}^{(1)}\left(E_{\mathrm{P}}^0 - E_{\mathrm{Q}}^0\right)\hat{P}\right\}|\psi_j\rangle \tag{C.34}$$

となる．一方 (C.32) 右辺は (C.5b)，(C.6c) を使うと

$$\langle\psi_i|\hat{Q}\hat{V}\hat{P}|\psi_j\rangle = \langle\psi_i|\hat{Q}^2\hat{V}\hat{P}^2|\psi_j\rangle \tag{C.35}$$

となる．これらを (C.32) に代入し両辺を比較すれば

248　　　　　　　　　　　　　　　　C. 射影演算子と有効相互作用演算子

$$\hat{Q}\hat{J}^{(1)}\left(E_\mathrm{P}^0 - E_\mathrm{Q}^0\right)\hat{P} = \hat{Q}^2\hat{V}\hat{P}^2 \tag{C.36}$$

となる．従って

$$\hat{J}^{(1)} = \hat{Q}\hat{V}\left(E_\mathrm{P}^0 - E_\mathrm{Q}^0\right)^{-1}\hat{P} \tag{C.37}$$

を得る．この式は確かに $\hat{V}$ を一つだけ含む．同様の手続きで高次の $\hat{J}^{(n)}$ も得ることができる．

C.4　第2章の (2.30) の導出

(C.25) で与えられる有効相互作用演算子において $\hat{J} \simeq \hat{J}^{(0)} + \hat{J}^{(1)}$ と一次近似すると

$$\hat{V}_\mathrm{eff} \simeq \hat{P}\hat{J}^\dagger \hat{V} \hat{J}\hat{P} \simeq \hat{P}\hat{J}^{(0)\dagger}\hat{V}\hat{J}^{(1)}\hat{P} + \hat{P}\hat{J}^{(1)\dagger}\hat{V}\hat{J}^{(0)}\hat{P} \tag{C.38}$$

となる．ここで (C.30), (C.37)，さらに $\hat{J}^{(1)\dagger} = \hat{P}\left(E_\mathrm{P}^0 - E_\mathrm{Q}^0\right)^{-1}\hat{V}\hat{Q}$ を (C.38) に代入すると

$$\begin{aligned}
\hat{V}_\mathrm{eff} &\simeq \hat{P}\hat{V}\hat{Q}\hat{V}\left(\frac{1}{E_\mathrm{P}^0 - E_\mathrm{Q}^0}\right)\hat{P}\hat{P} + \hat{P}\hat{P}\left(\frac{1}{E_\mathrm{P}^0 - E_\mathrm{Q}^0}\right)\hat{V}\hat{Q}\hat{V}\hat{P} \\
&= \hat{P}\hat{V}\hat{Q}\hat{V}\left(\frac{1}{E_\mathrm{P}^0 - E_\mathrm{Q}^0}\right)\hat{P} + \hat{P}\left(\frac{1}{E_\mathrm{P}^0 - E_\mathrm{Q}^0}\right)\hat{V}\hat{Q}\hat{V}\hat{P}
\end{aligned} \tag{C.39}$$

となる．なお第一行目から第二行目へは (C.5b) を使った．ここで (C.6c) を利用し，元来の相互作用演算子 $\hat{V}$ が現れる項を，P 空間，Q 空間で遮蔽された演算子 $\hat{Q}\hat{V}\hat{P}$，$\hat{P}\hat{V}\hat{Q}$ の形で表す．そのためにまず (C.39) を

$$\hat{V}_\mathrm{eff} = \hat{P}\hat{V}\hat{Q} \cdot \hat{Q}\hat{V}\left(\frac{1}{E_\mathrm{P}^0 - E_\mathrm{Q}^0}\right)\hat{P} + \hat{P}\left(\frac{1}{E_\mathrm{P}^0 - E_\mathrm{Q}^0}\right)\hat{V}\hat{Q} \cdot \hat{Q}\hat{V}\hat{P} \tag{C.40}$$

と変形する．従って第2章の (2.29) で与えられる有効相互作用エネルギーは

$$V_\mathrm{eff} = \langle\phi_\mathrm{Pf}|\left\{\hat{P}\hat{V}\hat{Q} \cdot \hat{Q}\hat{V}\left(\frac{1}{E_\mathrm{P}^0 - E_\mathrm{Q}^0}\right)\hat{P} + \hat{P}\left(\frac{1}{E_\mathrm{P}^0 - E_\mathrm{Q}^0}\right)\hat{V}\hat{Q} \cdot \hat{Q}\hat{V}\hat{P}\right\}|\phi_\mathrm{Pi}\rangle \tag{C.41}$$

となる．この右辺第一項の・印の左側の $\hat{P}\hat{V}\hat{Q}$ は $\langle\phi_\mathrm{Pf}|$ に作用すると考える．一方，右側の $\hat{Q}\hat{V}\left(E_\mathrm{P}^0 - E_\mathrm{Q}^0\right)^{-1}\hat{P}$ は $|\phi_\mathrm{Pi}\rangle$ に作用すると考えるとこの項の中の E_P^0 は E_Pi^0 となり，E_Q^0 は $E_{\mathrm{Q}j}^0$ となる．従って第一項は

$$\langle\phi_\mathrm{Pf}|\hat{P}\hat{V}\hat{Q} \cdot \hat{Q}\hat{V}\left(\frac{1}{E_\mathrm{P}^0 - E_\mathrm{Q}^0}\right)\hat{P}|\phi_\mathrm{Pi}\rangle = \langle\phi_\mathrm{Pf}|\hat{P}\hat{V}\hat{Q} \cdot \hat{Q}\hat{V}\hat{P}|\phi_\mathrm{Pi}\rangle\left(\frac{1}{E_\mathrm{Pi}^0 - E_{\mathrm{Q}j}^0}\right) \tag{C.42a}$$

となる．第二項は第一項と双対な形になっているので，その中の E_P^0 を E_Pf^0 と書き，

C.4 第2章の (2.30) の導出

E_{Q}^0 を $E_{\mathrm{Q}j}^0$ と書けばよい.従って第二項は

$$\langle \phi_{\mathrm{Pf}} | \hat{P} \left(\frac{1}{E_{\mathrm{Pf}}^0 - E_{\mathrm{Q}j}^0} \right) \hat{V} \hat{Q} \cdot \hat{Q} \hat{V} \hat{P} | \phi_{\mathrm{Pi}} \rangle = \left(\frac{1}{E_{\mathrm{Pf}}^0 - E_{\mathrm{Q}j}^0} \right) \langle \phi_{\mathrm{Pf}} | \hat{P} \hat{V} \hat{Q} \cdot \hat{Q} \hat{V} \hat{P} | \phi_{\mathrm{Pi}} \rangle \tag{C.42b}$$

となる.以上により (C.41) は遮蔽された演算子 $\hat{Q}\hat{V}\hat{P}$, $\hat{P}\hat{V}\hat{Q}$ の形で書くことができた.

ここで単位演算子 $\hat{1}$ が Q 空間の基底 $\{|\phi_{\mathrm{Q}j}\rangle\}$ の完全規格直交性から $\hat{1} = \sum_j |\phi_{\mathrm{Q}j}\rangle \langle \phi_{\mathrm{Q}j}|$ ($j = 1$ は第2章の (2.37) に相当し励起子ポラリトンが一個ある状態 $|1_{(\mathrm{M})}\rangle$ を含む.それ以外の j は励起子ポラリトンが n 個ある状態 $|n_{(\mathrm{M})}\rangle$ を含む (2.36) に相当する) と表されることを使うと

$$V_{\mathrm{eff}} = \langle \phi_{\mathrm{Pf}} | \sum_j \hat{P}\hat{V}\hat{Q} | \phi_{\mathrm{Q}j} \rangle \langle \phi_{\mathrm{Q}j} | \hat{Q}\hat{V}\hat{P} | \phi_{\mathrm{Pi}} \rangle \left(\frac{1}{E_{\mathrm{Pi}}^0 - E_{\mathrm{Q}j}^0} + \frac{1}{E_{\mathrm{Pf}}^0 - E_{\mathrm{Q}j}^0} \right) \tag{C.43}$$

となり,これより

$$\hat{V}_{\mathrm{eff}} = \sum_j \hat{P}\hat{V}\hat{Q} | \phi_{\mathrm{Q}j} \rangle \langle \phi_{\mathrm{Q}j} | \hat{Q}\hat{V}\hat{P} \left(\frac{1}{E_{\mathrm{Pi}}^0 - E_{\mathrm{Q}j}^0} + \frac{1}{E_{\mathrm{Pf}}^0 - E_{\mathrm{Q}j}^0} \right) \tag{C.44}$$

であることがわかる.これらが各々第2章の (2.31), (2.30) に他ならない.

付　録

D

光子の基底からポラリトンの基底への変換

　この付録では光子と励起子との間の相互作用のハミルトニアンを対角化し，第2章の (2.28) を導出する．そのためにまず，系のハミルトニアンを

$$\hat{H} \equiv \sum_k \hat{H}_k, \quad \hat{H}_k = \hbar\omega_k \hat{a}_k^\dagger \hat{a}_k + \hbar\Omega \hat{b}_k^\dagger \hat{b}_k - i\hbar C \left(\hat{b}_{-k} + \hat{b}_k^\dagger\right)\left(\hat{a}_k - \hat{a}_{-k}^\dagger\right) \quad \text{(D.1)}$$

と書く．ここで $\hat{a}_k$, $\hat{a}_k^\dagger$ は各々エネルギー $\hbar\omega_k$ の光子の消滅，生成演算子，$\hat{b}_k$, $\hat{b}_k^\dagger$ は各々エネルギー $\hbar\Omega$ の励起子の消滅，生成演算子である．$\hbar C$ は励起子と光子の相互作用エネルギーを表す．励起子ポラリトンの消滅演算子 $\hat{\xi}_k$ を

$$\hat{\xi}_k = W_k \hat{a}_k + Y_k \hat{a}_{-k}^\dagger + X_k \hat{b}_k + Z_k \hat{b}_{-k}^\dagger \quad \text{(D.2)}$$

と定義し，そのエルミート共役演算子，すなわち生成演算子を $\hat{\xi}_k^\dagger$ とする．これらの演算子はボーズ粒子の交換関係を満たす．W_k, Y_k, X_k, Z_k は展開係数である．ハミルトニアンは対角化の結果

$$\hat{H}_k = \hbar\Omega(k) \hat{\xi}_k^\dagger \hat{\xi}_k \quad \text{(D.3)}$$

のように $\hat{\xi}_k^\dagger \hat{\xi}_k$ の形で表されるとし，また $\hat{\xi}_k$ はハイゼンベルクの運動方程式

$$-i\frac{d\hat{\xi}_k}{dt} = \frac{1}{\hbar}\left[\hat{H}, \hat{\xi}_k\right] = -\Omega(k)\hat{\xi}_k \quad \text{(D.4)}$$

に従うとする．

　(D.2) を (D.4) に代入すると左辺は

$$-iW_k \frac{d\hat{a}_k}{dt} - iY_k \frac{d\hat{a}_{-k}^\dagger}{dt} - iX_k \frac{d\hat{b}_k}{dt} - iZ_k \frac{d\hat{b}_{-k}^\dagger}{dt} \quad \text{(D.5)}$$

右辺は

$$-\Omega(k)\left(W_k \hat{a}_k + Y_k \hat{a}_{-k}^\dagger + X_k \hat{b}_k + Z_k \hat{b}_{-k}^\dagger\right) \quad \text{(D.6)}$$

となる．ここで，各演算子についてのハイゼンベルクの運動方程式

$$\begin{cases} -i\frac{d\hat{a}_k}{dt} = \frac{1}{\hbar}\left[\hat{H}, \hat{a}_k\right] = -\omega_k \hat{a}_k - iC\left(\hat{b}_k + \hat{b}_{-k}^\dagger\right) \\ -i\frac{d\hat{a}_{-k}^\dagger}{dt} = \frac{1}{\hbar}\left[\hat{H}, \hat{a}_{-k}^\dagger\right] = \omega_k \hat{a}_{-k}^\dagger - iC\left(\hat{b}_k + \hat{b}_{-k}^\dagger\right) \\ -i\frac{d\hat{b}_k}{dt} = \frac{1}{\hbar}\left[\hat{H}, \hat{b}_k\right] = -\Omega \hat{b}_k + iC\left(\hat{a}_k - \hat{a}_{-k}^\dagger\right) \\ -i\frac{d\hat{b}_{-k}^\dagger}{dt} = \frac{1}{\hbar}\left[\hat{H}, \hat{b}_{-k}^\dagger\right] = \Omega \hat{b}_{-k}^\dagger - iC\left(\hat{a}_k - \hat{a}_{-k}^\dagger\right) \end{cases} \quad \text{(D.7)}$$

を使うと (D.5) は次のように書ける：

$$\left[-\omega_k \hat{a}_k - iC\left(\hat{b}_k + \hat{b}^\dagger_{-k}\right)\right] W_k + \left[\omega_k \hat{a}^\dagger_{-k} - iC\left(\hat{b}_k + \hat{b}^\dagger_{-k}\right)\right] Y_k$$
$$+ \left[-\Omega \hat{b}_k + iC\left(\hat{a}_k - \hat{a}^\dagger_{-k}\right)\right] X_k + \left[\Omega \hat{b}^\dagger_{-k} - iC\left(\hat{a}_k - \hat{a}^\dagger_{-k}\right)\right] Z_k \quad \text{(D.8)}$$

演算子は線形独立なので (D.6), (D.8) より

$$M \begin{pmatrix} W_k \\ X_k \\ Y_k \\ Z_k \end{pmatrix} \equiv \begin{pmatrix} \Omega(k) - \omega_k & iC & 0 & -iC \\ -iC & \Omega(k) - \Omega & -iC & 0 \\ 0 & -iC & \Omega(k) + \omega_k & iC \\ -iC & 0 & -iC & \Omega(k) + \Omega \end{pmatrix} \begin{pmatrix} W_k \\ X_k \\ Y_k \\ Z_k \end{pmatrix} = 0 \quad \text{(D.9)}$$

を得る．この式左辺の係数行列 M の行列式の値が 0 であることから，固有値方程式

$$\left\{\Omega^2(k) - \omega_k^2\right\}\left\{\Omega^2(k) - \Omega^2\right\} = 4C^2 \Omega \omega_k \quad \text{(D.10)}$$

を得る．ここで $\hbar\Omega(k) = E(k)$, $\hbar\Omega = E_m$ と置くと (D.10) は

$$\left\{E^2(k) - (\hbar\omega_k)^2\right\}\left\{E^2(k) - E_m^2\right\} = 4\hbar\omega_k C^2 E_m \quad \text{(D.11)}$$

と書ける．係数 W_k, X_k, Y_k, Z_k を決めるために，(D.9) より X_k, Y_k, Z_k を W_k で表し

$$Y_k = -\frac{E(k) - \hbar\omega_k}{E(k) + \hbar\omega_k} W_k$$
$$X_k = -\frac{\{E(k) + E_m\}\{E(k) - \hbar\omega_k\}}{2i\hbar C E_m} W_k$$
$$Z_k = -\frac{\{E(k) - E_m\}\{E(k) - \hbar\omega_k\}}{2i\hbar C E_m} W_k \quad \text{(D.12)}$$

と書く．さらに，ボーズ粒子の交換関係 $\left[\hat{\xi}_k, \hat{\xi}^\dagger_k\right] = 1$ による制約から

$$|W_k|^2 + |X_k|^2 - |Y_k|^2 - |Z_k|^2 = 1 \quad \text{(D.13)}$$

を得る．(D.11), (D.12), (D.13) より，最終的に

$$W_k = \frac{E(k) + \hbar\omega_k}{2\sqrt{E(k)\hbar\omega_k}} \sqrt{\frac{E^2(k) - E_m^2}{2E^2(k) - E_m^2 - (\hbar\omega_k)^2}}$$
$$= \frac{\Omega(k) + \omega_k}{2\sqrt{\Omega(k)\omega_k}} \sqrt{\frac{\Omega^2(k) - \Omega^2}{2\Omega(k)^2 - \Omega^2 - \omega_k^2}} \quad \text{(D.14)}$$

を得る．(D.11) の二つの固有値 $E^{(\pm)}(k)$ に対応する励起子ポラリトンの演算子と展開係数を添字 $(\pm)$ をつけて $\hat{\xi}_k^{(\pm)}$, $\hat{\xi}_k^{(\pm)\dagger}$, $W_k^{(\pm)}$ などと区別して表すと，(D.2) は次のように書ける：

$$\begin{pmatrix} \hat{\xi}_k^{(+)} \\ \hat{\xi}_k^{(-)} \\ \hat{\xi}_{-k}^{(+)\dagger} \\ \hat{\xi}_{-k}^{(-)\dagger} \end{pmatrix} \equiv \begin{pmatrix} W_k^{(+)} & X_k^{(+)} & Y_k^{(+)} & Z_k^{(+)} \\ W_k^{(-)} & X_k^{(-)} & Y_k^{(-)} & Z_k^{(-)} \\ Y_k^{(+)*} & Z_k^{(+)*} & W_k^{(+)*} & X_k^{(+)*} \\ Y_k^{(-)*} & Z_k^{(-)*} & W_k^{(-)*} & X_k^{(-)*} \end{pmatrix} \begin{pmatrix} \hat{a}_k \\ \hat{b}_k \\ \hat{a}_{-k}^{\dagger} \\ \hat{b}_{-k}^{\dagger} \end{pmatrix} \tag{D.15}$$

これを逆変換すると

$$\begin{pmatrix} \hat{a}_k \\ \hat{b}_k \\ \hat{a}_{-k}^{\dagger} \\ \hat{b}_{-k}^{\dagger} \end{pmatrix} \equiv \begin{pmatrix} W_k^{(+)*} & W_k^{(-)*} & -Y_k^{(+)} & -Y_k^{(-)} \\ X_k^{(+)*} & X_k^{(-)*} & -Z_k^{(+)} & -Z_k^{(-)} \\ -Y_k^{(+)*} & -Y_k^{(-)*} & W_k^{(+)} & W_k^{(-)} \\ -Z_k^{(+)*} & Z_k^{(-)*} & X_k^{(+)} & X_k^{(-)} \end{pmatrix} \begin{pmatrix} \hat{\xi}_k^{(+)} \\ \hat{\xi}_k^{(-)} \\ \hat{\xi}_{-k}^{(+)\dagger} \\ \hat{\xi}_{-k}^{(-)\dagger} \end{pmatrix} \tag{D.16}$$

となる．右辺の行列の中では $(+)$ を付けた係数と $(-)$ を付けた係数は対等に現れているので，添字 $(\pm)$ を略すことができ，

$$\begin{cases} \hat{a}_k = W_k^* \hat{\xi}_k - Y_k \hat{\xi}_{-k}^{\dagger} \\ \hat{a}_{-k}^{\dagger} = -Y_k^* \hat{\xi}_k + W_k \hat{\xi}_{-k}^{\dagger} \end{cases} \tag{D.17}$$

を得る．これを第 2 章 (2.6) の $\hat{\boldsymbol{D}}^{\perp}(\boldsymbol{r})$ の中の光子の演算子に代入し，それを (2.25) に代入して (D.12), (D.14) を使うと

$$K_\alpha(\boldsymbol{k}) = \sum_{\lambda=1}^{2} (\boldsymbol{p}_\alpha \cdot \boldsymbol{e}_{k\lambda}(\boldsymbol{k})) f(k) e^{i\boldsymbol{k}\cdot\boldsymbol{r}_\alpha} \tag{D.18}$$

となり，これが求める (2.28) である．ここで，右辺の $f(k)$ は

$$f(k) = \frac{ck}{\sqrt{\Omega(k)}} \sqrt{\frac{\Omega^2(k) - \Omega^2}{2\Omega^2(k) - \Omega^2 - (ck)^2}} \tag{D.19}$$

と表される．

付　録

E

寸法依存共鳴の式の導出

簡単のために第 2 章の (2.78a) 右辺を次のように書く.

$$V_{\text{eff}}(r) = -\frac{p_s p_p}{3(2\pi)\varepsilon_0}W + \sum_{\alpha=s}^{p}\frac{\exp(-r/a'_\alpha)}{a'^2_\alpha r} \qquad (\text{E.1})$$

さらに (2.79) 第一行を

$$I(R_{\text{sp}}) = \left|\int \nabla_{r_p} P(r_p) d^3 r_p\right|^2 \qquad (\text{E.2a})$$

$$P(r_p) = \int V_{\text{eff}}(|\boldsymbol{r}_p - \boldsymbol{r}_s|) d^3 r_s \qquad (\text{E.2b})$$

と書く (以下の記述において記号使用の混乱を避けるため, (2.79) 第一行左辺中の r_{sp} を (E.2a) 左辺では R_{sp} と記している). まずは (E.2b) の積分を求めるため, 球 s の中心 $\boldsymbol{R}_s$ を原点とし, 球 p 内の任意の点 $\boldsymbol{r}_p$ と $\boldsymbol{R}_s$ を結ぶ線上に z_s 軸をとると,
(E.1), (E.2b) より

$$P(r_p) = \int \sum_{\alpha=s}^{p}\frac{\exp(-|\boldsymbol{r}_p - \boldsymbol{r}_s|/a'_\alpha)}{a'^2_\alpha |\boldsymbol{r}_p - \boldsymbol{r}_s|} d^3 r_s$$

$$= \sum_{\alpha=s}^{p}\int_0^{a_s} dr_s \int_0^\pi d\theta_s$$

$$\times \int_0^{2\pi} d\phi_s \left\{\exp\left(-\sqrt{|\boldsymbol{R}_s - \boldsymbol{r}_p|^2 + r_s^2 - 2|\boldsymbol{R}_s - \boldsymbol{r}_p|r_s \cos\theta_s}/a'_\alpha\right)\right.$$

$$\left./\left(a'^2_\alpha \sqrt{|\boldsymbol{R}_s - \boldsymbol{r}_p|^2 + r_s^2 - 2|\boldsymbol{R}_s - \boldsymbol{r}_p|r_s \cos\theta_s}\right)\right\} r_s^2 \sin\theta_s$$

$$= 2\pi \sum_{\alpha=s}^{p}\int_0^{a_s} dr_s \int_0^\pi d\theta_s \left\{\exp\left(-\sqrt{|\boldsymbol{R}_s - \boldsymbol{r}_p|^2 + r_s^2 - 2|\boldsymbol{R}_s - \boldsymbol{r}_p|r_s \cos\theta_s}/a'_\alpha\right)\right.$$

$$\left./\left(a'^2_\alpha \sqrt{|\boldsymbol{R}_s - \boldsymbol{r}_p|^2 + r_s^2 - 2|\boldsymbol{R}_s - \boldsymbol{r}_p|r_s \cos\theta_s}\right)\right\} r_s^2 \sin\theta_s \qquad (\text{E.3})$$

となる. ここで

$$s_s \equiv \sqrt{|\boldsymbol{R}_s - \boldsymbol{r}_p|^2 + r_s^2 - 2|\boldsymbol{R}_s - \boldsymbol{r}_p|r_s \cos\theta_s} \qquad (\text{E.4})$$

とし
$$\frac{ds_\mathrm{s}}{d\theta_\mathrm{s}} = |\boldsymbol{R}_\mathrm{s} - \boldsymbol{r}_\mathrm{p}| \frac{r_\mathrm{s}}{s_\mathrm{s}} \sin\theta_\mathrm{s} \tag{E.5}$$

を用いると，(E.3) は

$$\begin{aligned}
P(r_\mathrm{p}) &= \frac{2\pi}{a_\alpha'^2 |\boldsymbol{R}_\mathrm{s} - \boldsymbol{r}_\mathrm{p}|} \sum_{\alpha=\mathrm{s}}^\mathrm{p} \int_0^{a_\mathrm{s}} dr_\mathrm{s} r_\mathrm{s} \int_{|\boldsymbol{R}_\mathrm{s}-\boldsymbol{r}_\mathrm{p}|-r_\mathrm{s}}^{|\boldsymbol{R}_\mathrm{s}-\boldsymbol{r}_\mathrm{p}|+r_\mathrm{s}} ds_\mathrm{s} e^{-s_\mathrm{s}/a_\alpha'} \\
&= \frac{2\pi}{a_\alpha'^2 |\boldsymbol{R}_\mathrm{s} - \boldsymbol{r}_\mathrm{p}|} \sum_{\alpha=\mathrm{s}}^\mathrm{p} \int_0^{a_\mathrm{s}} dr_\mathrm{s} r_\mathrm{s} a_\alpha' \left\{ -\exp\left(-\frac{|\boldsymbol{R}_\mathrm{s} - \boldsymbol{r}_\mathrm{p}| + r_\mathrm{s}}{a_i'} \right) \right.\\
&\quad \left. + \exp\left(-\frac{|\boldsymbol{R}_\mathrm{s} - \boldsymbol{r}_\mathrm{p}| - r_\mathrm{s}}{a_i'} \right) \right\} \\
&= \frac{2\pi}{a_\alpha'^2 |\boldsymbol{R}_\mathrm{s} - \boldsymbol{r}_\mathrm{p}|} \sum_{\alpha=\mathrm{s}}^\mathrm{p} a_\alpha' \exp\left(-\frac{|\boldsymbol{R}_\mathrm{s} - \boldsymbol{r}_\mathrm{p}|}{a_\alpha'} \right) \int_0^{a_\mathrm{s}} dr_\mathrm{s} r_\mathrm{s} \left\{ \exp\left(\frac{r_\mathrm{s}}{a_\alpha'} \right) \right.\\
&\quad \left. - \exp\left(-\frac{r_\mathrm{s}}{a_\alpha'} \right) \right\} \\
&= \frac{4\pi}{a_\alpha'^2 |\boldsymbol{R}_\mathrm{s} - \boldsymbol{r}_\mathrm{p}|} \sum_{\alpha=\mathrm{s}}^\mathrm{p} a_i'^3 \exp\left(-\frac{|\boldsymbol{R}_\mathrm{s} - \boldsymbol{r}_\mathrm{p}|}{a_\alpha'} \right) \left\{ \frac{a_\mathrm{s}}{a_\alpha'} \cosh\left(\frac{a_\mathrm{s}}{a_\alpha'} \right) \right.\\
&\quad \left. - \sinh\left(\frac{a_\mathrm{s}}{a_\alpha'} \right) \right\} \tag{E.6}
\end{aligned}$$

となる．

次に (E.2) の $\boldsymbol{r}_\mathrm{p}$ に関する積分を実行する．まず勾配定理により，体積積分を表面積分に変換すると，

$$\begin{aligned}
\int \nabla_{r_\mathrm{p}} P(r_\mathrm{p}) d^3 r_\mathrm{p} &= \int_{S_\mathrm{p}} P(r_\mathrm{p}) \boldsymbol{n}_\mathrm{p} dS_\mathrm{p} \\
&= 4\pi \sum_{\alpha=\mathrm{s}}^\mathrm{p} a_i'^3 \left\{ \frac{a_\mathrm{s}}{a_\alpha'} \cosh\left(\frac{a_\mathrm{s}}{a_\alpha'} \right) - \sinh\left(\frac{a_\mathrm{s}}{a_\alpha'} \right) \right\} \int_{S_\mathrm{p}} \frac{\exp\left(-\frac{|\boldsymbol{R}_\mathrm{s} - \boldsymbol{r}_\mathrm{p}|}{a_\alpha'} \right)}{a_\alpha'^2 |\boldsymbol{R}_\mathrm{s} - \boldsymbol{r}_\mathrm{p}|} \boldsymbol{n}_\mathrm{p} dS_\mathrm{p}
\end{aligned} \tag{E.7}$$

を得る．$\boldsymbol{n}_\mathrm{p}$ は面 S_p の法線方向の単位ベクトルである．ここで球 p の中心 $\boldsymbol{R}_\mathrm{p}$ を原点とし，球 s の中心 $\boldsymbol{R}_\mathrm{s}$ と $\boldsymbol{R}_\mathrm{p}$ を結ぶ線上に z_p 軸をとり，(E.7) の積分の項のみに着目すると

$$\int_{S_\mathrm{p}} \frac{\exp\left(-\frac{|\boldsymbol{R}_\mathrm{s}-\boldsymbol{r}_\mathrm{p}|}{a'_\alpha}\right)}{|\boldsymbol{R}_\mathrm{s}-\boldsymbol{r}_\mathrm{p}|} \boldsymbol{n}_\mathrm{p} dS_\mathrm{p}$$

$$= \int_0^\pi d\theta_\mathrm{p} \int_0^{2\pi} d\phi_\mathrm{p} \frac{\exp\left(-\frac{\sqrt{R_\mathrm{sp}^2+a_\mathrm{p}^2-2a_\mathrm{p}R_\mathrm{sp}\cos\theta_\mathrm{p}}}{a'_\alpha}\right)}{\sqrt{R_\mathrm{sp}^2+a_\mathrm{p}^2-2a_\mathrm{p}R_\mathrm{sp}\cos\theta_\mathrm{p}}} a_\mathrm{p}^2 \sin\theta_\mathrm{p} \boldsymbol{n}_\mathrm{p}$$

$$= \frac{a_\mathrm{p}}{R_\mathrm{sp}} \int_{R_\mathrm{sp}-a_\mathrm{p}}^{R_\mathrm{sp}+a_\mathrm{p}} ds_\mathrm{p} e^{-\frac{s_\mathrm{p}}{a'_i}} \int_0^{2\pi} d\phi_\mathrm{p} (\sin\theta_\mathrm{p}\cos\phi_\mathrm{p}, \sin\theta_\mathrm{p}\sin\phi_\mathrm{p}, \cos\theta_\mathrm{p})$$

$$= \frac{a_\mathrm{p}}{R_\mathrm{sp}} \int_{R_\mathrm{sp}-a_\mathrm{p}}^{R_\mathrm{sp}+a_\mathrm{p}} ds_\mathrm{p} e^{-\frac{s_\mathrm{p}}{a'_i}} \frac{R_\mathrm{sp}^2+a_\mathrm{p}^2-s_\mathrm{p}^2}{2a_\mathrm{p}R_\mathrm{sp}} \hat{\boldsymbol{R}}_\mathrm{sp}$$

$$= \frac{1}{2R_\mathrm{sp}^2} \int_{R_\mathrm{sp}-a_\mathrm{p}}^{R_\mathrm{sp}+a_\mathrm{p}} ds_\mathrm{p} e^{-\frac{s_\mathrm{p}}{a'_i}} \left[R_\mathrm{sp}^2+a_\mathrm{p}^2-s_\mathrm{p}^2\right] \hat{\boldsymbol{R}}_\mathrm{sp} \tag{E.8}$$

となる．ただし，次の変数変換を施している．

$$s_\mathrm{p} = \sqrt{R_\mathrm{sp}^2+a_\mathrm{p}^2-2a_\mathrm{p}R_\mathrm{sp}\cos\theta_\mathrm{p}} \tag{E.9a}$$

$$\frac{ds_\mathrm{p}}{d\theta_\mathrm{p}} = \frac{a_\mathrm{p}R_\mathrm{sp}}{s_\mathrm{p}} \sin\theta_\mathrm{p} \tag{E.9b}$$

$$\cos\theta_\mathrm{p} = \frac{R_\mathrm{sp}^2+a_\mathrm{p}^2-s_\mathrm{p}^2}{2a_\mathrm{p}R_\mathrm{sp}} \tag{E.9c}$$

また $\hat{\boldsymbol{R}}_\mathrm{sp}$ は $\boldsymbol{R}_\mathrm{s}-\boldsymbol{R}_\mathrm{p}$ の向きの単位ベクトルである．(E.8) の積分を実行する際

$$\int_{R_\mathrm{sp}-a_\mathrm{p}}^{R_\mathrm{sp}+a_\mathrm{p}} ds_\mathrm{p} e^{-\frac{s_\mathrm{p}}{a'_\alpha}} = -a'_i \left\{\exp\left(-\frac{R_\mathrm{sp}+a_\mathrm{p}}{a'_\alpha}\right) - \exp\left(-\frac{R_\mathrm{sp}-a_\mathrm{p}}{a'_\alpha}\right)\right\}$$

$$= 2a'_\alpha e^{-\frac{R_\mathrm{sp}}{a'_\alpha}} \sinh\left(\frac{a_\mathrm{p}}{a'_\alpha}\right) \tag{E.10a}$$

$$\int_{R_\mathrm{sp}-a_\mathrm{p}}^{R_\mathrm{sp}+a_\mathrm{p}} ds_\mathrm{p} e^{-\frac{s_\mathrm{p}}{a'_\alpha}} s_\mathrm{p}^2$$

$$= \left[-a'_\alpha s_\mathrm{p}^2 \exp(-s_\mathrm{p}/a'_\alpha)\right]_{R_\mathrm{sp}-a_\mathrm{p}}^{R_\mathrm{sp}+a_\mathrm{p}} + 2a'_\alpha \int_{R_\mathrm{sp}-a_\mathrm{p}}^{R_\mathrm{sp}+a_\mathrm{p}} ds_\mathrm{p} e^{-\frac{s_\mathrm{p}}{a'_\alpha}} s_\mathrm{p}$$

$$= \left[-a'_\alpha s_\mathrm{p}^2 \exp(-s_\mathrm{p}/a'_\alpha) - 2a'^2_\alpha s_\mathrm{p} \exp(-s_\mathrm{p}/a'_\alpha)\right]_{R_\mathrm{sp}-a_\mathrm{p}}^{R_\mathrm{sp}+a_\mathrm{p}}$$
$$+ 2a'^2_i \int_{R_\mathrm{sp}-a_\mathrm{p}}^{R_\mathrm{sp}+a_\mathrm{p}} ds_\mathrm{p} e^{-\frac{s_\mathrm{p}}{a'_\alpha}}$$

$$= \left[-a'_\alpha s_\mathrm{p}^2 \exp(-s_\mathrm{p}/a'_\alpha) - 2a'^2_\alpha s_\mathrm{p} \exp(-s_\mathrm{p}/a'_\alpha) - 2a'^3_\alpha \exp(-s_\mathrm{p}/a'_\alpha)\right]_{R_\mathrm{sp}-a_\mathrm{p}}^{R_\mathrm{sp}+a_\mathrm{p}}$$

$$= 2a'_\alpha e^{-\frac{R_\mathrm{sp}}{a'_\alpha}} \left\{\left(R_\mathrm{sp}^2+2R_\mathrm{sp}a'_\alpha+a_\mathrm{p}^2+2a'^2_\alpha\right) \sinh\left(\frac{a_\mathrm{p}}{a'_\alpha}\right)\right.$$
$$\left. -2a_\mathrm{p}(R_\mathrm{sp}+a'_\alpha) \cosh\left(\frac{a_\mathrm{p}}{a'_\alpha}\right)\right\} \tag{E.10b}$$

であることから，これらを (E.8) に代入すると

$$\int_{S_\mathrm{p}} \frac{\exp\left(-\frac{|\bm{R}_\mathrm{s}-\bm{r}_\mathrm{p}|}{a'_i}\right)}{|\bm{R}_\mathrm{s}-\bm{r}_\mathrm{p}|} \bm{n}_\mathrm{p} dS_\mathrm{p}$$
$$= 2a'^2_i \left\{\frac{a_\mathrm{p}}{a'_i}\cosh\left(\frac{a_\mathrm{p}}{a'_i}\right)-\sinh\left(\frac{a_\mathrm{p}}{a'_i}\right)\right\}\left(\frac{1}{R_\mathrm{sp}}+\frac{a'_i}{R^2_\mathrm{sp}}\right)e^{-\frac{R_\mathrm{sp}}{a'_i}}\hat{\bm{R}}_\mathrm{sp} \quad (\mathrm{E}.11)$$

となる．これを (E.7) に代入すると

$$\int \nabla_{r_\mathrm{p}} P\left(r_\mathrm{p}\right) d^3 r_\mathrm{p} = 8\pi \sum_{\alpha=\mathrm{s}}^{\mathrm{p}} \frac{1}{a'^2_\alpha} a'^6_\alpha \left\{\frac{a_\mathrm{s}}{a'_\alpha}\cosh\left(\frac{a_\mathrm{s}}{a'_\alpha}\right)-\sinh\left(\frac{a_\mathrm{s}}{a'_\alpha}\right)\right\}$$
$$\times \left\{\frac{a_p}{a'_\alpha}\cosh\left(\frac{a_\mathrm{p}}{a'_\alpha}\right)-\sinh\left(\frac{a_\mathrm{p}}{a'_\alpha}\right)\right\}\left(\frac{1}{a'_\alpha R_\mathrm{sp}}+\frac{1}{R^2_\mathrm{sp}}\right)e^{-\frac{R_\mathrm{sp}}{a'_\alpha}}\hat{\bm{R}}_\mathrm{sp} \quad (\mathrm{E}.12)$$

となる．従って (E.2a) は

$$I\left(R_\mathrm{sp}\right) = \left(\frac{p_\mathrm{s} p_\mathrm{p}}{3\left(2\pi\right)\varepsilon_0} W_+\right)^2$$
$$\times \left[8\pi \sum_{\alpha=\mathrm{s}}^{\mathrm{p}} a'^4_\alpha \left\{\frac{a_\mathrm{s}}{a'_\alpha}\cosh\left(\frac{a_\mathrm{s}}{a'_\alpha}\right)-\sinh\left(\frac{a_\mathrm{s}}{a'_\alpha}\right)\right\}\left\{\frac{a_\mathrm{p}}{a'_\alpha}\cosh\left(\frac{a_\mathrm{p}}{a'_\alpha}\right)\right.\right.$$
$$\left.\left.-\sinh\left(\frac{a_\mathrm{p}}{a'_\alpha}\right)\right\}\left(\frac{1}{a'_\alpha R_\mathrm{sp}}+\frac{1}{R^2_\mathrm{sp}}\right)e^{-\frac{R_\mathrm{sp}}{a'_\alpha}}\right]^2 \quad (\mathrm{E}.13)$$

となる．最後にこの式右辺の [ ]^2 の中の a'_α を含む項について整理し，さらに R_sp を r_sp と書き換えると第 2 章の (2.79) を得る．

付録 F

半導体量子ドットのエネルギー状態

　この付録ではドレスト光子 (DP) デバイスに用いられる半導体の量子ドット (QD) 中の電子, 正孔, 電子・正孔対のエネルギー準位などについて説明する．QD の中の電子, 正孔は小さな三次元領域に閉じ込められているので，それらの性質は巨視的寸法をもつ物質中における性質とは異なる．たとえばこれらの粒子は離散的なエネルギー固有値をもつが，これは量子閉じ込め効果と呼ばれている．以下の小節では球形または立方体形の半導体 QD の場合についてまとめる [1,2]．

F.1 一粒子状態

　QD の寸法は小さいながらもその中には多数の電子や正孔が含まれるので，多粒子問題を解く必要がある．そのためには，周期的な結晶格子内の電子のエネルギー固有値が量子閉じ込めによってそれほど変化しないという仮定のもとに包絡関数と有効質量近似を使うのが有利である．これにより単一の粒子（電子または正孔）の基底状態と励起状態を求めることができ，そして最低のエネルギー準位から順番に粒子を詰めていくことにより多粒子系の基底状態が求められる．

　QD 中の一粒子の波動関数は巨視的寸法物質中の一粒子の波動関数，および QD の境界条件を満足する包絡関数の積によって与えられる．従って QD 中の単一電子の固有状態ベクトル $|\psi_e\rangle$ は

$$|\psi_e\rangle = \int d^3 r \xi_e(\boldsymbol{r}) \hat{\psi}_e^\dagger(\boldsymbol{r}) |\Phi_g\rangle \tag{F.1}$$

と表される．ここで $\xi_e(\boldsymbol{r})$ は単一電子の状態の包絡関数，$\hat{\psi}_e^\dagger(\boldsymbol{r})$ は電子の場の生成演算子，$|\Phi_g\rangle$ は結晶基底状態（これは電子の場の真空状態 $|0\rangle$ とも呼ばれている）である．結晶基底状態では伝導帯に電子がないので，電子場の消滅演算子 $\hat{\psi}_e(\boldsymbol{r})$ を $|\Phi_g\rangle$ に作用させると

$$\hat{\psi}_e(\boldsymbol{r}) |\Phi_g\rangle = 0 \tag{F.2}$$

となる．なお電子の場の消滅，生成演算子はフェルミ粒子の反交換関係

$$\left\{\hat{\psi}_{\mathrm{e}}\left(\boldsymbol{r}'\right),\hat{\psi}_{\mathrm{e}}^{\dagger}\left(\boldsymbol{r}\right)\right\} \equiv \hat{\psi}_{\mathrm{e}}\left(\boldsymbol{r}'\right)\hat{\psi}_{\mathrm{e}}^{\dagger}\left(\boldsymbol{r}\right) + \hat{\psi}_{\mathrm{e}}^{\dagger}\left(\boldsymbol{r}\right)\hat{\psi}_{\mathrm{e}}\left(\boldsymbol{r}'\right) = \delta\left(\boldsymbol{r}-\boldsymbol{r}'\right) \tag{F.3}$$

を満たす.ここで $\delta(\boldsymbol{r}-\boldsymbol{r}')$ はデルタ関数である.

包絡関数 $\xi_{\mathrm{e}}(\boldsymbol{r})$ の満たす方程式はシュレーディンガー方程式

$$\hat{H}_{\mathrm{e}}\left|\psi_{\mathrm{e}}\right\rangle = E_{\mathrm{e}}\left|\psi_{\mathrm{e}}\right\rangle \tag{F.4}$$

から導出することができる.ここで $\hat{H}_{\mathrm{e}}$ は QD 中の単一電子に対するハミルトニアン

$$\hat{H}_{\mathrm{e}} = \int d^3r \hat{\psi}_{\mathrm{e}}^{\dagger}\left(\boldsymbol{r}\right)\left[-\frac{\hbar^2}{2m_{\mathrm{e}}}\nabla^2\right]\hat{\psi}_{\mathrm{e}}\left(\boldsymbol{r}\right) + E_{\mathrm{g}}\int d^3r \hat{\psi}_{\mathrm{e}}^{\dagger}\left(\boldsymbol{r}\right)\hat{\psi}_{\mathrm{e}}\left(\boldsymbol{r}\right) \tag{F.5}$$

である.この式中,E_{e} はエネルギー固有値,また m_{e} は電子の有効質量,E_{g} は巨視的寸法の半導体のバンドギャップエネルギーである.これらを (F.4) に代入するとその左辺は

$$\begin{aligned}\hat{H}_{\mathrm{e}}\left|\psi_{\mathrm{e}}\right\rangle &= \int d^3r' \hat{\psi}_{\mathrm{e}}^{\dagger}\left(\boldsymbol{r}'\right)\left[-\frac{\hbar^2}{2m_{\mathrm{e}}}\nabla^2\right]\hat{\psi}_{\mathrm{e}}\left(\boldsymbol{r}'\right)\int d^3r \xi_{\mathrm{e}}\left(\boldsymbol{r}\right)\hat{\psi}_{\mathrm{e}}^{\dagger}\left(\boldsymbol{r}\right)\left|\Phi_{\mathrm{g}}\right\rangle \\ &\quad + E_{\mathrm{g}}\int d^3r' \hat{\psi}_{\mathrm{e}}^{\dagger}\left(\boldsymbol{r}'\right)\hat{\psi}_{\mathrm{e}}\left(\boldsymbol{r}'\right)\int d^3r \xi_{\mathrm{e}}\left(\boldsymbol{r}\right)\hat{\psi}_{\mathrm{e}}^{\dagger}\left(\boldsymbol{r}\right)\left|\Phi_{\mathrm{g}}\right\rangle \\ &= -\frac{\hbar^2}{2m_{\mathrm{e}}}\int d^3r' \int d^3r \delta\left(\boldsymbol{r}-\boldsymbol{r}'\right)\nabla^2 \xi_{\mathrm{e}}\left(\boldsymbol{r}\right)\hat{\psi}_{\mathrm{e}}^{\dagger}\left(\boldsymbol{r}'\right)\left|\Phi_{\mathrm{g}}\right\rangle \\ &\quad + E_{\mathrm{g}}\int d^3r' \int d^3r \delta\left(\boldsymbol{r}-\boldsymbol{r}'\right)\xi_{\mathrm{e}}\left(\boldsymbol{r}\right)\hat{\psi}_{\mathrm{e}}^{\dagger}\left(\boldsymbol{r}'\right)\left|\Phi_{\mathrm{g}}\right\rangle \\ &= \int d^3r \left[-\frac{\hbar^2}{2m_{\mathrm{e}}}\nabla^2 \xi_{\mathrm{e}}\left(\boldsymbol{r}\right)\right]\hat{\psi}_{\mathrm{e}}^{\dagger}\left(\boldsymbol{r}\right)\left|\Phi_{\mathrm{g}}\right\rangle + E_{\mathrm{g}}\int d^3r \xi_{\mathrm{e}}\left(\boldsymbol{r}\right)\hat{\psi}_{\mathrm{e}}^{\dagger}\left(\boldsymbol{r}\right)\left|\Phi_{\mathrm{g}}\right\rangle\end{aligned} \tag{F.6}$$

となる.一方,右辺は

$$E_{\mathrm{e}}\left|\psi_{\mathrm{e}}\right\rangle = E_{\mathrm{e}}\int d^3r \xi_{\mathrm{e}}\left(\boldsymbol{r}\right)\psi_{\mathrm{e}}^{\dagger}\left(\boldsymbol{r}\right)\left|\Phi_{\mathrm{g}}\right\rangle \tag{F.7}$$

となる.ここでは (F.2) と (F.3) を使った.両式を等値すれば単一電子の包絡関数の満たす固有値方程式

$$-\frac{\hbar^2}{2m_{\mathrm{e}}}\nabla^2 \xi_{\mathrm{e}}\left(\boldsymbol{r}\right) = \left(E_{\mathrm{e}} - E_{\mathrm{g}}\right)\xi_{\mathrm{e}}\left(\boldsymbol{r}\right) \tag{F.8}$$

が得られる.添字 e を h に替え,$E_{\mathrm{g}} = 0$ とおけば,単一正孔の包絡関数の満たす固有値方程式として

$$-\frac{\hbar^2}{2m_{\mathrm{h}}}\nabla^2 \xi_{\mathrm{h}}\left(\boldsymbol{r}\right) = E_{\mathrm{h}}\xi_{\mathrm{h}}\left(\boldsymbol{r}\right) \tag{F.9}$$

が得られる.

これらの固有値方程式を解くために,球形の QD,立方体形の QD の場合について考える.

【球形の量子ドット】

電子または正孔が半径 R の球形の QD に閉じ込められていることを表す境界条件は $\xi_e(\boldsymbol{r}) = \xi_h(\boldsymbol{r}) = 0$ ($|\boldsymbol{r}| > R$ において) と書くことができる．一方ラプラシアンは

$$\nabla^2 = \frac{1}{r}\frac{\partial^2}{\partial r^2}r - \frac{\boldsymbol{L}^2}{r^2},$$
$$\boldsymbol{L}^2 = -\left(\frac{1}{\sin\theta}\frac{\partial}{\partial\theta}\sin\theta\frac{\partial}{\partial\theta} + \frac{1}{\sin^2\theta}\frac{\partial^2}{\partial\phi^2}\right) \tag{F.10}$$

と書けることに注意し，包絡関数 $\xi(\boldsymbol{r})$ を動径方向，方位角方向の成分に分け $\xi(\boldsymbol{r}) = f_l(r) Y_{lm}(\theta, \phi)$ と置く．ここで包絡関数は R のみに依存し，電子や正孔に関する物理量には依存しないので $\xi(\boldsymbol{r})$ から添字 e, h を削除した．$\boldsymbol{L}$ は軌道角運動量演算子であり，$Y_{lm}(\theta, \phi)$ は

$$\boldsymbol{L}^2 Y_{lm}(\theta, \phi) = l(l+1) Y_{lm}(\theta, \phi) \tag{F.11}$$

なる固有値方程式に従う．ここで $Y_{lm}(\theta, \phi)$ は球調和関数であり，$|m| \leq l$，$l = 0, 1, 2, \cdots$，$m = 0, \pm 1, \pm 2, \cdots$ である．この関数の動径成分 $f_l(r)$ は

$$\frac{d^2 f_l}{dr^2} + \frac{2}{r}\frac{df_l}{dr} + \left[\alpha^2 - l(l+1)\right] f_l = 0 \tag{F.12}$$

$$\alpha^2 \equiv \frac{2m_e}{\hbar^2}(E_e - E_g) \text{ または} \frac{2m_e}{\hbar^2} E_h \tag{F.13}$$

を満たす．この解は

$$f_{nl}(r) = \sqrt{\frac{2}{R^3}} \frac{j_l\left(\frac{\alpha_{nl} r}{R}\right)}{j_{l+1}(\alpha_{nl})} \tag{F.14a}$$

の形をとる．ここで j_l は第 l 次の球ベッセル関数である．α_{nl} は境界条件から決まり

$$j_l(\alpha_{nl}) = 0 \quad (n = 1, 2, 3, \cdots), \quad \alpha_{n0} = n\pi, \quad \alpha_{11} = 4.4934, \cdots \tag{F.14b}$$

である．

電子のエネルギー固有値は

$$E_{e,nlm} = E_g + \frac{\hbar^2}{2m_e}\left(\frac{\alpha_{nl}}{R}\right)^2 \tag{F.15}$$

正孔のエネルギー固有値は

$$E_{h,nlm} = \frac{\hbar^2}{2m_h}\left(\frac{\alpha_{nl}}{R}\right)^2 \tag{F.16}$$

である．

【立方体形の量子ドット】

電子または正孔が一辺の長さ L の立方体形の QD に閉じ込められた場合，まず一次元の場合から始め，井戸型ポテンシャルを仮定し，境界条件を

$$V(x) = 0, \quad |x| \leq \frac{L}{2} \text{のとき}$$
$$V(x) = \infty, \quad |x| > \frac{L}{2} \text{のとき} \tag{F.17}$$

と書く．包絡関数 $\xi(x)$ はシュレーディンガー方程式

$$\left[-\frac{\hbar^2}{2m}\frac{d^2}{dx^2} + V(x)\right]\xi(x) = E_x\xi(x) \tag{F.18}$$

に従い，境界条件

$$\xi\left(\frac{L}{2}\right) = \xi\left(-\frac{L}{2}\right) = 0 \tag{F.19}$$

を満たす．この方程式の解は

$$\begin{cases} \xi_{\text{even}}(x) = \sqrt{\frac{2}{L}}\cos(k_x x) \\ \xi_{\text{odd}}(x) = \sqrt{\frac{2}{L}}\sin(k_x x) \end{cases} \tag{F.20}$$

であり，(F.17) の境界条件より k_x は次の離散的な値をとることがわかる．

$$\begin{cases} k_x^{\text{even}} = \frac{\pi}{L}(2n-1) \\ k_x^{\text{odd}} = \frac{\pi}{L}(2n) \end{cases} \quad (n = 1, 2, 3, \cdots) \tag{F.21}$$

従って，エネルギー固有値も離散的であり

$$E_x = \frac{\hbar^2 k_x^2}{2m} = \frac{\hbar^2}{2m}\left(\frac{\pi}{L}n_x\right)^2 \quad (n_x = 1, 2, 3, \cdots) \tag{F.22}$$

である．ここで k_x^{even} のとき $n_x = 2n - 1$，k_x^{odd} のとき $n_x = 2n$ である．同様に包絡関数 $\xi(y)$，$\xi(z)$ は (F.20) の変数 x を各々 y，z に置き換えることにより得られる．従って三次元の井戸形ポテンシャルに閉じ込められた電子または正孔の包絡関数は $\xi(x)\xi(y)\xi(z)$ の形をとる．量子数の組 (n_x, n_y, n_z) で表されるエネルギー固有値は

$$E_{n_x, n_y, n_z} = \frac{\hbar^2}{2m}\left(\frac{\pi}{L}\right)^2 (n_x^2 + n_y^2 + n_z^2) \quad (n_x, n_y, n_z = 1, 2, 3, \cdots) \tag{F.23}$$

となる．

周期的ポテンシャルの中の電子のエネルギー固有値（または伝導帯，価電子帯，およびエネルギーギャップ）が大きく変化しないと仮定すれば，伝導帯，価電子帯中の一電子のエネルギーは各々

$$E_{\text{c}} = E_{\text{g}} + \frac{\hbar^2 k^2}{2m_{\text{c}}} = E_{\text{g}} + \frac{\hbar^2}{2m_{\text{c}}}\left\{\left(\frac{\pi}{L_x}n_x\right)^2 + \left(\frac{\pi}{L_y}n_y\right)^2 + \left(\frac{\pi}{L_z}n_z\right)^2\right\} \tag{F.24a}$$

$$E_{\text{v}} = \frac{\hbar^2 k^2}{2m_{\text{v}}} = \frac{\hbar^2}{2m_{\text{v}}}\left\{\left(\frac{\pi}{L_x}n_x\right)^2 + \left(\frac{\pi}{L_y}n_y\right)^2 + \left(\frac{\pi}{L_z}n_z\right)^2\right\} \tag{F.24b}$$

となる．

F.2 量子ドット中の電子・正孔対の状態

QD 中の電子・正孔対の状態について調べるために電子・正孔対のエネルギー固有状態を

$$|\psi_{\rm eh}\rangle = \iint d^3r_{\rm e} d^3r_{\rm h} \zeta_{\rm eh}(\bm{r}_{\rm e}, \bm{r}_{\rm h}) \hat{\psi}_{\rm e}^\dagger(\bm{r}_{\rm e}) \hat{\psi}_{\rm h}^\dagger(\bm{r}_{\rm h}) |\Phi_{\rm g}\rangle \tag{F.25}$$

と表す.ここで $\zeta_{\rm eh}(\bm{r}_{\rm e}, \bm{r}_{\rm h})$ は電子・正孔対の包絡関数,$\hat{\psi}_{\rm e}^\dagger(\bm{r}_{\rm e})$,$\hat{\psi}_{\rm h}^\dagger(\bm{r}_{\rm h})$ は各々伝導帯中の電子の場,荷電子帯中の正孔の場の生成演算子,$|\Phi_{\rm g}\rangle$ は前述の結晶基底状態である.また包絡関数 $\zeta_{\rm eh}(\bm{r}_{\rm e}, \bm{r}_{\rm h})$ は

$$\left[-\frac{\hbar^2}{2m_{\rm e}} \nabla_{\rm e}^2 - \frac{\hbar^2}{2m_{\rm h}} \nabla_{\rm h}^2 + V_{\rm c} + V_{\rm conf} \right] \zeta_{\rm eh}(\bm{r}_{\rm e}, \bm{r}_{\rm h}) = (E - E_{\rm g}) \zeta_{\rm eh}(\bm{r}_{\rm e}, \bm{r}_{\rm h}) \tag{F.26}$$

なる式を満たす.ここで $V_{\rm c}$ はクーロン相互作用ポテンシャルである.$V_{\rm conf}$ は閉じ込めポテンシャルであり,QD が半径 R の球形の場合,$|\bm{r}| = r \leq R$ において $V_{\rm conf}(r) = 0$ である.一方,QD が一辺 L の立方体形の場合,$-L/2 \leq x, y, z \leq L/2$ において $V_{\rm conf}(x, y, z) = 0$ である.ここで閉じ込め領域の寸法(R または L)とボーア半径 a_0(対を形成する電子と正孔の平均距離)との大小関係に基づいて電子・正孔対の状態の性質を調べると便利である.閉じ込めポテンシャルおよびクーロンポテンシャルが各々 $1/R^2$(または $1/L^2$),$1/R$(または $1/L$)に比例することに注意し,次の三つの場合に分けて議論する.

(1) $R \ll a_0$

この場合は電子と正孔の間のクーロン力は弱いので電子,正孔は各々の閉じ込めポテンシャル中で独立に動く.特に閉じ込め領域において閉じ込めポテンシャル,クーロンポテンシャルがともに 0 の場合,電子・正孔対の最低エネルギーは前述の単一電子問題におけるエネルギー固有値により

$$E = E_{\rm g} + \frac{\pi^2 \hbar^2}{2m_{\rm e} R^2} + \frac{\pi^2 \hbar^2}{2m_{\rm h} R^2} = E_{\rm g} + \frac{\pi^2 \hbar^2}{2m_{\rm r} R^2} \tag{F.27}$$

により与えられる.ここで $m_{\rm r}$ は電子・正孔対の換算質量

$$\frac{1}{m_{\rm r}} = \frac{1}{m_{\rm e}} + \frac{1}{m_{\rm h}} \tag{F.28}$$

である.

(2) $R \gg a_0$

この場合は電子と正孔の間のクーロン相互作用が強いので,電子・正孔対を単一粒子(励起子)と見なすことができる.このとき励起子の重心運動は寸法 R(または L)の領域内に閉じ込められる.励起子の質量,重心座標,電子・正孔間の相対座標を各々

と定義し，励起子の包絡関数を

$$M = m_e + m_h,$$
$$\boldsymbol{r}_{\mathrm{CM}} = (m_e \boldsymbol{r}_e + m_h \boldsymbol{r}_h)/M, \tag{F.29}$$
$$\boldsymbol{\beta} = \boldsymbol{r}_e - \boldsymbol{r}_h$$

と定義し，励起子の包絡関数を

$$\psi(\boldsymbol{r}_e, \boldsymbol{r}_h) = \phi_\mu(\boldsymbol{\beta}) F_v(\boldsymbol{r}_{\mathrm{CM}}) \tag{F.30}$$

と表すと，球形の QD の場合は単一粒子の場合と同様，重心運動の包絡関数は

$$F_v(\boldsymbol{r}_{\mathrm{CM}}) = \sqrt{\frac{2}{R^3}} \frac{j_l\left(\frac{\alpha_{nl} r_{\mathrm{CM}}}{R}\right)}{j_{l+1}(\alpha_{nl})} Y_{lm}(\Omega_{\mathrm{CM}}) \tag{F.31}$$

であり，相対運動を表す関数は

$$\phi_{\mu=1s}(\boldsymbol{\beta}) = \frac{1}{\sqrt{\pi a_0^3}} \exp\left(-\frac{\beta}{a_0}\right) \tag{F.32}$$

となる．ここで Ω_{CM} は $\boldsymbol{r}_{\mathrm{CM}}$ に相当する立体角であり，$\phi_\mu(\boldsymbol{\beta})$ は最低次（水素原子中の電子の 1s 状態に相当）の形を仮定した．量子数 (n, l) で表される状態のエネルギー固有値は

$$E_{nl} = E_g + E_{\mathrm{ex}} + \frac{\hbar^2 \alpha_{nl}^2}{2MR^2}, \quad n = 1, 2, 3, \cdots \tag{F.33}$$

である．ここで E_{ex} は巨視的寸法物質の励起子結合エネルギーである．

立方体形の QD の場合には重心運動の包絡関数は

$$F_v(\boldsymbol{r}_{\mathrm{CM}}) = \sqrt{\frac{8}{L^3}} \begin{cases} \cos\left(\frac{\pi}{L}(2n_x-1)x_{\mathrm{CM}}\right) \cos\left(\frac{\pi}{L}(2n_y-1)y_{\mathrm{CM}}\right) \\ \times \cos\left(\frac{\pi}{L}(2n_z-1)z_{\mathrm{CM}}\right) \\ \sin\left(\frac{2\pi}{L}n_x x_{\mathrm{CM}}\right) \sin\left(\frac{2\pi}{L}n_y y_{\mathrm{CM}}\right) \sin\left(\frac{2\pi}{L}n_z z_{\mathrm{CM}}\right) \end{cases} \tag{F.34}$$

であり，相対運動を表す関数は (F.32) と同じである．エネルギー固有値は同様に

$$E_{n_x, n_y, n_z} = E_g + E_{\mathrm{ex}} + \frac{\pi^2 \hbar^2}{2ML^2}\left(n_x^2 + n_y^2 + n_z^2\right) \quad (n_x, n_y, n_z = 1, 2, 3, \cdots) \tag{F.35}$$

と表される．なお，より詳細には球形，立方体形の場合重心運動は各々寸法 $R - \eta a_0$，$L - \eta a_0$ の範囲に閉じ込められる．ここで補正定数 η は電子と正孔の質量の比に依存し 1 程度の値をとり [3]，励起子の重心座標は実際の QD の寸法より小さい領域に閉じ込められることを意味している．

(3) 中間領域

この場合は上記 (1)，(2) の場合より複雑である．閉じ込め寸法 R は正孔のボーア半径 a_h より大きいものの電子のボーア半径 a_e より小さいとすると，正孔は QD 中の自由電子が作る平均ポテンシャルの中を動くと考えることができる．従ってまず球形

の QD 中の励起子の包絡関数は電子の包絡関数 $\xi_{nlm}(\boldsymbol{r}_\mathrm{e})$ と正孔の包絡関数 $\psi_\mathrm{h}(\boldsymbol{r}_\mathrm{h})$ の積により

$$\psi(\boldsymbol{r}_\mathrm{e},\boldsymbol{r}_\mathrm{h}) = \xi_{nlm}(\boldsymbol{r}_\mathrm{e})\psi_\mathrm{h}(\boldsymbol{r}_\mathrm{h}) \tag{F.36}$$

と書くことができる. $\xi_{nlm}(\boldsymbol{r}_\mathrm{e})$ の規格直交性を使うと正孔の包絡関数の方程式は

$$\left[-\frac{\hbar^2}{2m_\mathrm{h}}\nabla_\mathrm{h}^2 - \int d\boldsymbol{r}_\mathrm{e}|\xi_{nlm}(\boldsymbol{r}_\mathrm{e})|^2 V_\mathrm{c}\right]\psi_\mathrm{h}(\boldsymbol{r}_\mathrm{h}) = \left(E - E_\mathrm{g} - \frac{\hbar^2}{2m_\mathrm{e}}\frac{\alpha_{nl}^2}{R^2}\right)\psi_\mathrm{h}(\boldsymbol{r}_\mathrm{h}) \tag{F.37}$$

となる. ここで閉じ込め領域内では $V_\mathrm{conf} = 0$ とした. 次に立方体形の QD の場合には, 電子の包絡関数 $\xi_{nlm}(\boldsymbol{r}_\mathrm{e})$ と離散化エネルギー $(\hbar^2/2m_\mathrm{e})\alpha_{nl}^2/R^2$ を各々 $\xi_{n_x n_y n_z}(\boldsymbol{r}_\mathrm{e})$, $(\hbar^2/2m_\mathrm{e})(\pi/L)^2(n_x^2+n_y^2+n_z^2)$ に置き換えればよい. 両方の場合とも, 左辺第二項は電子によって平均化された正孔に対するクーロンポテンシャルを表している. この式を解くには数値計算を用いる.

F.3 電気双極子禁制遷移

前節の議論に基づき, DP または伝搬光により励起された電子・正孔対の振る舞いについて調べる. これらの励起の差異を明らかにするため上記のうち特に場合 (2) ($R \gg a_0$) について考える. この場合にはワニエ関数 (電子が原子位置 $\boldsymbol{R}$ に局在することを表す完全規格直交関数) を基底として使うと便利である. ワニエ関数 $w_{b\boldsymbol{R}}(\boldsymbol{r})$ は

$$w_{b\boldsymbol{R}}(\boldsymbol{r}) \equiv \frac{1}{\sqrt{N}}\sum_{\boldsymbol{k}}\exp(-i\boldsymbol{k}\cdot\boldsymbol{R})\psi_{b\boldsymbol{k}}(\boldsymbol{r}) \tag{F.38}$$

により定義されている. ここで $\psi_{b\boldsymbol{k}}(\boldsymbol{r})$ はブロッホ (Bloch) 関数であり, 格子の周期性によって変調された平面波であるが, これは任意の位置に孤立して置かれた原子中の電子の波動関数の線形結合により求めることができる. N は構成原子の数である. 異なるエネルギー帯 b, 異なる原子サイト $\boldsymbol{R}$ のワニエ関数は互いに直交しており

$$\begin{aligned}\int w_{b\boldsymbol{R}}^*(\boldsymbol{r})w_{b'\boldsymbol{R}'}(\boldsymbol{r})d^3r &= \frac{1}{N}\sum_{\boldsymbol{k},\boldsymbol{k}'}\exp[i(\boldsymbol{k}\cdot\boldsymbol{R}-\boldsymbol{k}'\cdot\boldsymbol{R}')]\int\psi_{b\boldsymbol{k}}^*(\boldsymbol{r})\psi_{b'\boldsymbol{k}'}(\boldsymbol{r})d^3r\\ &= \frac{1}{N}\sum_{\boldsymbol{k},\boldsymbol{k}'}\exp[i(\boldsymbol{k}\cdot\boldsymbol{R}-\boldsymbol{k}'\cdot\boldsymbol{R}')]\delta_{bb'}\delta_{\boldsymbol{k}\boldsymbol{k}'}\\ &= \frac{1}{N}\sum_{\boldsymbol{k},\boldsymbol{k}'}\exp[i\boldsymbol{k}\cdot(\boldsymbol{R}-\boldsymbol{R}')]\delta_{bb'} = \delta_{bb'}\delta_{\boldsymbol{R}\boldsymbol{R}'}\end{aligned} \tag{F.39}$$

の関係を満たす.

伝導帯中の電子の場, および価電子帯の正孔の場の消滅, 生成演算子は各々ワニエ関数を基底として表すことができる. 場合 (2) では電子・正孔対 (励起子) は QD 中

に閉じ込められているので，量子数 $\nu = (m, \mu)$ をもつ励起子の状態 $|\Phi_\nu\rangle$ は位置 R における電子の状態と位置 R' における正孔の状態とによって

$$|\Phi_\nu\rangle = \sum_{R,R'} F_m(R_{\rm CM})\varphi_\mu(\beta)\hat{e}^\dagger_{cR}\hat{e}_{vR'}|\Phi_g\rangle \tag{F.40}$$

と表される．ここで $F_m(R_{\rm CM})$, $\varphi_\mu(\beta)$ は各々量子数 $m = (m_x, m_y, m_z)$ をもつ重心運動，量子数 μ をもつ相対運動を表し，両者の積が励起子の包絡関数である．$\hat{e}^\dagger_{cR}$ および $\hat{e}_{vR'}$ は各々伝導帯内の位置 R における電子の生成演算子，価電子帯内の位置 R' における正孔の消滅演算子を表す．また，$|\Phi_g\rangle$ は (F.2) 中の結晶基底状態である．

F.3.1 ドレスト光子により励起する場合

第 2 章の (2.31) に基づいて二つの QD の間の有効相互作用の大きさを求めるため，励起子状態 $|\Phi_\nu\rangle$ から結晶基底状態 $|\Phi_g\rangle$ への遷移を表す遷移行列要素

$$\langle\Phi_g|\hat{V}|\Phi_v\rangle = \sum_{k,\lambda}\sum_{R,R'} F_m(R_{\rm CM})\varphi_\mu(\beta)\left(\hat{\xi}(k)g_{vR'cR,k\lambda} - \hat{\xi}^\dagger(k)g_{vR'cR,-k\lambda}\right) \tag{F.41}$$

を計算する．ただし

$$g_{vR'cR,k\lambda} = -i\sqrt{\frac{\hbar}{2\varepsilon_0 V}}f(k)\int w^*_{vR'}(r)p(r)w_{cR}(r)\cdot e_\lambda(k)e^{ik\cdot r}d^3r \tag{F.42}$$

であり，期待値 $\langle\Phi_g|\hat{e}^\dagger_{vR_1}\hat{e}_{cR_2}\hat{e}^\dagger_{cR}\hat{e}_{vR'}|\Phi_g\rangle$ は $R' = R_1$, $R = R_2$ の場合のみ 0 でない値をとることを使った．(F.42) 中の空間積分を単位胞の和に置き換え，かつワニエ関数の空間局在性を使うと $\delta_{RR'}$ となる（格子点 R と R' とが等しいところ，すなわち同一の格子点でのみ 0 でない値をとることから）．各単位胞における電気双極子モーメントを

$$p_{cv} = \int_{UC} w^*_{vR'}(r)p(r)w_{cR}(r)d^3r \tag{F.43}$$

と定義し，これが巨視的寸法物質に対するものと同一でありサイト R に依存しないことに注意すると，(F.41) の最終形として

$$\langle\Phi_g|\hat{V}|\Phi_v\rangle = -i\sqrt{\frac{\hbar}{2\varepsilon_0 V}}\sum_k\sum_{\lambda=1}^2\sum_R f(k)[p_{cv}\cdot e_\lambda(k)]F_m(R)\varphi_\mu(0)$$
$$\times\left\{\hat{\xi}(k)e^{ik\cdot R} - \hat{\xi}^\dagger(k)e^{-ik\cdot R}\right\} \tag{F.44}$$

を得る．ところで DP のエネルギーはナノ寸法領域に局在しているため，ここでは長波長近似 $e^{\pm ik\cdot R} \simeq 1$ が成り立たないことに注意されたい．

隣接する二つの QD の間の有効相互作用エネルギーの大きさは第 2 章の (2.31) で与えられているが，ここでは P 空間の始状態，終状態を各々 $|\phi_{\rm Pi}\rangle = |\Phi^{\rm A}_{m\mu}\rangle|\Phi^{\rm B}_{\rm g}\rangle|0\rangle$,

$|\phi_{\text{Pf}}\rangle = |\Phi_{\text{g}}^{\text{A}}\rangle |\Phi_{m'\mu'}^{\text{B}}\rangle |0\rangle$ とする. また, 二つの QD の間の有効相互作用を媒介するため, 波数 k の励起子ポラリトンを含む Q 空間中の中間状態 $|\phi_{Qj}\rangle$ として $|\Phi_{\text{g}}^{\text{A}}\rangle |\Phi_{\text{g}}^{\text{B}}\rangle |k\rangle$ および $|\Phi_{m\mu}^{\text{A}}\rangle |\Phi_{m'\mu'}^{\text{B}}\rangle |k\rangle$ を使う. ここで添字 A, B は二つの QD を表す. (F.44) を用いると第 2 章の (2.31) は

$$V_{\text{eff}} = \varphi_\mu^{\text{A}}(0)\, \varphi_{\mu'}^{\text{B}*}(0) \iint F_m^{\text{A}}(\boldsymbol{R}_{\text{A}})\, F_{m'}^{\text{B}*}(\boldsymbol{R}_{\text{B}})$$
$$\times [Y_{\text{A}}(\boldsymbol{R}_{\text{A}} - \boldsymbol{R}_{\text{B}}) + Y_{\text{B}}(\boldsymbol{R}_{\text{A}} - \boldsymbol{R}_{\text{B}})]\, d^3 R_{\text{A}} d^3 R_{\text{B}} \quad \text{(F.45)}$$

と書き直すことができる. ここで (F.44) 中の $\boldsymbol{R}_\alpha\ (\alpha = \text{A, B})$ に関する和は積分に置き換えた. 積分の核 $Y_\alpha(\boldsymbol{R}_{\text{AB}})$ (ただし $\boldsymbol{R}_{\text{AB}} = \boldsymbol{R}_{\text{A}} - \boldsymbol{R}_{\text{B}}$) は空間的に分離した二つの包絡関数 $F_m^{\text{A}}(\boldsymbol{R}_{\text{A}}),\ F_{m'}^{\text{B}}(\boldsymbol{R}_{\text{B}})$ を結びつけ

$$Y_\alpha(\boldsymbol{R}_{\text{AB}}) = -\frac{\hbar^2}{(2\pi)^3 \varepsilon_0} \sum_{\lambda=1}^{2} \int [\boldsymbol{p}_{\text{cv}}^{\text{A}} \cdot \boldsymbol{e}_\lambda(\boldsymbol{k})] [\boldsymbol{p}_{\text{cv}}^{\text{B}} \cdot \boldsymbol{e}_\lambda(\boldsymbol{k})] \hbar f^2(k)$$
$$\times \left\{ \frac{1}{E(k) + E_\alpha} + \frac{1}{E(k) - E_\alpha} \right\} e^{i\boldsymbol{k}\cdot\boldsymbol{R}_{\text{AB}}} d\boldsymbol{k}$$
$$\text{(F.46)}$$

と定義される. ここで QD_α 中の励起子の電気双極子モーメント $\boldsymbol{p}_{\text{cv}}^\alpha$ は (F.43) により定義されている. また E_α は QD_α 中の励起子のエネルギーを表す. (F.46) は第 2 章と同様の方法で書き換えることができ, 第 2 章の (2.75) に対応して

$$Y_\alpha(\boldsymbol{R}_{\text{AB}}) = -\frac{p_{\text{cv}}^{\text{A}} p_{\text{cv}}^{\text{B}}}{3(2\pi)\varepsilon_0} \left(W_{\alpha+} \Delta_{\alpha+}^2 \frac{e^{-\Delta_{\alpha+} R_{\text{AB}}}}{R_{\text{AB}}} - W_{\alpha-} \Delta_{\alpha-}^2 \frac{e^{-\Delta_{\alpha-} R_{\text{AB}}}}{R_{\text{AB}}} \right) \quad \text{(F.47)}$$

が得られる. ここで $R_{\text{AB}} = |\boldsymbol{R}_{\text{AB}}|$ である.

F.3.2 伝搬光により励起する場合

伝搬光の電気変位ベクトルは QD の位置において空間的に均一なので長波長近似 $e^{\pm i\boldsymbol{k}\cdot\boldsymbol{R}} \simeq 1$ が成り立つ. このとき遷移行列要素は $\boldsymbol{R}$ と $(\boldsymbol{k}, \lambda)$ に関して分離して書くことができ

$$\langle \Phi_{\text{g}}|\hat{V}|\Phi_{\text{v}}^\alpha\rangle$$
$$= -i\sqrt{\frac{\hbar}{2\varepsilon_0 V}} \sum_{\boldsymbol{R}} F_m^\alpha(\boldsymbol{R})\, \varphi_\mu^\alpha(0) \sum_{\boldsymbol{k}} \sum_{\lambda=1}^{2} f(k) [\boldsymbol{p}_{\text{cv}} \cdot \boldsymbol{e}_\lambda(\boldsymbol{k})] \left\{ \hat{\xi}(\boldsymbol{k}) - \hat{\xi}^\dagger(\boldsymbol{k}) \right\}$$
$$= -i\sqrt{\frac{\hbar}{2\varepsilon_0 V}} \left[\int F_m^\alpha(\boldsymbol{R})\, d\boldsymbol{R} \right] \varphi_\mu^\alpha(0) \sum_{\boldsymbol{k}} \sum_{\lambda=1}^{2} f(k) [\boldsymbol{p}_{\text{cv}} \cdot \boldsymbol{e}_\lambda(\boldsymbol{k})] \left\{ \hat{\xi}(\boldsymbol{k}) - \hat{\xi}^\dagger(\boldsymbol{k}) \right\}$$
$$\text{(F.48)}$$

となる.この式によれば結晶基底状態 $|\Phi_g\rangle$ と QD_α 中の量子数 $\nu = (\bm{m}, \mu)$ をもつ励起子状態 $|\Phi_\nu^\alpha\rangle$ との間の電気双極子遷移が許容,禁制のいずれであるかは $\bm{p}_\mathrm{cv}$ の値とともに積分 $\int F_m^\alpha(\bm{R}) d\bm{R}$ の値により判定できる.すなわち励起子の重心運動を表す包絡関数 $F_m^\alpha(\bm{R})$ の空間積分 $\int F_m^\alpha(\bm{R}) d\bm{R}$ の値が 0 の場合には電気双極子遷移は禁制となり,0 でない場合は許容される.一例として球形の QD の場合

$$\int d^3 r F_m(\bm{r}) = \sqrt{\frac{2}{R^3}} \int_0^R r^2 dr \frac{j_l\left(\frac{\alpha_{nl} r}{R}\right)}{j_{l+1}(\alpha_{nl})} \iint \sin\theta d\theta d\phi Y_{lm}(\theta, \phi)$$
$$= \frac{1}{n} \sqrt{\frac{2R^3}{\pi^2}} \delta_{l0} \delta_{m0} \tag{F.49}$$

となるので,$l = m = 0$ の状態への遷移のみが許容される.立方体形の QD の場合には,すべての被積分関数が偶関数の場合に

$$\int d^3 r F_m(\bm{r}) = \sqrt{\frac{8}{L^3}} \int_{-\frac{L}{2}}^{\frac{L}{2}} dx \cos\left(\frac{(2n_x - 1)\pi x}{L}\right) \int_{-\frac{L}{2}}^{\frac{L}{2}} dy \cos\left(\frac{(2n_y - 1)\pi y}{L}\right)$$
$$\times \int_{-\frac{L}{2}}^{\frac{L}{2}} dz \cos\left(\frac{(2n_z - 1)\pi z}{L}\right)$$
$$= \sqrt{\frac{512 L^3}{\pi^6}} \frac{1}{(2n_x - 1)} \frac{1}{(2n_y - 1)} \frac{1}{(2n_z - 1)} \sin\left(\frac{(2n_x - 1)\pi}{2}\right)$$
$$\times \sin\left(\frac{(2n_y - 1)\pi}{2}\right) \sin\left(\frac{(2n_z - 1)\pi}{2}\right)$$
$$= \sqrt{\frac{512 L^3}{\pi^6}} \frac{1}{(2n_x - 1)} \frac{1}{(2n_y - 1)} \frac{1}{(2n_z - 1)} \tag{F.50}$$

となり 0 でない値をとる.すなわち (n_x, n_y, n_z) のすべてが奇数の場合のみ許容となるが,どれか一つでも偶数であれば禁制となる.

付　録

G

密度行列演算子の量子マスター方程式の解

G.1　二つの量子ドットの場合

第 3 章の (3.18a)〜(3.18d) を $n=0$ の場合について解くため，$\rho_{12}(t) - \rho_{21}(t)$ を $\Delta\rho_{12}(t)$ と書くことにする．すると (3.18b) より

$$\frac{d\Delta\rho_{12}(t)}{dt} = 2iU(r)\left[\rho_{11}(t) - \rho_{22}(t)\right] - \gamma\Delta\rho_{12}(t) \tag{G.1}$$

を得る．また (3.18a)，(3.18c) は各々

$$\frac{d\rho_{11}(t)}{dt} = iU(r)\Delta\rho_{12}(t) \tag{G.2}$$

$$\frac{d\rho_{22}(t)}{dt} = -iU(r)\Delta\rho_{12}(t) - 2\gamma\rho_{22}(t) + 2\gamma\rho_{33}(t) \tag{G.3}$$

となる．これらをラプラス変換すると

$$s\rho_{11}(s) - \rho_{11}(0) = iU(r)\Delta\rho_{12}(s) \tag{G.4}$$

$$\Delta\rho_{12}(s) - \Delta\rho_{12}(0) = 2iU(r)\left[\rho_{11}(s) - \rho_{22}(s)\right] - \gamma\Delta\rho_{12}(s) \tag{G.5}$$

$$s\rho_{22}(s) - \rho_{22}(0) = -iU(r)\Delta\rho_{12}(s) - 2\gamma\rho_{22}(s) \tag{G.6}$$

を得る．初期値 $\rho_{11}(0)=1$，$\Delta\rho_{12}(0)=0$，$\rho_{22}(0)=0$ のもとにこれらを連立して解くと

$$\rho_{11}(s) = \frac{s^2 + 3\gamma s + 2(U^2 + \gamma^2)}{(s+\gamma)(s^2 + 2\gamma s + 4U^2)} \tag{G.7}$$

$$\rho_{22}(s) = \frac{2U^2}{(s+\gamma)(s^2 + 2\gamma s + 4U^2)} \tag{G.8}$$

$$\Delta\rho_{12}(s) = \frac{2iU(s+2\gamma)}{(s+\gamma)(s^2 + 2\gamma s + 4U^2)} \tag{G.9}$$

を得る．ここで

$$Z \equiv \sqrt{(\gamma/2)^2 - U^2} \tag{G.10}$$

と置くと (G.7)〜(G.9) 右辺分母の $s^2 + 2\gamma s + 4U^2$ は $(s+\gamma+2Z)(s+\gamma-2Z)$ と

なることに注意し，(G.7)〜(G.9) を逆ラプラス変換する．その結果

$$\rho_{11}(t) = \frac{1}{8Z^2} e^{-(2Z+\gamma)t} \left[-2U^2 \left(1 + e^{2Zt}\right) + \gamma \left\{ 2Z \left(-1 + e^{4Zt}\right) + \gamma \left(1 + e^{4Zt}\right) \right\} \right] \tag{G.11}$$

$$\rho_{22}(t) = -\frac{U^2}{4Z^2} e^{-(2Z+\gamma)t} \left(-1 + e^{2Zt}\right)^2 \tag{G.12}$$

$$\Delta \rho_{12}(t) = \frac{iU}{4Z^2} e^{-(2Z+\gamma)t} \left(-1 + e^{2Zt}\right) \left\{ 2Z \left(1 + e^{2Zt}\right) + \gamma \left(-1 + e^{2Zt}\right) \right\} \tag{G.13}$$

を得る．これらの式中の指数関数の部分を sinh, cosh 関数に書き換えると第 3 章の (3.19a)〜(3.19c) を得る．

G.2　三つの量子ドットからなる XOR 論理ゲートの場合

第 3 章の (3.23a)〜(3.23e) をラプラス変換すると，各々

$$s\rho_{S_1,S_1}(s) - \rho_{S_1,S_1}(0) = i\sqrt{2}U' \left\{ \rho_{S_1,P_1'}(s) - \rho_{P_1',S_1}(s) \right\} \tag{G.14a}$$

$$s\rho_{S_1,P_1'}(s) - \rho_{S_1,P_1'}(0) = \left\{ i(\Delta\Omega - U) - \frac{\gamma}{2} \right\} \rho_{S_1,P_1'}(s)$$
$$+ i\sqrt{2}U' \left\{ \rho_{S_1,S_1}(s) - \rho_{P_1',P_1'}(s) \right\} \tag{G.14b}$$

$$s\rho_{P_1',S_1}(s) - \rho_{P_1',S_1}(0) = -\left\{ i(\Delta\Omega - U) + \frac{\gamma}{2} \right\} \rho_{P_1',S_1}(s)$$
$$- i\sqrt{2}U' \left\{ \rho_{S_1,S_1}(s) - \rho_{P_1',P_1'}(s) \right\} \tag{G.14c}$$

$$s\rho_{P_1',P_1'}(s) - \rho_{P_1',P_1'}(0) = -\gamma\rho_{P_1',P_1'}(s) - i\sqrt{2}U' \left\{ \rho_{S_1,P_1'}(s) - \rho_{P_1',S_1}(s) \right\} \tag{G.14d}$$

$$s\rho_{P_1,P_1}(s) = \gamma\rho_{P_1',P_1'}(s) \tag{G.14e}$$

を得る．初期値

$$\rho_{S_1,S_1}(0) = 1/2, \quad \rho_{S_1,P_1'}(0) = \rho_{P_1',S_1}(0) = \rho_{P_1',P_1'}(0) = \rho_{P_1,P_1}(0) = 0 \tag{G.15}$$

のもとにこれらを連立して解く．以下ではこのうち (G.14e) 左辺の $\rho_{P_1,P_1}(s)$ について考える．ここで

$$\omega_\pm \equiv -\frac{1}{\sqrt{2}} \sqrt{(\Delta\Omega - U)^2 + W_+ W_- \pm \sqrt{\left\{(\Delta\Omega - U)^2 + W_-^2\right\}\left\{(\Delta\Omega - U)^2 + W_+^2\right\}}} \tag{G.16}$$

G.2 三つの量子ドットからなる XOR 論理ゲートの場合

$$W_\pm \equiv 2\sqrt{2}U' \pm \frac{\gamma}{2} \tag{G.17}$$

と定義すると

$$\begin{aligned}\rho_{P_1,P_1}(s) = &\left[-\frac{4iU'^2\gamma}{(2s+\gamma+2i\omega_-)(-i\gamma+2\omega_-)(\omega_-^2-\omega_+^2)} \right.\\ &\left. + \frac{4iU'^2\gamma}{(2s+\gamma-2i\omega_-)(i\gamma+2\omega_-)(\omega_-^2-\omega_+^2)} \right]\\ &+ \left[\frac{4iU'^2\gamma}{(2s+\gamma+2i\omega_+)(-i\gamma+2\omega_+)(\omega_-^2-\omega_+^2)} \right.\\ &\left. - \frac{4iU'^2\gamma}{(2s+\gamma-2i\omega_+)(i\gamma+2\omega_+)(\omega_-^2-\omega_+^2)} \right]\\ &+ \frac{16U'^2\gamma^2}{s(\gamma^2+4\omega_-^2)(\gamma^2+4\omega_+^2)} \end{aligned} \tag{G.18}$$

となる．右辺第一項と第二項とを合わせて逆ラプラス変換すると

$$\frac{2e^{-(\gamma+2i\omega_-)\frac{t}{2}}U'^2\gamma\left\{(1+e^{2i\omega_-t})\gamma+2i(-1+e^{2i\omega_-t})\omega_-\right\}}{(\gamma^2+4\omega_-^2)(\omega_-^2-\omega_+^2)} \tag{G.19}$$

となるので，この式の指数関数を $\sin$, $\cos$ 関数で置き換えると

$$-\frac{4U'^2}{\omega_+^2-\omega_-^2}e^{-\frac{\gamma t}{2}}\frac{\gamma}{\sqrt{\gamma^2+4\omega_-^2}}\left(\frac{\gamma}{\sqrt{\gamma^2+4\omega_-^2}}\cos(\omega_-t)-\frac{2\omega_-}{\sqrt{\gamma^2+4\omega_-^2}}\sin(\omega_-t)\right)$$

$$=-\frac{4U'^2}{\omega_+^2-\omega_-^2}e^{-\frac{\gamma t}{2}}\cos(\phi_-)\cos(\omega_-t+\phi_-) \tag{G.20}$$

を得る．ただし

$$\phi_- = \tan^{-1}\left(\frac{2\omega_-}{\gamma}\right) \tag{G.21}$$

とした．同様に第三項と第四項とをあわせて逆ラプラス変換すると

$$\frac{2e^{-\frac{t}{2}(\gamma+2i\omega_+)}U'^2\gamma\left\{(1+e^{2i\omega_+t})\gamma+2i(-1+e^{2i\omega_+t})\omega_+\right\}}{(\gamma^2+4\omega_+^2)(-\omega_-^2+\omega_+^2)} \tag{G.22}$$

となるので，これを $\sin$, $\cos$ 関数で置き換えると

$$\frac{4U'^2}{\omega_+^2-\omega_-^2}e^{-\frac{\gamma t}{2}}\frac{\gamma}{\sqrt{\gamma^2+4\omega_+^2}}\left(\frac{\gamma}{\sqrt{\gamma^2+4\omega_+^2}}\cos(\omega_+t)-\frac{2\omega_+}{\sqrt{\gamma^2+4\omega_+^2}}\sin(\omega_+t)\right)$$

$$=\frac{4U'^2}{\omega_+^2-\omega_-^2}e^{-\frac{\gamma t}{2}}\cos(\phi_+)\cos(\omega_+t+\phi_+) \tag{G.23}$$

を得る．ただし

$$\phi_+ = \tan^{-1}\left(\frac{2\omega_+}{\gamma}\right) \tag{G.24}$$

とした. 第五項の逆ラプラス変換は

$$\frac{16U^{'2}\gamma^2}{\left(\gamma^2 + 4\omega_-^2\right)\left(\gamma^2 + 4\omega_+^2\right)} \tag{G.25}$$

となるが, この式の分母の $\omega_\pm$ の定義式 (G.16) に注意すると, (G.25) は $1/2$ に他ならないことがわかる. 最後に上記の五つの項を足し合わせることにより第 3 章の (3.25) を得る.

G.3 三つの量子ドットからなる AND 論理ゲートの場合

第 3 章の (3.33a)〜(3.33d) をラプラス変換すると, 各々

$$s\rho_{S_2',S_2'}(s) - \rho_{S_2',S_2'}(0) = i\sqrt{2}U'\left\{\rho_{S_2',P_2'}(s) - \rho_{P_2',S_2'}(s)\right\} - \gamma\rho_{S_2',S_2'}(s) \tag{G.26a}$$

$$\begin{aligned}s\rho_{S_2',P_2'}(s) - \rho_{S_2',P_2'}(0) &= \left\{i\left(\Delta\Omega + U\right) + \frac{\gamma}{2}\right\}\rho_{S_2',P_2'}(s) \\ &\quad + i\sqrt{2}U'\left\{\rho_{S_2',S_2'}(s) - \rho_{P_2',P_2'}(s)\right\}\end{aligned} \tag{G.26b}$$

$$\begin{aligned}s\rho_{P_2',S_2'}(s) - \rho_{P_2',S_2'}(0) &= \left\{i\left(\Delta\Omega + U\right) - \frac{\gamma}{2}\right\}\rho_{P_2',S_2'}(s) \\ &\quad - i\sqrt{2}U'\left\{\rho_{S_2',S_2'}(s) - \rho_{P_2',P_2'}(s)\right\}\end{aligned} \tag{G.26c}$$

$$s\rho_{P_2',P_2'}(s) - \rho_{P_2',P_2'}(0) = -i\sqrt{2}U'\left\{\rho_{S_2',P_2'}(s) - \rho_{P_2',S_2'}(s)\right\} \tag{G.26d}$$

となる. また, 第 3 章の (3.34) の第一行のラプラス変換は

$$\rho_{S_2,S_2}(s) + \rho_{P_2,P_2}(s) = \frac{\gamma}{s}\rho_{S_2',S_2'}(s) \tag{G.26e}$$

となるので, 以下では (G.26a)〜(G.26d) の連立方程式の解をもとに (G.26e) を求める. そのために

$$\rho_{S_2',S_2'}(0) = 0, \quad \rho_{S_2',P_2'}(0) = \rho_{P_2',S_2'}(0) = 0, \quad \rho_{P_2',P_2'} = 1 \tag{G.27}$$

のもとに, 上記 (G.26a)〜(G.26d) を連立させて解く. その解のうち $\rho_{S_2',S_2'}(s)$ を (G.26e) に代入すると

$$\begin{aligned}\rho_{S_2,S_2}(s) + \rho_{P_2,P_2}(s) &= 8U^{'2}\gamma\left(2s + \gamma\right) \\ &\quad \Big/\Big[s\Big\{4s^4 + 8s^3\gamma + 8U^{'2}\gamma^2 + 4\left(\Delta\Omega\right)^2 s\left(s+\gamma\right) \\ &\quad + 8\left(\Delta\Omega\right)sU\left(s+\gamma\right) + s\gamma\left(4U^2 + 32U^{'2} + \gamma^2\right) \\ &\quad + s^2\left(4U^2 + 32U^{'2} + 5\gamma^2\right)\Big\}\Big]\end{aligned} \tag{G.28}$$

となる．ここで

$$\omega'_\pm \equiv \frac{1}{\sqrt{2}}\sqrt{(\Delta\Omega+U)^2+W_+W_-\pm\sqrt{\left\{(\Delta\Omega+U)^2+W_-^2\right\}\left\{(\Delta\Omega+U)^2+W_+^2\right\}}} \tag{G.29}$$

$$W_\pm = 2\sqrt{2}U' \pm \frac{\gamma}{2} \tag{G.30}$$

と定義すると

$$\begin{aligned}
\rho_{S_2,S_2}(s) &+ \rho_{P_2,P_2}(s) \\
&= \left[-\frac{8iU'^2\gamma}{(2s+\gamma+2i\omega'_-)(-i\gamma+2\omega'_-)(\omega'^2_--\omega'^2_+)}\right.\\
&\quad \left.+\frac{8iU'^2\gamma}{(2s+\gamma-2i\omega'_-)(i\gamma+2\omega'_-)(\omega'^2_--\omega'^2_+)}\right]\\
&\quad +\left[\frac{8iU'^2\gamma}{(2s+\gamma+2i\omega'_+)(-i\gamma+2\omega'_+)(\omega'^2_--\omega'^2_+)}\right.\\
&\quad \left.-\frac{8iU'^2\gamma}{(2s+\gamma-2i\omega'_+)(i\gamma+2\omega'_+)(\omega'^2_--\omega'^2_+)}\right]\\
&\quad +\frac{32U'^2\gamma^2}{s(\gamma^2+4\omega'^2_-)(\gamma^2+4\omega'^2_+)}
\end{aligned} \tag{G.31}$$

とを得る．この式右辺第一項と第二項とを合わせて逆ラプラス変換すると

$$\frac{4e^{-(\gamma+2i\omega'_-)\frac{t}{2}}U'^2\gamma\left\{(1+e^{2i\omega'_-t})\gamma+2i(-1+e^{2i\omega'_-t})\omega'_-\right\}}{(\gamma^2+4\omega'^2_-)(\omega'^2_--\omega'^2_+)} \tag{G.32}$$

となるので，この式の指数関数を $\sin$, $\cos$ 関数で置き換えると

$$-\frac{8U'^2}{\omega'^2_+-\omega'^2_-}e^{-\left(\frac{\gamma}{2}\right)t}\cos(\phi'_-)\cos(\omega'_-t+\phi'_-) \tag{G.33}$$

を得る．ただし

$$\phi'_- = \tan^{-1}\left(\frac{2\omega'_-}{\gamma}\right) \tag{G.34}$$

とした．同様に第三項と第四項とをあわせて逆ラプラス変換すると

$$\frac{4e^{-\frac{t}{2}(\gamma+2i\omega'_+)}U'^2\gamma\left\{(1+e^{2i\omega'_+t})\gamma+2i(-1+e^{2i\omega'_+t})\omega'_+\right\}}{(\gamma^2+4\omega'^2_+)(-\omega'^2_-+\omega'^2_+)} \tag{G.35}$$

となるので，これを $\sin$, $\cos$ 関数で置き換えると

$$\frac{8U'^2}{\omega_+'^2 - \omega_-'^2} e^{-\frac{\gamma t}{2}} \cos\left(\phi_+'\right) \cos\left(\omega_+' t + \phi_+'\right) \tag{G.36}$$

を得る．ただし

$$\phi_+' = \tan^{-1}\left(\frac{2\omega_+'}{\gamma}\right) \tag{G.37}$$

とした．さらに第五項の逆ラプラス変換は

$$\frac{32U'^2\gamma^2}{\left(\gamma^2 + 4\omega_-'^2\right)\left(\gamma^2 + 4\omega_+'^2\right)} \tag{G.38}$$

となるが，この式の分母の $\omega_\pm'$ の定義式 (G.29) に注意すると，(G.38) は 1 に他ならないことがわかる．最後に上記の五つの項を足し合わせると第 3 章の (3.34) を得る．

付録 H

第4章中の式の導出

H.1 ユニタリ変換[*1]

ハミルトニアン

$$\hat{H} = \hat{H}_0 + \hat{V} \tag{H.1}$$

を考える．ここで $\hat{H}_0$ は非摂動ハミルトニアン，$\hat{V}$ は相互作用ハミルトニアンである．$\hat{H}$ を対角化されたハミルトニアン

$$\tilde{H} = \hat{U}\hat{H}\hat{U}^\dagger \tag{H.2}$$

へとユニタリ変換するため，ユニタリ演算子 $\hat{U}$ を

$$\hat{U} \equiv e^{\hat{S}} \tag{H.3a}$$

$$\hat{U}^\dagger = \hat{U}^{-1} \tag{H.3b}$$

と定義する．ただし $\hat{S}$ は

$$\hat{S}^\dagger = -\hat{S} \tag{H.4}$$

の関係を満たす反エルミート演算子である．(H.3) を (H.2) に代入して展開すると

$$\begin{aligned}
\tilde{H} = \hat{U}\hat{H}\hat{U}^\dagger &= e^{\hat{S}}\hat{H}e^{-\hat{S}} = \left(1 + \hat{S} + \frac{1}{2!}\hat{S}^2 + \cdots\right)\hat{H}\left(1 - \hat{S} + \frac{1}{2!}\hat{S}^2 - \cdots\right) \\
&= \hat{H} + \hat{S}\hat{H} - \hat{H}\hat{S} + \frac{1}{2!}\left(\hat{S}^2\hat{H} - 2\hat{S}\hat{H}\hat{S} + \hat{H}\hat{S}^2\right) + \cdots \\
&= \hat{H} + \left[\hat{S}, \hat{H}\right] + \frac{1}{2!}\left[\hat{S}, \left[\hat{S}, \hat{H}\right]\right] + \cdots \\
&= \hat{H}_0 + \hat{V} + \left[\hat{S}, \hat{H}_0\right] + \left[\hat{S}, \hat{V}\right] + \frac{1}{2!}\left[\hat{S}, \left[\hat{S}, \hat{H}_0\right]\right] + \cdots
\end{aligned} \tag{H.5}$$

となる．
ここで

[*1] この付録中の式の導出のいくつかは田中裕二，東工大修士論文，2007 年 2 月による．

$$\hat{V} = -\left[\hat{S}, \hat{H}_0\right] \tag{H.6}$$

の関係を満たすような反エルミート演算子 $\hat{S}$ を選ぶと，$\tilde{H}$ は $\hat{H}_0$ と $\hat{S}$ とにより

$$\tilde{H} = \hat{H}_0 - \frac{1}{2}\left[\hat{S}, \left[\hat{S}, \hat{H}_0\right]\right] + \cdots \tag{H.7}$$

と表すことができる．

相互作用ハミルトニアン $\hat{V}$ の値が小さい場合には摂動的に取り扱うことができる．すなわち (H.7) において $\hat{S}$ の 2 次以上の項を落とすと，ハミルトニアン $\hat{H}$ は相互作用のない形に対角化され，

$$\tilde{H} = \hat{U}\hat{H}\hat{U}^\dagger = e^{\hat{S}}\hat{H}e^{-\hat{S}} \simeq \hat{H}_0 \tag{H.8}$$

となる．

以上の定式化をもとに，DP とフォノンとが相互作用している系のハミルトニアン

$$\hat{H}' = \sum_{i=1}^{N} \hbar\omega \tilde{a}_i^\dagger \tilde{a}_i + \sum_{p=1}^{N} \hbar\Omega_p \hat{c}_p^\dagger \hat{c}_p + \sum_{i=1}^{N}\sum_{p=1}^{N} \hbar\chi_{ip} \tilde{a}_i^\dagger \tilde{a}_i \left(\hat{c}_p^\dagger + \hat{c}_p\right) \tag{H.9}$$

を変換する．ただしここでは第 4 章の (4.44) で与えられるハミルトニアンのうち跳躍を表す項（第四項）は除いている．この式中の各演算子はボソンの交換関係

$$\left[\tilde{a}_i, \tilde{a}_j^\dagger\right] = \delta_{ij} \tag{H.10}$$

$$\left[\hat{c}_p, \hat{c}_q^\dagger\right] = \delta_{pq} \tag{H.11}$$

$$\left[\tilde{a}_i, \hat{c}_p\right] = \left[\tilde{a}_i, \hat{c}_p^\dagger\right] = \left[\tilde{a}_i^\dagger, \hat{c}_p\right] = \left[\tilde{a}_i^\dagger, \hat{c}_q^\dagger\right] = 0,$$
$$\left[\tilde{a}_i, \tilde{a}_j\right] = \left[\tilde{a}_i^\dagger, \tilde{a}_j^\dagger\right] = \left[\hat{c}_p, \hat{c}_q\right] = \left[\hat{c}_p^\dagger, \hat{c}_q^\dagger\right] = 0 \tag{H.12}$$

を満たす．(H.9) の第三項を消去するために，反エルミート演算子 $\hat{S}$ として

$$\hat{S} = \sum_{i=1}^{N}\sum_{p=1}^{N} f_{ip} \tilde{a}_i^\dagger \tilde{a}_i \left(\hat{c}_p^\dagger - \hat{c}_p\right) \tag{H.13}$$

を採用する．ここで右辺 () 内に − の記号が含まれていることから，$\hat{S}$ が反エルミート演算子であることがわかる．(H.9) のうち非摂動の第一項と第二項とを合わせて $\hat{H}_0$ と書き，相互作用を表す第三項を $\hat{V}$ と書くと，演算子 $\hat{S}$ に関する方程式 (H.6) より (H.13) の係数 f_{ip} が χ_{ip}/Ω_p であることがわかり，その結果

$$\hat{S} = \sum_{i=1}^{N}\sum_{p=1}^{N} \frac{\chi_{ip}}{\Omega_p} \tilde{a}_i^\dagger \tilde{a}_i \left(\hat{c}_p^\dagger - \hat{c}_p\right) \tag{H.14}$$

となり，第 4 章の (4.26) が得られる．

ところで，今考えているハミルトニアン (H.9) は反エルミート演算子 $\hat{S}$ との交換関

H.1 ユニタリ変換

係を無限次まで計算でき，DP とフォノンとの相互作用を摂動的に扱わなくても厳密に対角化することができる．ここでは n 次の交換関係を直接計算するのではなく，微分により求める方法を紹介する．まず

$$\hat{F}_i(t) = e^{t\hat{S}} \tilde{a}_i^\dagger e^{-t\hat{S}} \tag{H.15}$$

なる演算子関数を考え，これを t で微分すると

$$\frac{d}{dt}\hat{F}_i(t) = e^{t\hat{S}}\left(\hat{S}\tilde{a}_i^\dagger - \tilde{a}_i^\dagger \hat{S}\right)e^{-t\hat{S}} = e^{t\hat{S}} \sum_{p=1}^{N} \frac{\chi_{ip}}{\Omega_p} \tilde{a}_i^\dagger \left(\hat{c}_p^\dagger - \hat{c}_p\right) e^{-t\hat{S}}$$

$$= \hat{F}_i(t) \sum_{p=1}^{N} \frac{\chi_{ip}}{\Omega_p} \left(\hat{c}_p^\dagger - \hat{c}_p\right) \tag{H.16}$$

となる．これを再び t について積分し，初期値 $\hat{F}_i(0) = \tilde{a}_i^\dagger$ を用いると，

$$\hat{F}_i(t) = \tilde{a}_i^\dagger \exp\left\{t \sum_{p=1}^{N} \frac{\chi_{ip}}{\Omega_p} \left(\hat{c}_p^\dagger - \hat{c}_p\right)\right\} \tag{H.17}$$

$$\hat{\alpha}_i^\dagger = \hat{U}^\dagger \tilde{a}_i^\dagger \hat{U} = \hat{F}_i(-1) = \tilde{a}_i^\dagger \exp\left\{-\sum_{p=1}^{N} \frac{\chi_{ip}}{\Omega_p} \left(\hat{c}_p^\dagger - \hat{c}_p\right)\right\} \tag{H.18}$$

を得る．同様に

$$\hat{G}_p(t) = e^{t\hat{S}} \hat{c}_p^\dagger e^{-t\hat{S}} \tag{H.19a}$$

と置くと

$$\frac{d}{dt}\hat{G}_p(t) = -\sum_{i=1}^{N} \frac{\chi_{ip}}{\Omega_p} \tilde{a}_i^\dagger \tilde{a}_i \tag{H.19b}$$

従って

$$\hat{G}_p(t) = \hat{c}_p^\dagger - t\sum_{i=1}^{N} \frac{\chi_{ip}}{\Omega_p} \tilde{a}_i^\dagger \tilde{a}_i \tag{H.20}$$

$$\hat{\beta}_p^\dagger = \hat{G}_p(-1) = \hat{c}_p^\dagger + \sum_{i=1}^{N} \frac{\chi_{ip}}{\Omega_p} \tilde{a}_i^\dagger \tilde{a}_i \tag{H.21}$$

を得る．以上は第 4 章 (4.30), (4.31) の導出の証明にもなっている．

次にこれらをもとに対角化されたハミルトニアン $\tilde{H}'$ を計算するため，$\tilde{a}_i^\dagger \to \hat{F}_i(1)$, $\hat{c}_p^\dagger \to \hat{G}_p(1)$ のように置き換える．これらを用いると

$$\tilde{H}' = \hat{U}\hat{H}'\hat{U}^\dagger$$
$$= \sum_{i=1}^{N} \hbar\omega \tilde{a}_i^\dagger \tilde{a}_i + \sum_{p=1}^{N} \hbar\Omega_p \left(\hat{c}_p^\dagger - \sum_{i=1}^{N} \frac{\chi_{ip}}{\Omega_p} \tilde{a}_i^\dagger \tilde{a}_i\right) \left(\hat{c}_p - \sum_{j=1}^{N} \frac{\chi_{jp}}{\Omega_p} \tilde{a}_j^\dagger \tilde{a}_j\right)$$
$$+ \sum_{i=1}^{N}\sum_{p=1}^{N} \hbar\chi_{ip} \tilde{a}_i^\dagger \tilde{a}_i \left(\hat{c}_p + \hat{c}_p^\dagger - 2\sum_{j=1}^{N} \frac{\chi_{jp}}{\Omega_p} \tilde{a}_j^\dagger \tilde{a}_j\right)$$
$$= \sum_{i=1}^{N} \hbar\omega \tilde{a}_i^\dagger \tilde{a}_i + \sum_{p=1}^{N} \hbar\Omega_p \hat{c}_p^\dagger \hat{c}_p - \sum_{i=1}^{N}\sum_{j=1}^{N}\sum_{p=1}^{N} \hbar \frac{\chi_{ip}\chi_{jp}}{\Omega_p} \tilde{a}_i^\dagger \tilde{a}_i \tilde{a}_j^\dagger \tilde{a}_j \quad \text{(H.22)}$$

を得る.もとのハミルトニアン $\hat{H}'$ は逆変換を行うことにより得られるが,その際,変換された演算子 $\hat{\alpha}_i^\dagger$, $\hat{\alpha}_i$, $\hat{\beta}_p^\dagger$, $\hat{\beta}_p$ を用いると

$$\hat{H}' = \hat{U}^\dagger \tilde{H}' \hat{U}$$
$$= \sum_{i=1}^{N} \hbar\omega \hat{\alpha}_i^\dagger \hat{\alpha}_i + \sum_{p=1}^{N} \hbar\Omega_p \hat{\beta}_p^\dagger \hat{\beta}_p - \sum_{i=1}^{N}\sum_{j=1}^{N}\sum_{p=1}^{N} \hbar \frac{\chi_{ip}\chi_{jp}}{\Omega_p} \hat{\alpha}_i^\dagger \hat{\alpha}_i \hat{\alpha}_j^\dagger \hat{\alpha}_j \quad \text{(H.23)}$$

となる.DP の跳躍項は (H.18) を $\tilde{a}_i^\dagger$ について解き,$\hat{c}_p^\dagger - \hat{c}_p = \hat{\beta}_p^\dagger - \hat{\beta}_p$ を用いることにより変換できるので,第 4 章の (4.35), (4.36) で与えられるハミルトニアンと跳躍の演算子とを導出することができる.

H.2　コヒーレント状態

コヒーレント状態 $|\gamma\rangle$ は無限個の準粒子が凝集した状態であり,消滅,生成演算子 $\hat{c}$, $\hat{c}^\dagger$ を用いると

$$|\gamma\rangle = e^{\gamma(\hat{c}^\dagger - \hat{c})} |0\rangle \quad \text{(H.24)}$$

により表される.ここでは簡単のために単一モードの準粒子を考える.係数 γ は一般には複素数であるが,簡単のために実数とする.ここで

$$f(\gamma) = e^{\gamma(\hat{c}^\dagger - \hat{c})} \quad \text{(H.25)}$$

と置き,これを γ について微分すると

$$\frac{df}{d\gamma} = \hat{c}^\dagger f - f\hat{c} = \left(\hat{c}^\dagger - \hat{c} + \gamma\right) f \quad \text{(H.26)}$$

となる[*2)].この微分方程式を解くと

[*2)]　演算子 $\hat{A}$, $\hat{B}$ が交換関係

$$\left[\hat{A}, \hat{B}\right] = 1 \quad \text{(a)}$$

$$f = e^{\gamma(\hat{c}^\dagger - \hat{c})} e^{\frac{1}{2}\gamma^2} \tag{H.27}$$

となるが,これを (H.25) と等値することにより

$$e^{\gamma(\hat{c}^\dagger - \hat{c})} = e^{-\frac{1}{2}\gamma^2} e^{\gamma \hat{c}^\dagger} e^{-\gamma \hat{c}} \tag{H.28}$$

を得る.従ってコヒーレント状態は次の形にも書ける.

$$|\gamma\rangle = e^{-\frac{1}{2}\gamma} e^{\gamma \hat{c}^\dagger} |0\rangle \tag{H.29}$$

指数関数を冪級数展開すると

$$|\gamma\rangle = e^{-\frac{1}{2}\gamma^2} e^{\gamma \hat{c}^\dagger} |0\rangle = e^{-\frac{1}{2}\gamma^2} \sum_{n=0}^{\infty} \frac{(\gamma \hat{c}^\dagger)^n}{n!} |0\rangle = e^{-\frac{1}{2}\gamma^2} \sum_{n=0}^{\infty} \frac{\gamma^n}{\sqrt{n!}} |n\rangle \tag{H.30}$$

となる.これよりコヒーレント状態は無限個の準粒子が凝集した状態であることがわかる.

コヒーレント状態の性質は次のとおりである.

$$\hat{c}|\gamma\rangle = \gamma|\gamma\rangle \tag{H.31}$$

$$\langle\gamma|\gamma\rangle = 1 \tag{H.32}$$

$$\langle N\rangle = \langle\gamma|\hat{c}^\dagger \hat{c}|\gamma\rangle = \gamma^2 \tag{H.33}$$

$$\Delta N = \sqrt{\langle N^2\rangle - \langle N\rangle^2} = \sqrt{\langle N\rangle} = |\gamma| \tag{H.34}$$

(H.31) はコヒーレント状態が消滅演算子の固有状態であることを表している(これは脚注 (*7) 中の (d) の両辺を真空状態 $|0\rangle$ に作用させることにより得られる).また,コヒーレント状態は個数演算子 $\hat{N} (= \hat{c}^\dagger \hat{c})$ の固有状態ではないので,(H.34) に示すように準粒子の数の標準偏差値は 0 とはならない.すなわち準粒子の数とエネルギーは揺らいでいる.

を満たすとき,数学的帰納法を用いれば $\hat{A}$ と $\hat{B}^n$ との交換関係が

$$\left[\hat{A}, \hat{B}^n\right] = n\hat{B}^{n-1} = \frac{d}{d\hat{B}} \hat{B}^n \tag{b}$$

となることがわかる.従って演算子関数 $f(\hat{B})$ に対しては $\hat{B}$ について冪級数で表した後,(b) を用いれば

$$\left[\hat{A}, f\left(\hat{B}\right)\right] = \frac{d}{d\hat{B}} f\left(\hat{B}\right) \tag{c}$$

となる.ここで $\hat{A} = \hat{c}$, $\hat{B} = \hat{c}^\dagger - \hat{c}$ と置く.このとき (a) が成り立つので (c) が適用でき,

$$\hat{c}f - f\hat{c} = \gamma f \tag{d}$$

となる.これより $f\hat{c} = (-\hat{c} + \gamma)f$ となるので,これを (H.26) の中辺第二項に代入すれば右辺が得られる.

H.3 コヒーレント状態の時間発展

H.3.1 フォノンの場の励起確率

フォノンのコヒーレント状態の時間発展について調べるため，時刻 $t=0$ においてプローブ後端から光が入射し，先端のサイト i に DP が発生した状態 $|\psi\rangle = \tilde{a}_i^\dagger |0\rangle$ を初期状態とする．この状態は (H.9) のハミルトニアン $\hat{H}'$ の固有状態ではないので，相互作用によりフォノンが励起される．この励起確率を求めるために，DP の生成演算子 $\tilde{a}_i^\dagger$ をフォノンのエネルギーの衣をまとった状態，すなわち DPP の生成演算子 $\hat{\alpha}_i^\dagger$ により表すと，(H.18) より

$$\tilde{a}_i^\dagger = \hat{\alpha}_i^\dagger \exp\left\{\sum_{p=1}^{N} \gamma_{ip}\left(\hat{\beta}_p^\dagger - \hat{\beta}_p\right)\right\} \tag{H.35a}$$

$$|\psi\rangle = \tilde{a}_i^\dagger |0\rangle \equiv \hat{\alpha}_i^\dagger |\gamma\rangle \tag{H.35b}$$

となる．ここで $\hat{c}_p - \hat{c}_p^\dagger = \hat{\beta}_p - \hat{\beta}_p^\dagger$ の関係を用いた．また $\gamma_{ip} = \chi_{ip}/\Omega_p$ である．時刻 t においてフォノンが真空状態である（系が初期状態に留まる）確率 P' は

$$P' = \left|\langle\psi| e^{-i\frac{\hat{H}'}{\hbar}t} |\psi\rangle\right|^2 \tag{H.36}$$

である．(H.9) のハミルトニアン $\hat{H}'$ は第 4 章の (4.44) で与えられるハミルトニアンのうち跳躍を表す項（第四項）を除いたものに相当し，それが (H.36) 右辺に現れているので，(4.44) の第三項については第 4 章の (4.45) で与えられる平均場近似を用いると

$$\hat{H}' = \sum_{i=1}^{N} \hbar\omega \hat{\alpha}_i^\dagger \hat{\alpha}_i + \sum_{p=1}^{N} \hbar\Omega_p \hat{\beta}_p^\dagger \hat{\beta}_p + \sum_{i=1}^{N}\sum_{j=1}^{N} \frac{\hbar\chi}{2}\langle\boldsymbol{x}_j\rangle_i \frac{1}{N}\hat{\alpha}_i^\dagger \hat{\alpha}_i \tag{H.37}$$

となる．これを (H.36) に代入すると

$$\begin{aligned}
\langle\psi| &e^{-i\frac{\hat{H}'}{\hbar}t} |\psi\rangle \\
&= \langle\gamma| \hat{\alpha}_i \exp\left(-i\sum_{i=1}^{N}\omega\hat{\alpha}_i^\dagger\hat{\alpha}_i t - i\sum_{i=1}^{N}\sum_{j=1}^{N}\frac{\chi}{2}\langle\boldsymbol{x}_j\rangle_i \frac{1}{N}\hat{\alpha}_i^\dagger\hat{\alpha}_i t\right) \\
&\quad \times \exp\left(-i\sum_{p=1}^{N}\Omega_p \hat{\beta}_p^\dagger\hat{\beta}_p t\right)\hat{\alpha}_i^\dagger |\gamma\rangle \\
&= \langle\gamma| \hat{\alpha}_i \exp\left\{-i\sum_{i=1}^{N}\left(\omega\hat{\alpha}_i^\dagger\hat{\alpha}_i t + \sum_{j=1}^{N}\frac{\chi}{2}\langle\boldsymbol{x}_j\rangle_i \frac{1}{N}\hat{\alpha}_i^\dagger\hat{\alpha}_i t\right)\right\} \\
&\quad \times \hat{\alpha}_i^\dagger \exp\left(-i\sum_{p=1}^{N}\Omega_p \hat{\beta}_p^\dagger\hat{\beta}_p t\right)|\gamma\rangle \tag{H.38a}
\end{aligned}$$

となるが，この式の第四行の中で

$$\exp\left\{-i\sum_{i=1}^{N}\left(\omega\hat{\alpha}_i^\dagger\hat{\alpha}_i t + \sum_{j=1}^{N}\frac{\chi}{2}\langle\boldsymbol{x}_j\rangle_i \frac{1}{N}\hat{\alpha}_i^\dagger\hat{\alpha}_i t\right)\right\}\hat{\alpha}_i^\dagger|\gamma\rangle \tag{H.38b}$$

を変形するために

$$\kappa \equiv -i\left(\omega + \sum_{j=1}^{N}\frac{\chi}{2}\langle\boldsymbol{x}_j\rangle_i \frac{1}{N}\right)t \equiv -i\left(\omega + \chi\langle\boldsymbol{x}_i\rangle_i\right)t \tag{H.39}$$

と置くと

$$\exp\left\{-i\sum_{i=1}^{N}\left(\omega\hat{\alpha}_i^\dagger\hat{\alpha}_i t + \sum_{j=1}^{N}\frac{\chi}{2}\langle\boldsymbol{x}_j\rangle_i \frac{1}{N}\hat{\alpha}_i^\dagger\hat{\alpha}_i t\right)\right\}\hat{\alpha}_i^\dagger|\gamma\rangle$$

$$= \exp\left(\sum_{i=1}^{N}\kappa\hat{\alpha}_i^\dagger\hat{\alpha}_i t\right)\hat{\alpha}_i^\dagger|\gamma\rangle$$

$$= \left\{1 + \sum_{i=1}^{N}\kappa\hat{\alpha}_i^\dagger\hat{\alpha}_i t + \frac{1}{2!}\sum_{i=1}^{N}\left(\kappa\hat{\alpha}_i^\dagger\hat{\alpha}_i t\right)^2 + \cdots\right\}\hat{\alpha}_i^\dagger|\gamma\rangle$$

$$= \hat{\alpha}_i^\dagger\left\{1 + \kappa t + \frac{(\kappa t)^2}{2!} + \cdots\right\}|\gamma\rangle = \hat{\alpha}_i^\dagger e^{\kappa t}|\gamma\rangle \tag{H.40}$$

となる．(H.40) とともに $\hat{\alpha}_i|\gamma\rangle = 0$, $\langle\gamma|\hat{\alpha}_i^\dagger = 0$, $\hat{\alpha}_i\hat{\alpha}_j^\dagger = \delta_{ij} + \hat{\alpha}_j^\dagger\hat{\alpha}_i$ を用いると (H.38a) は

$$\langle\psi|e^{-i\frac{\hat{H}'}{\hbar}t}|\psi\rangle = \langle\gamma|\hat{\alpha}_i\hat{\alpha}_i^\dagger \exp\left\{-i\left(\omega + \chi\langle\boldsymbol{x}_i\rangle_i\right)t\right\}\exp\left(-i\sum_{p=1}^{N}\Omega_p\hat{\beta}_p^\dagger\hat{\beta}_p t\right)|\gamma\rangle$$

$$= \langle\gamma|\left(1 - \hat{\alpha}_i^\dagger\hat{\alpha}_i\right)\exp\left(-i\sum_{p=1}^{N}\Omega_p\hat{\beta}_p^\dagger\hat{\beta}_p t\right)|\gamma\rangle$$

$$= \exp\left\{-i\left(\omega + \chi\langle\boldsymbol{x}_i\rangle_i\right)t\right\}\langle\gamma|\exp\left(-i\sum_{p=1}^{N}\Omega_p\hat{\beta}_p^\dagger\hat{\beta}_p t\right)|\gamma\rangle \tag{H.41}$$

となる．これを (H.36) に代入する際，第四行の指数関数の絶対値は 1 になるので，これは無視する．残りの時間発展部分を

$$f = \langle\gamma|\exp\left(-i\sum_{p=1}^{N}\Omega_p\hat{\beta}_p^\dagger\hat{\beta}_p t\right)|\gamma\rangle \tag{H.42}$$

と書くと，これは状態の揺らぎによって生ずるフォノンの励起の効果を表す．これを $\gamma_{ip}\,(= \chi_{ip}/\Omega_p)$ について微分すると

$$\frac{\partial f}{\partial \gamma_{ip}} = 2\left(e^{-i\Omega_p t} - 1\right)\gamma_{ip} f \tag{H.43}$$

となる*3)．これを再び γ_{ip} について積分し，さらに $p = 1 \sim N$ にわたり和をとると

---

*3) (H.24) に $\hat{c}_p^\dagger - \hat{c}_p = \hat{\beta}_p^\dagger - \hat{\beta}_p$ を代入すると

$$|\gamma\rangle = \exp \sum_p^N \gamma_{ip} \left(\hat{\beta}_p^\dagger - \hat{\beta}_p \right) |0\rangle \tag{a}$$

となるので，これを (H.42) に代入すると

$$f = \langle 0 | \exp \left\{ - \sum_{q=1}^N \gamma_{iq} \left(\hat{\beta}_q^\dagger - \hat{\beta}_q \right) \right\} \exp \left(-i \sum_{q=1}^N \Omega_q t \hat{\beta}_q^\dagger \hat{\beta}_q \right)$$
$$\times \exp \left\{ \sum_{q=1}^N \gamma_{iq} \left(\hat{\beta}_q^\dagger - \hat{\beta}_q \right) \right\} |0\rangle \tag{b}$$

を得る．ここでは以後の式の変形において混乱を避けるため，和の記号中の添字を p から q に置き換えてある．これを $q = p$ の項中の係数 γ_{ip} で微分すると

$$\frac{\partial f}{\partial \gamma_{ip}} = - \langle 0 | \exp \left\{ - \sum_{q=1}^N \gamma_{iq} \left(\hat{\beta}_q^\dagger - \hat{\beta}_q \right) \right\} \left(\hat{\beta}_p^\dagger - \hat{\beta}_p \right) \exp \left(-i \sum_{q=1}^N \Omega_q t \hat{\beta}_q^\dagger \hat{\beta}_q \right)$$
$$\times \exp \left\{ \sum_{q=1}^N \gamma_{iq} \left(\hat{\beta}_q^\dagger - \hat{\beta}_q \right) \right\} |0\rangle$$
$$+ \langle 0 | \exp \left\{ - \sum_{q=1}^N \gamma_{iq} \left(\hat{\beta}_q^\dagger - \hat{\beta}_q \right) \right\} \exp \left(-i \sum_{q=1}^N \Omega_q t \hat{\beta}_q^\dagger \hat{\beta}_q \right) \left(\hat{\beta}_p^\dagger - \hat{\beta}_p \right)$$
$$\times \exp \left\{ \sum_{q=1}^N \gamma_{iq} \left(\hat{\beta}_q^\dagger - \hat{\beta}_q \right) \right\} |0\rangle$$
$$= - \langle \gamma | \left(\hat{\beta}_p^\dagger - \hat{\beta}_p \right) \exp \left(-i \sum_{q=1}^N \Omega_q t \hat{\beta}_q^\dagger \hat{\beta}_q \right) |\gamma\rangle$$
$$+ \langle \gamma | \exp \left(-i \sum_{q=1}^N \Omega_q t \hat{\beta}_q^\dagger \hat{\beta}_q \right) \left(\hat{\beta}_p^\dagger - \hat{\beta}_p \right) |\gamma\rangle \tag{c}$$

となる．ここで (4.38) に注意するとコヒーレント状態の性質 (H.31) は $\hat{c}$ を $\hat{\beta}_p$ に換えても成り立ち

$$\hat{\beta}_p |\gamma\rangle = \gamma_{ip} |\gamma\rangle, \tag{d}$$
$$\langle \gamma | \hat{\beta}_p^\dagger = \langle \gamma | \gamma_{ip} \tag{e}$$

である．これらを使うと (c) の第五行のうち指数関数の左側に $\hat{\beta}_p^\dagger$ がある項は

$$\langle \gamma | \hat{\beta}_p^\dagger \exp \left(-i \sum_{q=1}^N \Omega_q t \hat{\beta}_q^\dagger \hat{\beta}_q \right) |\gamma\rangle = \langle \gamma | \gamma_{ip} \exp \left(-i \sum_{q=1}^N \Omega_q t \hat{\beta}_q^\dagger \hat{\beta}_q \right) |\gamma\rangle = \gamma_{ip} f \tag{f}$$

となる．一方，第六行のうち指数関数の右側に $\hat{\beta}_p$ がある項は

$$\langle \gamma | \exp \left(-i \sum_{q=1}^N \Omega_q t \hat{\beta}_q^\dagger \hat{\beta}_q \right) \hat{\beta}_p |\gamma\rangle = \langle \gamma | \exp \left(-i \sum_{q=1}^N \Omega_q t \hat{\beta}_q^\dagger \hat{\beta}_q \right) \gamma_{ip} |\gamma\rangle = \gamma_{ip} f \tag{g}$$

となる．

H.3 コヒーレント状態の時間発展　　　281

$$f = \exp\left\{\sum_{p=1}^{N} \gamma_{ip}^2 \left(e^{-i\Omega_p t} - 1\right)\right\} \tag{H.44}$$

を得る．これを (H.36) に代入するとフォノンが励起されている確率は

$$P = 1 - P' = 1 - |f|^2 = 1 - \exp\left\{\sum_{p=1}^{N} 2\gamma_{ip}^2 \left(\cos\Omega_p t - 1\right)\right\} \tag{H.45}$$

となる．また，特定のモード p_0 のフォノンだけが揺らぎにより励起され，その他のモードが真空である確率は

$$P_{p_0} = \left[1 - \exp\left\{2\gamma_{ip_0}^2 \left(\cos\Omega_{p_0} t - 1\right)\right\}\right] \exp\left\{\sum_{p \neq p_0}^{N} 2\gamma_{ip}^2 \left(\cos\Omega_p t - 1\right)\right\} \tag{H.46}$$

となる．

H.3.2　フォノンの数の揺らぎ

前の小節と同じ状態 $|\psi\rangle = \tilde{a}_i^\dagger |0\rangle$ に対するフォノンの数の揺らぎの値を求める．

次に第五行のうち $\langle\gamma|\hat{\beta}_p \exp\left(-i\sum_{q=1}^{N}\Omega_q t\hat{\beta}_q^\dagger\hat{\beta}_q\right)|\gamma\rangle$ を変形する．その際 $\left[\hat{\beta}_p, \hat{\beta}_p^\dagger\right] = 1$ なので，演算子に関する次の定理

$$\hat{\beta}_p \exp\left(-i\Omega_p t\hat{\beta}_p^\dagger\hat{\beta}_p\right) = \exp\left(-i\Omega_p t\hat{\beta}_p^\dagger\hat{\beta}_p\right) \hat{\beta}_p e^{-i\Omega_p t} \tag{h}$$

を使うと

$$\hat{\beta}_p \exp\left(-i\sum_{q=1}^{N}\Omega_q t\hat{\beta}_q^\dagger\hat{\beta}_q\right) = \exp\left(-i\Omega_p t\hat{\beta}_p^\dagger\hat{\beta}_p\right) \hat{\beta}_p e^{-i\Omega_p t} \exp\left(-i\sum_{q \neq p}^{N}\Omega_q t\hat{\beta}_q^\dagger\hat{\beta}_q\right)$$

$$= \exp\left(-i\sum_{q=1}^{N}\Omega_q t\hat{\beta}_q^\dagger\hat{\beta}_q\right) \hat{\beta}_p \gamma_{ip} e^{-i\Omega_p t} \tag{i}$$

となることから

$$\langle\gamma|\hat{\beta}_p \exp\left(-i\sum_{q=1}^{N}\Omega_q t\hat{\beta}_q^\dagger\hat{\beta}_q\right)|\gamma\rangle = \langle\gamma|\exp\left(-i\sum_{q=1}^{N}\Omega_q t\hat{\beta}_q^\dagger\hat{\beta}_q\right) \hat{\beta}_p e^{-i\Omega_p t}|\gamma\rangle$$

$$= \langle\gamma|\exp\left(-i\sum_{q=1}^{N}\Omega_q t\hat{\beta}_q^\dagger\hat{\beta}_q\right) \gamma_{ip} e^{-i\Omega_p t}|\gamma\rangle = \gamma_{ip} e^{-i\Omega_p t} f \tag{j}$$

を得る．ここで第一行目から第二行目へは (d) を使った．(c) の第六行のうち $\langle\gamma|\exp\left(-i\sum_{q=1}^{N}\Omega_q t\hat{\beta}_q^\dagger\hat{\beta}_q\right)\hat{\beta}_p^\dagger|\gamma\rangle$ についても同様にして

$$\langle\gamma|\exp\left(-i\sum_{q=1}^{N}\Omega_q t\hat{\beta}_q^\dagger\hat{\beta}_q\right) \hat{\beta}_p^\dagger|\gamma\rangle = \gamma_{ip} e^{-i\Omega_p t} f \tag{k}$$

を得る．最後に (f)〜(k) を (c) の第五行，第六行に代入すると (H.43) を得る．

(H.34) に示すようにコヒーレント状態では揺らぎの値は期待値の平方根に等しいので，ここではフォノンの数の期待値を計算する．ユニタリ変換された演算子によりモード p のフォノン数の演算子 $\hat{N}_p$ を表すため，(H.18)，(H.21) を用いると

$$\begin{aligned}\hat{N}_p &= \hat{c}_p^\dagger \hat{c}_p \\ &= \hat{\beta}_p^\dagger \hat{\beta}_p + \sum_{i=1}^N \sum_{j=1}^N \gamma_{ip}\gamma_{jp}\hat{\alpha}_i^\dagger \hat{\alpha}_i \hat{\alpha}_j^\dagger \hat{\alpha}_j - \sum_{i=1}^N \gamma_{jp}\hat{\alpha}_i^\dagger \hat{\alpha}_i \left(\hat{\beta}_p + \hat{\beta}_p^\dagger\right)\end{aligned} \quad (\text{H.47})$$

を得る．ハイゼンベルク表示によれば数演算子の時間発展は

$$\begin{aligned}\hat{N}_p(t) &= e^{i\frac{\hat{H}'}{\hbar}t}\hat{N}_p e^{-i\frac{\hat{H}'}{\hbar}t} \\ &= \hat{\beta}_p^\dagger \hat{\beta}_p + \sum_{i=1}^N \sum_{j=1}^N \gamma_{ip}\gamma_{jp}\hat{\alpha}_i^\dagger \hat{\alpha}_i \hat{\alpha}_j^\dagger \hat{\alpha}_j - \sum_{i=1}^N \gamma_{jp}\hat{\alpha}_i^\dagger \hat{\alpha}_i \left(e^{-i\Omega_p t}\hat{\beta}_p + e^{i\Omega_p t}\hat{\beta}_p^\dagger\right)\end{aligned}$$
$$(\text{H.48})$$

と表されるので，フォノンの数の期待値は

$$\langle N_p(t) \rangle = \langle \psi | \hat{N}_p(t) | \gamma \rangle = 2\gamma_{ip}(1 - \cos\Omega_p t) \quad (\text{H.49})$$

となる．従って (H.34) よりコヒーレント状態では準粒子の数の揺らぎの値は (H.49) の値の平方根で与えられることがわかる．

H.3.3 不純物を含まない一次元格子の場合の固有値

不純物のない一次元格子の運動方程式は第 4 章の (4.3) で与えられているが，ここではその固有値を求める．そのためにまず三重対角行列を対角化し，その固有値と固有ベクトルを求める．すなわち定数値を成分にもつ N 次三重対角行列

$$C = \begin{pmatrix} A & B & & & \\ B & A & \cdot & & \\ & \cdot & \cdot & B & \\ & & B & A \end{pmatrix} \quad (\text{H.50})$$

を考える．ただし A, B は定数である．まずその行列式を計算する．n 次三重対角行列 ($1 \leq n \leq N$) の行列式を f_n と置き，余因子展開により漸化式を作ると次のようになる．

$$f_n - Af_{n-1} + B^2 f_{n-2} = 0 \quad (\text{H.51})$$

$$f_1 = A = \alpha + \beta, \quad f_2 = A^2 - B^2 = \alpha^2 + \alpha\beta + \beta^2 \quad (\text{H.52})$$

$$\alpha + \beta = A, \quad \alpha\beta = B \quad (\text{H.53})$$

この漸化式を解くと

を得る.

(H.50) の行列 C の特性方程式を求めるには A を $A-x$ と置き換え, $f_N=0$ とすればよい. ここで x は行列 C の固有値である. すなわち

$$f_N = 0 \tag{H.55}$$

$$\alpha^{N+1} = \beta^{N+1}, \quad \alpha = \beta \exp\left(2\pi i \frac{n}{N+1}\right), \quad (1 \leq n \leq N) \tag{H.56}$$

を (H.51) と連立させ, $A-x$ について解くと固有値 x が求まり,

$$x_n = A + 2B \cos\left(\frac{n}{N+1}\pi\right) \tag{H.57}$$

を得る.

固有ベクトル $\boldsymbol{p}_n$ は次式を満たす.

$$\begin{pmatrix} A-x_n & B & & \\ B & A-x_n & B & \\ & & \ddots & \\ & & B & A-x_n \end{pmatrix} \begin{pmatrix} p_{1n} \\ p_{2n} \\ \vdots \\ p_{Nn} \end{pmatrix} = 0 \tag{H.58}$$

これより固有ベクトルの成分について漸化式を作ると

$$p_{k,n} - 2\cos\left(\frac{n}{N+1}\pi\right) p_{k-1,n} + p_{k-2,n} = 0 \tag{H.59}$$

$$p_{2,n} = 2\cos\left(\frac{n}{N+1}\pi\right) p_{1,n} \tag{H.60}$$

となるので, これを解き, 規格化条件

$$\sum_{k=1}^{N} p_{k,n}^2 = 1 \tag{H.61}$$

を課すと,

$$p_{k,n} = \sqrt{\frac{2}{N+1}} \sin\left(\frac{kn}{N+1}\pi\right) \quad (1 \leq k \leq N) \tag{H.62}$$

を得る. 固有ベクトルは行列 C の中の定数 A, B によらない. また, 固有ベクトルを並べて作った行列 P は正規直交行列 ($P^T = P^{-1}$) である.

以上の準備のもとに, (H.50) において $A=2$, $B=-1$ と置くことにより, 第 4 章の (4.3) の固有値 (すなわち固有周波数の二乗) は

$$\Omega_p^2 = \frac{k}{m}\left\{2 - 2\cos\left(\frac{p}{N+1}\pi\right)\right\} = 4\frac{k}{m}\sin^2\left[\frac{p}{2(N+1)}\pi\right] \tag{H.63}$$

となる. この値の平方根が第 4 章の (4.21) である.

H.4 DPとフォノンが相互作用していない場合のハミルトニアンの対角化

DPとフォノンとの結合定数 χ の値が0のとき，ハミルトニアンは

$$\hat{H} = \hbar \tilde{\boldsymbol{a}}^\dagger \begin{pmatrix} \omega & J & & & \\ J & \omega & \cdot & & \\ & \cdot & \cdot & J & \\ & & J & \omega & \end{pmatrix} \tilde{\boldsymbol{a}} \tag{H.64}$$

$$\tilde{\boldsymbol{a}} = \begin{pmatrix} \tilde{a}_1 \\ \cdot \\ \cdot \\ \tilde{a}_N \end{pmatrix} \tag{H.65}$$

と書くことができる．このエネルギー固有値は

$$\hbar\Omega_r = \hbar\omega + 2\hbar J \cos\left(\frac{r}{N+1}\pi\right) \tag{H.66}$$

である．この式右辺第二項によりDPのエネルギーの値は $\hbar\omega$ の周りに $\pm 2\hbar J$ 程度の広がりをもっていることがわかる．

また，第4章の (4.56) で与えられるDPの数の期待値は

$$\langle N_i(t)\rangle_j = \langle\psi_j|\hat{N}_i(t)|\psi_j\rangle = \sum_{r=1}^N \sum_{s=1}^N Q_{ir}Q_{jr}Q_{is}Q_{js} \cos\left\{(\Omega_r - \Omega_s)t\right\}$$

$$\times \left(\frac{2}{N+1}\right)^2 \sum_{r=1}^N \sum_{s=1}^N \sin\left(\frac{jr}{N+1}\pi\right) \sin\left(\frac{ir}{N+1}\pi\right) \sin\left(\frac{js}{N+1}\pi\right)$$

$$\times \sin\left(\frac{is}{N+1}\pi\right) \cos\left\{2Jt\cos\left(\frac{r}{N+1}\pi\right) - 2Jt\cos\left(\frac{s}{N+1}\pi\right)\right\}$$

$$= \frac{1}{(N+1)^2} \left[\sum_{r=1}^N \left\{\cos\left(\frac{nr}{N+1}\pi\right) - \cos\left(\frac{mr}{N+1}\pi\right)\right\}\right.$$

$$\times \cos\left\{2Jt\cos\left(\frac{r}{N+1}\pi\right)\right\}\Bigg]^2$$

$$+ \frac{1}{(N+1)^2} \left[\sum_{r=1}^N \left\{\cos\left(\frac{nr}{N+1}\pi\right) - \cos\left(\frac{mr}{N+1}\pi\right)\right\}\right.$$

$$\times \sin\left\{2Jt\cos\left(\frac{r}{N+1}\pi\right)\right\}\Bigg]^2 \tag{H.67}$$

となる．ここで $m = j+i$, $n = j-i$ と置いた．

次に $N \to \infty$ での振る舞いを見るために $\theta_r = r\pi/(N+1)$ と置き，和を積分で置き換えると

$$\langle N_i(t) \rangle_j = \left\{ \frac{1}{\pi} \int_0^\pi (\cos n\theta - \cos m\theta) \cos(2Jt\cos\theta) \, d\theta \right\}^2$$
$$+ \left\{ \frac{1}{\pi} \int_0^\pi (\cos n\theta - \cos m\theta) \sin(2Jt\cos\theta) \, d\theta \right\}^2$$
(H.68)

となる．ここで第一種ベッセル（Bessel）関数 $J_n(z)$ の積分表示

$$J_n(z) = \frac{1}{\pi i^n} \int_0^\pi e^{iz\cos\theta} \cos n\theta \, d\theta$$
$$= \frac{1}{\pi i^n} \int_0^\pi \cos n\theta \{\cos(z\cos\theta) + i\sin(z\cos\theta)\} d\theta \quad (\text{H.69})$$

を用いると，$N \to \infty$ での DP の数の期待値は

$$\langle N_i(t) \rangle_j = \left\{ J_{j-i}(2Jt) - (-1)^i J_{j+i}(2Jt) \right\}^2 \quad (\text{H.70})$$

となる．これは第 4 章の (4.57) に他ならない．観測位置が DP の初期位置から遠ざかると DP はそこまで到達するのに時間がかかるため (H.70) で与えられる期待値は小さくなる．また，時刻が増加すると，DP はその間に跳躍するので，やはりこの期待値は小さくなる．これらはベッセル関数の値が添字，あるいは引数の増加とともに振動しながら減少していく性質をもつことから理解できる．

H.5　原子の変位の期待値

DP とフォノンとの相互作用による原子の変位の期待値は第 4 章の (4.43) より

$$\langle \hat{x}_j \rangle_i = -\sum_{p=1}^N \frac{\hbar \chi P_{ip} P_{jp}}{\sqrt{m_i m_j} \Omega_p^2} \quad (\text{H.71})$$

である．ところで第 4 章の (4.7), (4.8) より

$$\Lambda = P^{-1} A P = P^{-1} \sqrt{M}^{-1} \Gamma \sqrt{M}^{-1} P \quad (\text{H.72a})$$

$$(\Lambda)_{pq} = \delta_{pq} \frac{\Omega_p^2}{k} \quad (\text{H.72b})$$

を用いて行列 Γ の逆行列を求めると

$$\Gamma = \sqrt{M} P \Lambda P^{-1} \sqrt{M} \quad (\text{H.73a})$$

$$\Gamma^{-1} = \sqrt{M}^{-1} P \Lambda^{-1} P^{-1} \sqrt{M}^{-1} \quad (\text{H.73b})$$

$$\left(\Gamma^{-1}\right)_{ij} = \frac{k}{\sqrt{m_i m_j}} \sum_{p=1}^{N} \frac{P_{ip} P_{jp}}{\Omega_p^2} \tag{H.73c}$$

となる．これより変位の期待値を書き直すと

$$\langle \hat{\boldsymbol{x}}_j \rangle_i = -\frac{\hbar \chi}{k} \left(\Gamma^{-1}\right)_{ij} \tag{H.74}$$

を得る．第 4 章の (4.4) からもわかるように行列 Γ の対角要素の値は 2，その両隣の非対角要素の値は -1 であるので，不純物が存在していてもその影響は (H.74) には含まれない．

行列 Γ を対角化するための行列を R，対角化された行列を W と書くと，これらの行列はすでに計算してあるので行列 Γ の逆行列が具体的に求まる．すなわち

$$R^{-1} \Gamma R = W \tag{H.75a}$$

$$\left(\Gamma^{-1}\right)_{ij} = \sum_{n=1}^{N} R_{in} W_n^{-1} R_{nj}^{-1} = \frac{1}{N+1} \sum_{n=1}^{N} \frac{\sin\left(\frac{in}{N+1}\pi\right) \sin\left(\frac{jn}{N+1}\pi\right)}{1 - \cos\left(\frac{n}{N+1}\pi\right)} \tag{H.75b}$$

である．これは第 4 章の (4.58) に他ならない．

参考文献

第 1 章

[1] M. Ohtsu (ed.), *Near-Field Nano/Atom Optics and Technology* (Springer, Berlin, 1998)
[2] M. Ohtsu, H. Hori, *Near-Field Nano-Optics* (Kluwer Academic, New York, 1999)
[3] M. Ohtsu, K. Kobayashi, *Optical Near Fields* (Springer, Berlin, 2004)
[4] M. Ohtsu (ed.), *Progress in Nano-Electro-Optics* I - VII (Springer, Berlin, 2003 - 2010)
[5] M. Ohtsu, K. Kobayashi, T. Kawazoe, T. Yatsui, M. Naruse, *Principles of Nanophotonics* (CRC Press, Boca Raton, 2008)
[6] M. Ohtsu (ed.), *Nanophotonics and Nanofabrication* (Wiley-VHC, Weinheim, 2009)
[7] M. Ohtsu (ed.), *Progress in Nanophotonics I* (Springer, Berlin, 2011)

第 2 章

[1] J.J. Sakurai, *Advanced Quantum Mechanics* (Addison-Wesley, Reading, 1967)
[2] T. D. Newton, E.P. Wigner, Rev. Mod. Phys. 21, 400 (1949)
[3] J.P. Sipe, Phys. Rev. A 52, 1875 (1995)
[4] M.O. Scully, M.S. Zubairy, *Quantum Optics* (Cambridge Univ. Press, Cambridge, 1997)
[5] M. Ohtsu, K. Kobayashi, T. Kawazoe, T. Yatsui, M. Naruse, *Prinicples of Nanophotonics* (CRC Press, Bica Raton, 2007), pp.19-29
[6] K. Kobayashi, M. Ohtsu, J. Microsc. 194, 249 (1999)
[7] S. Sangu, K. Kobayashi, M. Ohtsu, J. Microscopy 202, 279 (2001)
[8] S. John, T. Quang, Phys. Rev. A 52, 4083 (1995)
[9] H. Suzuura, T. Tsujikawa, T. Tokihiro, Phys. Rev. B 53, 1294 (1996)
[10] A. Shojiguchi, K. Kobayashi, S. Sangu, K. Kitahara, M. Ohtsu, J. Phys. Soc. Jpn. 72, 2984 (2003)
[11] K. Kobayashi, S. Sangu, H. Ito, M. Ohtsu, Phys. Rev. A 63, 013806 (2001)
[12] Y. Liu, T. Morishima, T. Yatsui, T. Kawazoe, M. Ohtsu, Nanotechnology 22, 215605 (2011)

[13] T. Itoh, T. Suzuki, M. Ueta, J. Phys. Soc. Jpn. 42, 1069 (1977)
[14] T. Itoh, T. Suzuki, J. Phys. Soc. Jpn. 45, 1939 (1978)
[15] M. Ohtsu (ed.), *Near-Field Nano/Atom Optics and Technology* (Springer, Berlin, 1998), pp.16-23

第 3 章

[1] M. Ohtsu, K. Kobayashi, T. Kawazoe, T. Yatsui, M. Naruse, *Prinicples of Nanophotonics* (CRC Press, Bica Raton, 2007), pp.43-65
[2] S.Sangu, K. Kobayashi, A. Shojiguchi, M. Ohtsu, Phys. Rev. B 69, 115334 (2004)
[3] A. Shojiguchi, K. Kobayashi, S. Sangu, K. Kitahara, M. Ohtsu, J. Phys. Soc. Jpn. 72, 2984 (2003)
[4] K. Kobayashi, S. Sangu, T. Kawazoe, M. Ohtsu, J. Lumin. 112, 117 (2005)
[5] K. Kobayashi, S. Sangu, T. Kawazoe, M. Ohtsu, Errattum to, J. Lumin. 114, 315 (2005)
[6] K. Kobayashi, S. Sangu, A. Shojiguchi, T. Kawazoe, K. Kitahara, M. Ohtsu, J. Microsc. 210, 247 (2003)
[7] M. Ohtsu, K. Kobayashai, T. Kawazoe, S. Sangu, T. Yatsui, IEEE J. Sel. Top. Quant. Electron. 8, 839 (2002)
[8] S. Sangu, K. Kobayashi, A. Shojiguchi, T. Kawazoe, M. Ohtsu, J. Appl. Phys. 93, 2937 (2003)
[9] U. Weiss, *Quantum Dissipative Systems*, 2nd ed. (World Scientific Publishing, Singapore, 1999)
[10] K. Blum, *Density Matrix Theory and Applications*, 2nd ed. (Plenum, New York, 1996)
[11] H.-P. Breuer, F. Petruccione, *The Theory of Open Quantum Systems* (Oxford Univ. Press, New York, 2002)
[12] H. J. Carmichael, *Statistical Methods of Quantum Optics 1* (Springer, Berlin, 1999)
[13] H. Haken, *Light 1* (North-Holland, Amsterdam, 1986)
[14] S. Sangu, K. Kobayashi, A. Shojiguchi, T. Kawazoe, M. Ohtsu, in *Progress in Nano-Electro-Optics V*, ed. by M. Ohtsu, *Theory and Principles of Operation of Nanophotonic Functional Devices* (Springer, Berlin, 2006), pp.1-62

第 4 章

[1] P. Atkins, J. De Paula, *Physical Chemistry*, 9th ed. (Oxford Univ. Press, Oxford, 2010), p.372
[2] P. Atkins, J. De Paula, *Physical Chemistry*, 9th ed. (Oxford Univ. Press, Oxford, 2010), pp.495-497
[3] T. Kawazoe, Y. Yamamoto, M. Ohtsu, Appl. Phys. Lett. 79, 1184 (2004)
[4] Y. Tanaka, K. Kobayashi, Physica E 40, 297 (2007)

[5] Y. Tanaka, K. Kobayashi, J. Microscopy 229, 228 (2008)
[6] C. Falvo, V. Pouthier, J. Chem. Phys. 122, 014701 (2005).
[7] M.E. Striefler, G.R. Barsch, Phys. Rev. B 12, 4553 (1975)
[8] D.N. Payton, W.M. Visscher, Phys. Rev. 154, 802 (1967)
[9] A.J. Sievers, A.A. Maradudin, S.S. Jaswal, Phys. Rev. 138, A272 (1965)
[10] S. Mizuno, Phys. Rev. B, 65, 193302 (2002)
[11] T. Yamamoto, K. Watanabe, Phys. Rev. Lett. 96, 255503 (2006)
[12] A.S. Davydov, G.M. Pestryakov, Phys. Stat. Sol. (b) 49, 505 (1972)
[13] L. Jacak, P. Machnikowski, J. Krasynj, P. Zoller, Eur. Phys. J D22, 319 (2003)
[14] K. Mizoguchi, T. Furuichi, O. Kojima, M. Nakayama, S. Saito, A. Syouji, K. Sakai, Appl. Phys. Lett. 87, 093102 (2005)
[15] V. Pouthier, C. Girardet, J. Chem. Phys. 112, 5100 (2000)
[16] T. Kawazoe, M.A. Mueed, M. Ohtsu, Appl. Phys. B 104, 747 (2011)

第 5 章

[1] M. Ohtsu, K. Kobayashi, T. Kawazoe, T. Yatsui, M. Naruse, *Prinicples of Nanophotonics* (CRC Press, Bica Raton, 2007), pp.29-108
[2] T. Kawazoe, K. Kobayashi, S. Sangu, M. Ohtsu, Appl. Phys. Lett. 82, 2957 (2003)
[3] S. Sangu, K. Kobayashi, T. Kawazoe, A. Shojiguchi, M. Ohtsu, Trans. Materials Res. Soc. Jpn. 28, 1035 (2003)
[4] T. Yatsui, S. Sangu, T. Kawazoe, M. Ohtsu, S.J. An, J. Yoo, G.-C. Yi, Appl. Phys. Lett. 90, 223110 (2007)
[5] T. Kawazoe, K. Kobayashi, K. Akahane, M. Naruse, N. Yamamoto, M. Ohtsu, Appl. Phys. B 84, 243 (2006)
[6] R. Heitz, F. Guffarth, I. Mukhametzhanov, M. Grundmann, A. Madhukar, D. Bimberg, Phys. Rev. B 62, 16881 (2000)
[7] T. Kawazoe, M. Ohtsu, S. Aso, Y. Sawado, Y. Hosoda, K. Yoshizawa, K. Akahane, N. Yamamoto, M. Naruse, Appl. Phys. B 103, 537 (2011)
[8] V. Zwiller, H. Blom, P. Jonsson, N.Panev, S. Jeppesen, T. Tsegaye, E. Goobar, M.E.Pistol, L. Samuelson, G. Bjork, Appl. Phys. 78, 2476 (2001)
[9] Yu Francis, J. Suganda, Y. Shizuhuo (ed.),*Introduction to Information Optics* (Academic Press, San Diego, 2001), p.202
[10] N. Tate, Y. Liu, T. Kawazoe, M. Naruse, T. Yatsui, M. Ohtsu, Appl. Phys. B 110, 39 (2013)
[11] T. Kawazoe, K. Kobayashi, M. Ohtsu, Appl. Phys. Lett. 86, 103102 (2005)
[12] K. Akahane, N. Yamamoto, M. Naruse, T. Kawazoe, T. Yatsui, M. Ohtsu, Jpn. J. Appl. Phys. 50, 04DH05 (2011)
[13] M. Naruse, T. Miyazaki, F. Kubota, T. Kawazoe, K. Kobayashi, S. Sangu, M. Ohtsu, Opt. Lett. 30, 201 (2005)
[14] W. Nomura, T. Yatsui, T. Kawazoe, M. Ohtsu, J. Nanophotonics 1, 011591

(2007)

[15] W. Nomura, T. Yatsui, T. Kawazoe, M. Naruse, M. Ohtsu, Appl. Phys.B 100, 181 (2010)

[16] P. Guyot-Sionnest, M. Shim, C. Matranga, M. Hines, Phys. Rev.B 60, R2181 (1999)

[17] W. Nomura, T. Yatsui, T. Kawazoe, M. Naruse, Appl. Phys. B 107, 257 (2012)

[18] 劉 洋，森島 哲，八井 崇，野村 航，米澤 徹，鷲津正夫，藤田博之，大津元一，"近接場光相互作用を用いた超長スパンのナノ寸法伝送路の開発"，計測自動制御学会・システム・情報部門 学術講演会 2009 (SSI2009), 2009 年 11 月 26 日，東京，発表番号：3B5-7

[19] T. Yatsui, S. Sangu, K. Kobayashi, T. Kawazoe, M. Ohtsu, J. Yoo, G.-C. Yi, Appl. Phys. Lett. 94, 083113(2009)

[20] M. Ohtsu, in *Progress in Nanophotonics* I, ed. by M. Ohtsu, *Nanophotonics: Dressed Photon Technology for Qualitatively Innovative Optical Devices, Fabrication, and Systems* (Springer, Berlin, 2011), pp.15-18

[21] M. Ohtsu, *Highly Coherent Semiconductor Lasers* (Artech House, Boston, 1992), pp.40-43

[22] M. Naruse, H. Hori, K. Kobayashi, T. Kawazoe, M. Ohtsu, Appl. Phys.B 102, 717(2011)

[23] T. Franzl, T.A. Klar, S. Schietinger, A.L. Rogach, J. Feldman, Nano Lett. 4, 1599 (2004)

[24] H.J. Carmichael, *Statistical Methods in Quantum Optics* I (Springer, Berlin, 1999)

[25] T. Yatsui, H. Jeong, M. Ohtsu, Appl. Phys. B 93,199 (2008)

[26] S. Sangu, K. Kobayashi, M. Ohtsu, IEICE Trans. Electron. E88-C, 1824 (2005)

[27] S. Sangu, K. Kobayashi, in *Handbook of Nanophysics*, ed. by K.D. Sattler, *Operation in Nanophotonics* (CRC Press, Boca Raton, 2010), p.33-11 – 33-12

[28] R.H. Dicke, Phys. Rev. 93, 99 (1954)

[29] M. Gross, S. Haroche, Phys. Reports 93, 301 (1982)

[30] A. Shojiguchi, K. Kobayashi, S. Sangu, K. Kitahara, M. Ohtsu, J. Phys. Soc. Jpn. 72, 2984 (2003)

[31] T. Yatsui, A. Ishikawa, K. Kobayashi, A. Shojiguchi, S. Sangu, T. Kawazoe, M. Ohtsu, J. Yoo, G.-C.Yi, Appl. Phys. Lett. 100, 233118 (2012)

[32] R. Hambury Brown, R.Q. Twiss, Nature 178, 1447 (1956)

[33] T. Kawazoe, S. Tanaka, M. Ohtsu, J. Nanophotonics 2, 029502 (2008)

[34] G.-L. Ingold, Y.V. Nazarov, in *Single Charge Tunneling*, ed. by H. Grabert and M. H. Devoret, *Charge Tunneling Rates in Ultrasmall Junctions* (Plenum Press, New York, 1992), pp.21-107

[35] M. Naruse, H. Hori, K. Kobayashi, P. Holmstrom, L. Thylen, M. Ohtsu, Opt. Express 18, A544 (2010)

[36] L.B. Kish, IEE Proc. Circ. Dev. Syst. 151, 190 (2004)

[37] H. Imahori, J. Phys. Chem. B 108, 6130 (2004)
[38] M. Naruse, T. Kawazoe, R. Ohta, W. Nomura, M. Ohtsu, Phys. Rev. B 80, 125325 (2009)
[39] N. Johnson, *Simply Complexity* (Oneworld Publications, Oxford, 2007)
[40] M. Naruse, P. Holmstrom, T. Kawazoe, K. Akahane, N. Yamamoto, L. Thylen, M. Ohtsu, Appl. Phys. Lett. 100, 241102 (2012)
[41] Y. Yamamoto, Lecture notes on *"Fundamentals of noise processes"*, online text, http://www.qis.ex.nii.ac.jp/qis/lecturenotes.html.
[42] F. Moll, M. Roca, E. Isern, Microelectronics J 34, 833 (2003)
[43] M. Ohtsu, "Nanophotonics: Devices, fabrications, and systems", RLNR/Tokyo-Tech 2003 International Symposium on Nanoscience and Nanotechnology on Quantum Particles, Tokyo, paper number I-3
[44] N. Streibl, K.-H. Brenner, A. Huang, J. Jahns, J. L. Jewell, A. W. Lohmann, D.A.B. Miller, M. Murdocca, M. E. Prise, T. Sizer, Proc. IEEE 77, 1954 (1989)
[45] A. Qureshi, R. Weber, H. Balakrishnan, J. Guttag, B. Maggs, ACM SIGCOMM Comput. Commun. Rev. 39, 123 (2009)
[46] M. Naruse, H. Hori, K. Kobayashi, M. Ohtsu, Opt. Lett. 32, 1761 (2007)
[47] M. Naruse, F. Pepper, K. Akahane, N. Yamamoto, T. Kawazoe, N. Tate, M. Ohtsu, ACM J. on Emerging Technol. in Computing Systems 8, 4-1 (2012)
[48] S. Hauck, Proc. IEEE 83, 69 (1995)
[49] J. Lee, S. Adachi, F. Peper, S. Mashiko, J. Comput. Sys. Sci. 70, 201 (2005)
[50] M. Naruse, K. Leibnitz, F. Peper, N. Tate, W. Nomura, T. Kawazoe, M. Murata, M. Ohtsu, Nano Commun. Networks 2, 189 (2011)
[51] S. Balasubramaniam, D. Botvich, J. Mineraud, W. Donnelly, N. Agoulmine, IEEE Netw. 24, 20 (2010)
[52] S. Balasubraianiam, K. Leipnitz, P. Lio, D. Botvich, M. Murata, IEEE Commun. Mag. 49, 44 (2011)
[53] S. Tumps, Comput. Netw. 52, 360 (2008)
[54] M. Naruse, M. Aono, S.-J. Kim, T. Kawazoe, W. Nomura, H. Hori, M. Hara, M. Ohtsu, Phys. Rev. B 86 125407 (2012)
[55] M. Aono, S.-J. Kim, L. Zhu, M. Naruse, M. Ohtsu, H. Hori, M. Hara, Proceedings of The 2012 International Symposium on Nonlinear Theory and its Applications, October 25, 2012, Majorca, pp.586-589.
[56] S.-J. Kim, M. Naruse, M. Aono, M. Ohtsu, M. Hara, Technical Digest of The First International Workshop on Information Physics and Computing in Nanoscale Photonics and Materials, September 7, 2012, Orleans, paper number IPCN1-14
[57] A. Olaya-Castro, C.F. Lee, F.F. Olsen, N.F. Johnson, Phys. Rev. B 78, 085115 (2008)
[58] H. Tamura, J.-M. Mallet, M. Oheim, I. Burghardt, J. Phys. Chem. C 113, 7458 (2009)

第6章

[1] T. Kawazoe, Y. Yamamoto, M. Ohtsu, Appl. Phys. Lett. 79, 1184 (2004)
[2] T. Kawazoe, K. Kobayashi, S. Takubo, M.Ohtsu, J. Chem. Phys. 122, 024715 (2005)
[3] T. Kawazoe, K. Kobayashi, M. Ohtsu, Appl. Phys. B 84, 247 (2006)
[4] V. Polonski, Y. Yamamoto, M. Kourogi, H. Fukuda, M. Ohtsu, J. Microscopy 194, 545 (1999)
[5] Y. Yamamoto, M. Kourogi, M. Ohtsu, G.H. Lee, T. Kawazoe, IEICE Trans. Electron. E85-C, 2081 (2002)
[6] T. Yatsui, T. Kawazoe, M. Ueda, Y. Yamamoto, M. Kourogi, M. Ohtsu, Appl. Phys. Lett. 81, 3651 (2002)
[7] T. Yatsui, K. Nakanishi, K. Kitamura, M. Ohtsu, Appl. Phys. B 107, 673 (2012)
[8] S. Yamazaki, T. Yatsui, M. Ohtsu, T.W. Kim, H. Fujioka, Appl. Phys. Lett. 85, 3059 (2004)
[9] H. Yonemitsu, T. Kawazoe, K. Kobayashi, M. Ohtsu, J. Photoluminescence122-123, 230 (2007)
[10] T. Kawazoe, M. Ohtsu, in *Nanophotonics and Nanofabrication*, ed. by M. Ohtsu, *Nanofabrication Principles and Practice* (Wiley-VCH, Weinheim, 2009), pp.17-34
[11] T. Kawazoe, K. Kobayashi, K. Akahane, M. Naruse, N. Yamamoto, M. Ohtsu, Appl. Phys. B 84, 243 (2006)
[12] T. Kawazoe, T. Takahashi, M. Ohtsu, Appl. Phys. B 98, 5 (2010)
[13] M. Koike, S. Miyauchi, K. Sano, T. Imazono, in *Nanophotonics and Nanofabrication*, ed. by M. Ohtsu, *X-ray Devices and the Possibility of Applying Nanophotonics* (Wiley-VCH, Weinheim, 2009), pp.179-192
[14] Y. Inao, S. Nakasato, R. Kuroda, M. Ohtsu, Microelectronic Eng. 84, 705 (2007)
[15] R. Kuroda, Y. Inao, S. Nakazato, T. Ito, T. Yamaguchi, T. Yamada, A. Terao, N. Mizutani, in *Nanophotonics and Nanofabrication*, ed. by M. Ohtsu, *Lithography by Nanophotonics* (Wiley-VCH, Weinheim, 2009), pp.131-146
[16] （財）省エネルギーセンター編,「省エネルギー便覧 2010」,（財）省エネルギーセンター, 東京, 2010, pp.150-167, pp.245-261, pp.346-351
[17] L.M. Cook, J. Non-Cryst. Solids 120, 152 (1990)
[18] V. K. Jain, Machining Sci. Technol. 12, 257 (2008)
[19] B. Wua, A. Kumar, J. Vac. Sci. Technol. B 25, 1743 (2007)
[20] T. Yatsui, K. Hirata, W. Nomura, Y. Tabata, M. Ohtsu, Appl. Phys. B 93, 55 (2008)
[21] T. Izawa, N. Inagaki, Proc. IEEE 68, 1184 (1980)
[22] T. Yatsui, K. Hirata, Y. Tabata, W. Nomura, T. Kawazoe, M. Naruse, M. Ohtsu, Nanotechnol. 21, 355303 (2010)

参 考 文 献

[23] M. Naruse, T. Yatsui, W. Nomura, K. Hirata, Y. Tabata, M. Ohtsu, J. Appl. Phys. 105, 063516 (2009)
[24] K. Hirata, Proc. SPIE 7921, 79210M (2011)
[25] 野村　航，川添　忠，八井　崇，成瀬　誠，多幡能徳，平田和也，原口雅宣，大津元一「合成石英表面の光破壊初期過程の観測」第 58 回応用物理学関係連合講演会，2011 年 3 月神奈川，発表番号 24p-KF-10
[26] T. Yatsui, *Nanophotonic Fabrication* (Springer, Berlin, 2012), p.79
[27] T. Yatsui, K. Hirata, Y. Tabata, Y. Miyake, Y. Akita, M. Yoshimoto, W. Nomura, T. Kawazoe, M. Naruse, M. Ohtsu, Appl. Phys. B 103, 527 (2011)
[28] 野村　航，八井　崇，川添　忠，大津元一，「レーザー光照射による HDD 用ガラス基板側面のレアアースフリー平坦化」，第 59 回応用物理学関係連合講演会，2012 年 3 月東京，発表番号 17p-B11-14
[29] R. Teki, A. John Kadaksham, M. House, J. Harris-Jones, A. Ma, S. V.Babu, A. Hariprasad, P. Dumas, R. Jenkins, J. Provine, A. Richmann, J.Stowers, S. Meyers, U. Dietze, T. Kusumoto, T. Yatsui, M. Ohtsu, Proc. SPIE 8322, 83220B (2012)
[30] 八井　崇，「近接場光エッチングの産業応用研究」，第 6 回近藤賞受賞記念講演，2012 年 4 月 18 日，大阪
[31] 八井　崇，野村　航，大津元一，「ドレストフォトンフォノンエッチングによるダイヤモンド基板の平坦化」，第 59 回応用物理学関係連合講演会講演予稿集，2012 年 3 月，東京，発表番号 17p-B11-12
[32] 森本隆志，平田和也，多幡能徳，野村　航，川添　忠，八井　崇，大津元一「近接場光エッチングによる樹脂基板の平坦化」第 59 回応用物理学関係連合講演会予稿集，2012 年 3 月，東京，発表番号 17p-B11-13
[33] W. Nomura, T. Yatsui, Y. Yanase, K. Suzuki, M. Fujita, A. Kamata, M. Naruse, M. Ohtsu, Appl. Phys. B 99, 75 (2010)
[34] A. Ikesue, I. Furusato, J. Am. Ceram. Soc. 78, 225 (1995)
[35] J. Lu, J. Son, M. Prabhu, J. Xu, K. Ueda, H. Yagi, T. Yanagitani, A. Kudryashov, Jpn. J. Appl. Phys. 39, L1048 (2000)
[36] N. Tanaka, Bull. Ceram. Soc. Jpn. 38, 967 (2003)
[37] A. Krell, P. Blank, H. Ma, T. Hutzler, J. Am. Ceram. Soc. 86, 12 (2003)
[38] N. Pavel, M. Tsunekane, T. Taira, Opt. Express 19, 9378 (2011)
[39] D. Graham-Rowe, Nature Photonics 2, 515 (2008)
[40] F.J. Himpsel, J.E. Ortega, G.J. Mankey, R.F. Willis, Adv. Phys. 47, 511 (1998)
[41] E.J. Menke, Q. Li, R.M. Penner, Nano Lett. 4, 2009 (2004)
[42] F. Benabid, M. Notcutt, V. Loriette, L. Ju, D.G. Blair, J. Phys. D 33, 589 (2000)
[43] R.O. Duda, P.E. Hart, Commun. ACM 15, 11 (1972)
[44] Y. Liu, T. Morishima, T. Yatsui, T. Kawazoe, M. Ohtsu, Nanotechnol. 22, 215605 (2011)

[45] 森垣文博, 八井 崇, 川添 忠, 鳥本 司, 大津元一,「光エッチング法を用いた ZAIS ナノ結晶の粒径とスペクトル制御」, 第 59 回応用物理学関係連合講演会講演予稿集, 2012 年 3 月, 東京, 発表番号 17p-B11-10
[46] T. Yatsui, S. Yamazaki, K. Ito, H. Kawamura, M. Mizumura, T. Kawazoe, M. Ohtsu, Appl. Phys. B 92, 375 (2009)

第 7 章

[1] T. Kawazoe, H. Fujiwara, K. Kobayashi, M. Ohtsu, IEEE J. Select. Top. on Quantum Electron. 15, 1380 (2009)
[2] H. Fujiwara, T. Kawazoe, M. Ohtsu, Appl. Phys. B 98, 283 (2010)
[3] W. Cao, P. Palffy-Muhoray, B. Taheri, A. Marino, G. Abbate, Mol. Cryst. Liq. Cryst. 429, 101 (2005)
[4] S. K. Pal, D. Sulul, D.Mandal, S. Sen, K. Bhattacharyya, Chem. Phys. Lett. 327, 9 (2000)
[5] H. Fujiwara, T. Kawazoe, M. Ohtsu, Appl. Phys. B 100, 85 (2010)
[6] F. Laermer, T. Elsaesser, W. Kaizer, Chem. Phys. Lett. 156, 381(1989)
[7] H. Sumi, Phys. Rev. B 29, 4616 (1984)
[8] M.S. Miao, S. Limpijumnong, W.R.L. Lambrecht, Appl. Phys. Lett. 79, 4360 (2001)
[9] T. Kawazoe, K. Kobayashi, S. Takubo, M. Ohtsu, J. Chem. Phys. 122, 024715 (2005)
[10] T. Kawazoe, T. Fujita, H. Fujiwara, M. Niigaki, M. Ohtsu, Proceedings of the 31st Int. Congress of Appl. of Lasers and Elecro-Opt., Sept. 23-27, 2012, Anaheim, CA, USA, pp.947-948.
[11] H.J. Polland, W.W. Ruhle, K. Ploog, C.W. Tu, Phys. Rev. B 36, 7722 (1987)
[12] Y. Rosenwaks, M.C. Hanna, D.H. Levi, D.M. Szmyd, R.K. Ahrenkei, A.J. Nozik, Phys. Rev. B 48, 14675 (1993)
[13] A. Yariv, *Introduction to Optical Electronics*, 1st ed. (Rinehert, New York, 1985), pp.177-221
[14] P.W. Atkins, *Physical Chemistry*, 6th ed. (Oxford Univ. Press, Oxford, 1998), pp.497-526
[15] G.S. He, R. Signorini, P.N. Pasad, Appl. Opt. 37, 5720 (1998)
[16] K.Kato, IEEE J. Quantum Electron. QE-22, 1013 (1986)
[17] E.M. Conwell, IEEE J. Quantum Electron. QE-9, 867 (1973)
[18] S. Yukutake, T. Kawazoe, T. Yatsui, W. Nomura, K. Kitamura, M. Ohtsu, Appl. Phys. B 99, 415 (2010)
[19] M. Bredol, K. Matras, A. Szatkowski, J. Sanetra, A. Prodi-Schwab, Sol. Energy Mater. Sol. Cells 93, 662 (2009)
[20] D.C. Reynolds, D.C. Look, B. Jogai, Phys. Rev. B 60, 2340 (1999)
[21] J. Joo, J. Vac. Sci. Technol. A18, 23 (2000)
[22] S. Guenes, H. Neugebaur, S. Sariciftci, Chem. Rev. 107, 1324 (2007)

参　考　文　献   295

[23] M. Onoda, K. Tada, H. Nakayama, J. Appl. Phys. 86, 2110 (1999)
[24] A. Khaliq, F. Xue, K. Varahramyan, Microelectron. Eng. 86, 2312 (2009)
[25] J. Callaway, Phys. Rev. 130, 549 (1963)
[26] M. Wang, X. Wang, Sol. Energy Mater. Sol. Cells 91, 1782 (2007)
[27] M. Planck, Ann. Phys. 4, 553 (1901)
[28] P. Würfel, *Physics of Solar Cells*, 2nd, updated and expanded ed. (Wiley-VCH, Weinheim, 2009), p.25
[29] T.H.H. Le, K. Mawatari, Y. Pihosh, T. Kawazoe, T. Yatsui, M. Ohtsu, M. Tosa, T. Kitamori, Appl. Phys. Lett. 99, 213105 (2011)
[30] T. Mochizuki, K. Kitamura, T. Yatsui, M. Ohtsu, Schedule and Abstract of the XIV Int. Conf. on Phonon Scattering in Condensed Matter, July 9-12, 2012, Ann Arbor, MI, USA, pp.236-237
[31] T. Yatsui, K. Iijima, K. Kitamura, M. Ohtsu, Schedule and Abstract of the XIV Int. Conf. on Phonon Scattering in Condensed Matter, July 9-12, 2012, Ann Arbor, MI, USA, pp.234-235
[32] F. Yang, M. Willkinson, E.J. Austin, K.P. O'Donnell, Phys. Rev. Lett. 70, 323 (1993)
[33] T. P. Lee, C. A. Burus, A. G. Dentai, IEEE J. Quantum Electron. 17, 232 (1981)
[34] R. A. Milano, P. D. Dapkus, G. E. Stillman, IEEE Tran., Electron Devices, vol. 29, pp. 266-274 (1982)
[35] T. Kawazoe, M.A. Mueed, M. Ohtsu, Appl. Phys. B 104, 747 (2011)
[36] R.J. Van Overstraeten, P. Mertens, Sold-State Electron. 30, 1077 (1987)
[37] J.A. Van den Berg, D.G. Armour, S. Zhang, S. Whelam, H. Ohno, T.-S. Wang, A.G. Cullis, E.H.J. Collart, R.D. Goldberg, P.Bailey, T.C. O. Noakes, J. Vac. Sci. Technol. B 20, 974 (2002)
[38] M.G.A. Bernard, G. Duraffourg, Phys. Status Solidi 1, 699 (1961)
[39] A. Einstein, P. Ehrenfest, Z. Phys. 19, 301 (1923)
[40] T. Kawazoe, K. Kobayashi, S. Takubo, M. Ohtsu, J. Chem. Phys. 122, 024715 (2005)
[41] E. Shl, *Nonequilibrium Phase Transition in Semiconductors* (Springer, Berlin, 1987), pp.5-6
[42] U.S. Department of Health and Human Services, Public Health Service, National Inst. Health, National toxicology program: NTP technical report on the toxicology and carcinogenesis studies of indium phosphide (CAS No. 22398-80-7) in F344/N rats and B6C3F1 mice (inhalation studies), NTP TR 499
[43] K.T. Delaney, P. Rinke, C.G. Van de Walle, Appl. Phys. Lett. 94, 191109 (2009)
[44] K.D. Hirschman, L.Tysbekov, S.P. Duttagupta, P.M. Fauchet, Nature 384, 338 (1996)
[45] Z.H. Lu, D.J. Lockwood, J.-M. Baribeau, Nature 378, 258 (1995)

[46] L. Dal Negro, R. Li, J. Warga, S.N. Beasu, Appl. Phys. Lett. 92, 181105 (2008)
[47] T. Komoda, Nucl. Instrum. Methods Phys. Res. Sect.B, Beam Interact. Mater. Atoms 96, 387 (1995)
[48] S. Yerci, R. Li, L. Dal Negro, Appl. Phys. Lett. 97, 081109 (2010)
[49] S.K. Ray, S. Das, R.K. Singha, S. Manna, A. Dhar, Nanoscale Res. Lett. 6, 224 (2011)
[50] 川添　忠, 大津元一, 第59回応用物理学関連合講演会, 2012年3月15日～18日, 東京, 講演番号 17p-B11-1
[51] チャン・アン・ミン, 山口真生, 川添　忠, 大津元一, Optics & Photonics Japan 2012, 2012年10月23日～25日, 東京, 講演番号 24pPD4
[52] N. Wada, T. Kawazoe, M. Ohtsu, Appl. Phys. B 108, 25 (2012)
[53] T. Kawazoe, M. Ohtsu, K. Akahane, N. Yamamoto, Appl. Phys. B 107, 569 (2012)
[54] H. Tanaka, T. Kawazoe, M. Ohtsu, Appl. Phys. B 108, 51 (2012)
[55] 林　拓朗, 川添　忠, 大津元一, 第73回応用物理学会学術講演会, 2012年9月11日～14日, 松山, 講演番号 13p-F8-11
[56] 川添　忠, 大津元一, 第73回応用物理学会学術講演会, 2012年9月11日～14日, 松山, 講演番号 13p-F8-10
[57] D. Seghier, H. P. Gislason, J. Mater. Sci., Mater. Electron. 19, 687 (2008)
[58] K. Kitamura, T. Kawazoe, M. Ohtsu, Appl. Phys. B 107, 293 (2012)

第8章

[1] J. Lim, T. Yatsui, M. Ohtsu, IEICE Trans. Electron. E88-C, 1832 (2005)
[2] M. Naya, S. Mononobe, R. Uma Maheswari, T. Saiki, M. Ohtsu, Opt. Commun. 124, 9 (1996)
[3] M. Naruse, T. Yatsui, W. Nomura, N. Hirose, M. Ohtsu, Opt. Express 13, 9265 (2005)
[4] N. Tate, W. Nomura, T. Yatsui, M. Naruse, M. Ohtsu, Appl. Phys. B 96, 1 (2009)
[5] M. Naruse, T. Yatsui, T. Kawazoe, Y. Akao, M. Ohtsu, IEEE Trans. on Nanotechnol. 7, 14 (2008)
[6] M. Naruse, T. Yatsui, J.H. Kim, M. Ohtsu, Appl. Phys. Express 1, 062004 (2008)
[7] M. Naruse, T. Inoue, H. Hori, Jpn. J. Appl. Phys. 46, 6095 (2007)
[8] N. Tate, W. Nomura, T. Yatsui, M. Naruse, M. Ohtsu, Opt. Express 16, 607 (2008)
[9] N. Tate, M. Naruse, T. Yatsui, T. Kawazoe, M. Hoga, Y. Ohyagi, T. Fukuyama, M. Kitamura, M. Ohtsu, Opt. Express 18, 7497 (2010)
[10] 松本　勉, 応用物理 80, 30 (2011)
[11] M. Naruse, T. Yatsui, H. Hori, M. Yasui, M. Ohtsu, J. Appl. Phys. 103, 113525

(2008)

[12] N. Tate, H. Sugiyama, M. Naruse, W. Nomura, T. Yatsui, T. Kawazoe, M. Ohtsu, Opt. Express 17, 11113 (2009)

[13] N. Tate, H. Tokoro, K. Takeda, W. Nomura, T. Yatsui, T. Kawazoe, M. Naruse, S. Ohkoshi, M. Ohtsu, Appl. Phys. B 98, 685 (2009)

[14] O. Sato, S. Hayashi, Y. Einaga, Z.Z. Gu, Bull. Chem. Soc. Jpn. 76, 443 (2003)

[15] H. Tokoro, T. Matsuda, T. Nuida, Y. Morimoto, K. Ohyama, E.D.L.D. Dangui, K. Boukheddaden, S. Ohkoshi, Chem. Mater. 20, 423 (2008)

[16] S. Ohkoshi, H. Tokoro, M. Utsunomiya, M. Mizuno, M. Abe, K. Hashimoto, J. Phys. Chem. B 106, 2423 (2002)

[17] H. Tokoro, S. Ohkoshi, T. Matsuda, K. Hashimoto, Inorg. Chem. 43, 5231 (2004)

[18] H. Tokoro, T. Matsuda, K. Hashimoto, S. Ohkoshi, J. Appl. Phys. 97, 10M508 (2005)

[19] J. Tanida, Y. Ichioka, Appl. Opt. 27, 2926 (1988)

[20] M. Ohtsu, T. Kawazoe, T. Yatsui, M. Naruse, IEEE J. Select. Top. Quantum Electron. 14, 1404 (2008)

[21] M. Naruse, T. Yatsui, W. Nomura, N. Hirose, M. Ohtsu, Opt. Express 13, 9265 (2005)

[22] B. Lee, J. Kang, K.-Y. Kim, Proc. SPIE 4803, 220 (2002)

[23] N. Tate, M. Naruse, W. Nomura, T. Kawazoe, T. Yatsui, M. Hoga, Y. Ohyagi, Y. Sekine, H. Fujita, M. Ohtsu, Opt. Express 19, 18260 (2011)

[24] M. Naruse, T. Yatsui, H. Hori, K. Kitamura, M. Ohtsu, Opt. Express 15, 11790 (2007)

[25] Y. Liu, T. Morishima, T. Yatsui, T. Kawazoe, M. Ohtsu, Nanotechnol. 22, 215605 (2011)

[26] M. Naruse, Y. Liu, W. Nomura, T. Yatsui, M. Aida, L.B. Kish, M. Ohtsu, Appl. Phys. Lett. 100, 193106 (2012)

[27] T. Yatsui, W. Nomura, M. Ohtsu, Nano Lett. 5, 2548 (2005)

[28] T. Yatsui, S. Takubo, J. Lim, W. Nomura, M. Kourogi, M. Ohtsu, Appl. Phys. Lett. 83, 1716 (2003)

[29] M. Naruse, T. Kawazoe, T. Yatsui, N. Tate, M. Ohtsu, Appl. Phys. B 105, 185 (2011)

[30] P. Bak, C. Tang, K. Wiezenfeld, Phys. Rev. A 38, 364 (1988)

付録 A

[1] C. Cohen-Tannoudji, J. Dupont-Roc, G. Grynberg, *Photons and Atoms* (John Wiley, New York, 1989)

[2] C. Cohen-Tannoudji, J. Dupont-Roc, and G. Grynberg, *Atom-Photon Interactions* (John Wiley, New York, 1992)

[3] D.P. Craig, T. Thirunamachandran, *Molecular Quantum Electrodynamics* (Dover, New York, 1998)

付録 B

[1] D. Pines, *Elementary Excitation in Solids* (Perseus Books, Reading, Massachusetts, 1999)

付録 C

[1] C.R. Willis, R.H. Picard, Phys. Rev. A 9, 1343 (1974)
[2] K. Kobayashi, M. Ohtsu, J. Microsc. 194, 249 (1999)
[3] K. Kobayashi, S. Sangu, H. Ito, M. Ohtsu, Phys. Rev. A63, 013806 (2001)
[4] H. Hyuga, H. Ohtsubo, Nucl. Phys. A294, 348 (1978)

付録 F

[1] H. Haug, S.W. Koch, *Quantum Theory of the Optical and Electronic Properties of Semiconductors*, 4th ed. (World Scientific Publishing, Singapore, 2004)
[2] U. Waggon, *Optical Properties of Semiconductor QDs* (Springer, Berlin, 1997)
[3] Y. Matsumoto, T. Takagahara, *Semiconductor QDs* (Springer, Berlin, 2002)

索　引

ア　行

アトム　229
アトムプローブ法　189
アニール　186
アバランシェフォトダイオード　114
誤り率　111
暗状態　35
アンチバンチング　110

位相　63, 170
位相緩和定数　211
1s 状態　262
一励起子状態　44
井戸型ポテンシャル　259
インコヒーレント　65
引力　51

ウルツ型構造　135
運動量　3, 55, 185, 228, 235
　——の保存則　186

エッチング時間　150
エネルギー移動　6, 32, 33, 42, 81, 120, 206
エネルギー移動効率　46, 48
エネルギー移動時間　42
エネルギー移動長　97
エネルギー移動量　32
エネルギー移動路　95
エネルギー散逸　38, 39, 81, 111, 204
エネルギー準位　10, 13
　　電気双極子禁制の——　80

エネルギー状態密度　211
エネルギー消費量　112
エネルギー上方変換　175
エネルギー選択性　176
エネルギー幅　42
エネルギー変換　157
エネルギー保存則　11, 20, 53
エピタキシャル成長　192
エルミート演算子　67, 243
エルミート共役　9
エルミート共役演算子　12, 243
演算子　9

オバートセキュリティ　207
オフ動作　83
音響フォノン　55, 230
オン動作　83

カ　行

開口　1
開口数　92
回折　8
回折限界　8, 135
回折格子　143, 208
回折効率　144
階層性　6, 32, 199, 229
階層ホログラム　207
階層メモリ　201
回転波近似　239
外部電力変換効率　191
外部量子効率　192
開放系　38
概要情報　201
解離　1, 51, 73, 126

解離エネルギー　51, 131
解離確率　126
解離率　130
化学エッチング法　148
化学機械研磨法　148
化学気相堆積　132
鍵　212
角周波数　11
拡大転写　214
確率過程モデル　218
確率密度関数　63
重ね合わせ状態　35
仮想過程　11
仮想光子　5, 11
活性層　192
価電子帯　3, 185
換算質量　181, 261
関数空間　18, 242
慣性の法則　58
間接遷移型半導体　3, 185, 230
完全規格直交関数　263
完全規格直交性　249
観測確率　68
感度限界　190
完備集合　90
緩和　33, 81, 163
緩和過程　11, 80, 163
緩和定数　83

規格直交化　242
擬似足紋　224
擬似フェルミエネルギー　187
基準座標　56

基準振動　14, 238
基準モード　238
希少物質　193
寄生容量　193
期待値　68
基底　39, 44, 46
基底状態　11, 74
軌道角運動量演算子　259
逆行列　285
逆バイアス　178
逆ラプラス変換　268, 271
キャリア閉じ込め層　192
吸収　7, 11, 75
吸収端波長　136
吸着　134
球調和関数　259
球ベッセル関数　259
球面波　28
境界条件　28, 259
凝集　54, 276
共振器　4, 10, 228
協同現象　108
共鳴　82
共鳴過程　30
共鳴状態　42
共役運動量　235
共役座標　235
行列要素　40
極　27
局在サイト　64
局在中心　188
局在モード　58
巨視系　6, 10, 16, 228
許容　36
禁制　36
近接場光　5
近接場光学顕微鏡　32
近接場相互作用　86
近接場光相互作用　6, 16, 80

空間局在性　264
空間パワースペクトル密度　151

空間分解能　10
空乏層　176
屈折率　4
駆動電力　191
雲　11, 27
クラス　145
クラスター　220
クリーンルーム　147
クーロン相互作用　233
クーロンポテンシャル　234, 261

蛍光　157
経路　164, 167
結合エネルギー　51
結合係数　18
結合状態　95
結合長　51
結合定数　59, 284
結合励起状態　52
結晶基底状態　257
結晶格子温度　75
原子　55, 229
原子核　51
原子核間距離　51
原子間力顕微鏡　132
研磨剤　153

コア・シェル構造　203, 216
高温相　215
光学フォノン　55, 191, 230, 238
光学不活性分子　132
交換関係　11, 57
交換相互作用　233
光合成バクテリア　112, 113
光子　4, 10
光子エネルギー　2, 53
格子欠陥　57
格子振動　55, 238
光子数　130
光子数密度　184
光子相関法　109

格子不整合　230
光電集積回路　196
勾配定理　254
個数演算子　277
古典論　4
コバートセキュリティ　207
コヒーレント状態　7, 62, 70, 186, 230, 276
固有エネルギー　14, 26, 240
固有角周波数　57
固有値方程式　240, 258
痕跡メモリ　204
コントラスト　86, 89

サ　行

再結合　186
最小結合ハミルトニアン　233
最小不確定性　63
サイト　59, 264
　――の位置　239
材料工学　230
座標表示　4, 10
散逸　81
三原色　159, 169
三重対角行列　282
参照光　169
三段階励起　161
散乱光強度　150

紫外線硬化樹脂　90
時間反転対称性　12
しきい値　138, 151, 194, 226
磁気双極子　233
指向性　194
自己組織の臨界現象　226
始状態　19, 264
自然放出　3, 75, 157
自然放出過程　167
自然放出光　182
磁束密度　233
弛張発振器　193
実エネルギー準位　167

索　引

実光子　11
質的変革　9
シフト量　181
しみ出し長さ　15
射影演算子　16, 19, 242
射影演算子法　10, 229
遮断波長　7, 75, 175
遮蔽ポテンシャル　229
終状態　19, 264
重心運動　36, 261, 262
重心座標　261
収束イオンビーム　142
充填効果　83
充填時間　41
周波数下方変換器　100
周波数上方変換　100, 168
周波数上方変換器　100
受信機　114
出力インターフェース　113
出力端子　82
シュベーベル障壁　154
寿命　167
ジュール熱　186
シュレーディンガー方程式　242, 258
順方向バイアス電圧　186
準粒子　7, 8, 10, 228, 238, 276
錠　212
詳細情報　201
小信号利得係数　195
状態関数　4, 10
状態密度　40
冗長化　114
章動　36, 46, 85, 95, 118
「錠と鍵」システム　211
衝突広がり　88
消費エネルギー　111
障壁層　85
上方変換　7
情報保護　201
消滅　11
消滅演算子　9, 57, 70, 239

自律性　120, 217, 230
自律的制御　178
真空状態　20, 34, 63, 75, 257, 277
真空場の揺らぎ　29
真空誘電率　18, 234
シンクロトロン放射光　147
信号光　169
信号処理速度　114
信号対雑音比　113, 174
信号伝送時間　114
人工物メトリクス　210
振動運動　7
振動子　14
振動準位　52
振動励起　126

水素原子　262
スイッチング時間　86
数学的帰納法　277
数理科学的手法　230
数理科学モデル　151
スキュー　117
スキュー耐性　118
ステップアンドリピート法　144
ストークスシフト　182, 185
ストリークカメラ　174
スパッタリング法　154
スピン密度波　238
スペクトル幅　156
寸法依存共鳴　31, 201, 229
寸法制御　218

正規直交行列　56, 71, 283
正規分布　218
制御端子　82
正孔　3, 11, 33
　──の場　261
生成演算子　9, 11, 57, 239
静電エネルギー　110
静電容量　110
性能指数　86

赤外線放射　192
赤外線励起　161
積分の核　265
斥力　51
遷移確率　186
遷移行列要素　36, 264, 265
遷移電気双極子モーメント　34
線形独立　251
全サイト数　239
前方散乱光　113
占有確率　94, 97, 100, 105, 108, 117, 122

相関　40
相互作用エネルギー　28, 94, 229
相互作用演算子　19
相互作用長　17
相互作用ハミルトニアン　13, 128
相互相関係数　40, 110
相互増強効果　138
走査型透過電子顕微鏡　89
相対運動　262
相対座標　261
側波帯　5, 7, 16, 59, 73, 127, 157, 197, 228
粗視化　55
組成制御　156
ゾルゲル法　156, 218
素励起　238
損失　63
損傷確率　151

タ　行

対角化　60, 71
対角要素　40
帯間遷移　3, 185
耐偽造性　207
対称状態　34, 45, 107
対数正規分布曲線　179
堆積　153
堆積率　200

耐タンパー性　117, 230
第二高調波発生　168
太陽光　184
太陽電池　184, 196
楕円偏光　169
多孔質 Si　193
多光子励起過程　170
多重化　32
多重極子　233
多重極ハミルトニアン　11,
　　233, 237
多重露光　139
多体系　238
多体効果　88
多段階励起　127, 161
立ち上がり時間　84
立ち下がり時間　85
脱離　218, 221
脱励起　75, 157, 230
縦波　55
多モード　186
多粒子問題　257
単位演算子　249
単一光子　109
単一電子トンネリング　110
単一モード　276
単位胞　264
断熱過程　75
断熱近似　51
タンパー性　116

遅延帰還　104
遅延帰還型パルス発生器　105
遅延時間　103
中央制御器　124
中間状態　19, 76, 167, 191,
　　265
注入電流　190
超格子構造　193
長波長近似　6, 36, 264
超放射　108
跳躍エネルギー　59
跳躍演算子　70

跳躍項　276
跳躍定数　59, 62
調和振動子　56
直積　19, 74, 127
直接遷移型半導体　185
直接電流変調　193
直線偏光　169, 210
直流シュタルク効果　180

低温相　215
定常状態　187, 223, 241
ディッケの超放射現象　108
ディラックの δ 関数　236
停留　68, 72
デジタル・アナログ変換器　93
デスクトップ装置　146
デモクリトス　229
電気化学的水分解　185
電気四重極子　211, 237
電気双極子　233
電気双極子演算子　17
電気双極子許容遷移　7, 76
電気双極子近似　17
電気双極子禁制　6, 37
　　——のエネルギー準位　80
電気双極子禁制遷移　76, 229
電気双極子モーメント　12
電気変位ベクトル　12, 235
電子　3, 10, 33
　　——の場　261
電子基底状態　126
電子・正孔対　5, 10–12, 228,
　　238, 261
電子線描画　88
電磁相互作用　5
電子タグ　207
電磁場　10
電子ビーム描画　138
電子・フォノン相互作用　3,
　　186
電磁モード　4, 10
電子励起状態　126
伝送距離　95, 99

伝送損失　95, 99
伝導帯　3, 185
電場　235
伝搬光　10
電流密度　234

統計的手法　230
動的特性　42
到来時刻　118
特性方程式　283
閉じ込めポテンシャル　261
ドリフト過程　226
ドレスト光子　1, 10
ドレスト光子科学技術　232
ドレスト光子工学　3, 232
ドレスト光子デバイス　80
ドレスト光子フォノン　7, 73,
　　126
トンネル効果　5, 10, 15

　　　　ナ　行

内積　242
内部振動　52
ナノ系　10, 16, 228
ナノ集光器　90
ナノフォトニクス　5
ナノ物質　5, 10
ナノロッド　101
軟 X 線　141

二原子分子　51
二段階励起　165, 175
入力インターフェース　90,
　　113
入力端子　82
二励起子状態　46

熱効果　161
熱平衡状態　65, 76, 163
熱浴　6, 38, 83

能動デバイス　103

ハ 行

バイオメトリクス 210
配線型電子デバイス 110
ハイゼンベルクの運動方程式 250
ハイゼンベルクの不確定性原理 11, 29
ハイゼンベルク表示 67, 282
配列制御 220
波数 228
波数ベクトル 3, 11, 185, 233
波長 28
波長依存性 180
波長選択性 178, 181
発光 181
発光効率 3, 186
発光ダイオード 2, 185
発振しきい値 63
発生過程 176
バッファメモリ 107
波動関数 4, 10
波動光学 8
バネ定数 55
場の量子論 4
ハフ変換 155
パルス発生器 103
パワー・ジノー・ウーリー変換 234
パワースペクトル解析 151
反エルミート演算子 14, 60, 273, 274
反結合励起状態 52
反交換関係 257
反射 95
反対称状態 34, 45, 107
半値全幅 173
反電場 237
反転分布条件 187
半導体ナノ微粒子 156
バンドギャップエネルギー 7, 12, 26, 175

バンドパスフィルタ 32
光エネルギー上方変換 157
光化学反応 206
光起電力デバイス 176
光吸収係数 181
光共振器 194
光検出器 183
光合成アンテナ 125
光コンピュータ 116
光周波数下方変換 157
光周波数上方変換 157
光スイッチ 82, 117
光増幅器 114
光増幅機能 195
光耐性 151
光デバイス 33
光・電子相互作用 3
光電流密度 180
光取り出し効率 193
光ナノファウンテン 92, 104
光ファイバ通信 174, 185
光・物質融合工学 8, 231
光捕獲アンテナ 113
光誘起相転移 213
光リソグラフィ 1
非共鳴 87
非共鳴過程 30
ピクセル 220
非局在モード 58
非縮退 169
ヒストグラム 223
非対角要素 40
非断熱過程 53
ビットフリップ 112
非同期アーキテクチャ 120
非同期セルオートマトン 120
非ノイマン型計算システム 125
微分外部電力変換効率 191
非放射緩和定数 40, 83, 96
標準偏差 98
標準偏差値 277

表面粗さ 148
表面温度 188
表面研磨 148
表面保護薄膜 144

ファイバプローブ 1
ファンアウト 90
フィラメント電流 188
フェルミ準位 12
フェルミ粒子 257
フォトダイオード 189, 195
フォトニック結晶 4
フォトマスク 1, 135
フォトルミネッセンス 134, 156
フォトレジスト 1, 135
フォノン 3, 6, 7, 38, 53, 83, 238
フォノン援用 230
フォノン援用過程 126, 136, 149, 154, 207
フォノン散乱 40, 97, 190
フォノン-フォノン散乱 63
不確定性関係 4, 228
不均一領域境界 187
副系 17
複雑システム 112
物質間分極 211
物質内分極 211
不純物 57, 282, 286
不純物サイト 71-73
負性抵抗 188
フラクタル構造 216
プラズモニクス 4
プラズモン 238
フランク・コンドンの原理 52
プランクの熱放射式 184
フーリエ変換 13
ブレークオーバー電圧 188
フレネルゾーンプレート 141
フレネル反射 113
フレンケル励起子 238
ブロッホ関数 263

プローブ 1
分解能 148
分極場 238
分極密度 234
分散関係 228, 238
分子 126
分子振動 126
分子振動状態 126
分子ビームエピタキシー法 88

平均場近似 62, 278
並進対称性 55
平坦化 148
平面波 12
並列処理技術 214
ベクトルポテンシャル 233
ベッセル関数 68, 285
変位 65, 285
変位演算子関数 63
変換効率 113, 168
偏光角 170
偏光状態 11
偏光制御板 211
偏光方向 24
変調 5, 7, 16, 59, 73, 127, 157
変調特性 228

ポアッソン分布 223
ボーア半径 238
方位角 25
方位角平均 25
包括的技術 231
放射緩和時間 27
放射緩和定数 27, 40, 83, 97
放出 11
包絡関数 36, 82, 257
補空間 18, 20, 243
ボーズ・アインシュタイン分布 100
ボーズ粒子 12, 57, 250
ボゾン 274
保存量 55, 228

ポテンシャル障壁 53
ホモ接合 193
ポラリトン 238
ポラロン 238
ボルツマン定数 110
ボルツマン分布 65
ボルン・オッペンハイマー近似 51
ボルン・マルコフ近似 39
ホログラム 207
ポンプ・プローブ分光法 151, 163, 167, 214

マ 行

マグノン 238

密度行列 38
密度行列演算子 38, 39, 43
密度行列要素 45
脈動 103

無機半導体 176

明状態 35
メサ形 89
メゾスコピック領域 229
メタマテリアル 4
モード 10, 11
モード関数 12
モード同期レーザー 194
モード番号 56
モル比 156

ヤ 行

ヤーン・テラー歪み 214

有機金属気相堆積法 216
有機色素結晶 157
有機半導体 176
有機分子 176
有限温度効果 42
有限寸法効果 72

有効演算子 243
有効質量 26, 203
有効質量近似 257
有効相互作用 6, 16
有効相互作用エネルギー 10, 27, 203, 248
有効相互作用演算子 245
誘導放出 75
誘導放出光 182
湯川関数 6, 17, 27, 221, 229
ユニタリ演算子 60, 273
ユニタリ性 241
ユニタリ変換 14, 60, 233, 240, 273
揺らぎ 11, 279
 真空場の—— 29

余因子展開 282
横波 55

ラ 行

ラグランジュアン 233
ラジカル原子 149
ラプラシアン 259
ラプラス変換 45, 48, 267, 270
ラマン信号 151

リソグラフィ 135
リッジ型導波路 194
利得飽和パワー 195
量子井戸 86, 101
量子化 4, 10
量子効率 180
量子コヒーレンス 38
量子数 36, 242
量子寸法効果 156
量子ドット 6, 33
量子マスター方程式 38, 39, 43, 100
量子論 4, 10
 場の—— 4

量的変革　8
履歴　204
履歴情報管理　207
燐光　168

励起　75, 157, 230
励起エネルギー　131
励起確率　64, 278
励起子　33, 83, 238
励起子結合エネルギー　262
励起子ポラリトン　16, 238
励起状態　11, 74
励起リサイクリング　104
零点振動　11
レーザー　63, 194
レート方程式　97
連成波　238
連続光　87
連続発振　194

露光　135
露光時間　136
ローレンツ型曲線　101

ワ 行

和周波数発生　170
ワニエ関数　263
ワニエ励起子　238

欧 文

AND 論理ゲート　46, 82, 117
Ar イオンミリング　88
CMOS 論理ゲート　112, 114
δ ダイアジク　236
DP　1
DP コンピュータ　116
DP デバイス　33, 37, 80
DPP　73
green gap　192
HOMO　181
LUMO　181
NAND 論理ゲート　90
NOM　32
NOR 論理ゲート　90
NOT 論理ゲート　87, 113
OR 論理ゲート　90
P 空間　242
pn 接合　176, 185
Q 空間　243
QD　33
TE モード　194
XOR 論理ゲート　44

MEMO

著者略歴

大津元一(おおつもといち)

1950年　神奈川県に生まれる
1978年　東京工業大学大学院理工学研究科
　　　　博士課程修了
現　在　東京大学大学院工学系研究科教授・
　　　　ナノフォトニクス研究センター長
　　　　工学博士

ドレスト光子
―光・物質融合工学の原理―

定価はカバーに表示

2013年3月20日　初版第1刷

著　者　大　津　元　一
発行者　朝　倉　邦　造
発行所　株式会社　朝　倉　書　店

東京都新宿区新小川町6-29
郵便番号　162-8707
電話　03(3260)0141
FAX　03(3260)0180
http://www.asakura.co.jp

〈検印省略〉

© 2013〈無断複写・転載を禁ず〉

中央印刷・渡辺製本

ISBN 978-4-254-21040-8　C 3050　　Printed in Japan

JCOPY　〈(社)出版者著作権管理機構 委託出版物〉

本書の無断複写は著作権法上での例外を除き禁じられています。複写される場合は、そのつど事前に、(社)出版者著作権管理機構(電話 03-3513-6969、FAX 03-3513-6979、e-mail: info@jcopy.or.jp)の許諾を得てください。

◆ 先端光技術シリーズ〈全3巻〉 ◆
光エレクトロニクスを体系的に理解しよう

東大 大津元一・テクノ・シナジー 田所利康著
先端光技術シリーズ1
光　　学　　入　　門
―光の性質を知ろう―
21501-4　C3350　　　　A5判 232頁 本体3900円

先端光技術を体系的に理解するために魅力的な写真・図を多用し、ていねいにわかりやすく解説。〔内容〕先端光技術を学ぶために／波としての光の性質／媒質中の光の伝搬／媒質界面での光の振る舞い（反射と屈折）／干渉／回折／付録

東大 大津元一編　慶大 斎木敏治・北大 戸田泰則著
先端光技術シリーズ2
光　　物　　性　　入　　門
―物質の性質を知ろう―
21502-1　C3350　　　　A5判 180頁 本体3000円

先端光技術を理解するために，その基礎の一翼を担う物質の性質，すなわち物質を構成する原子や電子のミクロな視点での光との相互作用をていねいに解説した。〔内容〕光の性質／物質の光学応答／ナノ粒子の光学応答／光学応答の量子論

東大 大津元一編著　東大 成瀬　誠・東大 八井　崇著
先端光技術シリーズ3
先　端　光　技　術　入　門
―ナノフォトニクスに挑戦しよう―
21503-8　C3350　　　　A5判 224頁 本体3900円

光技術の限界を超えるために提案された日本発の革新技術であるナノフォトニクスを豊富な図表で解説。〔内容〕原理／事例／材料と加工／システムへの展開／将来展望／付録（量子力学の基本事項／電気双極子の作る電場／湯川関数の導出）

東大 大津元一著
現　代　光　科　学　Ⅰ
―光の物理的基礎―
21026-2　C3050　　　　A5判 228頁 本体4900円

現在、レーザを始め多くの分野で"光"の量子的ふるまいが工学的に応用されている。本書は、光学と量子光学・光エレクトロニクスのギャップを埋めることを目的に執筆。また光学を通して現代科学の基礎となる一般的原理を学べるよう工夫した

東大 大津元一著
現　代　光　科　学　Ⅱ
―光と量子―
21027-9　C3050　　　　A5判 200頁 本体4900円

〔内容〕Ⅰ巻：光の基本的性質／反射と屈折／干渉／回折／光学と力学との対応／付録：ベクトル解析・フーリエ変換。Ⅱ巻：レーザ共振器／光導波路／結晶光学／非線形光学序論／結合波理論／光の量子論／付録：量子力学の基礎。演習問題・解答

東大 大津元一著
光　科　学　へ　の　招　待
21030-9　C3050　　　　A5判 180頁 本体3200円

虹，太陽，テレビ，液晶，…我々の日常は光に囲まれている。様々なエピソードから説き起こし，光の科学へと導く。〔内容〕光科学の第一歩／光線の示す振舞い／基本的な性質／反射と屈折のもたらす現象／光の波／物質の中の光／さらに考える

東北大 伊藤弘昌編著
電気・電子工学基礎シリーズ10
フ　ォ　ト　ニ　ク　ス　基　礎
22880-9　C3354　　　　A5判 224頁 本体3200円

基礎的な事項と重要な展開について，それぞれの分野の専門家が解説した入門書。〔内容〕フォトニクスの歩み／光の基本的性質／レーザの基礎／非線形光学の基礎／光導波路・光デバイスの基礎／光デバイス／光通信システム／高機能光計測

阪大 木下修一著
シリーズ〈生命機能〉1
生　物　ナ　ノ　フ　ォ　ト　ニ　ク　ス
―構造色入門―
17741-1　C3345　　　　A5判 288頁 本体3800円

ナノ構造と光の相互作用である"構造色"（発色現象）を中心に，その基礎となる光学現象について詳述。〔内容〕構造色とは／光と色／薄膜干渉と多層膜干渉／回折と回折格子／フォトニック結晶／光散乱／構造色研究の現状と応用／他

東大 久我隆弘著
朝倉物性物理シリーズ3
量　　子　　光　　学
13723-1　C3342　　　　A5判 192頁 本体4200円

基本概念を十分に説明し新しい展開を解説。〔内容〕電磁場の量子化／単一モード中の光の状態／原子と光の相互作用／レーザーによる原子運動の制御／レーザー冷却／原子の波動性／原子のボース・アインシュタイン凝縮／原子波光学／他

◆ 光学ライブラリー ◆

黒田和男・武田光夫 編集

東京工芸大 渋谷眞人・ニコン 大木裕史著
光学ライブラリー1
回折と結像の光学
13731-6 C3342　　A5判 240頁 本体4800円

光技術の基礎は回折と結像である。理論の全体を体系的かつ実際的に解説し，最新の問題まで扱う〔内容〕回折の基礎／スカラー回折理論における結像／収差／ベクトル回折／光学的超解像／付録（光波の記述法／輝度不変／ガウスビーム他）／他

上智大 江馬一弘著
光学ライブラリー2
光物理学の基礎
——物質中の光の振舞い——
13732-3 C3342　　A5判 212頁 本体3600円

二面性をもつ光は物質中でどのような振舞いをするかを物理の観点から詳述。〔内容〕物質の中の光／光の伝搬方程式／応答関数と光学定数／境界面における反射と屈折／誘電体の光学応答／金属の光学応答／光パルスの線形伝搬／問題の解答

前東大 黒田和男著
光学ライブラリー3
物理光学
——媒質中の光波の伝搬——
13733-0 C3342　　A5判 224頁 本体3800円

膜など多層構造をもった物質に光がどのように伝搬するかまで例題と解説を加え詳述。〔内容〕電磁波／反射と屈折／偏光／結晶光学／光学活性／分散と光エネルギー／金属／多層膜／不均一な層状媒質／光導波路と周期構造／負屈折率媒質

宇都宮大 谷田貝豊彦著
光学ライブラリー4
光とフーリエ変換
13734-7 C3345　　A5判 196頁 本体3600円

回折や分光の現象などにおいては，フーリエ変換そのものが物理的意味をもつ。本書は定本として高い評価を得てきたが，今回「ヒルベルト変換による位相解析」，「ディジタルホログラフィー」などの節を追補するなど大幅な改訂を実現。

前鳥取大 小林洋志著
現代人の物理7
発光の物理
13627-2 C3342　　A5判 216頁 本体4700円

光エレクトロニクスの分野に欠くことのできない発光デバイスの理解のために，その基礎としての発光現象と発光材料の物理から説き明かす入門書。〔内容〕序論／発光現象の物理／発光材料の物理／発光デバイスの物理／あとがき／付録

埼玉医科大 吉澤 徹編著
最新 光三次元計測
20129-1 C3050　　B5判 152頁 本体4500円

非破壊・非接触・高速など多くの利点から注目される光三次元計測について，その原理・装置・応用を平易に解説。〔内容〕ポイント光方式・ライン方式・画像プローブ方式による三次元計測／顕微鏡による三次元計測／計測機の精度検定／実際例

前京都工繊大 久保田敏弘著
新版 ホログラフィ入門
——原理と実際——
20138-3 C3050　　A5判 224頁 本体3900円

印刷，セキュリティ，医学，文化財保護，アートなどに汎用されるホログラフィの仕組みと作り方を伝授。〔内容〕ホログラフィの原理／種類と特徴／記録材料／作製の準備／銀塩感光材料の処理法／ホログラムの作製／照明光源と再生装置／他

3次元フォーラム 羽倉弘之・前日本工大 山田千彦・大口孝之編著
裸眼3Dグラフィクス
20151-2 C3050　　A5判 256頁 本体4600円

3Dの映像・グラフィクス技術は今や産業界だけでなく，家庭生活にまで急速に浸透している。本書は今後の大きな流れになる「裸眼式」を念頭に最新の技術と仕組みを多くの図を使って詳述。〔内容〕パララックスバリア／レンチキュラ／DFD等

東北大 八百隆文・東北大 藤井克司・産総研 神門賢二訳
発光ダイオード
22156-5 C3055　　B5判 372頁 本体6500円

豊富な図と演習により物理的・技術的な側面を網羅した世界的名著の全訳版〔内容〕発光再結合／電気的特性／光学的特性／接合温度とキャリア温度／電流流れの設計／反射構造／紫外発光素子／共振導波路発光ダイオード／白色光源／光通信／他

東大 大津元一・阪大 河田　聡・山梨大 堀　裕和編

ナノ光工学ハンドブック

21033-0 C3050　　　　A 5 判　604頁　本体22000円

ナノ寸法の超微小な光＝近接場光の実用化は，回折限界を超えた重大なブレークスルーであり，通信・デバイス・メモリ・微細加工などへの応用が急発展している．本書はこの近接場光を中心に，ナノ領域の光工学の理論と応用を網羅的に解説．〔内容〕理論（近接場，電磁気，電子工学，原子間力 他）／要素の原理と方法（プローブ，発光，分光，計測他）／プローブ作製技術／生体／固体／有機材料／新材料と極限／微細加工技術／光メモリ／操作技術／ナノ光デバイス／数値計算ソフト／他

辻内順平・黒田和男・大木裕史・河田　聡・
小嶋　忠・武田光夫・南　節雄・谷田貝豊彦他編

最新 光学技術ハンドブック（普及版）

21039-2 C3050　　　　B 5 判　944頁　本体29000円

基礎理論から応用技術まで最新の情報を網羅し，光学技術全般を解説する「現場で役立つ」ハンドブックの定本．〔内容〕［光学技術史］［基礎］幾何光学／物理光学／量子光学［光学技術］光学材料／光学素子／光源と測光／結像光学／光学設計／非結像用光学系／フーリエ光学／ホログラフィー／スペックル／薄膜の光学／光学測定／近接場光学／補償光学／散乱媒質／生理光学／色彩工学［光学機器］結像光学機器／光計測機器／情報光学機器／医用機器／分光機器／レーザー加工機／他

応用物理学会日本光学会編

微小光学ハンドブック（普及版）

21035-4 C3050　　　　A 5 判　852頁　本体35000円

微小光学の学問的基礎から応用技術までを体系的に詳述．〔内容〕総論／基礎編／材料・プロセス編（リソグラフィー技術，半導体，ガラス，光磁気材料，他）／デバイス編（集光用，接続用，分岐・合流／分波・合波用コンポーネント，光スイッチ，光集積回路，光変調器，実装技術，発光デバイス，光増幅デバイス，偏光制御デバイス，光走査デバイス，他）／システム編（光通信，光電子機器，ディスプレイ，光センサー，X線光学機器，画像伝送光学機器，光コンピューター，他）

前東工大 森泉豊栄・東工大 岩本光正・東工大 小田俊理・
日大 山本　寛・拓殖大 川名明夫編

電子物性・材料の事典

22150-3 C3555　　　　A 5 判　696頁　本体23000円

現代の情報化社会を支える電子機器は物性の基礎の上に材料やデバイスが発展している．本書は機械系・バイオ系にも視点を広げながら"材料の説明だけでなく，その機能をいかに引き出すか"という観点で記述する総合事典．〔内容〕基礎物性（電子輸送・光物性・磁性・熱物性・物質の性質）／材料・作製技術／電子デバイス／光デバイス／磁性・スピンデバイス／超伝導デバイス／有機・分子デバイス／バイオ・ケミカルデバイス／熱電デバイス／電気機械デバイス／電気化学デバイス

前電通大 木村忠正・東北大 八百隆文・首都大 奥村次徳・
電通大 豊田太郎編

電子材料ハンドブック

22151-0 C3055　　　　B 5 判　1012頁　本体39000円

材料全般にわたる知識を網羅するとともに，各領域における材料の基本から新しい材料への発展を明らかにし，基礎・応用の研究を行う学生から研究者・技術者にとって十分役立つよう詳説．また，専門外の技術者・開発者にとっても有用な情報源となることも意図する．〔内容〕材料基礎／金属材料／半導体材料／誘電体材料／磁性材料・スピンエレクトロニクス材料／超伝導材料／光機能材料／セラミックス材料／有機材料／カーボン系材料／材料プロセス／材料評価／種々の基本データ

上記価格（税別）は 2013 年 2 月現在